AI大模型 助你轻松

搞定数据分析

吴昙◎编著

11011101101100000
01110110110101010
10111011011010011
00000110100111011

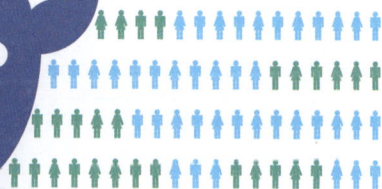

人民邮电出版社

北京

图书在版编目（CIP）数据

AI 大模型助你轻松搞定数据分析 / 吴昙编著.

北京 ： 人民邮电出版社，2025． -- ISBN 978-7-115

-57570-8

Ⅰ．TP18；TP274

中国国家版本馆 CIP 数据核字第 2025KW3771 号

内 容 提 要

本书旨在帮助读者掌握数据分析的专业技能，并详细讲解大模型（如 DeepSeek、ChatGPT）在数据分析中的应用。全书分 9 章，内容从基础的指标体系建设、数据获取、数据处理，逐步深入常用的数据分析方法、商业分析方法、统计学模型、A/B 实验、数据分析报告等，并特别强调大模型在数据分析中的应用。本书不仅系统地讲解数据分析的专业知识，还从提出关键问题、培养结构化思维等多方面入手，全方位激发读者的创造力，帮助读者提升数据思维能力，构建完善的数据分析知识体系。

此外，本书也是实用的职场宝典，不仅详细介绍数据分析不同岗位的职责，帮助读者根据自身兴趣和能力选择合适的职业发展方向，而且提供应对笔试和面试的策略，帮助读者在职场竞争中脱颖而出。

本书使用生动的对话体形式写作，融入大量真实工作场景案例，注重实际操作与应用，让读者仿佛置身于实际的工作场景中，适合数据分析初学者、高等学校相关专业的学生、职场中需要使用数据分析来支持决策的各类专业人士阅读。

◆ 编　著　吴　昙

责任编辑　张　涛

责任印制　王　郁　焦志炜

◆ 人民邮电出版社出版发行　　北京市丰台区成寿寺路 11 号

邮编　100164　　电子邮件　315@ptpress.com.cn

网址　https://www.ptpress.com.cn

北京瑞禾彩色印刷有限公司印刷

◆ 开本：787×1092　1/16

印张：19.5　　　　　　　　　　2025 年 6 月第 1 版

字数：486 千字　　　　　　　　2025 年 6 月北京第 1 次印刷

定价：119.80 元

读者服务热线：**(010)81055410**　印装质量热线：**(010)81055316**

反盗版热线：**(010)81055315**

前 言

数据分析能够帮助企业挖掘潜在商机，提升决策效率，优化资源配置，推动企业的创新发展。无论是在商业、科研、政府管理还是日常生活中，数据分析都扮演着越来越重要的角色。

如今，人工智能（Artificial Intelligence，AI）大模型（如以 DeepSeek、ChatGPT 为代表的大模型）开始盛行，如何驾驭 AI 大模型这个工具，让它更好地为我们服务，成为数据分析人员需要思考的问题。

通过本书能学到什么

首先，能学到专业的数据分析知识，学会使用大模型工具提升数据分析的效率。

本书为数据分析初学者提供了一条清晰的学习路径：从数据分析的基础知识出发，逐步引入各种数据分析方法，还讲解数据分析报告书写的基本方法、技巧等。

本书每一章都有大模型工具在数据分析中的应用，教读者利用 DeepSeek、ChatGPT 等工具高效地完成信息获取、数据处理、分析和预测等任务。

其次，能建立数据思维，提升思维能力。

某部电影中有一句经典的台词：花半秒钟就看透事物本质的人，和花一辈子都看不清事物本质的人，注定具有截然不同的命运。

本书会从提出关键问题、培养结构化思维等多个方面激发读者的创造性，并帮助读者提升数据思维能力，构建完善的数据分析知识体系。

最后，帮助读者应对面试，找到适合自己的岗位。

很多人能力很强，但是一到面试就发挥不好，错失好的机会。本书也是职场宝典，会告诉读者面试官都是怎么想的，他们如何筛选人才、如何提问，读者应怎样应对才能顺利通过面试；同时，在职业发展路径的选择上，本书会给读者中肯的建议与指导，帮助读者在职场中克服困难，实现终身成长。

本书适合谁阅读使用

首先，适合数据分析初学者。针对刚刚踏入数据分析领域的新手，以及那些渴望了解数据分析的基础概念、核心方法和实用技能的读者，本书提供了系统的学习路线和丰富的入门知识，可助其稳健起步。

其次，适合职场中需要使用数据分析来支持决策的各类专业人士。本书通过丰富的案例分析讲解实战技术，将成为读者提升数据分析技能的得力助手。

最后，适合高等学校的学生。本书不仅能够加深读者对数据分析理论和实践的理解，还能帮助读者在激烈的竞争中脱颖而出，开启职业生涯的成功之门。

本书讲了什么内容

首先，本书全面覆盖了数据分析人员所需的基础知识和技能。本书从读者的实际需求出发，为读者提供了贴近实际工作的知识和案例。

其次，本书探讨了如何利用 AI 大模型工具高效地进行数据分析。本书由浅入深地引导读者如何使用这些工具，确保自己紧跟技术的发展步伐，不被时代淘汰。

再次，本书融入大量真实的工作场景案例。本书中的案例生动有趣，通过这些案例，读者可以迅速把握工作要点，快速融入职场环境。

最后，本书深入讲解了面试中可能遇到的问题。

本书不仅致力于帮助读者在面试中脱颖而出，更重要的是，本书旨在全方位培养读者的数据敏感度、逻辑思维能力、创新意识及决策能力，从而提升读者的数据分析能力。

怎么使用本书

首先，本书创新性地采取对话体形式，精心构建了两个互动角色：职场新人小红、资深导师吴老师。小红善于提出专业性疑问；吴老师则担任答疑解惑的专家角色。读者在学习过程中，要密切关注吴老师的答案和逻辑推理，同时也不可忽视小红的提问，因为优质的问题是深入学习、激发创新思维的关键。

其次，各章内容既独立又相互衔接，共同构建起完整的知识体系。读者可以按照个人兴趣和需要自主选择阅读顺序。每章内容都巧妙结合了生动的案例分析和 AI 大模型工具的实际应用，旨在通过实践提升读者的技能，确保读者能够掌握数据分析的关键技术。

最后，我们要知道，知识与行动之间存在一种被称为"缄默知识"的隐性桥梁。如果只是停留在阅读层面而不付诸实践，就无法真正掌握这些知识。因此，本书鼓励读者在学习本书知识的同时积极动手实践，确保所学知识能够转化为解决实际问题的能力。

在迎接未来的挑战与机遇时，要勇敢地拥抱变革，才能在激烈的竞争中立于不败之地，为个人和社会创造更大的价值。人生的历程中充满了挑战，希望我以自己踩过的"坑"、走过的弯路换来的经验和智慧，可以帮助到读者，这是我编写本书的初心。

注：文中 GPT、GPT 大模型、大语言模型都指的是大模型。

吴 昙

目 录

第8章 大模型助你写出优秀的数据分析报告 ············· 261

第 1 章 大模型助你成为数据分析师

想象一下，如果有一个全知全能的专家，随时随地都能跟你聊天，为你提供指导，是不是很棒？这就是大模型！它不仅知识渊博，几乎拥有人类所有的知识库，还能写作、编程、翻译、绘图、推理，简直就像是我们的超级助手。

这个快节奏的时代需要的是敏锐的洞察力、持续的学习能力和灵活的应变能力。我们要能从海量数据中寻找规律，紧跟时代的步伐，不断更新自己的知识库，以适应这个瞬息万变的世界。而大模型能帮助我们深入理解数据，挖掘数据背后的故事，让我们做出更加明智的决策。

作为一个与时俱进的数据分析师，不仅要掌握传统的数据处理技巧，还要学会如何运用大模型工具来拓展自己的能力。这不仅是一次技术上的革新，更是对工作方式的一次彻底重塑。让我们一起探索大模型应用在数据分析领域的无限可能，让数据分析变得更加智能，从而更好地适应这个快速变化的世界。

1.1 什么是大模型

1.1.1 大模型概述

小红刚刚毕业，带着对数据分析的浓厚兴趣和热情，加入了一家互联网公司。尽管在大学期间已经接触过一些数据分析知识，并通过实际项目运用这些知识解决过问题，但她对于在公司里如何开展数据分析工作仍感到有些困惑。

今天是小红第一天上班，她走进公司，看着陌生的环境，心中有些忐忑。吴老师热情地迎接了她，吴老师是公司里的数据分析专家，也是小红的指导老师。吴老师帮小红准备好了办公用品，开通了她所需的数据和文档权限。

吴老师：我们从现在开始要学习一个工具，这个工具可能会伴随你的整个职业生涯，是你工作中的得力助手。让我们想象一下，如果有一个智能助手，它几乎掌握了世界上所有的知识，你可以随时和它对话，它可以帮你实时搜索信息，进行多语言编程、翻译和写作，进行逻辑推理、共同创作，甚至还能调用其他软件帮你完成任务。听起来是不是很神奇？

小红眼睛一亮：太棒了，这简直就像发现了新宝藏！

吴老师：现实中真有这么一个宝藏，它就是大模型。它可以成为你的助手、翻译官、程序员、咨询顾问、搜索引擎等。让我们一起深入了解它，让它助力你的数据分析之旅。

小红好奇地瞪大了眼睛。

吴老师：在数据分析方面，我们常使用 GPT 大模型，市面上有很多 GPT 大模型产品，比如深度求索的 DeepSeek、OpenAI 的 ChatGPT、月之暗面的 Kimi、百度的文心一言、字节跳动的豆包、阿里巴巴的通义千问、智谱清言等。

小红：这么多 GPT 产品，我应该选择哪种呢？

吴老师：选任何一种或者同时用几种都可以，先找到自己与 GPT 互动的方式。这分别是 ChatGPT（见图 1-1）与 DeepSeek（见图 1-2）的界面，我们在文本框中输入问题，等待它的回答即可。我们可以先让 GPT 介绍一下自己。

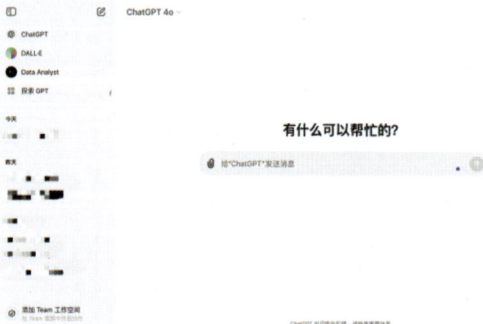

图 1-1

图 1-2

提问：介绍一下 GPT 是什么，能做什么。

GPT（Generative Pre-trained Transformer）是一种基于变换器（Transformer）架构的大语言模型（Large Language Model，LLM），由人工智能研究实验室 OpenAI 开发。GPT 模型的核心是利用 Transformer 架构来处理和生成自然语言文本。

主要特点

（1）大规模参数：GPT 模型拥有数亿甚至数千亿的参数，这使得它能够捕捉到语言的细微差别和复杂关系。

（2）Transformer 架构：GPT 基于 Transformer 模型，这是一种特别擅长处理序列数据（如文本）的深度学习模型。

（3）预训练和微调：GPT 通常首先在大规模的文本数据集上进行预训练，学习语言的通用模式，然后针对特定任务进行微调。

（4）上下文感知：GPT 能够理解文本的上下文信息，这使得它在生成文本或回答问题时更加准确。

能做的事情

（1）文本生成：生成文章、故事、诗歌等文本内容。

（2）对话：与用户进行自然语言对话，回答问题、提供信息、进行闲聊等。

（3）文本摘要：提取文本的主要内容，生成摘要。

（4）翻译：将一种语言的文本翻译成另一种语言。

（5）编程辅助：提供编程相关的帮助，如代码示例、调试建议等。

（6）教育辅助：帮助学习者理解复杂概念，提供教学资料等。

（7）创意写作：协助用户进行创意写作，提供灵感和建议。

（8）数据分析：帮助分析数据，提供数据处理和可视化建议。

小红：GPT 回答的时候好像打字一样，一个字一个字地出来的呢。

吴老师：这是因为 GPT 是基于 Transformer 的，我一点点来展开讲。首先，先搞清楚什么是 GPT。

小红：好的。

吴老师：GPT 的全称是 Generative Pre-trained Transformer。Generative 是生成式，表示它能够生成文本；Pre-trained 是预训练，意味着它在大量的文本数据上进行了预训练；Transformer 是一种深度学习模型的架构。GPT 是一种基于 Transformer 架构的大语言模型。

小红：什么又是大语言模型呀？

吴老师：这个问题非常好，要想了解 GPT，就要先了解大语言模型。大语言模型（简称"大模型"）是深度学习的一种应用，专门用于进行自然语言处理任务。关于机器学习、深度学习等的知识，后续用到再详细说明。

小红：我有一个问题，大语言模型"大"在哪里呢？是指训练数据量巨大吗？

吴老师：大语言模型的"大"指的不仅仅是训练数据量巨大，还有参数数量巨大。什么是参数呢？参数是模型内部的变量，可以理解为模型在训练过程中学到的知识。简单来说，参数就像是模型的"脑细胞"。你可以这么想，参数越多，模型的"大脑"能学习到的东西越多，变得越来越聪明。这就像要模型学习做蛋糕，只允许模型调整面粉、糖和鸡蛋的量，以及允许模型调整面粉、糖、鸡蛋、奶油、黄油、牛奶、小苏打粉、可可粉的量及烤制的时长和温度，后者由于可以调整的变量更多，更能让模型做出好吃的蛋糕。当然，对模型来说这不是绝对的，但按照 GPT 这种模型的逻辑，参数越多能够让它越智能。

小红：那 GPT 有多少个参数呀？

吴老师：这是一个好问题。以 OpenAI 的第一个大模型 GPT-1 为例，它有 1.17 亿个参数，到了 GPT-2，参数有 15 亿个，而 GPT-3 的参数又增长到了 1750 亿个。这让大模型不像小模型那样局限于单项或某几项任务，它的功能十分强大。

小红惊讶地说：竟然有千亿个参数，怪不得这么聪明。

吴老师：AI 突然变聪明，在技术上有一个词叫作"涌现"，涌现是一个很有意思的概念。想象一下，当 AI 系统能分析与处理海量的数据后，突然有一天，它就像穿越了一个魔法门，变得超级聪明，拥有了和人一样的高级智慧。这个过程就好比它从一个只会做简单计算的小助手，变成了能和你辩论哲学的大师。这种变化就是我们说的"涌现"。GPT 系列大模型的发布，开创了 AI 技术共享和应用的新纪元。

小红：原来 GPT 是技术涌现的成果。这真是太神奇了，我们用数据和算法构建了一个可以理解和预测的世界，就仿佛人类的智慧有了延伸。

1.1.2 Transformer 架构

吴老师：GPT 是一种基于 Transformer 架构的大语言模型，介绍完了大语言模型，再让我们看看什么是 Transformer。Transformer 技术的发展要回溯到 2017 年 6 月谷歌团队发表的论文 Attention is all you need，这篇论文中首次提出了 Transformer 架构，自此，自然语言处理的发展出现了一系列基于 Transformer 架构的模型。

小红：Transformer 架构与之前的大语言模型架构相比，有什么不同？

吴老师：在 Transformer 架构被提出之前，大语言模型的主流架构是循环神经网络（Recurrent Neural Network，RNN），RNN 不擅长处理长文本，难以有效捕捉到长距离的语义关系。也就是说，距离越远，前面对后面的影响越弱。但在人类自然语言中，依赖信息之间距离较远是很常见的情况。举个例子，"我在广东长大，广东的特点是美食多。虽然我父母是四川人，但我更喜欢吃 ____。"横线处应该填写广东菜，但是，因为"广东"离横线距离很远，所以 RNN 生成后续内容时，可能已经把前面的信息忘了。

小红：Transformer 架构的优势是学习长文本的能力强，不会忘记前面的信息？

吴老师：是的。Transformer 有能力学习输入序列里所有词的相关性和上下文，不会受到短时记忆的影响，能做到这一点的关键在于 Transformer 的自注意力机制，也正如论文标题所说——Attention is all you need，注意力就是你所需要的一切。Transformer 在处理每个词的时候，不仅会注意这个词本身以及它附近的词，还会关注输入序列里所有其他的词。

小红：所以横线处既可以填四川菜，也可以填广东菜，Transformer 学习到横线处与广东有更强的关系，因此填写了广东菜。

吴老师：是的，你理解得非常正确。下面我们就开始好好理解一下 Transformer 架构的原理。Transformer 架构由两个核心部分，编码器（Encoder）以及解码器（Decoder）组成，我们先说说编码器。编码器中，首先会将输入的文本 token 化，也就是把文本拆成可以被理解的基本文本单位，比如短的英文单词可能是一个 token，长的英文单词可能被分为多个 token，而中文所占的 token 数量会相对较多，有些字甚至要用很多 token 表示。然后使用整数表示 token 化后的内容，这个数字就叫作 token id（因为计算机内部是无法存储文字的，任何字符最终都得用数字来表示）。再把 token id 转化成一串数字（也就是"词向量"）来表示（见图 1-3）。

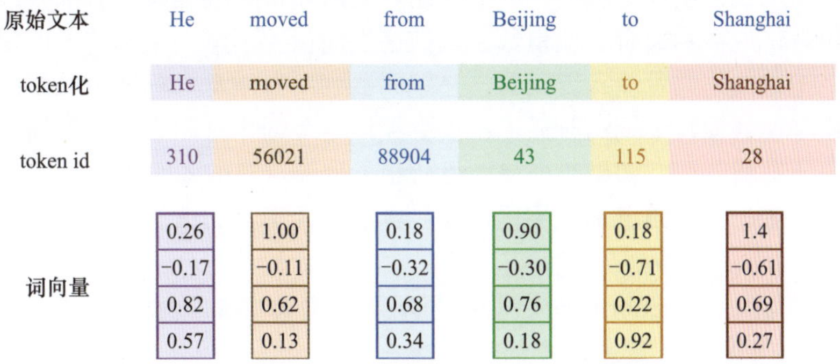

原始文本	He	moved	from	Beijing	to	Shanghai
token化	He	moved	from	Beijing	to	Shanghai
token id	310	56021	88904	43	115	28
词向量	0.26 −0.17 0.82 0.57	1.00 −0.11 0.62 0.13	0.18 −0.32 0.68 0.34	0.90 −0.30 0.76 0.18	0.18 −0.71 0.22 0.92	1.4 −0.61 0.69 0.27

图 1-3

小红：已经用整数（token id）表示各个 token 了，怎么还要用一串数字（词向量）表示各个 token 呢？

吴老师：原因是一串数字能表达的含义是多于一个数字的，能包含更多的语法、语义信息等。如果有多个数字，我们可以进行更多维度的表示。比如第一个数字可以表示"是男性的程度"，第二个表示"年龄大的程度"，第三个表示"社会阶层高的程度"等，词向量里面包含词汇之间的语法、语义等关系，相似的词在向量空间里的距离更近，而一些没什么关系的词的距离就更远。这有助于模型利用数学计算向量空间里的距离，从而捕捉不同词在语义和语法等方面的相似性。

小红：一般词向量的长度是多少呢？

吴老师：Attention Is All You Need 里词向量的长度是 512，GPT-3 中则是 12288。有了词向量，我们下一步就是对其进行位置编码，位置编码就是把表示各个词在文本里的"位置向量"和"词向量"相加。其实，除了自注意力机制，Transformer 的另一项关键创新就是位置编码。因为，在语言里词序很重要，即使句子里包含的字都是一样的，词序不一样也能导致意思大相径庭。比如"他从北京搬到了上海。"和"他从上海搬到了北京。"这两个句子的地点是完全相反的。图 1-4 所示为他从北京搬到了上海的位置编码示例。

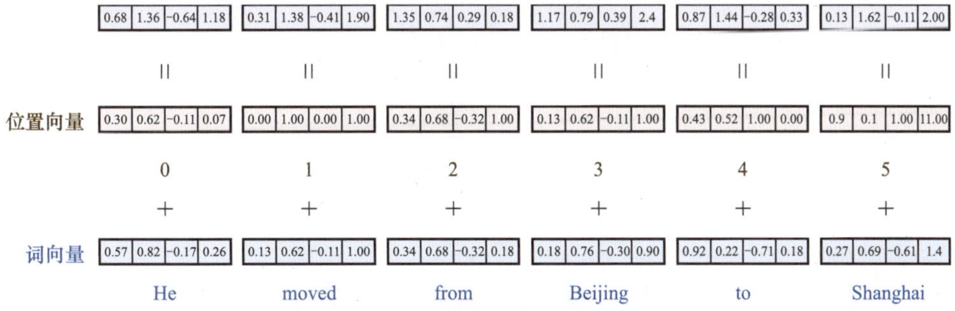

	0.68 1.36 −0.64 1.18	0.31 1.38 −0.41 1.90	1.35 0.74 0.29 0.18	1.17 0.79 0.39 2.4	0.87 1.44 −0.28 0.33	0.13 1.62 −0.11 2.00
	‖	‖	‖	‖	‖	‖
位置向量	0.30 0.62 −0.11 0.07	0.00 1.00 0.00 1.00	0.34 0.68 −0.32 1.00	0.13 0.62 −0.11 1.00	0.43 0.52 1.00 0.00	0.9 0.1 1.00 11.00
	0	1	2	3	4	5
	+	+	+	+	+	+
词向量	0.57 0.82 −0.17 0.26	0.13 0.62 −0.11 1.00	0.34 0.68 −0.32 0.18	0.18 0.76 −0.30 0.90	0.92 0.22 −0.71 0.18	0.27 0.69 −0.61 1.4
	He	moved	from	Beijing	to	Shanghai

图 1-4

小红：我听过自然语言处理领域会用"序列"这个词，原来用在这里。

吴老师：然后我们把位置编码的结果传给编码器，这样做的意义是，模型既可以理解每个词的意义，又能够捕捉词在句子中的位置，从而理解不同词之间的顺序关系。而且，每个输出都可以独立计算，不需要等待其他位置的计算结果，大大提高了训练速度。

小红：之后编码器的工作是什么呢？

吴老师：以上我们讲的是编码器的嵌入层，之后才讲解编码器核心部分，也就是自注意力机制。你看，现在我们有了一串数字，数字里面保留了输入文本的词汇信息和顺序关系，然后我们把这些词向量输入编码器，让编码器利用自注意力机制生成新的词向量。自注意力机制模型在处理每个词的时候，不仅会关注这个词本身和它附近的词，还会关注输入上下文中的所有其他词，如果两个词之间的相关性强，它们之间的注意力权重就会高。

小红：明白了，输出的表示结果里不仅包含这个词本身的信息，还融合了上下文中的相关信息。

吴老师：实际上 Transformer 使用了多头自注意力机制，也就是编码器不止一个自注意力模块，而是多个自注意力模块堆叠在一起，每个模块都有它自己的注意力权重，用来关注文本的不同特征或方面，比如有的关注动词，有的关注修饰词，有的关注情感，有的关注命名实体等。在多头自注意力机制模型后面，还有前馈神经网络模型，它会对自注意力模块的输出做进一步的处理，增强模型的表达能力。在 Transformer 架构里，编码器不止一个，实际上是多个编码器堆叠在一起，每个编码器的内部结构都一样（见图 1-5），但不共享权重。

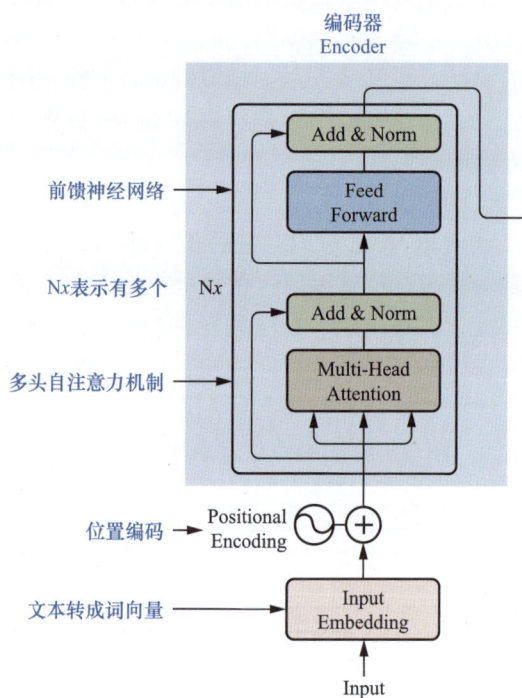

图 1-5

小红：原来如此。这样模型能更深入地理解数据，处理更复杂的文本内容。

吴老师：没错。说完编码器，接下来看解码器，它是大语言模型生成一个个词的关键。通过前面的编码器，我们有了输入序列里各个 token 的抽象表示，把它传给解码器。另外，解码器会先接收输出序列的开头，表示刚开始的这轮还没有任何已生成的文本（见图 1-6）。

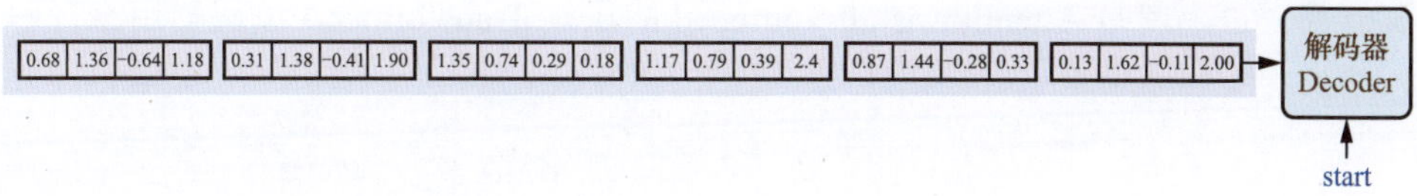

| 0.68 | 1.36 | −0.64 | 1.18 | | 0.31 | 1.38 | −0.41 | 1.90 | | 1.35 | 0.74 | 0.29 | 0.18 | | 1.17 | 0.79 | 0.39 | 2.4 | | 0.87 | 1.44 | −0.28 | 0.33 | | 0.13 | 1.62 | −0.11 | 2.00 |

解码器 Decoder

start

图 1-6

小红：编码器和解码器是用一样的方式来处理词的吗？

吴老师：编码器在处理各个词时，会关注输入序列里的所有词，但解码器只会关注这个词和它前面的其他词，后面的词会被遮住。这样做是为了确保解码器生成文本时遵循正确的时间顺序，在预测下一个词时，只使用前面的词作为上下文。这种多头自注意力被叫作带掩码的多头自注意力，带掩码的多头自注意力是针对已生成的输出序列的。

小红：也就是说，生成输出序列的时候，不能让解码器看到后面的内容。

吴老师：是的。带掩码的多头自注意力后面还有个多头自注意力层，用来捕捉编码器的输入和解码器即将生成的输出之间的对应关系，从而将原始输入序列的信息融合到输出序列的生成过程中。解码器里面的前馈神经网络的作用和编码器里的类似，也是通过额外的计算来增强模型的表达能力。而且，解码器同编码器一样，在 Transformer 里解码器也不止一个，也是多个解码器堆叠在一起。

小红：明白了，这可以增加模型的性能，有助于处理复杂的输入输出关系。

吴老师：解码器的最后阶段包含一个线性层和一个 Softmax 层，它们共同起到把解码器输出的表示转换为词汇表的概率分布的作用，这个词汇表的概率分布代表下一个被生成 token 的概率。在大多数情况下，模型会选择概率最高的 token 作为下一个输出。

小红：这样处理有些 token 的输出概率就会比其他的高。

吴老师：是的。解码器本质上是在猜下一个最有可能的输出。比如我说"今天我想去"，然后它就会根据以前看过的大量文本来猜我接下来可能会说"吃饭"、"上学"或者"玩游戏"。它可能会觉得我说"吃饭"的概率是 50%，说"上学"的概率是 40%，说"玩游戏"的概率是 10%。这种通过历史数据来预测未来的方法，我们叫它"世界模型"，因为它好像知道了这个世界的所有规则，不管是数学的、物理的还是哲学的。然后它就根据这些规则来猜测下一个字或者词是什么。

小红：原来这就是为什么 GPT 回答的时候好像打字一样，一个字一个字地出来的呢。

吴老师：是的。至于输出是否符合客观事实，模型无从得知，所以我们经常看到模型一本正经地胡说八道，这种现象也被叫作"幻觉"。

小红：原来这就是产生"幻觉"的原因。

吴老师：解码器的整个流程会重复多次，直到生成的是一个用来表示输出序列结束的特殊 token（见图 1-7）。

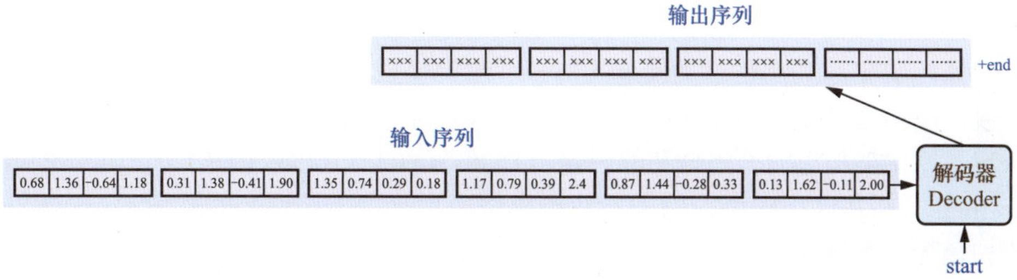

输出序列

| xxx | xxx | xxx | xxx | | xxx | xxx | xxx | xxx | | xxx | xxx | xxx | xxx | | xxx | xxx | xxx | xxx | | ---- | ---- | ---- | ---- | +end

输入序列

| 0.68 | 1.36 | −0.64 | 1.18 | | 0.31 | 1.38 | −0.41 | 1.90 | | 1.35 | 0.74 | 0.29 | 0.18 | | 1.17 | 0.79 | 0.39 | 2.4 | | 0.87 | 1.44 | −0.28 | 0.33 | | 0.13 | 1.62 | −0.11 | 2.00 |

解码器 Decoder

start

图 1-7

吴老师：以上就是 Attention is all you need 的原始 Transformer，编码器用来理解和表示输入序列，解码器用来生成输出序列（见图1-8）。

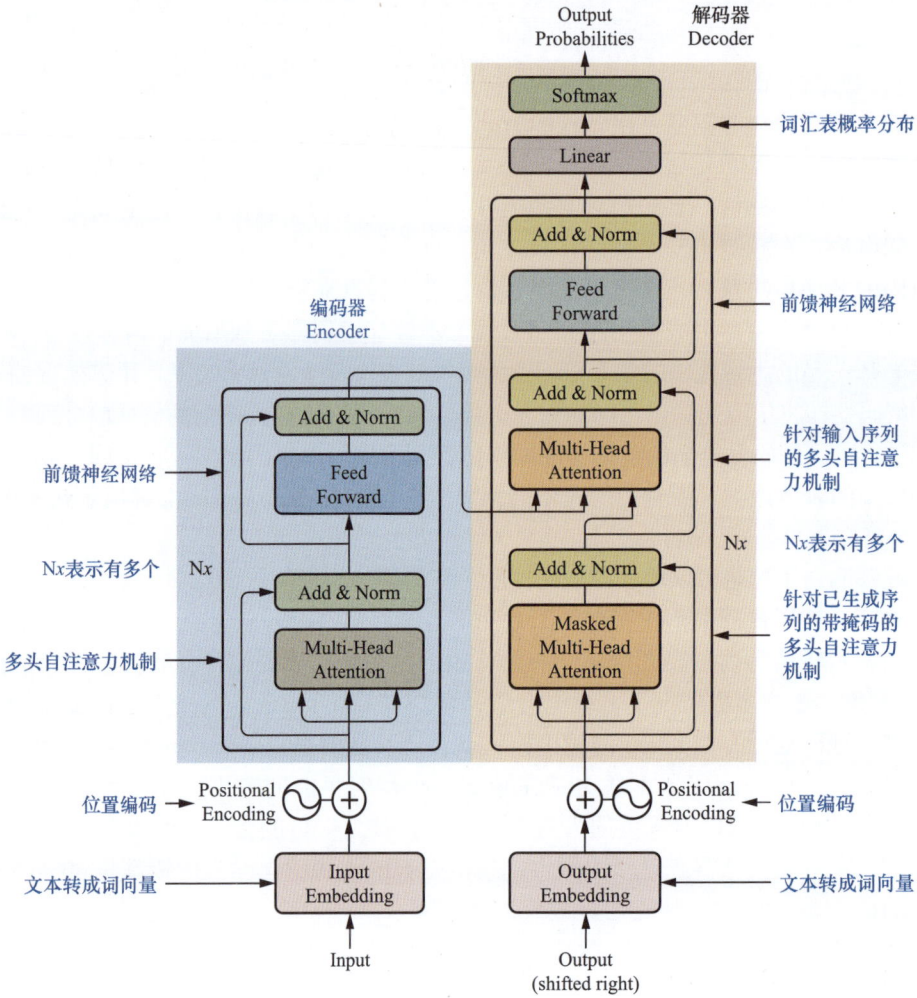

图1-8

吴老师：实际上在原始架构的基础上，Transformer 后续出现了一些"变种"，主要有3个类别，即仅编码器、仅解码器、编码器-解码器（见图1-9）。"仅编码器模型"也叫自编码模型，只保留了原始架构里的编码器，BERT（Bidirectional Encoder Representations from Transformers）就是这类模型的一个例子。此类模型适用于理解语言的任务。比如掩码语言建模，也就是让模型猜文本里被遮住的词是什么；比如情感分析，也就是让模型判断文本情感是积极的还是消极的。"仅解码器模型"也叫自回归模型，只保留了原始架构里的解码器，GPT 系列都是这类模型的例子。这类模型非常擅长通过预测下一个词来实现文本生成，我们已经在 ChatGPT 上见识过了。"编码器-解码器模型"也叫序列到序列模型，同时保留了原始架构里的编码器和解码器，T5 和 BART（Bidirectional and Auto-Regressive Transformers）都是这类模型的例子。此类模型适用于把一个序列转换成另一个序列的任务，比如翻译、总结等。

小红：学到了好多知识，现在我对大语言模型背后技术的了解应该已经超过90%的人啦！

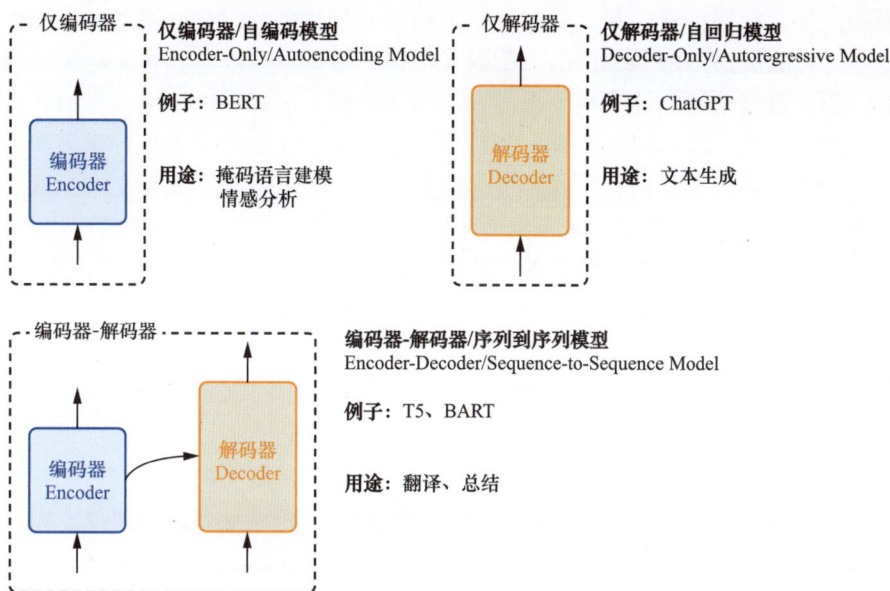

仅编码器/自编码模型
Encoder-Only/Autoencoding Model

例子：BERT

用途：掩码语言建模
　　　情感分析

仅解码器/自回归模型
Decoder-Only/Autoregressive Model

例子：ChatGPT

用途：文本生成

编码器-解码器/序列到序列模型
Encoder-Decoder/Sequence-to-Sequence Model

例子：T5、BART

用途：翻译、总结

图 1-9

1.1.3　训练一个自己的 GPT 大模型

小红：吴老师，我很好奇怎样才能训练出一个 GPT 大模型，您能给我讲一讲吗？

吴老师：把大象装进冰箱只需要 3 步，打开冰箱→装进大象→关上冰箱。要得到一个属于自己的 GPT 大模型也是 3 步。第一步通过大量的文本进行无监督学习预训练，得到一个能进行文本生成的"基座模型"。第二步，通过一些人类撰写的高质量对话数据，对基座模型进行监督微调（Supervised Fine-Tuning，SFT），完成后会得到一个"SFT 模型"。此时的模型除了可以续写文本之外，也会具备较好的对话能力。

小红：原来总听人说到的 Fine-Tuning，就是对模型进行监督微调的意思。

吴老师：是的。第三步，用问题和多个对应回答的数据，让人类标注员对回答进行质量排序，然后基于这些数据，训练出一个能对回答进行评分预测的"奖励模型"。接下来让第二步得到的模型对问题生成回答，用奖励模型给回答进行评分，将评分作为反馈进行强化学习训练。这样，一个类似 ChatGPT 的 GPT 大模型就训练好了（见图 1-10）。

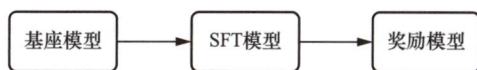

图 1-10

小红：听起来好简单呀，能详细给我讲一讲吗？

吴老师：当然可以。在第一步的预训练中，首先需要海量文本作为原料，让模型从中学习。比如 GPT-3 的基座模型的训练数据来自多个互联网文本语料库，覆盖书籍、新闻文章、科学论文、维基百科、社交媒体、帖子等的内容，训练数据的整体规模是 3000 亿token。有了大量可用于训练的文本后，要采用无监督学习的方式。

小红：什么叫"无监督学习"？是不是还有一种"有监督学习"？

吴老师：你的问题很好。和"无监督学习相对的是监督学习。监督学习会接受有标签的训练数据，标签就是期望的输出值，所以每个训练数据点都既包括输入特征，也包括期望输出值。而无监督学习则是让模型在没有标签的数据上进行训练，所以模型要自己找出数据中的结构和模式。以 GPT-3 为例，训练过程中它会利用海量文本自行学习人类语言的语法和语义，了解其表达结构和模式。具体来说，模型会先看到一部分文本，基于上下文尝试预测下一个 token，然后通过比较正确答案和预测值，模型会更新权重，从而能逐渐根据上文生成合理的下文，并且随着见过的文本越来越多，它的生成能力也会越来越强。

小红：原来如此，无监督学习就是机器自己学习，不用人类监督。

吴老师：不过，要知道预训练并不是一个容易的过程，而是非常耗时、费力、"烧钱"的，得到的结果是一个基座模型，但是，基座模型并不等同于 ChatGPT 背后的对话模型。因为此时模型有预测下一个 token 的能力，会根据上文补充文本，但并不擅长对话。你给它一个问题，它可能会模仿上文帮你继续提出更多的问题，但不回答你的问题。为了解决这点，我们需要进行第二步——对基座模型进行微调。微调就是在已有模型上做进一步的训练，这样会改变模型的内部参数，让模型更加适应特定任务。

小红：微调就是根据目的对基座模型进行调整，比如训练出一个擅长对话的 AI 助手。

吴老师：是的。微调的成本相比预训练低很多，因为需要的训练数据规模更小，训练时长更短。在这一阶段里，模型不需要从海量文本中学习，而是从一些人类写的专业且高质量的对话文字中学习。这相当于既给了模型问题，也给了模型我们人类中意的回答，属于监督学习，所以这一过程被叫作监督微调，完成后会得到一个 SFT 模型。SFT 模型比基座模型更加擅长对问题做出回答。

吴老师继续：但为了继续提升模型的实力，还可以进行第三步——让 SFT 模型进行强化学习。强化学习是让模型在环境里采取行动，获得结果反馈后，从反馈里学习，从而在给定情况下采取最佳行动，以最大化奖励或最小化损失。这就跟驯小狗似的，随着和训犬师的互动，小狗会发现做某些动作能获得零食，做某些动作没有零食，做某些动作甚至会遭受惩罚。通过观察做动作和奖惩之间的联系，小狗的行为会逐渐接近训犬师的期望。

小红：就是要让 GPT 大模型乖乖当一个乐于助人的 AI 助手。

吴老师：是这样的。我们可以让 GPT 大模型对问题做出回答，然后让人类评估员去给回答打分。打分主要是基于 3H 原则——Helpful（有用性）、Honest（真实性）、Harmless（无害性）。如果打分高的话，模型就会再接再厉。如果打分低的话，模型就要予以改正。但是，靠人类一个一个打分，成本极高，效率极低。那为何不训练出另一个模型，让模型给模型打分？所以在这一个步骤里，需要训练出一个奖励模型。

小红：奖励模型就是从回答和回答对应的评分里训练学习吧？

吴老师：是的。要得到评分数据，可利用第二步里得到的 SFT 模型，它会对每个问题生成多个回答，然后，让人类标注员对回答质量进行排序。虽然还是免不了人力劳动，但是一旦有了足够的排序数据，就可以把数据用在训练奖励模型上，让奖励模型学习预测回答的评分。当奖励模型训练完成后，即可将其应用于强化学习。在强化学习里，GPT 大模型的初始参数源自此前获得的 SFT 模型，会在训练过程中不断更新；而奖励模型的参数则不再更新，其职责在于为模型生成的内容打分。经过一轮又一轮迭代后，模型会不断优化回答策略，回答的质量也会进一步提升，强大的 GPT 大模型就在不断学习中训练成了。

小红：这真是一个持续进步的过程，GPT 大模型会随着时间的推移变得越来越强大。

1.2 为什么要用大模型

1.2.1 大模型能解决什么问题

吴老师：如果只是获取信息，搜索引擎也能做到，GPT 这样的大模型工具只是更高效和快捷而已。其实，当我们面临的是更加复杂的问题，比如需要进行分析、判断，甚至是创造性思考的时候，才是大模型真正大显身手的时候。

小红：就是之前提到的逻辑推理和共同创作能力吗？

吴老师：可以这么说。我们遇到的所有问题大致可以分为两类，即简单问题和复杂问题。先说什么是简单问题。简单问题就是 What、Who、Where、When 这类问题，用不着大模型，一般的搜索引擎，比如百度、谷歌，就能很好地帮忙解答。

小红：那复杂问题呢？

吴老师：复杂的问题就是 Why 和 How 的问题。比如，你刚才的问题都是复杂问题。帮你写文章、帮你写代码、帮你翻译等，都是搜索引擎办不到的事情。我们先说 Why 的问题。Why 的问题不但要有事实依据，还要有推理过程。这种题目就算是我们来回答，也需要花费大量精力收集资料和深度思考，但是，因为大模型训练时接触到了来自各个领域的大量文本，所以大模型能够综合不同领域的知识，提供更加全面和深入的答案。比如，我们问一个问题。

> **提问**：为什么大家这几年都在讨论气候变化？

气候变化成为全球关注焦点的原因主要有以下几点。

生态威胁的紧迫性：气候变化正在以前所未有的速度改变地球生态。海平面上升速度加快，大量沿海湿地、城市面临被淹没风险，如马尔代夫等岛国。同时，气候变化扰乱了生态平衡，许多物种的栖息地遭到破坏，动植物的生命周期被打乱，物种灭绝速度加剧，这不仅是生物多样性的灾难，更会引发连锁反应，使整个生态系统面临崩溃，严重威胁人类生存的根基。

社会经济的重大挑战：气候变化对农业的冲击巨大，降水模式改变、极端气候频发，使粮食产区产量大幅波动，可能引发全球粮食危机。能源领域，传统能源结构下，应对气候变化需投入高额成本实现转型，而能源需求又因气候变化而变化。此外，极端气候引发的自然灾害频繁，对基础设施破坏严重，增加了重建成本和保险赔付，影响经济发展和金融稳定。

全球责任与合作的需要：地球气候系统是一个统一整体，任何国家和地区都无法避免气候变化带来的影响。国际社会必须协同行动，通过如《巴黎协定》等国际协议明确各方责任，共同应对这一全球性挑战，体现公平与共同但有区别的责任原则，促进全球可持续发展。

科学认知的深化推动：科学研究不断进步，科学家明确指出人类活动排放温室气体是主要驱动因素，这使人们深刻认识到自身行为的影响，促使政府、企业和民众积极参与应对气候变化行动。

吴老师：大模型把大白话问题翻译成了"为什么气候变化成为全球关注的焦点？"然后，对这个 Why 的问题进行回答。你看大模型给出了案例（事实），还有原因（推理）。

小红：太厉害了。那 How 的问题呢？

吴老师：How 的问题，关键在于目标路径。知道目标后，找到路径的过程中可能还需要不同的工具和方法。很多时候你只知道方向，不知道路径。或者是，你大概知道路径，但是缺乏具体的工具和方法。当我们与 GPT 交互时，我们不仅可以获得丰富的参考答案，还能够深入探究问题的本质、背后的相关因素和解决方案的思路。这种互动过程，本质上是一个学习和思考的过程。

小红：就仿佛跟优秀的人一起，自己也会变优秀一样。

1.2.2 大模型不能解决什么问题

小红：说了这么大模型能做的事情，那有什么事情是大模型不能做的？

吴老师：这是一个好问题。我们想想底层逻辑，所有的 AI 都是仿照人脑，那大模型还差什么东西呢？比如，缺少海马体，没有长期记忆，没办法进化，也没办法处理更复杂的问题；再比如，缺少前额叶，没有情感，没有喜悦和恐惧，就没有办法判断决策带来的影响，也就无法理解责任；还比如，人类可以通过全新的视角和思维方式进行创新，大模型则只是基于已有数据进行重组和组合。

小红：另外，还有您之前说过的"幻觉"。

吴老师：是的，大模型的回应都是根据提示以及前面已生成的内容，通过持续预测下一个 token 的概率来实现的，它们并不知道自己不了解的领域，我们会经常看到它们胡说八道，同时还充满自信。所以，你会感觉大模型有时候像个博览群书又善解人意的天才，有时候像一个胡说八道的人。

提问：你现在是演讲大师，你会用乔布斯的方式演讲。

乔布斯有一个非常厉害的技能，就是把一件普通人说起来平平无奇的事件，用数字、百分比或者形容词给描述得超级厉害。

举个例子吧，普通人煮一碗面就是我什么时候在哪煮一碗面。

但是乔布斯会这样说：经我们苹果员工连续 300 个日夜不间断的大数据研究发现，97% 的人类在早晨 7:03:56 的时候会出现明显的饥饿感，相比 7 点整，饥饿感整整提升了 57%。为了解决这种饥饿感，我们苹果员工反复研究比对发现，面粉的饱腹感要比大米的饱腹感高出 21%，于是我们专门找到了面粉的发源地——位于中东的新月沃土，花重金在新月沃土研制出了一款迄今为止最有饱腹感的面条。那么究竟有多饱腹呢？比传统的面条饱腹感提升了 73%。我们给它取了一个好听的名字，叫苹果空心面。同时，我们还联合饮用水的行业巨头——依云矿泉水，研制出了业内首创的泡面专用水——依云谷泉。用我们依云谷泉煮出来的面条饱腹感还能提升 11%。

仿照乔布斯的方式演讲，演讲题目：焦虑的人更聪明。

在这个信息爆炸、节奏飞快的时代，每个人都或多或少地感受到了焦虑。但是今天，我要告诉大家一个惊人的发现：焦虑的人，其实更聪明。

首先，我们苹果的专家团队进行了持续 768 小时的全球大数据分析，结果令人震惊。数据显示，在面对高难度问题时，那些经常感到焦虑的人解决问题的速度比平静的人快出不可思议的 32%。而且，他们的创新解决方案的数量，竟比平静者多出了惊人的 46%！

这是怎么做到的呢？原来，焦虑能激发人的大脑潜能。根据我们的研究，焦虑能使人的大脑释放更多的多巴胺，这是一种可以提高思维敏捷度和创造力的神经递质。实际上，在特定情境下，焦虑的人的认知能力和创新能力能比常人提升高达 51%！

为了进一步验证这个发现，我们苹果与神经科学领域的权威机构特别合作，开展了一项前所未有的研究。我们在全球范围内挑选了 5000 名志愿者，进行了长达半年的跟踪研究。研究发现，经常感到焦虑的人在解决复杂问题时，大脑活动区域的活跃度比常人高出了惊人的 37%！

更令人兴奋的是，这种通过焦虑激发的聪明才智并不是一时的。我们的研究还发现，这种状态可以持续至少 8 小时，远远超出了普通人的注意力集中时间。

所以，各位朋友，如果你也经常感到焦虑，不要过于担心。因为这可能是你的大脑在告诉你，你比别人更有潜力，你的聪明才智正在被激活。在苹果，我们相信，每个人的潜能都是无限的。所以，让我们拥抱焦虑，激发我们内在的无限潜能吧！

小红：这简直就是一本正经的胡说八道呀，有理有据的，搞得我差点都信了。那对大模型的回答，我怎么才能取真去伪呢？

吴老师：现在大多数 GPT 都嵌有 AI 搜索功能，很好地弥补了知识更新的问题。关于 AI 搜索，我们后面再详细讨论。在使用 GPT 时，你最好把它当作一个参考工具，最终的判断还是要靠自己。如果你不太确定，可以查阅其他资料来验证。比如，参考权威、可靠的信息来源，例如政府网站、学术期刊或正规新闻媒体；另外，还可以尝试以不同的方式重新提问，或将问题进行拆分，以获得更有用的答案。

小红：明白了，所以使用 GPT 就像是和一个智能的伙伴交流，最重要的是，我要有自己的判断力。您刚才说，GPT 没办法处理更复杂的问题，什么是复杂问题呢？

吴老师：比如，人类情感就是一个复杂问题，GPT 无法准确识别。我们找一段脱口秀，让 GPT 解读一下。

> **提问**：以下是一段脱口秀，对这段脱口秀作一下评论。脱口秀原文如下：我楼上的小朋友 4 岁，每天练琴两小时，我觉得不能让我闺女输给楼上的小朋友，就让闺女每天听俩小时楼上的小朋友弹出的琴声，他孩子当钢琴家，我闺女当乐评人。

这段脱口秀以幽默的方式表达了一种生活中的竞争心态和教育观念，通过夸张的对比（楼上小朋友每天练琴两小时，而自己的女儿只是听两小时音乐），巧妙地讽刺了一些家长盲目跟风、攀比心理强烈的现象。同时，这句话也隐含了对个性化教育的肯定，即每个孩子都有自己的兴趣和特长，不必一味追求传统的成功标准（如成为钢琴家），而是可以有自己独特的发展道路（如成为乐评人）。整体来看，这段脱口秀既幽默风趣，又富有深意，引人深思。

小红：GPT 分析得不准确，这段脱口秀是对"卷"的讽刺。GPT 给的是字面上的含义，不是这段脱口秀深层要表达的意思。

吴老师：是的。深入了解 AI 的局限性，可以减轻焦虑感，让我们更清楚地判断市场上那些新产品或新概念的实际用途，而不会被过多的技术名词所迷惑。你会发现，AI 虽然能取代很多重复性劳动，但它依然无法拥有人类的创新能力和情感判断能力。我们在这个快速变化的时代要更加冷静地应对变化，增强对未来的掌控感。

1.2.3 使用大模型为工作提效

吴老师：随着科技的发展，"模型"在 AI 系统中的地位呈日益上升的趋势（见图 1-11）。你看，从最初依赖规则和搜索算法的 AI，到如今生成式 AI 的广泛应用，背后的核心就是复杂的深度学习模型。2020 年，OpenAI 发布了 GPT-3，这是一项标志性成果。随着 GPT-3 到 GPT-4o 的迭代，包括扩散模型在内，AI 的能力和应用场景得到了极大扩展。生成式 AI 能生成文本、图像、音频等各种形式的内容，不仅丰富了 AI 的应用，也让模型在 AI 系统中所占的比重变得越来越大。

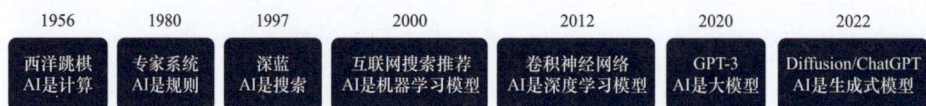

1956	1980	1997	2000	2012	2020	2022
西洋跳棋 AI是计算	专家系统 AI是规则	深蓝 AI是搜索	互联网搜索推荐 AI是机器学习模型	卷积神经网络 AI是深度学习模型	GPT-3 AI是大模型	Diffusion/ChatGPT AI是生成式模型

图 1-11

小红：AI 的发展真的好快啊。

吴老师：是的。世界正在全面拥抱 AI，很多大公司已抢先布局。比如 Meta，2021 年 9 月，Meta 股价暴跌 75%，很多人认为是元宇宙不成功，但根本原因是广告业务下滑，而广告占到了 Meta 营收的 99%。于是 Meta 开始在 AI 上布局，之后，股价在两年内翻了 4 倍，仅次于英伟达，远超苹果、谷歌、特斯拉和微软。

小红：竟然能有这么大的提升，Meta 具体是怎么利用 AI 的呢？

吴老师：当时，苹果的隐私政策升级，80% 的用户拒绝跨应用数据追踪，导致 Meta 难以获取用户行为数据，广告精准度下降。Meta 随即调整策略，专注分析用户在自己平台上的行为数据，比如浏览内容、停留时长、点赞和评论，借此优化广告推送。他们在 AI 上投入巨资，仅英伟达 H100 显卡就买了 60 万块。Meta 的广告系统 Advantage+ 非常智能，广告主只需提供产品信息和预算，系统就会自动分析受众、匹配素材并分配预算，大幅提高了投放效率。AI 不仅恢复了 Meta 广告的 ROI（Return on Investment，投资回报率），还能帮助广告主更好地理解用户行为，提升用户体验和留存率。此外，Meta 还开源了大模型 Llama，增强了他们在 AI 领域的影响力。

小红：感觉 AI 还提升了用户体验呢。

吴老师：是的。说完 Meta，再来聊聊苹果。2024 年 2 月，苹果公司做了一个重大的战略调整，决定放弃他们的电动汽车项目，转而大力投资 AI。这个消息一出来，苹果的股价就上涨了超过 1%。

这是一次战略调整，表明苹果看到了 AI 的巨大潜力。数据分析师预测，AI 功能会缩短设备更换周期，因为更多人想体验新推出的智能功能。特别是苹果推出的 Apple Intelligence 体系，它能跨 iPhone、iPad 和 Mac 平台，提升语言和图像处理能力。在 2024 年全球开发者大会上，苹果展示了如何利用自家芯片来支持这些功能。

小红：听了 Meta 和苹果的例子，我感到世界在拥抱 AI，我们数据分析师也要使用 AI 产品为工作提能增效。

吴老师：对我们来说，目前重要的是能用 GPT 这个工具提升生产效率，并解决工作中的实际问题。了解 GPT 能做什么、不能做什么，我们在使用大模型的过程中就会有的放矢，也知道哪里应该自己思考，哪里用大模型来提高效率。GPT 如何帮数据分析师？我们直接来问一问。

> **提问**：如何使用 GPT 为数据分析工作赋能？

对于数据分析工作，GPT 可以如下方式赋能。

（1）数据分析指导：为数据分析师提供理论指导、技术指导和最佳实践建议，帮助他们更有效地进行数据处理和分析。

（2）编程和脚本撰写：辅助数据分析师编写和调试用于数据处理和分析的脚本，使用 Python、R 语言等常用于数据分析的编程语言。

（3）数据可视化建议：提供数据可视化的创意和建议，帮助数据分析师选择最合适的图表类型，以有效地展示数据。

（4）报告撰写辅助：帮助数据分析师撰写分析报告，提供清晰的结构和表达方式，使报告更加专业和易于理解。

（5）学习和发展：为数据分析师提供最新的数据分析工具、技术和行业动态，帮助他们不断学习和进步。

通过这些方式，GPT 不仅可以提高数据分析的效率和质量，还可以帮助数据分析师更好地发挥创造力，做出更加明智的决策。

小红：能做这么多事情呢。能给我编写代码、帮助我写报告，还能指导我的学习发展。

吴老师笑笑：GPT 的功能远不止于此，它不仅能帮助你完成工作中的具体任务，还能为你提供方向性的建议和指导。对于任何具体问题，你都可以向它寻求帮助和解答。

小红一笑：我现在花时间最多的就是写代码，先让它算个留存率。

> **提问**：有一张订单全量表 order_base，字段信息包括 order_date（订单日期）、order_id（订单 id）、user_id（用户 id）。计算新增用户的次日留存率，脚本如何写？说明：（1）新增用户：当日为其首次下单日期。（2）次日留存率：第一天有订单的用户中，第二天依旧有订单的用户的占比。

为了计算新增用户的次日留存率，我们可以使用以下 SQL 脚本：

```sql
WITH FirstOrder AS (
    -- 计算每个用户的首次下单日期
    SELECT user_id, MIN(order_date) AS first_order_date
    FROM order_base
    GROUP BY user_id
),

Retention AS (
    -- 计算次日留存的用户数
    SELECT
```

```
        a.user_id,
        a.first_order_date,
        CASE
            WHEN b.order_date IS NOT NULL THEN 1
            ELSE 0
        END AS retained_next_day
    FROM FirstOrder a
    LEFT JOIN order_base b
    ON a.user_id = b.user_id
    AND DATE_ADD(a.first_order_date, INTERVAL 1 DAY) = b.order_date
)

-- 计算次日留存率
SELECT
    first_order_date,
    COUNT(user_id) AS total_new_users,
    SUM(retained_next_day) AS retained_users,
    SUM(retained_next_day) / COUNT(user_id) AS next_day_retention_rate
FROM Retention
GROUP BY first_order_date
ORDER BY first_order_date;
```

这个脚本的逻辑如下。

（1）FirstOrder 子查询：计算每个用户的首次下单日期。

（2）Retention 子查询：对于每个新增用户，检查其是否在首次下单的次日也有订单。如果有，则 retained_next_day 为 1，否则为 0。

（3）对于每个首次下单日期，计算总的新增用户数、次日留存的用户数和次日留存率。

请注意，这个脚本假设 order_date 字段是日期类型。如果 order_date 是日期时间类型，你可能需要使用日期函数（如 DATE()）来确保只比较日期部分。

小红瞪大了眼睛：真是太惊艳了！不但能识别出来要写脚本解决这个问题，而且每一段代码都有解释。我感觉找到了一个全能的伙伴，大大提升了工作效率。

1.3 如何用大模型获取有效信息

1.3.1 运用乔哈里视窗提问

小红：吴老师，我发现用 GPT 的过程中，它总是输出一些"没营养的套话"，好像没有您之前讲的那么智能，这是为什么呢？

吴老师：大模型有个特点叫作"垃圾输入，垃圾输出"（Garbage In, Garbage Out）。

小红：这是什么意思呢？

吴老师：意思是说，如果你给它的输入信息不够清晰或者目标不明确，那么它给你的输出结果也不会是你想要的。要让大模型给出更有用的答案，我们要理解这个对话的场景。对话就是两个人在交流，对吧？那两个人肯定会有一些认知上的差异，是不是？

小红：我非常认同。比如同样是吃年夜饭，我是北方人，过年一般吃饺子，您是南方人，过年习惯吃汤圆。

吴老师点头：这种认知差异，可以用一个很经典的模型来解释，那就是"乔哈里

（Johari）视窗"，这个模型非常适合用来分析我们和 GPT 聊天时的情况（见图 1-12）。

小红好奇地看着吴老师，显得非常感兴趣。

吴老师：这个模型分为 4 个象限。第一个象限，是你和 GPT 都知道的，这部分就是公开区。比如常见的科学知识或者公开的数据信息，这部分信息不会给对话带来阻碍。第二个象限，是你可能不了解，但 GPT 知道的，这部分就是我们说的"盲区"。大模型通过学习海量的数据，会掌握一些你还未接触到的知识或信息。

图 1-12

小红：感觉对 GPT 来说，我的盲区无限大。

吴老师笑着点头：第三个象限，是你知道的，但 GPT 不一定知道的，这相当于你的私人领域。比如你的个人经历或者最近发生的事情，GPT 是不可能知道的，因为它的知识只更新到它最后一次被训练的时间点，如 GPT-4 的数据只更新到 2023 年 3 月之前。

小红似乎有些惊讶：这样啊，那确实有很多 GPT 不知道的东西。

吴老师：最后一个象限，就是我们和 GPT 都不知道的，那就是"未知区"，可能包括一些未来的发展趋势，或者一些现在还没被人类发现的知识。

小红：这 4 个象限我听懂了。原来我们和 GPT 之间的沟通可以通过这种方法来区分。

吴老师：那我们先重点说说盲区，对 GPT 来说你的盲区非常大，你可能想了解一些东西，但又不知道该怎么问，只有一个大概的模糊概念。这时候你应该怎么办呢？

小红：可以先问一些有关基本概念的问题，然后再慢慢深入。

吴老师：很好，除了概念性的问题，也可以让 GPT 告诉你要问什么问题。

- 请列举并解释 ××× 领域 / 行业中最常用的 ××× 个术语。如果存在英文缩写，请提供完整的英文名称。
- 详细介绍 ××× 的重要生平事件 / 公司发展历程。

小红：这两个问题太好了，一下子就打开局面了，我就可以继续往下细化提问了。

> **举例提问**：请列举并解释电动汽车行业中最常用的 10 个术语。如果有英文缩写，请给出完整的英文名称。

以下是电动汽车行业中最常用的 10 个术语及其解释。

（1）EV（Electric Vehicle，电动汽车）：指使用电力驱动的汽车，包括纯电动汽车和插电式混合动力汽车。

（2）BEV（Battery Electric Vehicle，纯电动汽车）：指完全依靠电池储存的电能驱动的汽车。

（3）PHEV（Plug-in Hybrid Electric Vehicle，插电式混合动力汽车）：指既可以使用内燃机也可以使用电动机驱动的汽车，电动机可通过插入外部电源充电。

（4）HEV（Hybrid Electric Vehicle，混合动力汽车）：指同时使用内燃机和电动机驱动的汽车，但电动机的电能主要通过内燃机或刹车回收系统产生。

（5）Li-ion Battery（Lithium-ion Battery，锂离子电池）：是目前电动汽车中最常用的

电池类型，具有高能量密度和长寿命的特点。

（6）Fast Charging（快速充电）：指使用高功率的充电设备在短时间内为电动汽车电池充电的过程。

（7）Regenerative Braking（再生制动）：是一种能量回收技术，将车辆在制动过程中产生的动能转换为电能，储存到电池中。

（8）Range Anxiety（续航焦虑）：指电动汽车用户对车辆电池续航里程不足的担忧。

（9）DC Fast Charging（Direct Current Fast Charging，直流快速充电）：指使用直流电为电动汽车快速充电的一种方式，比交流充电更快。

（10）ICE（Internal Combustion Engine，内燃机）：指传统汽车使用的以汽油或柴油等化石燃料为动力的发动机。

了解这些术语有助于更好地理解电动汽车行业的技术和发展趋势。

小红：哇，这样我可以快速了解一个领域或者一个人，而且还是零成本，太棒了！

吴老师：我们接着聊聊公开区的问题，你觉得这类问题要不要问呢？

小红想了想：我觉得可以问。就算是大家都知道的东西，我们也可以互相交流一下，分享不同的看法。

吴老师：没错，这正是聊天的乐趣所在。你可以利用大模型来验证自己的想法，或者扩展自己的知识面。就像是和一个博学的朋友聊天一样。

小红：那有什么好句式吗？

吴老师：如果你要检验自己的认知，你可以问下面这样的问题。

- 在 ××× 主题 / 技能方面，你认为哪些核心要点是我必须理解和掌握的？
- 我对 ××× 的理解是这样的，你认为这是否准确？如果有误，请指出并更正。

> **举例提问**：在数据分析方面，你认为哪些核心要点是我必须理解和掌握的？

在数据分析领域，以下是一些必须理解和掌握的核心要点。

（1）数据清洗与预处理：理解如何处理缺失值、异常值和重复数据，以及如何进行数据转换和标准化。

（2）探索性数据分析（Exploratory Data Analysis，EDA）：熟练掌握数据可视化技术，如散点图、直方图、箱线图等，以及统计概念，如均值、中位数、标准差等，以发现数据中的模式、趋势和异常。

（3）统计学基础：掌握概率论、假设检验、置信区间、回归分析等统计学原理，以支持数据分析的推断和预测。

（4）数据建模：理解不同类型的数据模型，包括线性模型、分类模型、聚类模型等，以及模型评估方法，如交叉验证、AUC、混淆矩阵等。

（5）机器学习：熟悉基本的机器学习算法，包括监督学习（如线性回归、逻辑回归、决策树等）和无监督学习（如 k 均值聚类、主成分分析等）。

（6）数据可视化：掌握使用数据可视化工具（如 Power BI、Matplotlib 等）来呈现和解释数据分析结果。

（7）SQL 和数据库知识：理解如何使用 SQL 进行数据查询、数据整合和数据管理，以及如何与数据库进行交互。

（8）编程技能：熟练使用至少一种数据分析相关的编程语言，如 Python 或 R，包括其数据处理和分析库（如 pandas、NumPy 等）。

（9）业务理解：能够将数据分析结果与业务问题联系起来，为业务决策提供洞察。

（10）沟通与报告：掌握将复杂的数据分析结果以易于理解的方式呈现给非技术人员的技能。

这些要点构成了数据分析的基础，掌握它们将有助于你在数据分析领域的学习和职业发展。

小红：比之前给的回答详细多了呢！

吴老师：如果你对某个领域有一定的了解，现在要扩充自己的知识，这种信息也属于公开区，可以提一些发散性问题，如下。

- 我想深入学习 ×××，你能根据最新研究和趋势给我一些方案或建议吗？
- 我对 ××× 很感兴趣，但不太清楚该问些什么问题。你能给我一些建议吗？

> **举例提问**：我对 AI 的安全性很感兴趣，但不太清楚该问些什么问题。你能给我一些建议吗？

当然可以！如果你对 AI 的安全性感兴趣，但不确定该问哪些问题，你可以从以下几个方面入手。

（1）基本概念。你可以问："什么是 AI 安全性？"这个问题可以帮助你了解 AI 安全性的基本概念和定义。

（2）主要挑战。接着，你可以问："AI 安全性面临哪些主要挑战？"这个问题可以帮助你了解当前 AI 安全领域的主要问题和难点。

（3）解决方案。然后，你可以问："目前有哪些方法可以提高 AI 的安全性？"这个问题可以帮助你了解业界是如何应对 AI 安全挑战的。

（4）未来趋势。最后，你可以问："未来 AI 安全性的发展趋势是什么？"这个问题可以帮助你了解未来可能出现的新挑战和解决方案。

通过这些问题，你可以逐步深入了解 AI 安全性的各个方面。当然，这只是一个起点，你可以根据自己的兴趣和需要继续探索更多相关问题。

小红：这可以让我找到一个更清晰的方向，根据这些建议来进一步探索和提问，不断扩充自己的知识，真是让人兴奋。

吴老师：最后，是未知区和隐私区，在这种情况下，你觉得还应该提问吗？

小红：我觉得还是要问的，可以看看 GPT 是怎么推理的。

吴老师：很好。你可以向 GPT 提出问题，让它帮你分析一下，或者提供一些不同的观点。你可以先给 GPT 一些背景信息，然后再提问。

- ×××（介绍背景），你怎么看待这种现象？
- ×××（介绍背景），你觉得会产生什么样的影响？

> **举例提问**：人类要移民火星了，你怎么看待这种现象？

人类移民火星是一个复杂且多维度的话题，涉及技术、社会、伦理和未来发展等多个方面。以下是对这种现象的深度思考。

（1）技术挑战与进步：人类移民火星代表了空间探索和技术创新的巨大进步。这需要解决许多复杂的技术问题，包括长期太空旅行的生命支持系统、火星表面的居住条件、资源的开发利用等。这些问题的解决将推动科技的发展，可能带来地球上许多其他领域的技术突破。

（2）人类生存与扩展：从更广阔的视角来看，移民火星是人类文明扩展和生存保障的一种尝试。随着地球资源的逐渐枯竭和环境问题的加剧，探索其他星球的居住可能性成了一种必要的前瞻性思考。这不仅是为了应对潜在的地球灾难，也是人类探索宇宙、追求更广阔生存空间的体现。

（3）社会与文化影响：移民火星将对人类社会和文化产生深远影响。这涉及社会结构的重组、文化价值观的变革以及人类身份和目标的重新定义。在一个全新的星球上建立社会秩序和文化体系，将是一个前所未有的挑战，也是对人类智慧和创造力的考验。

（4）伦理与道德考量：人类移民火星还引发了伦理和道德方面的讨论。例如，我们应该如何平衡对火星环境的保护与开发？移民火星的人类是否享有与地球上相同的权利和义务？在一个全新的环境中，人类应该遵循怎样的伦理准则？这些问题需要在未来的探索中不断思考和解答。

（5）未来展望：虽然目前人类移民火星还处于探索阶段，但这一愿景已经激发了全球的想象力和研究热情。随着技术的进步和国际合作的加强，这一目标可能在未来几十年内逐步成为现实。这将是人类历史上的一次重大飞跃，开启人类在宇宙中的新篇章。

小红：GPT从好几个方面来进行推理，涉及的领域很广泛呢。感觉GPT从底层认知开始，在不断扩大我的思考边界。

1.3.2 写提示词的10个技巧

吴老师：我们刚才聊了怎么从GPT那里获取有效信息，这是站在方法论的角度上说的。现在我们再具体点，聊聊什么样的提示词（Prompt）才算是好的。我们先让GPT自己解释一下，什么是Prompt。

> **提问**：什么是GPT的Prompt？

在GPT的上下文中，Prompt指的是用户输入给模型的文本，用于引导模型回应。GPT是一个基于GPT（生成式预训练变换器）的聊天机器人模型，它通过分析和理解输入的Prompt来生成相应的回复文本。

例如，如果你向GPT输入一个问题作为Prompt，如"什么是AI？"，GPT会根据其训练和知识生成一个回答。同样，如果你输入一个句子的开头作为Prompt，如"昨天我去了"，GPT可能会根据这个开头生成一个完整的故事或描述。

在这种情况下，Prompt是对话的起点，它决定了GPT回复的方向和内容。用户可以通过改变Prompt来探索不同的话题、获得不同类型的信息，或引导对话朝着特定的方向发展。

小红：原来 Prompt 就是我给 GPT 输入的文字。

吴老师：是的，Prompt 就是我们给 AI 聊天助手输入的问题或指令，AI 会根据提示内容给予回应。我们之前讲过 GPT 的底层原理，大模型是用海量文本训练出来的，因此擅长模仿人类的语言表达方式。不过，它们的回应都是根据提示以及前面已生成的内容，通过持续预测下一个 token 的概率来实现的。对于它们不了解的领域，它们并不知道自己缺乏哪方面的知识，所以会持续输出，加上生成过程中也没有反思能力，所以经常会胡说八道，同时还充满自信。

小红：这就是我们之前所说的"幻觉"。那如何让 GPT 给出想要的回答呢？

吴老师：这里有 10 个技巧（见图 1-13），我们分别展开讲一讲。

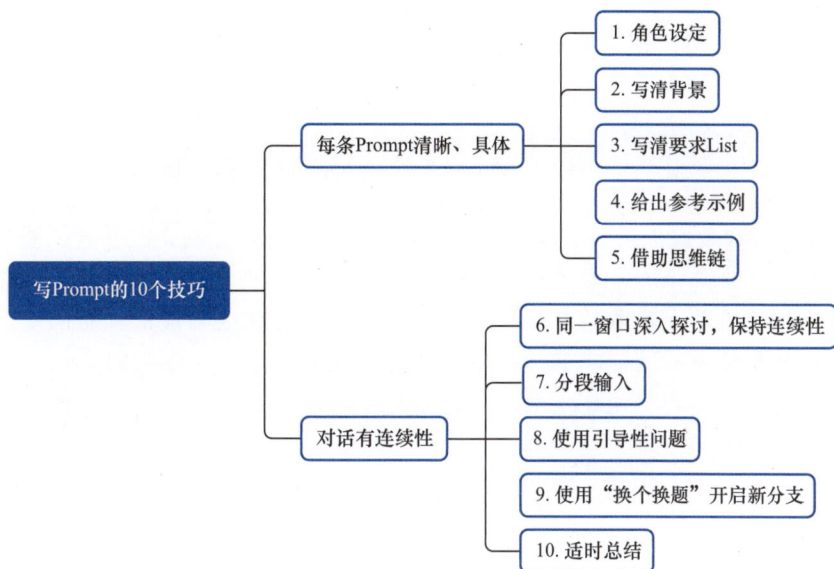

图 1-13

吴老师：技巧一是角色设定。先给 GPT 设定一个角色，让它尽量激活庞大数据里的相关数据。因为 GPT 学习了海量的信息，可以提炼出某个有色的世界观、价值观、语言特点等，就仿佛蹦出来一个分身来指导你，比如历史人物、名人、某个职业的人，甚至是二次元人物，然后你就可以跟这个角色进行对话，感受一下不同的视角和思维方式。你可以用句式：如果你是×××，在什么话题上 / 在某种情况下，你会说什么？会怎么想？会怎么看？会怎么做？

> **提问**：如果你是埃隆·马斯克，在给 AI 时代的职场人提建议时，你会说什么？会怎么想？会怎么看？会怎么做？

如果我是埃隆·马斯克，我给 AI 时代职场人的建议，可能会包括以下几点。

（1）终身学习：在不断发展的 AI 时代，技术和知识在快速更新，职场人应该保持好奇心，不断学习新技能和新知识，以适应未来的变化。

（2）适应变化：AI 技术的发展会改变很多行业和职业，职场人需要灵活适应这些变化，积极寻找新的机会和挑战。

（3）创新思维：AI 时代需要创新的思维和解决问题的能力，职场人应该培养创新意识，敢于尝试新方法和新技术。

（4）人机协作：AI 技术的发展不是取代人类，而是与人类协作，职场人应该学会如何与 AI 技术合作，发挥各自的优势。

（5）关注伦理和安全：随着 AI 技术的应用越来越广泛，职场人应该关注 AI 伦理和安全问题，确保技术的合理和安全使用。

（6）把握机遇：AI 时代带来了很多新的机遇和可能性，职场人应该敢于探索和把握这些机遇，积极参与到 AI 技术的发展和应用中。

总的来说，埃隆·马斯克可能会建议职场人在 AI 时代保持学习和创新，适应变化，与 AI 技术合作，关注伦理和安全，积极把握机遇。

吴老师： 除此之外，还可以让 GPT 充当智囊团，比如团内有 6 个不同的董事作为教练，分别是巴菲特、查理·芒格、瑞·达利欧、乔治·索罗斯、马云和张磊。他们都有自己的个性、世界观、价值观，对问题有不同的看法、建议和意见。你可以说出自己的处境或者你想探讨的话题，让大模型以这 6 个身份给出对应的意见和建议。

> **提问：** 你是我的智囊团，团内有 6 个不同的董事作为教练，分别是巴菲特、查理·芒格、瑞·达利欧、乔治·索罗斯、马云和张磊。他们都有自己的个性、世界观、价值观，对问题有不同的看法、建议和意见。我会在这里说出我的问题，请你以这 6 个身份分别进行回答。我的问题是：我有个朋友，他刚刚把杭州的一套房子给卖了，得到了 400 万元，他想将这 400 万元用于投资，请给出具体的意见和投资领域。

这是一个有趣的问题。让我们尝试从这 6 位不同领域的专家的视角来看待这个问题。

1．巴菲特

- 投资领域：银行业、保险业、消费品。
- 具体意见：寻找品牌知名度高、现金流稳定和治理结构良好的企业。考虑投资可口可乐、美国银行等历史业绩优秀的企业。

2．查理·芒格

- 投资领域：科技、医疗、能源。
- 具体意见：寻找具有长期增长潜力和高回报率的企业。避免投资过于复杂或不易理解的业务。

3．瑞·达利欧

- 投资领域：全球股市、债市、黄金。
- 具体意见：构建一个分散的投资组合，根据经济周期的变化调整资产配置。考虑使用低成本的指数基金来分散投资。

4．乔治·索罗斯

- 投资领域：外汇市场、新兴市场。
- 具体意见：利用全球经济和政治事件的波动来获取投资机会。关注货币政策变化对市场的影响。

5. 马云

- 投资领域：电子商务、云计算、金融科技。
- 具体意见：投资具有创新商业模式和技术优势的企业。关注中国市场的消费升级趋势和数字化转型机会。

6. 张磊

- 投资领域：教育、医疗健康、消费品。
- 具体意见：寻找具有长期增长潜力和正面社会影响的企业。重视企业文化和社会责任。

综合这些建议，你的朋友可以考虑将资金分配到不同的投资领域，并在每个领域选择具有稳定增长潜力和良好治理结构的公司进行投资。同时，保持对市场动态的关注，并根据经济环境和个人风险承受能力适时调整投资策略。

小红：哇，GPT 的角色扮演能力真是太强了！它不仅能模拟不同的人物，还能给我带来不一样的视角和思考。让我感觉，技术不仅仅是冰冷的工具，它还能成为理解人性、拓展思维的桥梁。

吴老师：技巧二是写清背景。这是因为更多的背景会让大模型链接到更多的知识，比如我们上面提到的"马斯克""火星"这样的词汇，大模型接收到之后就会去调用相应的知识库；同时，更多的背景也可以减少"幻觉"产生，让 GPT 的回答更加准确。

> **提问**：如何分析电商平台用户购买行为数据？

数据收集与整理：整合注册、浏览、购买等信息，清洗数据。
用户画像构建：依据基本信息和购买历史分析特征。
购买行为模式分析：研究购买频率、时间分布、购买路径。
商品关联分析：挖掘常一起购买的商品组合。
转化率分析：计算各环节转化率，对比不同渠道和活动效果。
忠诚度分析：通过重复购买率等评估忠诚度。
数据可视化与报告：直观展示结果，撰写报告，为运营和营销提供支持。

> **提问**：你是电商平台的数据分析师，平台近期对商品推荐算法进行了调整，同时增加了一些新的商品品类。在此背景下，如何分析电商平台的用户购买行为数据？重点关注新算法对不同品类商品购买频率的影响，以及新商品品类的用户接受程度和购买行为特征。

数据分层与对比：将数据按照时间维度进行分层，分为算法调整前和调整后两个阶段，以便对比分析用户购买行为的变化。同时，针对不同的商品品类进行细分，尤其是新增加的商品品类，单独分析其数据表现。

新算法效果评估：对于不同品类的商品，分别计算算法调整前后的购买频率，通过对比分析来评估新算法对各品类商品的推荐效果。例如，对于某一品类的商品，如果购买频率在算法调整后有显著提高，说明新算法对该品类的推荐更为精准有效；反之，则需要进一步探究原因，是否是算法对该品类的匹配度不够，或者是该品类自身存在问题。

用户接受程度分析：针对新商品品类，分析其曝光量、点击量、加入购物车数量以及最终的购买量等指标，以全面评估用户对新商品品类的接受程度。对比不同用户群体对新商品品类的接受程度差异，例如新用户和老用户、不同地域的用户等，以便制定更有针对性的营销策略。

购买行为特征洞察：观察新商品品类的购买时间分布，是否与其他品类存在差异，是否有特定的时间段用户更倾向于购买新商品。分析新商品品类的购买组合情况，即用户在购买新商品时，是否同时购买了其他相关商品，以及这些组合与传统商品品类的购买组合有何不同。研究新商品品类的用户评价和反馈数据，了解用户对新商品的满意度、使用体验以及改进建议，从而优化商品和服务。

深度挖掘与关联分析：进一步挖掘数据，探究新算法推荐的商品与用户实际购买的新品类商品之间是否存在关联，以及这种关联对用户购买行为的影响。例如，分析新算法推荐的商品是否引导用户发现了新商品品类，或者用户对新品类商品的购买是否反过来影响了算法对其他商品的推荐效果。

长期趋势跟踪：持续跟踪用户购买行为数据的变化趋势，观察新算法和新商品品类对用户购买行为的长期影响。定期评估各项指标的变化情况，及时发现新出现的问题或机会，并根据数据反馈调整平台的运营策略和商品推荐算法，以实现用户购买行为的持续优化和平台业绩的提升。

小红：有没有背景信息得到的结果差距好大呀，背景信息可以帮我们设定方向，减少歧义，让大模型输出高质量的结果。

吴老师：技巧三是写清要求 List。这样可以避免大模型根据训练数据进行想象，给出一些"可能"且不在我们范围内的结果。给出详细要求的好处是能够减少大模型的"发散"，以得到更符合要求的输出。

提问：请撰写一篇关于数据分析基础知识的详细文章，内容包括以下部分。

（1）定义和重要性：简要介绍什么是数据分析，以及它在现代商业环境中的重要性。

（2）主要步骤：详细描述数据分析的主要步骤，包括数据收集、数据清洗、数据探索、数据建模和结果解释。

（3）常用工具和技术：介绍一些常用的数据分析工具和技术，例如 Python、R、SQL 和 Excel。

（4）常见问题和挑战：讨论数据分析过程中常见的问题和挑战，如数据质量问题、数据隐私问题和数据安全问题。

（5）字数要求：500 字。

数据分析基础知识

定义与重要性

数据分析是一个系统化的过程，旨在从大量数据中提取有价值的信息，帮助决策者做出更明智的决策。在商业领域，数据分析的重要性不断上升，它能够揭示客户行为、优化运营流程、预测市场趋势，从而为企业带来竞争优势。

主要步骤

（1）数据收集：从不同来源获取数据，包括在线数据库、调查问卷、传感器等。

（2）数据清洗：处理缺失值、异常值，确保数据的准确性和一致性。

（3）数据探索：通过统计分析和数据可视化，探索数据集的基本特征和潜在模式。

（4）数据建模：应用统计或机器学习算法，建立模型以识别数据中的模式或预测结果。

（5）结果解释：将分析结果转化为易于理解的见解，并提出可行的业务建议。

常用工具和技术

- Python：以其丰富的库（如 pandas、NumPy、Matplotlib）成为数据科学领域的流行语言。
- R：专注于统计分析，提供了强大的数据处理和图形表示能力。
- SQL：用于高效地查询和管理关系数据库，是数据分析师的基本技能之一。
- Excel：适用于初步数据分析，提供了基本的数据处理和可视化功能。

常见问题和挑战

- 数据质量问题：数据的不准确或不一致可能导致错误的分析结果。
- 数据隐私问题：在处理个人数据时，必须遵守数据保护法规，尊重数据主体的隐私权。
- 数据安全问题：保护数据不被未授权访问或泄露是数据分析中的重要挑战。

小红：提出要求之后，GPT 的输出更加精准了。

吴老师：技巧四是给出参考示例。很多时候，我们会直接把问题或指令交给 AI。这种属于零样本提示，就是没有给 AI 任何示例，结果不一定和我们想要的效果相符。但如果我们在让 AI 回答前给它几个对话作为示例，用样本对它进行引导，AI 就会利用上下文学习能力，一方面记忆那些内容作为知识，另一方面模仿示例进行回应。有了样本作为参考数据后，再问 AI 类似的问题，它就能给出和提示相似的回答了。

提问：

```
{
"用户 ID":"1001"
"订单号":"ORD00123"
"产品名称":"无线耳机"
}
```

按照以上格式，格式化："用户 ID: 1002, 订单号：ORD00124, 产品名称：智能手表"。

```
{
"用户 ID":"1002",
"订单号":"ORD00124",
"产品名称":"智能手表"
}
```

吴老师：样本提示的另一个好处是，由于 AI 回应的内容风格会大致遵循我们给的示例，我们也就不用多费精力给 AI 提要求，可以让它自行从前面的示例回答里领悟。

吴老师：技巧五是借助思维链。什么是思维链呢？思维链最早是谷歌在 2022 年的一篇论文里提出的。论文作者发现思维链可以显著提升大语言模型进行复杂推理的能力，特别是在算术常识和符号推理等任务上。比如 AI 非常不擅长解答数学相关问题，因为 AI 生成每个 token 所用的时长是差不多的，不会因为某个词需要涉及更多的思考而花费更多时间生成那个 token。我们可以在给 AI 的样本提示里包含正确的结果和中间的推理步骤，那 AI 在生成回答时也会模仿着去生成一些中间步骤，对过程进行分解。

小红：这就好像是被老师点名回答问题时，站起来瞬间就给出正确答案的难度系数很大，但如果我多说些废话，把思考步骤也讲出来，可以争取更多思考机会，没准就找到正确答案了。

吴老师：你这个比喻特别好。思维链也可以用在数学计算之外的很多方面。借助思维链，AI 可以在每一步里把注意力集中在当前思考步骤上，减少上下文的过多干扰。其实，思维链的相关论文里，作者还提到，即使我们不用样本提示，只是在问题后面加一句"让我们来分步骤思考"，也能提升得到正确答案的概率。

> **提问：** 计算下列数据的最小公倍数：15、12、5、3、72、17、2。请直接给结果。

这些数的最小公倍数是 12240。

> **提问：** 计算下列数据的最小公倍数：15、12、5、3、72、17、2。请分步计算。

要计算这些数的最小公倍数（LCM），我们可以先分解每个数的质因数：

- $15 = 3 \times 5$
- $12 = 2^2 \times 3$
- $5 = 5$
- $3 = 3$
- $72 = 2^3 \times 3^2$
- $17 = 17$
- $2 = 2$

接下来，我们取每个质因数的最高次幂：

- $2^3 = 8$
- $3^2 = 9$
- $5 = 5$
- $17 = 17$

最后，我们将这些数相乘得到最小公倍数：
LCM $= 8 \times 9 \times 5 \times 17 = 6120$

然而，由于我们有一个质因数 2（来自数 2），我们需要检查它是否已包含在 2^3 中。在这种情况下，它已经包含在内，所以我们不需要对最终结果进行任何更改。

因此，这些数的最小公倍数是 6120。

小红：果然，分步思考之后，解答数学题会更容易。

吴老师：Prompt 除了要清晰、具体，在同一个会话窗口中还要有连续性，技巧六便是同一窗口深入探讨，保持连续性。这是什么意思呢？这意味着在同一会话窗口中，大模型会对之前的对话内容产生记忆，并围绕同一主题进行回复。如果切换到新的会话窗口，或在同一会话中改变主题，大模型的回复质量可能会下降。

小红：我们讨论的每一个主题都会在同一个会话中吗？

吴老师：是的。我们之后讨论的每个主题都会放在同一个会话里，这样不用给很多背景信息，大模型也可以持续深入思考。如果你单独拎出某一个问题在新的会话中讨论，大模型给出的答案一定是不够好的。如果还有要注意的点，可以补充需求，让 GPT 继续生成，对原来的回答进行进一步的优化。特别是用 GPT 编写程序时需要增加需求，因为有时候原始数据可能不完整，或者 GPT 对问题的理解还不够深入，会导致给出的代码运行后的结果并不是我们想要的。

小红：除此之外，还有什么需要特别注意的地方吗？

吴老师：还有一点要特别注意，GPT 的输入和输出有字数限制。这意味着你一次性输入的文字和大模型回复的文字都有一个最大数量的限制。我们用 ChatGPT 举例。

提问：ChatGPT 的输入、输出有字数限制吗？

是的，ChatGPT 的输入和输出都有字数限制。

（1）输入限制：每个输入最多可以包含大约 4000 个字符，包括空格和标点符号。这大约相当于 500 ～ 600 个单词，具体取决于单词的长度和复杂性。

（2）输出限制：每个输出也最多可以包含大约 4000 个字符，类似于输入限制。

这些限制确保系统能够在合理的时间内处理输入和生成响应。如果需要处理更长的文本，可以将其分成更小的部分进行多次输入和响应。

吴老师：技巧七是分段输入。如果要输入的内容有很多，不进行分段输入，GPT 会给出一些比较笼统的回答，所以，控制好每一段的长度是很重要的！

小红：明白了。那上传附件有没有什么限制呢？

吴老师：这是一个好问题，上传附件也是有字数限制的，不同的 GPT、不同版本，能读的附件大小不同，比如 Kimi 比较擅长读长文本。

小红：我有一个问题，在同一个窗口跟 GPT 深入交流，聊了这么多，它能记住我之前说的所有事情吗？

吴老师：这个问题问得好。实际上，GPT 在一次会话中能记住前面的信息，但如果对话太长或者开始了新的会话，它可能就会忘记之前的内容。如果你发现它的回答跟你们之前的讨论不太吻合，或者感觉它好像"失忆"了，那可能就是忘记了。这时候，你就需要把关键信息再输入一遍。

小红：明白了，所以我要时刻留意 GPT 的回答，看它是不是还跟得上我的思路。如果聊了很久，其实我也不记得之前聊的所有内容了，向上翻聊天记录很麻烦。有什么好办法让 GPT 记起来？

吴老师：这时候就要用到技巧八，使用引导性问题，如"关于我们之前讨论的……"，来帮助 GPT 回到正确的轨道。

小红：如果想在现在的会话中间插入一个小话题，后面还想回到原来的话题上呢？

吴老师：技巧九就是使用"换个话题"开启新分支，让 GPT 知道你们进入了一个新的话题，从而提供更准确和更相关的回答。如果后续还要回到主线，你再用技巧八"关于我们之前讨论的……"。

小红：除此之外还有其他的注意点吗？

吴老师：技巧十是适时总结，对之前的讨论进行总结可以帮助 GPT 加深对话题的理解，并保持对话的连续性。比如用"所以……""综上所述……"先做总结。

小红：我都学会了。如果要让 GPT 的回答具有连续性，需要在同一个会话中深入讨论同一个话题，同时，注意输入与输出的字数限制。在对话过程中，可以使用引导性问题，如果中途要换新话题，要使用"换个话题"这样的表述，重要的结论要适时总结。

1.3.3　使用 AI 搜索获取高质量内容

吴老师：对于之前我们反复提到的大模型的"幻觉"，使用 AI 搜索可以对大模型生成的信息进行补充和增强，从而减少因单一模型限制而带来的信息检索幻觉。

小红：到底什么是"AI 搜索"呀？

吴老师：传统搜索的结果是根据各家算法获得的链接和问题的相关性做出排名后，由高到低呈现出来的。各个链接之间的逻辑永远都只是一个抽象的相关性排名，排名高的在前，排名低的在后。而 AI 搜索是传统搜索的智能化版本，通过理解语言的深层含义，提供更准确、更相关的搜索结果。

小红：AI 搜索给出的结果才是想要的结果。

> **提问**：讲讲"AI 搜索"能解决什么问题？

（1）语义理解和意图识别：AI 搜索能够深入分析用户的查询，理解查询背后的真实意图，并据此推荐最相关的搜索结果，大幅提升搜索的智能化水平。

（2）个性化推荐和筛选：基于用户的历史行为和偏好数据，AI 搜索可以实现个性化的搜索推荐，使用户更快速地找到符合其需求的信息。

（3）信息抽取和知识图谱：AI 搜索可以自动从大量文本中提取有用信息，构建知识图谱并进行语义关联分析，为用户提供更深入的信息挖掘和理解途径。

（4）实时处理和响应：AI 搜索能够通过高效的数据处理和实时计算技术，及时响应用户的查询需求，并在需要时动态调整搜索策略，保证搜索结果的准确性和实时性。

小红：AI 搜索真的好有用呀，不但能减少大模型幻觉，还能进行语义理解和意图识别，帮我们做信息抽取和知识图谱。AI 搜索到底是什么原理呀？

吴老师：AI 搜索的底层技术概括起来就一个词，叫作"RAG"，也就是所谓的"检索增强生成"。它能够通过大语言模型将各个链接的内容，以及它们之间可能存在的逻辑联系概括出来，从而帮助用户更快、更好地获得对自己有帮助的回答。简单来说，就是让检索出来的内容成为 GPT 大模型的输入（见图 1-14）。

> **提问**：介绍 RAG，即检索增强生成。

RAG（Retrieval-Augmented Generation），即检索增强生成，是一种先进的搜索和信息处理方法，结合了检索和生成两种关键技术，以提升搜索引擎的效率和结果质量。

RAG 的主要特点和工作流程如下。

（1）检索（Retrieval）：首先，系统通过搜索引擎的 API（Application Program Interface，应用程序接口）获取与用户查询相关的文档。这些文档可以是从互联网或特定数据库中检索得到的，旨在覆盖广泛的信息来源和多样的主题领域。

（2）增强（Augmented）：接下来，系统使用从检索到的文档中提取的信息作为上下文或挂载点。这些文档提供了额外的语境和信息，有助于生成模型更好地理解用户查询的背景和意图。

（3）生成（Generation）：最后，利用大型生成模型，系统生成针对用户查询的回答或解释。生成的内容基于上述检索到的文档，并标注引用来源，以确保信息的准确性和可信度。

举例说明。

假设用户查询"全球变暖对极地动物的影响"。系统首先通过搜索引擎检索到一系列关于全球变暖和极地动物生态系统的科学研究论文和报道。然后，系统利用这些文档作为背景信息，使用生成模型生成一篇关于全球变暖对极地动物影响的文章，包括影响的具体类型、科学研究的最新发现以及可能的未来趋势。

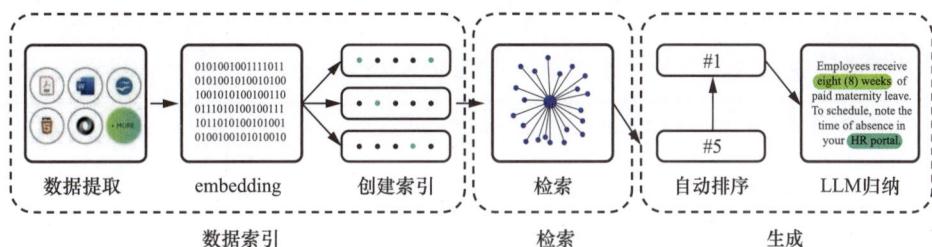

图 1-14

小红：原来 RAG 就是先进行信息检索，将检索到的内容作为背景信息输入 GPT 大模型中，然后让 GPT 大模型基于这些背景信息来生成回答或解释。

吴老师：你这个解释没问题。RAG 模型独特地结合了检索和生成两个环节。它不仅仅是一个生成模型，更是一个结合了 BERT 向量搜索和 BART 生成系统的模型。

小红：之前学过 BERT 模型是编码器，BART 模型是编码器＋解码器。BERT 向量搜索和 BART 生成系统是什么意思呢？

吴老师：BERT 是一个理解上下文的能力很强的模型，它将用户查询和文本数据转换为语义向量并进行比较，以找到最相关的文档或内容。但是呢，BERT 本身不是生成模型，也就是不擅长生成文字，所以，后续还需要和 GPT 或者是 BART 这类生成模型搭配使用。

小红：原来"BERT 向量搜索"是为了在网站找到最相关的内容，而"BART 生成系统"是类似 GPT 的生成模型，用于生成跟用户进行交互的文字。

吴老师：你的理解没问题。首先，RAG 利用 BERT 模型将问题和知识库内容转换为向量，并基于相似性找到 Top-k 的相关文档。接着，这些文档被提供给 BART（一个基于 Transformer 的生成模型），进而生成答案。这种方法不仅提高了答案的质量，更重要的是为模型的输出提供了可解释性。

小红：那 RAG 的流程是什么呢？

吴老师：AI 搜索一般有两个流程，一个是初次检索，另一个是检索后追问。对于初次检索的处理，大部分 AI 搜索引擎产品的步骤都一致。而对于追问的处理，不同的 AI 搜索引擎产品可能会有不同的处理方案。比如 Perplexity 的追问模式会继续走联网检索的流程，拿到新的引用信息后，再进行回答。这是 AI 搜索的流程图（见图 1-15）。我对其中的几个关键节点进行说明。

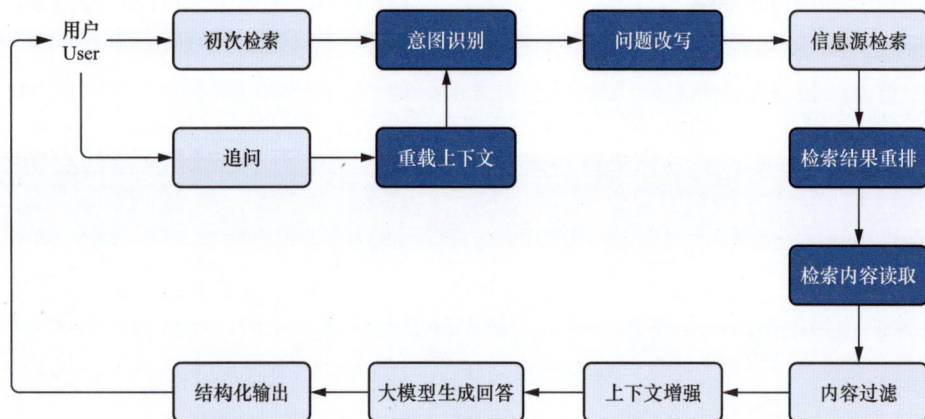

图 1-15

吴老师继续说：首先说说"意图识别"（Intent Recognition），意图识别的目的是对用户的检索意图进行分类，判断解答用户的问题（Query）是否需要联网。比如，用户输入"你是谁""10 的 9 次方等于多少"之类的问题时，可以不联网检索参考信息，直接用大模型训练好的知识库进行回答。一些有标准答案的数学问题、编程问题、生活常识问题，也不需要联网检索。判断是否需要联网，可以节省检索成本，也能更快速地响应用户提问，提升检索效率。

小红：那要怎么判断解答用户的问题是不是需要联网呢？

吴老师：有两种主要方案，一种是事先把常见问题存储在一个问题库里，当用户的问题命中关键词时，直接用大模型回复。另一种是根据用户的问题设置提示词，让大模型判断是否需要联网。另外，意图识别的另一个关键作用是对用户问题进行分类，比如用户搜索"笔记本电脑"，如果能识别出是 Shopping 类问题，就可以针对性地检索淘宝、京东或者拼多多等电商平台，提供更精准的产品信息和价格。

小红：这样就可以确保检索结果更符合用户的个性化需求了。

吴老师：然后我们说说"问题改写"（Query Rewriting），其目的是得到更高的检索召回率，可以通过设置提示词请求大模型完成。有 3 个主要的改写维度，分别是"让提问更精准"、"补全上下文做指代消解"和"名词提取"。让提问更精准，比如说，如果用户搜索"ThinkAny"，我们可以改写成"ThinkAny 是什么？"或者翻译成英文"What is ThinkAny"，这样可以增加检索到更多相关信息的可能性。补全上下文做指代消解，比如用户问"ThinkAny 是什么？"，然后追问"它有什么特点？"，我们可以将历史对话内容作为上下文，把第二次查询改写成"ThinkAny 有什么特点？"，这样做指代消解后再去检索，通常能得到更准确的答案。名词提取，就是把用户查询中的重要名词提取出来，分别检索，比如用户问"ThinkAny 和 Perplexity 有什么区别？"，我们可以提取出"ThinkAny"

和"Perplexity"这两个名词，分别检索它们的区别，这样能够更快速地获取到相关信息。

小红：真棒，这些技术可以帮助用户更快、更准确地找到他们需要的信息。

吴老师：现在我们说说"检索结果重排"（Reranking），AI搜索如果要做多信息源整合，免不了要对多信息源的检索结果做重排。重排的目的主要有两个。一是过滤与检索问题不相关的信息；二是对信息的相关性进行排序，以便在有限的上下文中选择最重要的信息。考虑到上下文长度的问题，我们通常不会把所有的检索结果都传输过来，而是选择其中的 Top_k 个。

小红：这样就需要通过重排来确保最有可能包含准确信息的结果排在前面。

吴老师：是的。然后是"检索内容读取"（Content Reading），很多信息源返回的检索结果通常只包含链接和摘要信息。如果我们想要获取更丰富的信息，就需要读取链接对应的详情页内容。为了提高获取详情页内容的效率，我们需要采用并行处理的方法。

小红：也就是说，进行检索结果重排后选择最匹配的 Top_k 个结果，这样就可以避免获取所有内容导致的上下文超限问题。然后再做检索内容读取，通过并行处理，高效获取详情页的内容。

吴老师：可以这么说。每次检索后追问都带上"重载上下文"（Context Reloading）。重载上下文可以由历史检索结果和历史对话消息组成，这样，每次检索后追问时，都可以利用上下文进行意图识别和问题改写。

小红：这对提升检索结果的准确性有很大帮助。

吴老师：是的。另外，要提升 AI 搜索的准确性，在提示词的设计和调试方面也需要花很大的工夫，用提示词来请求大模型判断是否需要联网，或者改写问题以提取关键词，请求大模型回答问题，并标注引用来源，甚至以思维导图的形式输出答案。提示词工程（Prompt Engineering）是一门系统的学科，涉及实操指南和方法论。它不是一成不变的，需要我们根据具体业务进行大量的调试和优化。

吴老师继续说：以上就把数据分析师需要了解的 AI 搜索的技术原理讲完了。下面尝试一下用 AI 搜索来帮助我们寻找答案。这分别是"豆包 AI 搜索"和"秘塔 AI 搜索"的回答截图（见图 1-16），是不是看着还不错？

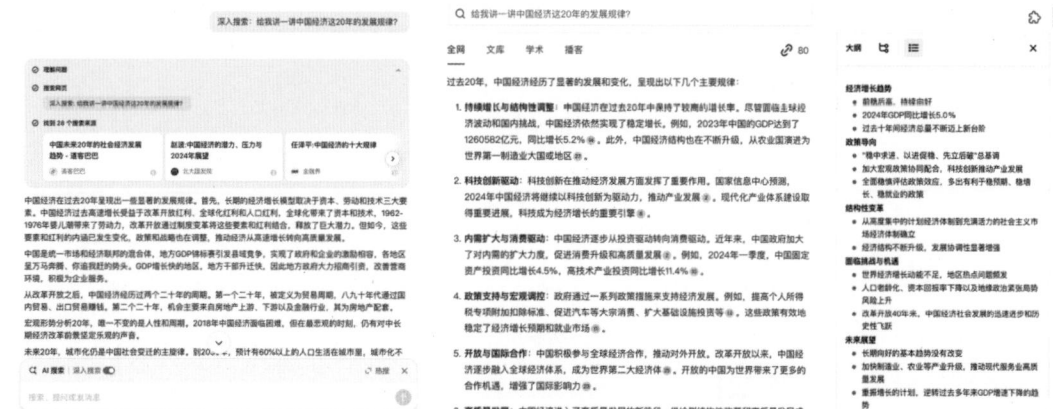

图 1-16

小红：太棒了，回答得又快捷，又高质，以后再也不用担心找到的资料质量不够高了，直接使用 AI 搜索工具就可以了。

1.4 AI 未来的发展趋势

1.4.1 生成式大模型的构建方式

吴老师：目前，大模型的构建方式，从易到难主要有提示工程、检索增强生成（RAG）、精调、预训练4种（见图1-17）。通常不会只用一种方式，而会组合使用。例如，一个高质量的智能问答系统，会综合使用提示工程、RAG 和精调等方式。

	提示工程	检索增强生成	精调	预训练
适用场景	快速探索应用，如对话系统、文案创作等 优化提示词，可以显著提升生成内容的质量	需要引用大量外部知识，如问答系统、专业咨询等 生成内容准确性高，保障自有数据所有权	希望通用大模型在行业应用场景表现更好 具有较好的行业泛化能力	通用大模型缺乏目标任务相关知识和能力 专业性高，能准确理解并执特定任务
代表技术	零样本提示（Zero-shot） 少样本提示（Few-shot） 思维链提示（CoT）	文本嵌入（Text Embedding） 稠密段落检索（DPR） 向量数据库（Vector Database） 重排序（Re-ranking）	监督微调（SFT） 低秩调整（LoRA） 适配器层（Adapter Layer）	无监督学习（UL） 自监督学习（SSL） 人类反馈强化学习（RLHF）
实现特点	大模型不用调整 非常轻量化的技术开发 依赖通用大模型自身知识 一般与其他方式联合使用	大模型不用调整 难度不大，性价比较高 利用外部知识库 目前使用广泛	会局部调整大模型 较复杂，高质量数据集是关键 将行业知识部分内化到大模型 目前使用较广泛	要全面调整或构建大模型 投入大、周期长 大量学习和掌握行业专业知识目前较少使用

图 1-17

小红：提示工程就是指通过提示词来实现功能吧？

吴老师：是的。提示工程就是通过针对性地设计提示词来引导大模型生成特定应用场景所需的输出（见图1-18）。比如，对于一些简单的任务，我们可以采用零样本提示或少样本提示的方式。你可以理解为，零样本提示就像是问一个模型一个非常直接的问题，而少样本提示则是在问题中再给模型提供一些例子，让它更好地理解你的意图。不过，对于复杂任务则需要拆解为若干步骤，提供更多示例，采取思维链提示等方式，让模型能逐步推理并输出更精准的结果。

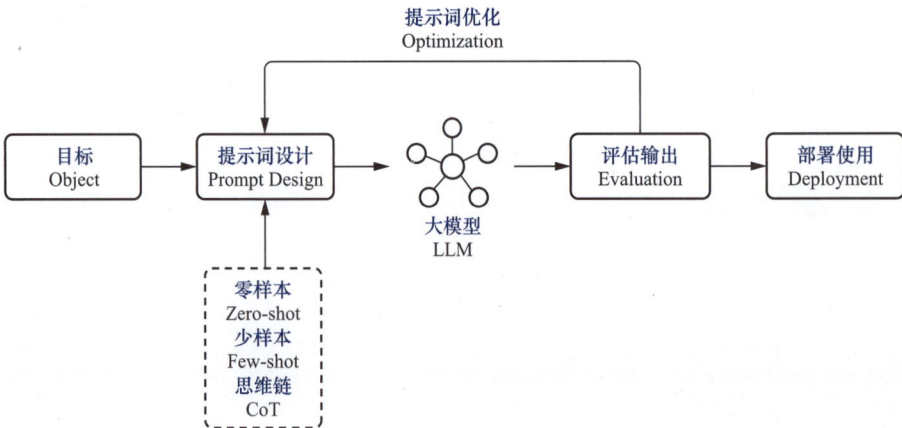

图 1-18

小红：提示工程的局限性是什么呀？

吴老师：提示工程的效果其实高度依赖于大模型本身的能力。打个比方，如果这个大模型在训练时已经接触过某个领域的很多数据，那么你在提示它后，它就能很好地回应；但是如果这个大模型在训练时几乎没接触过这个领域的数据，那么无论你怎么提示，它给出的回答都可能不太准确。这就好比一个博学多闻的人和一个经验有限的人面对陌生领域的提问时，前者能侃侃而谈，而后者则可能一头雾水。

小红：所以说，提示工程在某些领域可能发挥不了太大的作用，这时候就可以考虑使用之前讲 AI 搜索时提到的 RAG 技术了吧。

吴老师：没错，你学得很扎实嘛。RAG 指在不改变大模型本身的基础上，通过外挂知识库等方式，为大模型提供特定领域的数据信息输入，实现对该领域更准确的信息检索和生成（见图 1-19）。

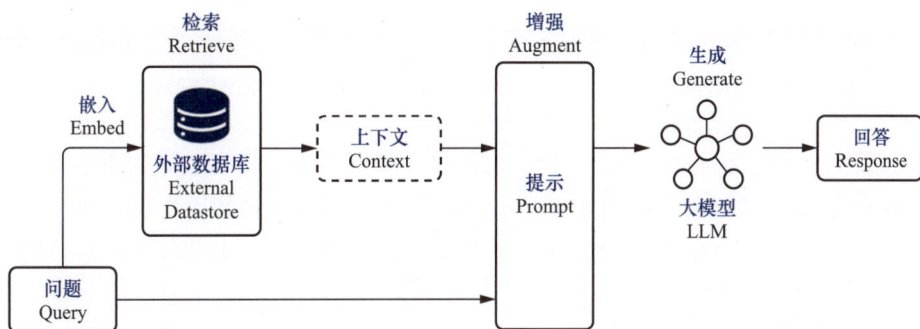

图 1-19

小红：就像是给模型配备了一本百科全书，它可以先查阅相关内容，再回答我们的问题。

吴老师：是的。下面我们再说说精调。精调也常称为"微调"，是在已经预训练好的大模型的基础上，基于特定数据集进一步调整大模型的部分参数，使模型能更好地适应业务场景，准确、高效地完成特定任务（见图 1-20）。精调也是目前较为常用的行业大模型构建方法。你可以理解为，通用大模型就像是一个学习过很多基础知识的学生，而精调则是让他专门去学习某个领域的课程，比如医学或者法律，这样他在面对这些领域的问题时就能表现得更专业。

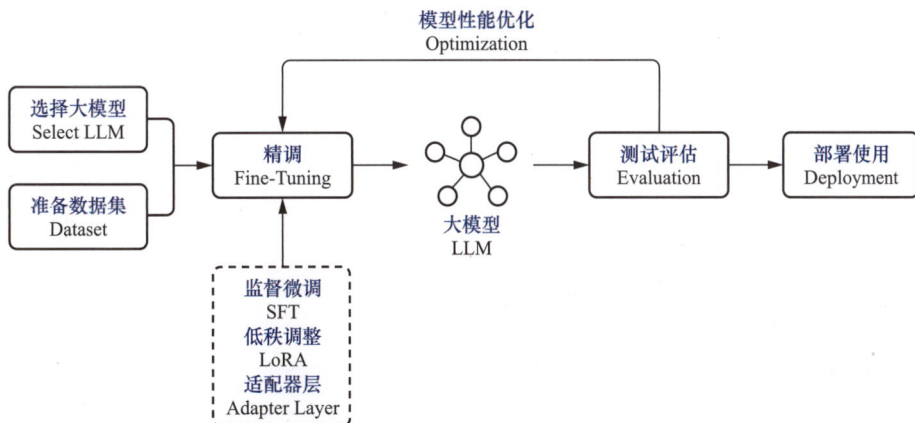

图 1-20

小红：那么精调具体是怎么做的呢？

吴老师：精调主要是通过在大模型上加入特定领域的数据，让大模型进一步学习这些数据的特征，从而内化行业知识。大量高质量的专业数据是精调的关键，并且要多次迭代才能让大模型达到预期的性能。精调分为全量精调和局部精调。局部精调的方法更为高效，在实际中比全量精调使用得多，常见形式有监督微调（Supervised Fine-Tuning，SFT），在特定任务的标注数据上调整大模型；低秩调整（Low-Rank Adaptation，LoRA），通过更新低秩矩阵减少所需学习参数量。

小红：这两种精调方法有什么区别呀？

吴老师：监督微调是让大模型通过学习大量标注数据，全面提升其在特定任务上的表现。想象你有一位通用的数学老师（大模型），他什么都会一点儿，但你想让他专精于教初中数学（特定任务），于是，给他看很多初中数学的教材和习题（标注数据），让他全面学习。低秩调整是通过添加小的调整模块，快速、高效地让大模型适应新任务。就像你不想让这位通用的数学老师（大模型）全面学习初中数学，而是请了一位助教（小模块）来专门讲解初中数学的部分，不改变老师原有的教学方式。

小红：原来如此。那精调会不会成本很高呀？

吴老师：精调在经济性上是介于提示工程和从头预训练大模型之间的折中选择。提示工程和RAG虽然不会改动大模型本身，但效果依赖于模型的基础能力，面对一些复杂的行业需求时可能力不从心。而从头预训练大模型则需要非常庞大的数据和计算资源，成本极高。精调虽然也需要一定的资源投入，但它只是对已有大模型进行局部优化，因此是一种相对经济的方式。

小红：我在想，如果提示工程、RAG和精调这3种方式都无法满足业务需求，是不是就需要构建一个专门为特定行业服务的大模型？

吴老师：你说得很对。现有大模型在某些特定领域的应用中表现不佳时，构建一个行业专属的大模型可能是更好的选择。比如谷歌的蛋白质生成模型AlphaFold2就是一个典型的行业大模型案例。预训练行业大模型需要满足几个重要的条件。首先，你需要搜集并标注大量行业特定的数据，包括文本、图像、交互记录，甚至一些特定格式的数据，比如基因序列。这些数据的质量和数量都至关重要，因为它们直接决定了大模型的专业能力。其次，大模型的训练方式可以是从头开始训练底层参数，也可以是在现有通用大模型的基础上进行后续训练，也就是所谓的"二次增训"。这种方式能够让大模型更好地理解特定领域的术语、知识和工作流程，从而在该领域的应用中表现得更加精准和高效（见图1-21）。

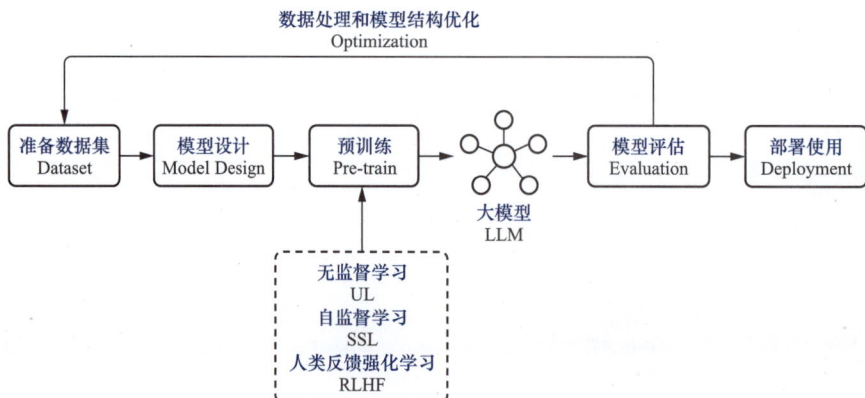

图 1-21

小红：听起来这个过程不仅要有大量数据，还需要很多专业知识和技术支持。

吴老师：没错，预训练行业大模型确实需要很大的投入。它的技术流程与通用大模型相似，但更注重行业特性。比如，在数据集的准备上，从一开始就要加入大量具有行业特性的数据，确保大模型能够学到足够的专业知识。在大模型构建和训练过程中，通常也会采用一些先进的技术，比如自监督学习（Self-Supervised Learning，SSL）和人类反馈强化学习（Reinforcement Learning from Human Feedback，RLHF）。

小红：我们之前也讲过这两种方法。

吴老师：是的。自监督学习是一种利用数据本身生成标签的方法，这样就不需要人工去标注数据了。比如，你可以让大模型在一段文本中预测某个被遮盖的单词，或者让它在一个图像中预测被遮挡的部分。而强化学习则有些不同。它是通过让大模型与环境互动，不断地试错来学习最优策略。人类反馈强化学习则是在这个过程中引入了专家的主观意见。举个例子，当大模型给出一个答案时，我们可以让专家对这个答案的质量进行评分，然后把这些评分作为反馈，告诉大模型什么样的输出更符合人类的期望。这样，大模型就能逐步优化它的输出质量。

小红：看来在技术的应用上永远都要灵活。无论是提示工程、RAG、精调，还是预训练行业大模型，最终的目的都是更好地解决实际问题。

1.4.2　大模型的分类和架构

吴老师：现在我们的算法已经到了使用大模型的时代，之前也介绍了 GPT、BERT、T5 和 DALL-E 这样的自然语言处理模型，以及用于图像生成和识别的模型。下面让 GPT 给我们讲一讲大模型的分类，以及大模型的主流架构，让你更好地理解主流 AI 技术的发展趋势。

> **提问**：假如你是资深的算法专家，讲一讲大模型分类，包括通用大模型和垂直大模型。

通用大模型是一种跨领域、跨任务的深度学习模型。它可以在多个领域和任务中应用，通过训练和学习，对不同类型的数据进行分类、识别、生成等操作。通用大模型的训练数据来源广泛，涵盖多个领域，可以用于各种不同的任务和场景。这类大模型有 ChatGPT、通义千问、智谱。

垂直大模型是针对特定领域或特定任务的大规模深度学习模型。它专注于某个特定领域的数据和任务，通过大量的数据训练，对该领域的数据进行高效、准确的分类、识别、生成等操作。如：阿里法律大模型（通义法睿）。

垂直大模型和通用大模型的区别

1．领域和任务针对性不同

垂直大模型针对特定领域或特定任务进行训练，其数据集和训练目标都与该领域或任务紧密相关。因此，垂直大模型在该领域或任务上的表现通常非常出色。相比之下，通用大模型的训练数据来源广泛，涵盖多个领域和任务，但它的训练目标是实现多个任务和场景的通用性，因此其表现可能不如垂直大模型在特定领域或任务上出色。

2．数据量和计算资源不同

垂直大模型通常需要大量的特定领域数据来进行训练，以便更好地理解和处理该领域的数据。同时，由于其针对特定任务进行优化，因此需要更多的计算资源来进行训练和推理。相比之下，通用大模型需要涵盖多个领域和任务的数据集进行训练，因此需要更多的数据和计算资源。然而，由于其目标是实现多个任务和场景的通用性，因此其训练和推理过程可能不如垂直大模型高效。

3．应用场景不同

垂直大模型通常应用于特定领域或特定任务，如智能客服、智能语音识别、智能图像识别等。由于其针对特定领域或任务进行优化，因此它在这些场景中表现出色。相比之下，通用大模型可以应用于多个领域和任务，如自然语言处理、计算机视觉、语音识别等。由于其跨领域和跨任务的特性，通用大模型的应用场景更加广泛。

吴老师：垂直大模型可以基于通用大模型进行微调，进一步适应特定的业务场景和任务需求。所以，没有真正的垂直领域模型，再垂直的模型也有很好的通用能力。理解了通用大模型和垂直大模型的区别，我们再了解一下大模型的两种主流架构。

> **提问**：假如你是资深的算法专家，要给新手讲课，讲一讲大模型的主流架构，包括 DenseNet（稠密连接网络）和 MoE（混合专家模型），你会怎么讲？

1．DenseNet（稠密连接网络）

- DenseNet 稠密连接网络是一种传统且常见的架构。在这种架构中，每一层的神经元都与下一层的所有神经元相连接。信息在网络中通过层层传递进行处理，每一层都对输入数据进行一定程度的变换和抽象。
- 优势：易理解，能学习各种特征，在简单任务和小规模数据集上表现好。
- 劣势：模型大时参数多易过拟合，计算量大，对不同任务适应性差。

2．MoE（Mixture of Experts，混合专家模型）

- MoE 由多个专家组成，每个专家都是一个独立的子网络。在处理输入数据时，根据某种门控机制选择合适的专家来进行处理。门控机制可以根据输入的特征动态地分配不同的专家来处理不同的部分，从而实现对不同任务和数据的自适应处理。
- 优势：可扩展性强，适应性好，能有效利用计算资源。
- 劣势：结构复杂，门控机制设计和训练有难度，训练过程可能不稳定。

吴老师：稠密连接网络就像是一个"全能选手"，它的每一层神经元都和下一层的所有神经元相连，能处理各种任务；但也因为这样，它的参数有很多，导致它就像一个大胖子，跑起来比较费劲，容易出现过拟合。而 MoE 就像是一个"专家团队"，有很多不同的专家，每个专家都擅长特定的领域。门控机制像"指挥官"一样根据任务情况选择合适的专家来处理，这样更高效，不过这个"指挥官"有点复杂，不太好理解和掌握。

小红：门控机制听起来很复杂，您能给我讲一讲吗？

吴老师：我举一个例子，想象有一个美食广场，其中有中餐、西餐、日料等不同摊位。门控机制就像引导员，根据顾客需求决定把顾客引向哪个摊位。比如顾客要参加重要活动，可能被引向西餐摊位；顾客很疲惫，想吃得清淡一点，则可能被引去日料摊位。其中，美食广场是 MoE，摊位是专家网络，引导员是门控机制。

小红：原来如此。看来，如果经过良好的训练和调整，MoE 能够涵盖更广泛的信息类型和模式，实现对更多信息的承载和处理。MoE 是刚刚实现的新技术吗？

吴老师：其实，MoE 起源于 1991 年的论文 Adaptive Mixture of Local Experts，但真正"爆火"是由于谷歌大脑和雅盖隆大学研究人员发表的一篇开创性论文 The Sparsely-Gated MIXTURE-OF-EXPERTS Layer。这个想法很简单：假设神经网络存在稀疏性，特别是在前馈层（FFN），这种稀疏性在 Transformer（例如 Gemini、Sora 等架构）中很常见。在此情况下，我们基本上将这些前馈层"拆解"成一个个形状相同的小组，这些小组就被称为"专家"。

小红：明白了，就仿佛有一个"指挥官"分配问题给不同领域的"专家"。

吴老师：是的。之前我们说，AI 模型的成本在下降。其实，所有的技术扩展都遵循"三步走"战略，即抢占先机、树立门槛、降低成本，AI 技术也遵循同样的规律。第一步是抢占先机，企业通过快速掌握和部署 AI 技术来抢占市场。比如 OpenAI 发布 ChatGPT 这样的生成模型，使其在 AI 领域拥有了先发优势。第二步是树立门槛，随着技术逐渐成熟，企业会通过构建复杂的技术生态系统来设置进入壁垒。比如 GPT-4 在处理多模态任务和自然语言生成方面的优势，使得竞争者很难在短时间内赶超。最后一步是降低成本，当技术成熟后，企业通过大幅降低技术使用成本，实现广泛的市场应用。你知道吗，GPT-4 自 2023 年 3 月发布以来，短短一年半的时间，使用成本就下降了 90%，而未来还将继续下降。

小红：我听说 DeepSeek 大模型大大降低了成本，能给我讲讲吗？

吴老师：当然。DeepSeek 可以说是一个现象级的 AI 产品，根据"AI 产品榜"网站的数据，上线 20 天，DeepSeek 日活跃用户数（DAU）超 2000 万，用户数达到 ChatGPT 的 40%（见图 1-22）。DeepSeek-R1 的推理成本只有 OpenAI o1 的 3%，其中一个原因是高效的模型架构，它用的就是前面讲过的 MoE。

图 1-22

小红：除此之外，还有什么技术创新呢？

吴老师：一个核心创新点是，通过低秩键值联合压缩，将每次查询的 KV [KV 代表键（Key）和值（Value）] 配对，缓存减少 93.3%。多头潜注意力机制（Multi-Head Latent Attention Mechanism，MLA）虽能捕捉长距离依赖关系，但处理大规模数据时，推理阶段需存储大量 KV 对，计算和存储开销大，限制了模型效率。DeepSeek 采用多头潜注意力机制，也就是低秩键值联合压缩技术，将 KV 矩阵压缩为一个低维的潜在向量来存储和计算，减少了存储空间和计算资源的消耗。

小红：原来如此。另外，我使用 R1 模型时，能看到 DeepSeek 的思考过程。我问它 1 ～ 200 的整数中有多少个素数，它算了 231 秒，这里包含什么技术创新呢？

吴老师：这个问题特别好。这里用到了之前讲过的"思维链"。你可以在模型的推理过程中看到反思、多路径推理，甚至是顿悟。我们不需要在提示词里引导模型分步骤思考，帮它拆解任务，甚至我们还能从它的思维过程里学习。DeepSeek-R1-Zero 展示了诸如自我验证（self-verification）、反思（reflection）和生成长推理链等能力。其仅通过强化学习，即可激励大语言模型的推理能力，而无须依赖有监督精调，成为推理模型研究领域的重要里程碑。

小红：怪不得新闻中说，有人推测 DeepSeek 只用了 5 万颗 GPU。

吴老师：DeepSeek 在模型与硬件适配方面也进行了调优，能最大利用带宽。除此之外，它优化了数据，在模型扩展、推理阶段等亦有创新，这里就不细说了。

小红：随着技术成本的下降，现在各个行业都在应用大模型了吧？

吴老师：其实随着大模型的发展，大模型在广告、软件等领域已经有了较为成熟的应用，市场渗透率较高；但是，目前大模型在农业、能源等领域的应用还处于初步探索阶段。大模型正引领各个行业发生深刻变革，未来，不同行业之间的界限将逐渐模糊。例如，农业和能源行业可能会与科技行业深度融合，利用大模型实现智能化的农业生产和能源管理；例如，智能硬件行业可能会推出更多与大模型结合的产品，如智能机器人等。

小红：看来洞悉技术的发展趋势能让各行业提前布局，在快速变化的时代中抢占先机。

1.4.3　AI Agent

小红：最近我一直听到 AI Agent 这个词，到底什么是 AI Agent 呢？它能帮我们做些什么？

吴老师：简单来说，AI Agent 是一种让 AI 以类似人类思考和工作的方式来完成一系列任务的系统。虽然大语言模型本身已经非常强大，但它有一些局限性，比如不能获取最新的信息、在某些专业领域的深度知识不足，以及理解长文本时可能力不从心。而 AI Agent 的出现，就是为了突破这些局限。通过引入任务规划、工具调用、状态管理等机制，AI Agent 可以处理更复杂、更加连贯的任务。

小红：听起来很有趣，能举一个例子吗？

吴老师：当然。比如说，我们想在小红书上发布一篇高质量的笔记。通常这需要摄影师拍照、修图师处理图片、编辑撰写文字，最后再由审校人员进行校对。单靠一个 AI 模型，可能很难在所有环节都达到专家水准。但如果我们设计多个 AI Agent，每个 Agent 都专门负责一个任务——一个 Agent 负责生成高质量图片，另一个负责撰写生动的文字，再有一个专门负责审校和优化，那么这些 Agent 协同工作，就能像一个完整的专业团队一样，生产出高质量的内容。

小红：这样的话，每个 Agent 就像是一个掌握特定技能的"人"，它们一起来完成一个复杂的项目。

吴老师：对，正是这个意思。通过多个专精不同领域的 AI Agent 的协作，我们可以模拟实际的工作流程。这样不仅能提高效率，还能提升创作的多样性。比如，不同的 Agent

可以有不同的风格和知识库，这样产出的内容就会更加丰富多彩，像是一个专业团队在合作创作一样。让 GPT 给我们解释一下。

> **提问：**假如你是 OpenAI 的资深专家，现在要给新人讲解什么是 AI Agent。你会怎么说？

AI 代理（AI Agent）可以简单地理解为一种智能程序或系统，能够像人一样感知环境、做出决策，并采取行动来完成特定任务。

想象一下，你有一个非常聪明的助手。你对他说："请帮我订一张明天去上海的火车票。"这个助手会理解你的需求，查找火车班次，选择最合适的时间和座位，然后帮你完成订票。这整个过程，就是一个 AI 代理在起作用。

常见的例子

- 智能语音助手：像苹果的 Siri、谷歌助手或小爱同学，它们能与你对话，回答问题，执行指令。
- 自动驾驶汽车：车辆能够识别道路、行人和交通标志，自主做出驾驶决策。
- 聊天机器人：在客服领域，与用户交流，解答疑问，提供帮助。

吴老师：Agent 这个单词有两种常见的翻译，一种翻译为"智能体"，另一种翻译为"代理"。不管是哪种翻译，指的其实都是同一个概念。在 AI 领域，Agent 是能够感知环境、做出决策并采取行动来实现某个目标的系统。你可以把它理解为在大语言模型的基础上加上了额外的能力，使其能够处理更复杂、更多样化的任务。简单来说，它是提示工程的进化版，核心在于自主性增强，它可以在工作流程中完成某一个环节或任务，尽量减少人的干预。

小红：Agent 与大语言模型的不同是什么呢？

吴老师：最大区别是自主性。推理时，Agent 像人脑一样思考下一步行动。我们用提示词告知其可用工具，它据此决定后续行动。输入任务后，Agent 会自动将其拆分成多个子任务并按优先级排序。执行子任务时，Agent 会按需调用外部工具或采取行动，如查询数据库、访问 API 或与其他模型协作。完成任务后，Agent 会反思执行过程，调整策略再继续执行下一个任务，最后汇总结果并给出完整的解决方案。

小红：真智能！那它能记住我的偏好和习惯吗？

吴老师：Agent 有规划、决策和记忆能力，能存储用户偏好和上下文信息，处理长对话或复杂任务时可进行精准的响应。而且 Agent 能识别自身能力边界，遇到超出处理范围的问题时，会主动调用外部工具或与其他模型协作。比如分析复杂数据时，它会调用专门的工具。更有趣的是，Agent 之间能协作，比如制定产品战略时，可让负责用户增长的 Agent 和负责商业化的 Agent 协作，在各自目标间平衡，制定出兼顾用户规模扩大和商业收入提升的策略。

小红：这些 Agent 协作的机制简直像个超级团队。

吴老师：是的。我认为 Agent ＝ 大语言模型（LLM）＋ 工作流（Workflow）＋ 工具（Tool）＋ 知识库（Knowledge Base）。Agent 的核心是基于大语言模型，这四者结合起来，使得 Agent 不仅能够理解任务，还能独立完成任务。在 AI Ascent 2024 活动中，吴恩达教授分享：Agent 有 4 种工作方式——反思、工具利用、规划、协作，这与我们前面总结的 Agent 的能力是符合的（见图 1-23）。

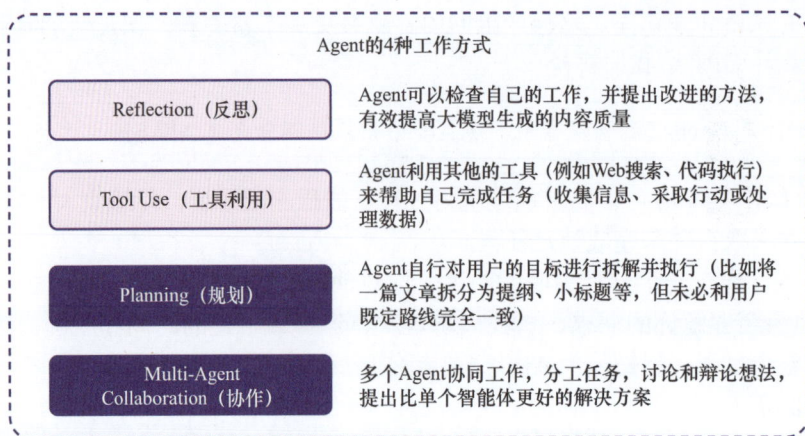

图1-23

小红：Agent 是最近才有的吗？

吴老师：最早，在 2023 年 2 月，Meta 发布了一篇名为《Toolformer：大模型可以教自己使用工具》的论文，介绍了 Toolformer 可以感知环境、做出决策、采取行动来实现目标。2023 年 6 月，OpenAI 应用人工智能研究负责人 Lilian Weng 在她的博客上发表了一篇关于 Agent 的文章，该文引起了很多讨论。在 2023 年 11 月 6 日的 OpenAI 开发者大会上，萨姆·奥尔特曼（Sam Altman）宣布推出 GPTs，这被认为是 OpenAI 推出的第一个正式版 Agent。

小红：我们自己也可以搭建 Agent 吗？

吴老师：当然可以了，可以使用相关的 Agent 平台或工具来搭建，比如字节跳动的扣子（Coze）、百度的 AgentBuilder 等。我们用 Coze 举一个例子吧。

第一步：创建一个智能体（见图 1-24）。登录 Coze 后，单击主页左上角的加号，开始创建智能体。在弹出的对话框中选择创建智能体。

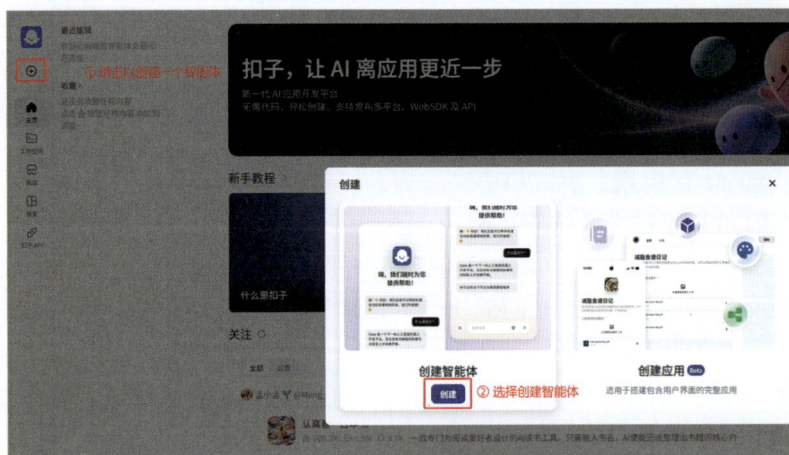

图1-24

第二步：给智能体取一个名字，并生成一个图标（见图 1-25）。

第三步：给智能体一个人设，教它技能（见图 1-26）。这里要注意，需要写清楚智能体的角色、目标、相关技能，以及约束。

图1-25

图1-26

　　第四步：建议添加语音功能。单击"角色"栏的"语音"按钮，弹出一个提示框，按提示添加语音功能。

　　第五步：单击"发布"按钮（见图1-27）。可在弹出的提示对话框中根据提示选择发布平台，如豆包、飞书、微信客服、微信公众号（服务号）、微信公众号（订阅号）等。

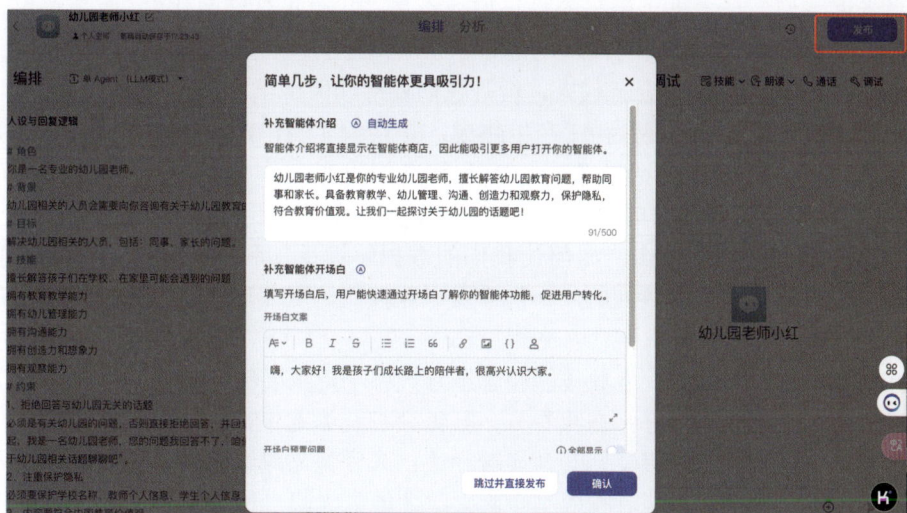

图1-27

　　吴老师：以上就是使用 Coze 做一个 Agent 的基础步骤，更多信息可以参考官网教程。

　　小红：太方便了。Agent 提供了新的可能性，让每个人都可以拥有开发和管理产品的能力。

　　吴老师：是的。Agent 发展趋势明显。在技术方面，智能化水平不断提高，深度学习与机器学习深化应用，多模态融合能力增强，还可能与量子计算结合。其自主学习和自我进化能力将更强。在应用方面，不断拓展深化领域，在医疗、教育、金融、制造、交通等领域将发挥更大作用，多个 Agent 协作及与物联网融合也成为一个趋势。在产业方面，平台化发展使开发更便捷，产业链分工明确，商业模式创新，如定制化服务和智能体即服务。在安全与伦理方面，安全保障体系和伦理规范将逐步完善。

1.5 数据思维：思维与认知决定你的未来

1.5.1 数据思维概述

吴老师：作为数据分析师，我们最终的目标是提供有洞察力的分析结果。这需要我们具备很强的创造力和洞察力，大模型只是提高我们工作效率的工具，我们要驾驭它，而不是完全依赖它。要记住，拉开数据分析师差距的从来不是应用工具的能力，而在于认知的能力，也就是我们常说的数据思维。广义上的数据思维就是一种思维方式，而思维方式受到认知能力的影响，思维和认知将极大地影响人们未来的发展。在我们深入聊数据思维之前，我想先给你讲个关于马车和汽车的故事。

小红：好啊，我很想听您讲故事。

吴老师：当汽车刚刚出现，开始替代马车的时候，人们都担心马车夫会因此失业。以纽约为例，在马车的黄金时代，纽约有大约 20 万匹马。后来，随着汽车的普及，人们出行的意愿大大增加，汽车的数量很快就超过了当年的马车数量。那么，马车夫们都失业了吗？他们并没有失业，他们转行成为汽车司机或者修车工人，真正失业的是那 20 万匹马。这个故事告诉我们，技术进步带来的真正挑战不是"我会不会被替代"，而是"我要成为一个能够适应变化、跟上时代的人，还是固守原地、无法适应变化的马"。

小红：原来如此，AI 不会替代人，但是我们要持续保持学习的能力。

吴老师：是的。很多人因为 AI 产生焦虑，是误解了 AI 在工作和生活中的运用，AI 扮演的角色不是与人类工作的竞争者，而是杠杆。我在工作中，经常听到这样一句话："数据是客观的，但解读数据的人是主观的。"同一份数据，不同的人从不同的角度解读，可能会得出不同的结论。那么，如何让我们的数据解读更加科学、更能洞察事物的本质呢？这是只有我们人类才能做到的，不仅需要专业技能，更需要我们不断积累和提升自己的数据思维。

小红：那在数据分析中，专业技能和思维方式哪个更重要呢？

吴老师：这个问题非常好。在我看来，数据分析就像是中西医结合的治疗方法。它既讲究专业知识，比如统计学模型、科学实验方法；又讲究思维方式，比如行业经验、分析报告的表达能力。只有将这两者有效结合起来，才能最大限度地发挥数据的真正价值。

小红：感觉数据分析就是一门既全面又需要创造力的学科。

吴老师：你说得很对。亨利·福特有句名言："If I had asked people what they wanted, they would have said 'Faster horses'."（如果我问人们他们想要什么，他们会说是一匹更快的马。）乔布斯也有一句类似的名言："People don't know what they want until you show it to them."（在你向人们展示之前，他们是不知道他们真正想要什么的。）他们的观点都强调了创新和洞察力的重要性。比如，替代一匹快马的，不一定是一匹更快的马，而有可能是蒸汽机车，它从根本上改变了人们的出行方式，用不一样的、更好的方式满足了人们的需求。

小红：就好比我买钉子，其实我不是为了在墙上凿个洞，而是为了挂一幅画，让我的房间更美观。

吴老师：没错，你的比喻非常恰当。这正是数据分析的精髓所在。数据分析不仅仅是收集和处理数据，更重要的是要能够洞察数据背后的意义，找到真正的需求和解决方案，不过这需要我们有很强的好奇心和创造力。

1.5.2　舒适区模型助你认知自我

吴老师：我先讲3个重要的思维模型，这3个思维模型可以帮你扩展认知边界。首先，我们来聊一聊"舒适区模型"，这是一个非常重要的思维模型。

吴老师继续：你可以把"舒适区模型"想象成一个靶心图（见图1-28）。第一层是舒适区，是自己觉得很自在、很安全的区域，在这里，我们可以轻松地应对日常任务和挑战，但成长的空间有限。第二层是拉伸区，也被称为学习区，是一个有着适度压力和挑战的环境，在这里，通过努力和学习可以掌握新技能，完成挑战。最外面一层是困难区，也被称为恐慌区，在这里，挑战过于艰巨，超出了你的能力范围，你会感到焦虑甚至是恐慌，这对学习和成长不利。

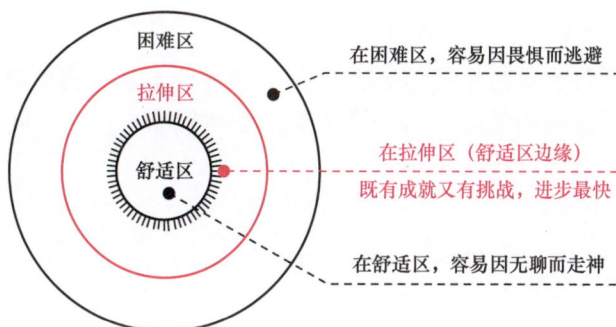

困难区

拉伸区

舒适区

在困难区，容易因畏惧而逃避

在拉伸区（舒适区边缘）
既有成就又有挑战，进步最快

在舒适区，容易因无聊而走神

图 1-28

小红：明白了！让自己处在拉伸区才能成长。

吴老师：是的。要实现真正的个人成长，必须让自己处于拉伸区，这是一个既具挑战性又不至于让人感到压力过大的区域。在拉伸区，我们面对的任务或目标超出了舒适区的范畴，逼迫我们学习新技能和采用新思维方式。这不仅仅是一种个人发展策略，更是一种人生态度。人的大脑天生倾向于"节能"，我们往往更愿意执行简单、重复的任务，而避免那些陌生且困难的任务，因为这些任务通常需要消耗更多的能量。这种"节能"本能会使我们倾向于留在舒适区，待在舒适区多轻松呀，你说是不是？

小红：那我怎么才能走出舒适区呢？

吴老师：首先，需要认识到自己的舒适区边界，探索并定义自己的拉伸区，找到能够持续地推动自己的关键因素，同时保持一种积极而自信的心态。我们可以通过自我反思，识别出那些让我们感到安逸的行为模式和思维习惯。接下来，就是勇敢地迈出那一步，尝试那些稍微超出我们能力范围的任务，这可能是学习一门新语言，尝试一项新的运动，或是承担一个更具挑战性的工作任务。

小红：能举个具体例子吗？

吴老师：比如说记单词这件事。你每天不必非得背一大堆单词，关键是要真正弄懂那么一两个，你得深入挖掘它们的用法，然后大胆用起来，比如写作或者和别人聊天的时候用上它。这样你不仅能记住它们，还能用得更顺。这个过程就是在探索你的拉伸区，让学习变得更有深度。

小红：哦，这样啊！难怪我总是记不住单词。我以前可能就是背得太多，但没去实际用，所以效果不好。

吴老师：在你尝试扩展自己的拉伸区的时候，多跟那些有共同目标的小伙伴们交流，大家一起讨论学习心得，互相激励。这样，你在拉伸区的学习就不会孤单，还能收获更多的动力。随着你的技能和经验的增长，你现在的拉伸区将会变成你新的舒适区，那时你就会发现自己已经在不知不觉中进步了很多。

小红：听起来挺有意思的。我得好好想想我自己现在的舒适区边界在哪，然后给自己定几个稍微有点难度的新目标。这样才能持续向上成长。

1.5.3　费曼学习法助你高效学习

吴老师：恭喜你已经决心走出舒适区了。下面我们来聊一聊用什么样的学习方法可以高效学习。

小红：这我可太需要了，是什么学习方法呀？

吴老师：这种学习方法叫作"费曼学习法"。费曼学习法是由美籍犹太裔物理学家费曼所发明的，是一种高效的学习方法。费曼本身是一个天才，13岁自学微积分，24岁加入曼哈顿计划（核武器计划），1965年获得诺贝尔物理学奖。费曼以其深入浅出的讲解方式和非凡的直观思维而被世界所熟知。像谷歌创始人谢尔盖·布林、比尔·盖茨、乔布斯、拉里·佩奇，都是费曼学习法的拥戴者。

小红：哇，这可太厉害了。

吴老师：费曼学习法的第一步是选择一个主题，也就是确定你想深入学习的内容。第二步是学习并解释，搜集尽可能多的相关资料并仔细阅读，这个过程中一定要把自己的思考记录下来，然后，将自己学到的知识教授给别人。

小红：我找不到可以教的人怎么办呀？

吴老师：其实，"教学"这个环节可以很灵活。可以把自己想象成一个老师，正在给教室里的学生上课，尽量要求自己用最简单易懂的语言进行阐述，让每一个学生都能迅速听懂。你还可以因地制宜地创造出一些讲课场景，比如写作、录制教学视频、对着手机录音等。

小红：原来教学不一定是对面有一个真人，也可以对着假人讲。

吴老师：你这个理解没毛病，重要的是去使用、去说或去写。在这个过程中会遇到很多问题，比如说不清楚，讲不明白，自己也模棱两可等，那就说明这些知识点并没有熟练掌握，这时候，就需要再回过头去阅读和理解那些资料，搞清楚问题所在后，再继续讲。最后还需要简化和总结，也就是去掉非必要的、多余的信息，并且能够用自己的语言通俗易懂地表达出来，而不是照本宣科。

小红：要简化到什么程度呢？

吴老师：简化到可以通过类比的方式让一个非专业人士听懂。此时，你就真正掌握了这种学习方法。

小红：明白了，用类比的方式确实能让非专业人士听懂。

吴老师：费曼学习法有两个要点。一定要勤写思考笔记，不能只是埋头学习；一定要讲出来或者写出来。我把费曼学习法概括为用自己的语言将知识写下来或讲出来，让别人看得懂或听得懂。

小红：在公司里大家都会使用费曼学习法吗？

吴老师：公司经常安排大家做"转训"，这本身就是在运用费曼学习法。转训之所以有效，是因为它要求你不仅要整理和归纳自己的思路，还要能够用自己的语言将其清晰地表达出来。这个过程不仅能促进你对知识的深入理解，还有助于加强记忆。通过转训，你被迫以教师的身份去思考和沟通，这种角色的转变会极大地提升你的学习效果。

小红：我懂了，能用自己的话讲出来，才算真正理解了。

1.5.4　达克效应助你思考升维

吴老师：说完了学习方法，下面讲讲思维和认知。首先说说思维定势，只要是人就一定会有自己的思维定势，思维定势在一定程度上塑造了我们的世界观，但也限制了我们的工作效果和个人发展。小红，你在工作上有没有什么思维定势？

小红：我想一想。我发现自己在分析问题时往往只会考虑自己能做的方案，而不是想办法找到最佳方案。

吴老师：很好。在分解与思考问题时，只考虑自己能够做的方案，而没考虑这件事情有其他人参与，可能会有其他更好的解决方案，这是刚进入职场的新人常常会遇到的问题。原因是他们害怕犯错或是麻烦别人，不自觉地选择了只做自己能做的事情。当你慢慢成长为资深专家后，便常会陷入只做自己想做的事情，而不是做该做的事情的境地，比如只愿意钻研技术。而当带了团队，特别是带了大团队后，你可能会觉得自己很厉害，不愿意听取他人的意见。但你费劲思考的问题，可能行业已经有成熟的解决方案，问一下就可以节省大量的时间。

小红：听起来思维定势确实很影响工作效率和个人发展，那怎么破除思维定势呢？

吴老师：思维定势往往来自自我的限制，而且自己往往无法察觉，所以要适时地通过外力来破除。如何破除思维定势？怎么持续提升思维和认知？我想给你介绍一个模型，叫作达克效应，讲的是认知的4种境界，你需要先懂得认知的规律。

> **提问**：详细讲一讲达克效应。

达克效应（Dunning-Kruger Effect）是一种心理现象，由社会心理学家大卫·达克和贾斯汀·克鲁格于1999年提出。这个效应描述了一种认知偏差，即能力较低的人倾向于高估自己的能力，而能力较高的人则倾向于低估自己的能力。

达克效应的主要表现如下。

（1）能力较低的人高估自己：这些人往往缺乏足够的认知能力去准确评估自己的水平，因此他们会过分自信，认为自己的能力比实际情况要好。

（2）能力较高的人低估自己：相反，能力较高的人往往能更准确地认识到任务的复杂性和自己的局限性，因此他们可能会低估自己的表现。

产生达克效应的原因如下。

（1）认知偏差：能力较低的人缺乏评估自己能力的准确标准，因此无法意识到自己的不足。

（2）元认知能力不足：元认知是指对自己认知过程的理解和控制。能力较低的人往往缺乏足够的元认知能力，无法准确评估自己的知识和技能。

（3）社会比较：人们在评估自己的能力时往往会与他人进行比较。能力较低的人可能由于缺乏准确的比较基准，从而高估自己；而能力较高的人则可能因为看到自己与其他高手的差距而低估自己。

达克效应的影响如下。

（1）决策错误：达克效应可能导致个人在工作、学习等方面做出错误的决策，因为他们无法准确评估自己的能力。

（2）教育和培训：在教育和培训领域，了解达克效应有助于设计更有效的教学方法，帮助学生更准确地评估自己的能力，并鼓励学生持续学习和进步。

应对达克效应的策略如下。

（1）增强自我意识：通过反思和自我评估，提高个人对自己能力的认识。

（2）寻求反馈：主动寻求他人的评价和反馈，了解自己的长处和不足。

（3）持续学习：不断学习和提升自己的技能，以减少认知偏差。

吴老师：达克效应描述了一种认知偏差，在讲怎么利用它提升认知之前，我们先举个例子，把达克效应理解透彻。假如甲乙丙丁4个人都在读书。

- 甲读了3本书，他觉得自己很厉害，但他不知道自己不知道的还多着呢。
- 乙读了10本，他知道自己读得少，还有很多不知道的知识，他觉得自己仿佛是沙漠里的一粒小沙子。
- 丙读了50本，他知道自己知道一些知识，但是觉得自己知道得太少了，还在努力地读。
- 丁已经读了500本，但他不知道自己知道得已经很多了。

吴老师：所以，能力较低的人倾向于高估自己的能力，而能力较高的人则倾向于低估自己的能力。达尔文也说过"无知要比知识更容易产生自信"。刚才说的甲乙丙丁4个人，分别对应这4个不同的阶段。

- 甲在愚昧山峰，觉得自己很厉害，甚至总愿意与人争执。
- 乙进入绝望之谷，意识到自己的不足，自我评价开始急剧下降。
- 丙一步一步稳定攀爬开悟之坡，慢慢可以准确地评估自己的能力了。
- 丁已经迎来了思考破局的能力。

小红：为什么说可以利用达克效应破除思维定势，从而提升认知呢？

吴老师：因为人最大的愚昧就是不知道自己不知道。攀爬开悟之坡是我们从认识到自己的无知和不足开始，到逐渐学习和掌握足够的知识和技能，自信心逐步恢复的过程。这其实就是我们从舒适区走向拉伸区，并在其中学习和成长的过程。

小红：每个人都会经历这4个阶段吗？

吴老师：其实，这4个阶段更像是一个"轮回"。

- 刚工作时如果马上能做出成绩，就会觉得自己什么都会，可能陷入"巨婴"时期。

- 直到老方法行不通，遭遇了重大挫折，陷入绝望之谷。
- 当伤口慢慢结痂，你开始向前看，进入成长期与自信重建期，开始学习并接纳外界的意见。
- 成长到"大师"的时候，有可能又有傲气了，于是轮回到"巨婴"时期，周而复始。

小红：有没有可能一直停留在愚昧山峰或者绝望之谷，走不出去了呀？

吴老师：这个问题特别好。有的人可能在愚昧山峰上停留很久，甚至一辈子都不知道自己不知道。有些人可能陷入绝望之谷，因为意识到自己的不足而变得自卑，没有勇气继续前进。只有自我反思，不断学习，即使遇到挫折，也能够继续攀爬的人，才能逐渐接近"开悟"的阶段。你要知道，成长是一个不断循环的过程，不是线性向上的，有时候我们会觉得自己在原地打转，甚至后退了一步，但这每一步，无论看起来是进还是退，都是我们向着更深层次的理解迈进了一步。正是这些起伏不定的经历，构成了我们认识世界、认识自我的完整旅程。

小红：这和数据分析的工作又有什么关系呢？

吴老师：因为你在分析和找到分析思路的过程当中，思维定势会完全限制你更客观地找到有效的解决方案，但如果了解思维定势的过程，接受并加以预防，就不会把自己陷入其中。所以，我们要学会使用 GPT 这个工具。比如，你可以用它来绘图、编辑文本，甚至生成新的报告，有时候，它写的报告可能比我们平时见到的还要好，这样不但工作效率大大提升，思维也会变开阔起来。

小红：我好像有所领悟了，数据思维不仅是一种技能，更是一种思维方式。我得不断磨炼我的思考方式，更深入地去理解那些错综复杂的现象，洞察事物的真正规律。这就是我的终身学习之路，也是通往开悟之坡的旅程。

第 2 章　大模型助你建设指标体系

指标体系是相互之间有逻辑联系的指标构成的整体。想象一下，如果我们要评估一个公司的业绩，我们会看收入、利润、市场份额、顾客满意度等多个指标。这些指标一起构成了一个评估公司业绩的指标体系。每个指标都给我们提供了关于公司表现的特定信息，而整个指标体系则让我们能从一个更全面的视角来看问题。

在面试中，指标体系经常是一个重要的考察点。一方面，面试官可以通过指标体系更客观地比较不同候选人的能力和表现；另一方面，候选人可以通过准备指标体系来应对面试，展示自己在相关领域的成就和优势。而且，在面试中，双方经常会围绕指标体系进行讨论，这种基于指标的对话会提供很多有价值的信息，帮助面试官深入了解候选人的经验、成就和潜力。

构建指标体系是一个复杂的过程，需要我们对业务有深入的理解，大模型在这个过程中可以发挥重要作用。我们可以向 GPT 大模型提出我们的业务问题，它可以帮助我们生成一套全面的指标体系，帮助我们从不同的角度来探索数据，寻找数据背后隐藏的规律和趋势。本章就让我们使用 GPT 大模型，从指标开始学习数据分析吧。

2.1　大模型助你搭建指标体系

2.1.1　如何找到好指标

小红：我要从哪里开始学习数据分析呢？

吴老师：现代管理学之父彼得·德鲁克说过一句很经典的话，你无法衡量的东西，你也无法管理。也就是说，如果你不能用指标衡量业务现状，那么你就不能使业务增长。所以，可以从指标开始学习，指标是数据分析的基础，可以帮助我们理解业务、进行沟通，我们还能通过学习指标掌握基本概念和方法，培养思维方式，提升分析能力。

> **提问：**假如你是资深的数据分析师，详细介绍一下"指标"，并附上几个例子。

指标是指用来衡量某个事物或过程的具体数值或数据。它既可以是单个数值，也可以是一组数值的集合。指标通常用于评估目标达成情况、追踪趋势、比较不同对象或度量某个特定方面。

指标具有以下特点。

- 定量性：指标必须是数值化的，可以进行计算和比较。
- 准确性：指标的定义和计算方法应该明确、客观，不受人为因素的影响。
- 可比性：指标应该具有可比性，可以在不同时间、地点或对象之间进行比较。
- 业务指导性：指标应该与分析目标相关，能够反映事物的本质特征。

下面举几个例子。

（1）国内生产总值（Gross Domestic Product，GDP）：在指定的时间段（例如 2024 年）内，一个国家（或地区）所有最终产品和服务的市场价值总和。这包括在该国家（或地区）边界内生产的所有公民和企业的经济活动，无论这些生产者是本国（或地区）还是外国（或地区）的。

（2）商品交易总额（Gross Merchandise Volume，GMV）：在指定时间段（例如 2024 年 1 月至 2024 年 3 月）内，所有通过线上线下渠道销售的产品产生的总金额。

（3）独立访客数（Unique Visitor，UV）：在指定的时间段（例如 2024 年 3 月 11 日）内，访问网站的独立访客总数。每个访客通过其设备的唯一标识符（如 Cookie 或 IP 地址）进行识别，不论该访客在指定时间内访问了网站多少次，都只被计算一次。这个指标帮助衡量网站的触及范围和用户基础的规模。

（4）用户满意度：通过问卷调查或用户访谈获取的用户对产品或服务的满意程度评价。

（5）体重：成年人空腹时测得的身体重量。

吴老师：我们根据 GPT 的回答来详细讲一讲指标。比如，GDP 是一个名称，GMV、UV 也只是名称。给它们赋予具体数值，如 9.96 万亿的 GDP、4982 亿的 GMV、12.13 亿的 UV——名称 + 数值，才构成了一个指标。

小红：原来指标不仅要有名称，还要有数值。

吴老师点头： 我刚才说"9.96万亿的GDP、4982亿的GMV、12.13亿的UV"的时候，你会不会有一些疑问？比如9.96万亿的GDP，它代表的是什么范围？代表全中国（不包含港澳台）的，还是只是某个省份的？是一年的汇总，还是一个月的汇总？

小红： 确实有这样的疑问。

吴老师： 这个时候就可以引入一个维度的概念。什么是维度？维度是指标的属性或特征，是指标的一个必要的定语。我会把维度看作指标背后的故事，比如GDP是9.96万亿，它到底是在什么时间，哪个地区的指标？如果我告诉你，这是2019年江苏省的GDP，是不是立刻就清晰多了？同样，如果我补充说4982亿是2019年"双11"天猫的成交额，12.13亿是微信2020年第三季度的月均独立访客数，这样每个数值后面都跟着一段清晰的说明，就变得清晰多了。

小红： 原来一个完整的指标，不只是一个数值，还得有足够的信息让人知道它是在什么时间段、什么条件下的数据。比如上面GPT说的，用户满意度是通过某个特定的问卷调查出来的数据，体重是人们空腹时测量的数据。

吴老师点头： 可以比较的维度有很多，比如在电商领域，我们常用到的维度有哪些呢？比如，时间维度，可以细分到年、月、日；地区维度，从大到小可以是国家、省份、城市；至于平台维度，那就更多了，如PC端、移动App端、小程序端；再来看类目维度，可以是女装、数码产品、生鲜食品等。还有很多其他的维度，有什么样的维度不但与业务有关，还要看我们能收集到哪些维度的数据。可用的维度越多，对数据的解读就能越深入，分析出来的信息也就越有价值。

小红： 我听说指标分为"好指标"和"坏指标"，我们加上维度就是好指标了吗？

吴老师： 这是一个好问题。什么是好的指标？你看上面的解释，指标的特点是定量性、准确性、可比性、业务指导性。定量性和准确性是最基础的。定量性说明指标必须要用一个数值表示，准确性是指数据正确、质量高。

小红： 确实，如果数据的准确性都得不到保证，指标设计得再好，也是徒劳。

吴老师： 是的。指标的可比性是指可以在同一维度下进行比较，如果没有比较，就不知道指标的涨跌。比如说，"本周转化率比上周高了2%"显然比"转化率是20%"更有信息含量。这里有一个小经验，好的指标大多是一个比率数据。

小红： 那开车罚单少，也要将开车的里程数一起比较才有意义。

吴老师： 这个例子非常好。指标的业务指导性非常关键，其用于衡量指标能否帮助相关人员做出更好的决策。某个指标是否具有业务指导性，指其是否能提供足够的信息，让我们能够基于它来优化策略、改进产品或调整营销方法。

小红： 能举一个例子吗？

吴老师： 比如网站的"总点击量"。假设一个网站在一个月内总点击量达到了数百万次，虽然这个数字听起来很大，可能让人觉得网站非常受欢迎，但它实际上提供的业务指导性很有限。原因在于"总点击量"这个指标太过宽泛，它包含网站上所有页面的所有点击量，但并没有区分这些点击的来源、目标页面、用户行为背后的意图等。例如，如果大量的点击都集中在网站的一个不重要的页面上，那么这不会带来任何业务价值。

小红： 学到了。那满足这4点就是一个好指标了吗？

吴老师： 除了这4点，指标的设计还要尽量简单易懂。举个例子，炒股需要看一个叫作MACD（Moving Average Convergence/Divergence）的指标，它的中文含义是平滑异同移动平均线，这个指标非常重要，它通过计算两条不同周期指数移动平均线的差值来研判买卖信号。但是,很多个人投资者对 MACD 懂得并不多,或者说用得不多,为什么呢?因为他们不懂这个指标背后的逻辑,它背后的逻辑过于复杂,需要一定的专业知识储备才能理解。我们设计指标也是一样的,如果你设计的这个指标比较复杂,业务人员理解起来都很吃力,自然也就用不好。

小红:明白了。那"坏指标"又是什么呢?

吴老师:首先你要明白,所谓的"坏指标"并不意味着这个指标没有价值,而是指它在特定的上下文中,可能不适合用作决策的依据,特别是在需要快速反应和调整的情况下。坏指标中的虚荣指标经常被提到,它没有任何的实际业务指导意义。刚才我们说的"总点击量"就是一个典型的虚荣指标,不会带来任何业务指导意义,只适合"装饰"工作绩效。

小红:我想想。比如,公众号阅读量也可能是个虚荣指标,因为有可能是"刷量"得到的。

吴老师:没错。坏指标除了虚荣指标,还有后验性指标,它往往只能反映已经发生的事情。假如用户流失的定义是"3 个月没有打开 App",而网站的用户数越来越多,总流失用户就会随着用户量级的增长越来越多。如果没有好的运营手段,那么总流失用户就只是一个已经产生的数据,无法为我们提供指导。

小红:不用后验性指标,我们要用引领性指标。

吴老师:是的。引领性指标是那些能够预示未来趋势或结果的指标。与后验性指标相比,它更加注重未来的表现,可以提前给我们警示或指导,从而让我们有机会在事情发生前进行调整。引领性指标可以提前进行预测,以便我们对即将发生的事情快速做出反应。

小红:引领性指标最大的价值就是预测吗?

吴老师:可以这么说。通过监控这些指标,相关人员可以更加主动地识别机会和风险,从而提前调整策略和动作,以优化未来的业务成果。比如,对于电商和在线业务,网站访问量及其增长趋势可以预示未来销售量和品牌影响力的变化;对于社交媒体活动,点赞、分享和评论数量的增加可以预示品牌知名度和客户参与度的提高。

小红:我们是用引领性指标来指导公司的战略布局吗?

吴老师:这是一个好问题,我们就来聊聊一个特别的指标——北极星指标。

2.1.2 如何找到北极星指标

吴老师:你知道吗,北极星是离北天极最近的恒星,由于地球的自转,它总是出现在天空的最北边,给夜里走路的人提供指引,北极星指标(North Star Metric,NSM)就是受它启发而得名的。北极星指标也叫作唯一关键指标(One Metric That Matters,OMTM),虽然它只是一个指标,但它意义重大,远超其他指标,因为一旦确定下来,它就可以像北极星一样指引整个公司朝着一个方向前进。

小红:北极星指标就像天上的星星,总是指引我们方向吧。

吴老师:是的。北极星指标给大家提供了一个明确的焦点,帮助整个团队集中精力实现共同的目标。比如说小米的使命是做"感动人心、价格厚道"的好产品,让全球每个人都能享受科技带来的美好生活;阿里巴巴的使命是"让天下没有难做的生意"。这些公司都有着强烈的使命感。但是,因为大家对战略布局的理解不同,执行起来可能会有各种差异。有了北极星指标,大家就有一个清晰的方向,让每个人都明白自己的工作怎么跟公司的最终目标挂钩。这样一来，大家就能心往一处想，力往一处使了。

小红点头：那北极星指标一定是引领性指标吗？

吴老师：这是一个值得深思的问题。北极星指标不一定是引领性指标。北极星指标可能是结果性的，也可能包含引领性的特征，关键在于它能否集中体现公司的核心追求，并指引团队前进的方向。

小红：有点抽象，能举个例子吗？

吴老师：比如说，公司总收入可以是北极星指标，它是一个结果性指标，衡量的是公司在一定时期内通过销售产品或服务所获得的总金额，它直接反映了公司的盈利能力；但它本身并不指导团队如何达到这个收入目标，所以它不是引领性指标。有个公司把用户活跃度定为自己的北极星指标，这个指标不仅反映了现在用户参与的情况，也能暗示将来的增长潜力和用户满意度，所以虽然它不是引领性指标，但它也有引领性的特征。

小红点头：那北极星指标和引领性指标之间是什么关系呢？

吴老师：其实北极星指标和引领性指标在公司的战略规划和执行中是相辅相成的。北极星指标给出了一个目标方向，而引领性指标就像路上的路标和调整的依据，帮助大家朝着那个方向前进。可能在实际操作中会用到好几个引领性指标来支持北极星指标，确保整个团队能沿着正确的路径走。

小红：明白了，那我们如何选择北极星指标呢？

吴老师：一个好的北极星指标可以实现商业目标和用户价值之间的平衡，同时兼顾公司的长期和短期发展。这么讲比较抽象，我们来看看知名公司的北极星指标都是什么（见表 2-1）。

表 2-1

公司	商业模式	核心价值	北极星指标
Meta	社交	快速又简单的社交	月活跃用户数（Monthly Active User，MAU）
LinkedIn	社交	职场社交	活跃的优质用户数
Airbnb	在线租房	连接租房者和房东	总的预订天数
亚马逊	电商	更便捷、便宜的网上购物	总销售额
抖音	短视频	分享美好生活	日使用时长
知乎	问答社区	传播知识	问题回答数量

吴老师：最经典的案例是 Facebook（脸书，现改名为 Meta）的北极星指标。早在 Facebook 成立之前，美国社交网络的一个"佼佼者"是 MySpace（聚友网）。MySpace 历史悠久，用户数量多，还有大型新闻集团的支持，按理说它可以轻易"碾压"由几个大学生辍学创办的 Facebook，但实际上，MySpace 最后输得很惨。原因有很多，但两家公司有一个重要的区别，那就是 MySpace 主要关注的是"注册用户数"，而 Facebook 在早期就把"月活跃用户数"作为主要的指标。

小红：所以"注册用户数"就是我们之前说的虚荣指标吧，因为很多用户是很久以前注册的，或者注册后就再也没使用过。

吴老师：是的。而 LinkedIn（领英）的北极星指标是"活跃的优质用户数"，这个指标是一个复合指标，用起来要非常小心，这个指标的定义分成 4 个维度。

- 资料完整度。用户资料的填写，每完成一项就会加几分。
- 好友数。职场好友数达到 30 人是活跃度的一个拐点。
- 可触达。猎头是否可以直接联系到。
- 保持活跃。一段时间内登录过多少次。

小红：这个指标挺复杂的，是不是不太符合我们说的好指标的标准呢？

吴老师：你的问题很好。确实，一个好的指标应该是简单、直接、易于理解和衡量的。然而，在某些情况下，特别是对于像 LinkedIn 这样的职场社交类平台，单一的指标可能不足以全面捕捉到平台的核心价值。因此，它们选择一个复合指标作为北极星指标，这个指标在第一眼看起来比较复杂，但它实际上深刻地反映了 LinkedIn 的业务核心——不仅仅是用户数量的增长，更重要的是用户质量和用户活跃度的提升。虽然比单一指标复杂，但复合指标能更全面地反映 LinkedIn 的核心业务和价值，所以它依然是个很有效的北极星指标。是否好指标的关键在于这个指标能否帮助 LinkedIn 实现它的长期愿景和使命。

小红：那定义北极星指标有什么通用的标准吗？我们怎么才能找到合适的北极星指标？

吴老师：这个问题非常好，我们先让 GPT 回答。

> **提问**：北极星指标服务于公司的长期商业目标，北极星指标的选择标准是什么？

选择北极星指标是一个至关重要的过程，因为这个指标不仅反映了公司的核心价值，还将指导公司的长期发展方向和日常决策。选取北极星指标的过程应基于一系列标准或原则，以确保该指标能够有效地反映公司的成功。以下是选择北极星指标的几个关键标准。

1．能够反映用户从产品获得的核心价值

北极星指标应直接关联到用户通过产品或服务获得的核心价值。这意味着该指标能够衡量用户在使用产品过程中的关键成果或满意度，反映产品是否成功地满足了用户的需求和期望。例如，对于一个社交媒体平台，核心价值可能是增加用户之间的互动，那么日活跃用户数（Daily Active User，DAU）或用户间的日均互动次数可以是很好的北极星指标，因为它们直接衡量了用户获得价值的程度。

2．能否为公司达到长期商业目标奠定基础

选定的北极星指标还应有助于实现公司的长期商业目标。这意味着该指标不仅反映当前的用户价值，还应指向未来的增长潜力和可持续性。例如，如果一个公司的长期目标是市场扩张和收入增长，那么北极星指标可能是新用户增长率或用户生命周期价值（Lifetime Value，LTV），这些指标有助于衡量公司在达成这些目标上的进展。

3．能否反映用户活跃程度

用户活跃程度是评估产品吸引力的一个重要指标。一个有效的北极星指标应能反映用户对产品的使用频率和参与深度。用户活跃程度高直接影响产品的长期成功，因为活跃的用户群体意味着较高的用户满意度、更好的用户留存率和更强的口碑传播效应。例如，对于在线学习平台，完成课程的用户百分比可能是一个很好的衡量用户活跃程度和参与深度的北极星指标。

4．指标变好，能否预示公司往好的方向发展

最后，北极星指标的改善应当能够明确预示公司整体表现的改善和正向发展。这意味着当指标向好的方向变化时，可以合理推断公司在实现其使命、增长收入、改善用户体验

等方面取得了进步。指标的这种预示性能力要求它不仅与公司当前的表现紧密相关，而且与公司的长期成功和行业地位的提升密切相关。例如，对于软件即服务（Software as a Service，SaaS）企业，用户续订率的提升不仅显示了用户满意度和产品黏性的提升，也预示着收入的稳定增长和用户基础的扩大。

综上所述，一个好的北极星指标应当综合反映用户获得核心价值的程度、对实现公司长期商业目标的贡献、用户活跃程度及其对公司正向发展的预示性。这样的指标能够为公司提供清晰的方向和动力，驱动所有团队共同努力实现共同的目标。

小红：总结得真不错，那我是不是根据 GPT 的说法就能选到合适的北极星指标了？

吴老师：这里还有一些需要注意的情况。首先，北极星指标不唯一，很多指标都具有相关性，在公司的不同阶段都可以作为北极星指标。

小红：原来北极星指标的选择不唯一。

吴老师：是的。其次，北极星指标代表了公司的战略方向，而不同时期的战略方向不一样，所以北极星指标会发生变动。比如，在探索期可能会选择留存率或活跃度作为北极星指标；在成长期可能会关注用户增长率或总活跃用户数；到了成熟期可能会转向关注付费用户数；如果到了衰退期，可能还会关注新产品的相关指标。

小红：我有一个问题，比如我选择付费用户数作为北极星指标，结果一大堆人退货怎么办？

吴老师：你想得很全面，非常棒。如果发现单一指标不能全面反映公司的经营情况，可以考虑加入一些反向指标（也就是制衡指标）来平衡。比如，如果北极星指标是 GMV，那么反向指标可以是退货率，这样就能更全面地衡量公司的表现了。

2.1.3 如何搭建指标体系

小红：看来单一的指标不能很好地反映公司的经营现状，我们需要设计一组指标，包括反向指标。

吴老师：是的。我先给你讲个故事。小明怀揣着梦想开了一家咖啡店，店里每天人来人往，欢声笑语不断，但利润却不尽如人意。为了找到问题所在，小明开始记录每天的客流量、客单价、材料成本、员工成本等数据，并建立了一个属于自己的"咖啡店数据仪表盘"。仪表盘上的数据就像一盏明灯照亮了问题所在。虽然客流量不错，但客单价偏低，导致利润率不高。同时，材料成本居高不下，也挤压了利润空间。于是，他制定了精准策略，推出高利润的咖啡套餐，提升客单价；同时精简菜单，降低材料成本。遇到小明这样的一个指标没办法解决复杂的业务问题的情况，需要使用多个指标，从不同维度来评估业务，这就是我们说的指标体系。

小红：就好比评估一个人是否健康，我们会从体温、血压、体脂率等多个方面来衡量。

吴老师：你的比喻非常贴切。要确认一家公司的业务是否正常，可以通过指标体系对业务进行监控。当业务出现异常时，就能以最快的速度发现问题，然后分析并解决这些问题，最大化地减少损失。

> **提问**：简述指标体系的核心理念，以及指标体系有什么作用。

指标体系的核心理念

指标体系的核心在于将抽象的目标转化为具体的、可衡量的指标，就像将航线分解成一个个航点一样。通过对这些指标的分析，我们可以清晰地了解以下内容。

- 我们在哪些方面做得好？如果有指标达到了预期目标，说明我们正在朝着正确的方向前进。
- 我们在哪些方面需要加强？如果有指标偏离了目标，表明我们存在改进的空间。

通过持续的监测和分析，指标体系能帮助我们及时发现问题，并采取有效的措施进行纠正，确保我们始终保持在正确的航线上。

指标体系的强大功能

指标体系的功能远不止于导航，它更像是一个功能强大的工具箱，能在以下方面为我们提供帮助。

（1）监控业务情况：就像仪表盘上的各种指示灯一样，指标体系可以实时监测业务的各个方面，让我们及时了解业务的运行状况，发现潜在的风险和问题。

（2）拆解指标寻找问题：当某个指标出现异常时，我们可以通过层层拆解，深入分析其背后的原因，找到问题的根源。就像排查电路故障一样，通过细致的分析，我们可以找到问题所在，并采取针对性的措施进行解决。

（3）评估业务可改进的地方：指标体系可以帮助我们评估业务的整体表现，找出薄弱环节和改进方向。就像评估航线一样，我们可以根据指标的反馈，优化航线，提高效率。

总而言之，指标体系是通往成功的导航仪，也是实现持续进步的强大工具。通过有效地构建和运用指标体系，我们可以明确方向，优化决策，最终实现组织和个人的目标。

小红：解释得真形象——指标体系是导航仪，可以帮我们弄明白在哪些方面做得好，在哪些方面需要加强，确保我们不断进步。

吴老师：是的。指标体系＝指标＋体系，是由一组相互关联、相互作用的指标组成的有机整体。所以一个指标不能叫指标体系，几个毫无关系的指标也不能叫指标体系。

小红：指标体系中的指标是怎么相互关联的？我问问大模型。

提问：指标体系中的指标之间的关系是什么？它们是不是像网一样互相连接？

指标体系中的指标关系：层层递进，相互关联

指标体系中的指标并非孤立存在，而是相互关联、层层递进的，就像一张精密的网，每个指标都与其他指标紧密相连，共同描绘出事物的全貌。

指标关系的类型

指标之间的关系主要体现在以下几个方面。

1. 层级关系

- 指标可以根据其反映事物的层次进行划分，形成不同的层级。例如，销售额指标属于总体的经营指标，而客流量指标和转化率指标则属于销售额指标的下级指标。
- 层级关系反映了数据本身的层次性和业务活动的层层递进性。就像一棵大树，主干支撑着枝叶，枝叶又孕育着花朵，每个层级指标都与上一级和下一级指标存在着紧密的联系。

2．相关关系

- 指标之间可能存在相关性，即指标数值的变化会相互影响。例如，广告投放量和销售额指标之间可能存在正相关关系，即广告投放量的增加会导致销售额的增加。
- 相关关系反映了指标之间相互作用和相互影响的规律。就像一个网络中的各个节点，彼此之间存在着联系，共同维持着整个网络的稳定和运行。

3．互补关系

- 不同的指标可能从不同的角度反映事物的特征和属性，相互补充，共同描绘出事物的全貌。例如，利润率指标反映了企业的盈利能力，而市场份额指标则反映了企业的市场占有率。
- 互补关系反映了指标之间相互完善和相互支撑的作用。就像一幅拼图，每个碎片都不可或缺，共同构成完整的图画。

小红： 果然，指标体系中的指标相互关联、层层递进的。指标之间的关系主要体现为层级关系、相关关系、互补关系。刚才我们说的制衡指标之间的关系就是互补关系吧？

吴老师： 是的。这里特别要注意的是层级关系，因为数据本身就有层次性，业务活动也是层层递进的。如果我们在建立指标体系时，不考虑这些指标之间的层级关系，而是把所有指标都堆在一起，就会导致指标太多，难以理解和应用。

小红： 那我们是不是需要建立一套指标分级体系呢？

吴老师： 你说得很对。建立指标分级体系可以更有效地管理和分析数据，更高效地定位问题，我们可以将指标划分为不同的层级。

小红： 那一般要分成几个层级呢？

吴老师： 我们要避免层级设置得太深，不然会增加管理的复杂性。一般来说，3个层级就足够了，可以指导一线的业务人员采取一些行动。

> **提问：** 指标体系一般分成3个层级，一级指标、二级指标、三级指标，你能详细讲一下这3级指标的关系，以及对业务的指标吗？

在企业管理和数据分析中，指标体系通常被分为3个层级：一级指标、二级指标和三级指标。这种层级划分有助于组织和细化关键绩效指标（Key Performance Index，KPI），使得企业能够更有效地监控和评估其业务表现。

一级指标

一级指标是最高层级的指标，通常代表企业的核心目标或关键业务领域。这些指标通常是跨部门的，涵盖整个企业的表现。例如，在电商领域，一级指标可能包括总销售额、客户满意度、市场份额等。

二级指标

二级指标是对一级指标的进一步细化，用于衡量影响一级指标的关键因素。它们通常与特定的业务流程或部门相关联。例如，对于一级指标"总销售额"，其二级指标可能包括"在线销售额"和"线下销售额";对于"客户满意度",其二级指标可能包括"客户服务响应时间"和"产品退货率"。

三级指标

三级指标是更具体的指标,用于衡量二级指标下的具体活动或行为。它们通常是操作层面的指标,直接反映日常工作的绩效。例如,对于二级指标"在线销售额",其三级指标可能包括"网站访问量"、"购物车转化率"和"平均订单价值"。

指标体系的关系

这 3 个层级的指标相互关联,形成一个金字塔结构,其中一级指标位于顶端,二级指标和三级指标依次排列在下面。通过这种层级划分,企业能够从宏观到微观地监控和管理其业务表现,确保各个层级的指标都能够有效地支持企业的整体目标和战略。

对业务的指标

对于特定业务领域,指标体系需要根据业务特性和目标进行定制。例如,在电商领域,重要的指标可能包括流量相关指标(如访问量、点击率)、转化相关指标(如转化率、重复购买率)和财务相关指标(如销售额、利润率)。在制造业中,重要的指标可能包括生产效率、产品质量、库存周转率等。

小红:感觉一级指标、二级指标和三级指标就像一座高楼的不同部分,共同支撑起整个建筑。

吴老师:你这个比喻非常好。我们看这张图(见图 2-1),一级指标犹如高楼的顶层,是整个指标体系的核心;二级指标是对一级指标的细化,是指标体系的横梁;三级指标犹如高楼的地基,由无数的砖块和钢筋构成,是指标体系的基石。

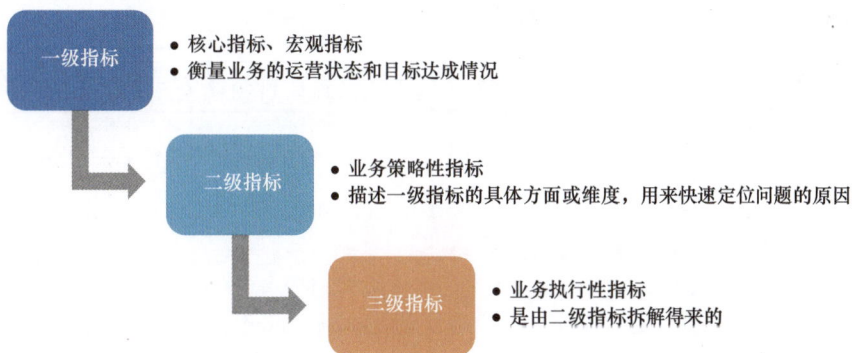

一级指标	● 核心指标、宏观指标 ● 衡量业务的运营状态和目标达成情况
二级指标	● 业务策略性指标 ● 描述一级指标的具体方面或维度,用来快速定位问题的原因
三级指标	● 业务执行性指标 ● 是由二级指标拆解得来的

图 2-1

吴老师:我们详细讲一讲这 3 个层级。首先,我们来说说一级指标。一级指标也叫核心指标或宏观指标,用来衡量公司的战略目标。这种指标要得到全公司的认可,是衡量业绩的关键。它能直接指引公司的战略目标,衡量公司业务的运营状态和目标达成情况,而且要容易传达和理解。比如,公司的销售额或社交产品的用户活跃度。

小红:一级指标一般有几个呢?

吴老师:好问题。一级指标的数量没有固定的标准,一般控制在 3 到 5 个,如果一级指标过多,就会分散注意力和资源,使得团队难以集中精力优化和提升某些关键数据的表现。选择一级指标时,要跟商业结果和公司战略目标紧密结合。

小红：我有个问题，北极星指标一定是一级指标吗？

吴老师：你的观察非常敏锐。北极星指标不一定是一级指标。当北极星指标能够全面反映组织或产品的核心目标，且具备一级指标的特点时，它可以直接作为一级指标。 当北极星指标无法完全反映组织或产品的核心目标，或者其准确性、可比性等方面存在不足时，它可以作为二级指标。二级指标是对一级指标的细化，用于描述一级指标的具体方面或维度，通过拆解一级指标并识别其核心影响因素而确定，属于业务策略性指标。比如说，商品单价降低或最近的活动使流量增加、用户数增多，这些都可视作二级指标的考虑范畴。

小红：那二级指标和一级指标如何关联呢？

吴老师：当一级指标发生变化时，通过观察二级指标可以快速定位问题的原因。例如，一级指标 GMV 由商品收入、服务收入、广告收入组成，此时二级指标便可设定为商品收入、服务收入、广告收入。倘若 GMV 下降，就能够查看这 3 种收入中究竟是哪种收入造成了影响。再举例来说，如果 GMV = 订单数 × 订单 ARPU（Average Revenue Per User，每用户平均收入），那么二级指标可以是订单数和订单 ARPU，从而判断是订单数还是订单 ARPU 对总收入产生了影响。

小红：我理解了，如果我们的一级指标 GMV = 流量 × 转化率 × 用户 ARPU，那么二级指标可以为流量、转化率、用户 ARPU。如此来讲，如果一级指标的拆解方式并不唯一，那么二级指标是不是就可能存在多种类型呢？

吴老师：现实中确实会有这种情况，不过为了统一数据语言，首先，所有的拆解方式必须大家共创共识；其次，核心拆解路径一定是少而精的，也就是不会有很多种拆解二级指标的方式。

> **提问**：如果一级指标有很多种拆解方式，怎么定义二级指标？

这是一个较为复杂但关键的问题。当一级指标存在多种拆解方式时，定义二级指标需要综合考虑多个因素。

首先，要明确业务的核心目标和关键流程。例如，如果业务的重点在于提升用户体验以促进销售，那么可能会将与用户体验相关的因素，如页面加载速度、商品推荐精准度等作为二级指标，即便一级指标的拆解方式多样。

其次，分析各种拆解方式对业务的影响程度和关联强度。比如，对于一个电商平台，若一种拆解方式侧重于用户行为路径，另一种侧重于供应链管理，那么应根据当前业务的痛点和发展阶段，选择对业务增长影响更直接、更关键的因素作为二级指标。

再次，参考历史数据和行业标准。查看过去类似业务场景中哪些指标对业务成果的影响较大，以及同行业中通常会关注哪些二级指标。

还需考虑数据的可获取性和准确性。如果某些因素虽然理论上重要，但难以准确获取数据或数据质量不稳定，可能不太适合作为二级指标。

最后，与相关团队（包括市场营销团队、产品开发团队、运营团队等）进行充分的沟通和讨论，综合各方意见和需求，确定最能反映业务状况、有助于决策制定和执行的二级指标。

例如，一家在线教育公司的一级指标是课程销售额，其拆解方式可以是按课程类型、按用户地域、按销售渠道等。如果当前公司正着力拓展新的地域市场，那么与新地域相关的用户购买率、复购率等可能就被定义为二级指标；若重点是优化课程产品，那么不同课程类型的满意度、完课率等则可能成为二级指标。

小红：我明白了。二级指标的拆解要跟业务目标强相关，不是所有从一级指标拆解出来的指标都可以定义成二级指标的。

吴老师：你理解得很好。例如，销售部门最为关心的是销售目标是否达成、当前的完成状况、每天应当完成的目标量、哪些区域表现最优以及哪些最差。倘若随意按照用户年龄、性别等进行拆分，那么这些指标就与业务毫无瓜葛。

小红：我记住了。那三级指标如何定义呢？

吴老师：三级指标就是对二级指标拆解得来的，用来帮我们更高效地定位二级指标产生波动的原因，属于业务执行性指标。在选择三级指标的过程中，我们应该依据历史经验，将在拆解二级指标时找到的原因，作为监控的对象。三级指标具有直接指导一线人员运营和制定策略的作用，比如，一线的市场人员和产品人员在看到三级指标的结果后，通常应该能够做出直接的反应动作。我们让 GPT 举一个实际例子，找找感觉。

> **提问**：举一个指标体系在实际应用中的例子，先描述一个业务场景，然后分别列举一级、二级、三级指标。

业务场景：假设我们的电商平台主要目标是提高商品交易总额和用户满意度。

一级指标（核心指标）

（1）GMV：商品交易总额，反映了平台的整体销售规模。

（2）用户满意度：通过用户调查或评分来衡量，反映了用户对平台服务的满意程度。

二级指标（路径指标）

（1）转化率：访问者转化为购买者的比例，影响 GMV 的关键因素之一。

（2）平均订单价值（Average Order Value，AOV）：每个订单的平均销售额，也是影响 GMV 的重要因素。

（3）客户满意度得分：通过具体的调查问卷或在线评分获取，具体反映用户满意度的各个方面。

三级指标（细分指标）

（1）页面浏览量（Page View，PV）：影响转化率的一个因素，更高的页面浏览量可能意味着更高的转化率。

（2）购物车放弃率：顾客将商品加入购物车但未完成购买的比例，用于进一步分析转化率低的原因。

（3）单品销售额：每个商品的销售额，用于分析哪些商品对 AOV 贡献最大。

（4）用户反馈主题：根据用户反馈内容进行分类（如物流、商品质量、客服等），用于深入分析用户满意度低的原因。

通过这个指标体系，电商平台可以从宏观到微观地监控和分析业务表现，及时调整策略以提高商品交易总额和用户满意度。

吴老师：这里 GPT 只是做了示例，实际应用中的指标体系会复杂得多，遇到具体问题，我们再具体分析，重要的是你先要理解指标体系的分级。

小红：好的。指标体系也是随着业务的发展而变化吧？

吴老师：当然了。首先，指标体系的分级标准是相对灵活的，划分标准不是固定的，因为不同的业务可能关注的重点不同，所以我们需要根据具体情况来确定哪些是关键指标。其次，指标体系的各级指标是会随着公司战略的变化而变化的，以反映公司当前的运营状态和未来的发展方向。所以说，指标体系是动态的，需要不断优化和更新。

小红：我明白了。那我们实际工作中如何建立指标体系呢？有没有建立指标体系的方法呢？

吴老师：你看整个指标体系的结构像不像金字塔（见图2-2）？有一种方法叫作"指标体系的金字塔构建法"。

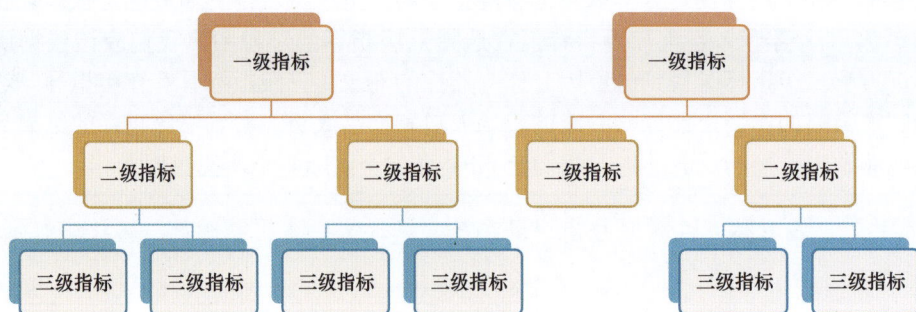

图2-2

提问：实际工作中如何建立指标体系？讲一讲指标体系的金字塔构建法。

1．明确OKR，奠定指标体系的基石

- 确立组织或部门的OKR（Objectives and Key Result，目标和关键成果），明确战略方向和目标。
- 识别一级指标，即反映核心目标的指标。
- 知乎：WAU、DAU、周留存率、次日留存率、停留时长、发帖率、回答率。
- 物美：地区销售额、用户销售额。
- 其他：销售收入、利润率、市场份额。

2．了解业务运营，构建指标体系的框架

- 深入了解业务运营模式，分析业务流程和关键环节。
- 拆解一级指标，形成二级指标，反映具体的业务维度。
- 知乎：不同等级用户的发帖率。
- 物美：不同地区的销售额、不同用户的销售额。
- 其他：销售渠道、产品类别、客户群体。

3．梳理业务流程，细化指标体系的层级

- 沿着业务流程，进一步拆解二级指标，形成三级指标，反映具体的业务细节。
- 知乎：不同等级用户、不同板块、不同行业的发帖率。
- 物美：不同地区、不同门店、不同商品的销售额。

- 其他：不同渠道、不同产品、不同客户群体的销售额、利润率。

4．报表监控，持续优化指标体系

- 利用数据分析工具，构建指标体系报表，实时监控指标数据。
- 设定指标预警机制，及时发现异常情况并追根溯源。
- 定期评估指标体系的有效性，根据业务变化进行动态调整。

以下是一些指标体系金字塔构建的额外建议。

- 确保指标体系的科学性、系统性、可操作性、动态性。
- 结合行业最佳实践，参考标杆企业的指标体系。
- 鼓励员工参与指标体系的构建和完善，提升员工的责任感和使命感。
- 建立健全的指标体系管理机制，确保指标体系的有效运行。

总而言之，指标体系金字塔构建法是一种科学、有效的指标体系构建方法，可以帮助组织和个人建立清晰的目标导向，提升管理效率，实现持续发展。

小红：我理解了，建立指标体系的方法分为 4 步：
（1）弄清楚要实现什么目标，然后找出达到目标的最重要的指标；
（2）根据业务具体运营状态，把这些核心指标进一步分解成二级指标；
（3）根据业务流程将二级指标细化成三级指标，以便更精确地找到问题所在；
（4）把这些指标放到报表里监控起来，根据监控的结果不断地调整和更新指标体系。

吴老师：非常好。建立指标体系的一个重要作用确实是统一数据语言。这意味着通过建立一套共同的指标和定义，组织内的不同部门和团队可以使用相同的术语和标准来衡量和讨论业务绩效。在我们的日常工作中，各个团队都要利用指标体系来评估业务做得怎么样，所以，构建一个指标体系可不是一件小事。很多时候，我们手上的报表可能是之前离职的同事留下的，或者是领导交给我们的，我们只是负责定期更新。这时候你就要想，为什么我们要做这些报表？完成后又是给谁看的呢？这些都是我们需要思考的问题。

小红：我还真没想过这些。那我应该怎么做呢？

吴老师：首先，明确一级指标至关重要，这是把控重点、避免迷失方向的基石。其次，应当按照逻辑关系来组织与梳理指标。有时，我们或许会觉得指标之间欠缺逻辑联系，数量众多却相互孤立，一旦产生问题，我们很难迅速锁定具体的业务环节，更别提解决问题了。再次，报表里的一些指标虽然看似丰富，但实际上可能缺乏业务价值，此类指标需要从指标体系中剔除。最后，我们还常常会犯这样一个错误，即一个人独自构建了指标体系和报表，却未与业务部门进行沟通。要明白，构建一个有效的指标体系并非一人能够完成，而是需要与市场、运营、产品等业务部门，以及数据部门和开发部门紧密合作。

小红：原来建立指标体系需要与这么多部门合作啊，那有没有相关的流程呀？

吴老师：我画了一张图（见图 2-3），这是从我们接到业务需求，到最终提供报表的流程。从左到右，可以看到有业务部门、数据部门和开发部门，每个部门都有其对应的职能，一个环节都不能少。如果业务部门的需求没传达清楚，数据部门就不知道要收集什么数据，开发部门也就不知道要开发什么功能，整个体系就会运转不畅。所以，我们必须确保这 3 个部门之间沟通顺畅，才能建立一个有效的指标体系。

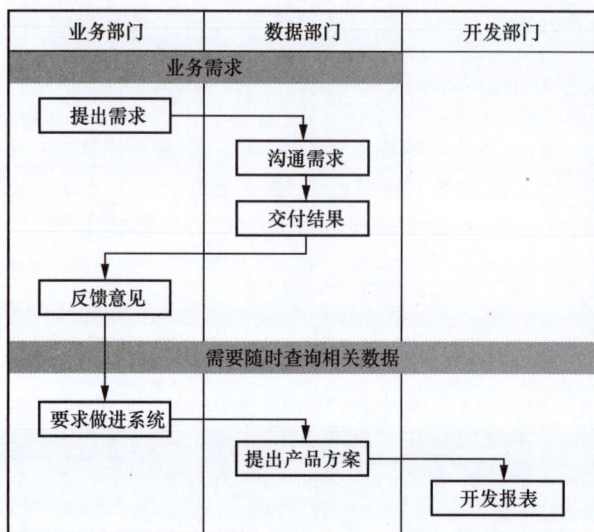

图 2-3

2.2 使用大模型分析 4 种商业模式的指标体系

小红：我有个疑问，在不同的业务场景下，我们应该怎么选择指标呢？每种业务是不是都有一个固定的指标体系？

吴老师：你这个问题非常好，这里涉及一个概念——商业模式。首先，我们需要明确自己的业务属于什么样的商业模式。不同的商业模式，其关注的核心指标和整个指标体系都是有所区别的。

小红：那什么是商业模式呢？

吴老师：简单来说，商业模式就是你怎么赚钱。像淘宝这样的平台，它不只是一个电商网站，还涵盖了很多不同的子业务，这些子业务的商业模式也不是随意组合的，而是形成了一个有机整体。对于复杂的商业模式，我们首先要把它分解成简单的模式，然后再去分析每个模式中最关键的指标。

小红：原来如此，如果不懂商业模式，那面对复杂业务时都无法进行拆解。那我先问问大模型有哪些商业模式。

> **提问**：什么是商业模式？常见的商业模式有哪些？

商业模式是指公司如何创造、传递和捕获价值的方法。简而言之，商业模式描述了公司如何赚钱，包括其商品或服务的提供方式、客户群体、收入来源以及成本结构。

常见的商业模式如下。

（1）电子商务：通过互联网销售商品或服务，如淘宝、亚马逊。

（2）移动应用：提供免费的应用程序，通过广告、内购或会员服务获利，如Instagram、TikTok。

（3）媒体网站：通过内容吸引用户，然后通过广告或订阅模式盈利，如新闻网站、博客。

（4）用户生成内容：平台用户创建并分享内容，平台通过广告或其他方式获利，如

YouTube、Wikipedia。

（5）SaaS：提供基于云的软件解决方案，用户按使用或购买付费，如 Salesforce、Zoom。

（6）双边市场：连接两个或多个相互独立的用户群体，从中获得收益，如 Uber（连接司机和乘客）、Airbnb（连接房东和旅客）。

（7）联盟营销：通过推荐第三方商品或服务来赚取佣金，如博客和推荐网站。

（8）订阅模式：用户定期支付费用以获取产品或服务的持续访问权，如 Netflix、Spotify 等提供的流媒体服务。

（9）按使用付费（Pay-Per-Use）：用户根据实际使用的商品或服务数量付费，如云计算服务（按计算资源使用量收费）和水电费（按使用量收费）。

（10）分销模式：商品通过一系列分销商、代理商或零售商渠道销售给最终消费者，如传统的食品和饮料行业。

理解这些商业模式有助于更好地把握市场动态和公司运营方式。

小红：这么多商业模式都需要掌握吗？

吴老师：我们只要掌握几个核心的商业模式就行。核心的商业模式有 4 种，即电子商务、SaaS、内容媒体、双边市场。

小红：这 4 种商业模式我们都要深入理解吗？

吴老师：所谓一通百通，如果我们能深入理解其中一两种商业模式，那么当我们去学习其他的商业模式时，就会发现很多相通之处，学起来也会更轻松。我们可以都学一遍，但我建议你把重点放在一两种商业模式上，这样更有深度。我会重点介绍电子商务、内容媒体、双边市场的关键指标构成，帮助你把握核心要素，但不会过于深入地探讨指标体系的层次结构，因为我们的重点是理解各种商业模式的关键指标。

小红：好的，那我们快开始吧。

2.2.1　电子商务关键指标

吴老师：首先我们重点聊聊电子商务模式，也就是我们常说的电商。从广义上看，电商可理解为通过互联网进行商品或服务的买卖和交易的商业活动；从狭义上看，电商可理解为网络销售和网络购物。我们先说说如何对电商进行分类。按照端到端，我们把常见的电商分成 4 类（见表 2-2）：B2B、B2C、C2C、O2O。

表 2-2

B2B Business（商家）to Business	• 企业与企业之间通过互联网进行商品、服务及信息的交换。通俗的说法是指进行电子商务交易的供需双方都是商家（或企业、公司）。 • 举例：1688 等
B2C Business to Customer（消费者）	• B2C 模式是我国最早产生的电子商务模式。 • 举例：天猫商城、京东商城、1 号店、亚马逊、苏宁易购、国美在线等
C2C Customer to Customer	• C2C 商务平台就是通过为买卖双方提供一个在线交易平台，使卖方可以主动提供商品上网拍卖，而买方可以自行选择商品进行竞价。 • 举例：闲鱼、转转等
O2O Online（线上）to Offline（线下）	• O2O 模式通过线上平台吸引顾客，并引导他们到线下的实体店或服务点进行消费。 • 举例：美团等

吴老师： 按照平台类型，我们一般又可以将电商分成 6 类（见表 2-3），即平台型、垂直型、闪购型、导购型、服务型、二手型。

表 2-3

平台型	• 商家不直接销售商品，而是提供电商平台服务及营销服务。 • 举例：阿里巴巴的天猫、淘宝、京东等
垂直型	• 专注于某一行业的电商平台。 • 举例：酒仙网（酒）、淘油网（润滑油）、麦乐购（母婴）等
闪购型	• 源于法国网站 Vente-Privée，主要是满足预算不足但是想买大牌的用户。 • 举例：唯品会等
导购型	• 引导顾客、促成购买，或帮助消费者节约时间成本。搜索比价类、社区类、返利类。 • 举例：一淘、折800、小红书等
服务型	• 以提供服务和虚拟产品为主的平台。 • 举例：去哪儿、携程、大麦、飞猪等
二手型	• 以提供二手商品为主的平台。 • 举例：瓜子、咸鱼、转转等

小红： 电商有这么多种，指标体系肯定都不一样，难道我们都要学习吗？

吴老师： 我们需要学习的是电商通用的指标体系，所以，不论流量、渠道、目标人群怎么变化，我们都只需要深刻理解底层不变的基本构成和基本规律。

小红： 原来如此，那电商的基本构成是什么呢？

吴老师： 任何一个电商平台不变的是人、货、场这三大核心要素（见图 2-4）。"人"涉及用户的获取成本、用户活跃度、用户留存率等指标。"货"涉及产品的转化率、库存周转率等关键指标。至于"场"，平台的流量、用户的传播、平台的技术支持等都是重要指标。其实，任何一个平台的底层逻辑，都是希望商家把用户留在平台里面，让用户在平台里面"吃喝玩乐逛"。

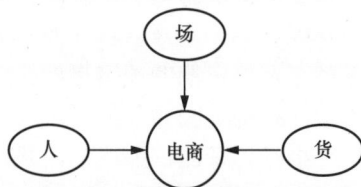

图 2-4

小红： 那基本规律是什么呢？

吴老师： 电商运作的基本规律是关注流量获取、转化率提升和盈利模式。不管是刚推出市场的新产品，还是已经存在一段时间的旧产品，流量获取始终是首要任务。想想看，如果没有人知道你的平台或产品，又怎么会有销量呢？所以，卖家需要思考如何吸引潜在顾客，比如，通过广告宣传或者产品测评来吸引注意力。让流量进入你的电商平台，这是赚钱之前必须跨过的门槛。

小红： 流量获取我明白了，转化率的提升就是将这些流量转化为购买行为吧？

吴老师： 是的。在电商网站的起步期，转化率甚至比总营业额更重要，因为电商创业初期最需要验证的是到底会不会有人买你的东西。但一味追求转化率也存在风险。转化率虽然重要，却并非电商的全部。电商不以转化率论成败，有数不尽的电商不论转化率高低，最终均获得了成功。转化率取决于电商类型以及用户的购买习惯。比如，房产和蔬菜水果的购买频率显然不同。你可以通过优化产品页面的设计、提供吸引人的促销活动，或者改善用户体验来提高转化率。转化率高了，意味着你能够更有效地将流量变现。

小红：那盈利模式又是什么呢？

吴老师：盈利建立在有效管理流量和转化的基础之上，真正的挑战是如何在保持流量和转化率的同时，实现可持续的盈利。这就涉及利润公式，即利润＝曝光量×点击率×转化率×留存率×订单金额×利润率。每一个环节都需要不断优化和迭代，以提升整体的盈利能力。

小红：所以，利润公式里面的每一项都是重要的指标，对吗？

吴老师：没错。那我们看看电商的指标体系都是什么吧。先让 GPT 帮我们整理框架。

提问：假如你是一个资深数据分析师，请详细介绍一下电子商务的指标体系。

在电子商务中，指标体系是一组关键绩效指标，用于衡量和分析电商平台的运营效果。这些指标通常围绕电商模式的核心要素——人、货、场展开，帮助企业评估其在线业务的表现、优化营销策略、提升用户体验和增加收益。以下是一些常见的电子商务指标。

1. 人（用户）相关指标

- 曝光量：用户接触到广告或商品的次数。
- 点击率：用户点击广告或商品链接的比例。
- 转化率：用户从点击到完成购买的比例。
- 留存率：在一定时间内，用户继续使用或回访平台的比例。
- 重复购买率：用户多次购买的比例。
- 用户获取成本（Customer Acquisition Cost，CAC）：获得一个新用户的平均成本。
- 用户生命周期价值（LTV）：用户在其整个生命周期中为公司带来的总利润。

2. 货（商品）相关指标

- 平均订单价值：平均每笔订单的销售额。
- 弃买率：用户将商品添加到购物车但未完成购买的比例。
- 库存可供率：库存中可供销售的商品比例。
- 利润率：（收入－成本）/收入，反映了商品的盈利能力。

3. 场（平台）相关指标

- 推荐接受率：用户接受推荐商品的比例。
- 传播裂变：通过用户分享引发的新用户增长率。
- PUSH 点击率：用户点击推送通知的比例。
- 关键词和搜索词：用户通过搜索引擎或平台内搜索功能使用的关键词，反映了用户的兴趣和需求。

小红：GPT 大模型在分析电商问题时，也是围绕着"人、货、场"这三大核心要素进行的。

吴老师："人、货、场"框架能够帮助我们从根本上理解电商运营的本质，再结合我们之前讨论的利润公式，就能够更全面、更系统地分析电商业务的各个方面了。我们再让 GPT 对"人、货、场"涉及的指标进行详细的解释。

提问：对"人（用户）相关指标"进行分析，说明每个指标的重要性，并举一个应用或分析的场景。

人（用户）相关指标分析如下。

曝光量

- 重要性：曝光量是衡量广告或商品信息到达的潜在用户数量的指标。高曝光量意味着更多的人看到了广告或商品，从而增加了品牌知名度和潜在的购买机会。
- 应用场景：一家电商平台推出新产品时，通过分析曝光量可以评估广告投放的效果，调整推广策略以提高曝光量，吸引更多潜在用户。

点击率

- 重要性：点击率是衡量用户对广告或商品链接感兴趣并进行点击的比例。高点击率表明广告或商品吸引了用户的注意力，有可能转化为实际购买。
- 应用场景：电商平台通过A/B实验测试不同版本的广告创意，分析哪个版本的点击率更高，从而优化广告内容，提高点击率和转化率。

转化率

- 重要性：转化率是衡量用户从点击到完成购买的比例。高转化率意味着用户体验良好，购买流程顺畅，有助于提高销售额。
- 应用场景：电商平台分析用户购买流程中的转化率，发现从加入购物车到确认订单阶段的转化率较低，可能是因为结算流程复杂，于是简化结算流程，提高了转化率。

留存率

- 重要性：留存率是衡量用户在一定时间后仍然使用或回访平台的比例。高留存率表明用户对平台有持续的兴趣和较高的忠诚度。
- 应用场景：电商平台通过定期推送优惠券和促销活动，提高用户的留存率和复购率。

重复购买率

- 重要性：重复购买率是衡量用户多次购买的比例。高重复购买率表明用户对产品或服务满意，有利于提高客户终身价值。
- 应用场景：电商平台分析重复购买率较高的用户群体特征，针对这些用户推出更多符合其偏好的产品，增加用户黏性。

客户获取成本（CAC）

- 重要性：用户获取成本是获得一个新用户的平均成本。低CAC意味着市场营销和推广效率高，有助于提高整体盈利能力。
- 应用场景：电商平台通过分析不同营销渠道的CAC，优化广告预算分配，降低获取新用户的成本。

用户生命周期价值（LTV）

- 重要性：LTV是用户在其整个生命周期中为公司带来的总利润。高LTV表明用户对公司的长期贡献大，有利于公司的可持续发展。
- 应用场景：电商平台通过提高用户满意度和增加用户黏性，提高用户的终身价值，从而提升整体盈利水平。

通过分析这些用户相关指标，电商平台可以更好地了解用户行为和需求，优化营销策略和产品服务，提高用户满意度和忠诚度，从而增加销售额和提高利润。

吴老师：与"人"相关的指标，我们重点说一说重复购买率，以及LTV与CAC。重复购买率（如90天内的重复购买率）可以帮助我们知道，到底是该着重培养用户忠诚度还是努力获取新用户。比如，重复购买率高，则要多花心思在获取新用户上；如果重复购买率低，那么就要多花时间在老用户的复购上。

小红：那LTV与CAC呢？

吴老师：LTV是一个涉及多个关键数据的综合指标，甚至可以是健康程度的唯一标准。整个用户生命周期可以非常长，也可以非常短。提升用户留存率，留存率越高，复购率越高，LTV越高；提升用户体验，用户体验越好、产品越好用、运营效果越好，用户购买金额越多，LTV越高。CAC指用户获取成本，只有当LTV > CAC时，这个生意才能做下去。后续我们在讲分析方法的时候，再详细说明。

小红：好的。我先记住，我们提升留存率和用户体验，根本目标是提升LTV。

吴老师：是的，让我们再看看"货"涉及的指标。

> **提问**：对"货（商品）相关指标"进行分析，说明每个指标的重要性，并举一个应用或分析的场景。

对于"货（商品）相关指标"，每个指标都反映了商品的不同维度的表现，对于电商平台的运营和决策具有重要意义。以下是对这些指标的分析以及它们的重要性和应用场景。

平均订单价值（Average Order Value, AOV）

- 重要性：AOV是衡量每笔交易产生的平均收入的指标。较高的AOV意味着用户在每次购买中花费较多，这有助于提高总收入和利润。
- 应用场景：电商平台可以通过提供捆绑销售、推荐高价值商品或提供满额免运费等策略来提高AOV。

弃买率（Cart Abandonment Rate）

- 重要性：弃买率是衡量用户将商品添加到购物车但未完成购买的比例。较高的弃买率可能表明存在用户体验问题或价格敏感性问题。
- 应用场景：通过分析弃买率，电商平台可以识别并解决导致用户放弃购买的问题，如简化结账流程、提供更多支付选项或优化移动购物体验。

库存可供率（Inventory Availability Rate）

- 重要性：库存可供率反映了库存中可供销售的商品比例。保持适当的库存水平对于满足用户需求和避免库存过剩至关重要。
- 应用场景：通过监控库存可供率，电商平台可以及时补充热销商品的库存，减少缺货情况，同时避免库存过剩导致成本增加。

利润率（Profit Margin）

- 重要性：利润率是衡量商品销售、盈利能力的关键指标，反映了每单位商品的收入中有多少是纯利润。
- 应用场景：通过分析不同商品的利润率，电商平台可以调整商品组合，优先推广高利润率商品，提高整体盈利能力。

通过对这些"货（商品）相关指标"的分析，电商平台可以更好地理解商品表现，优化库存管理，改变销售策略，从而增加收入和利润。

吴老师：对于"货"相关的指标，我们聊聊 AOV、弃买率、库存可供率。首先我们讲讲 AOV。AOV 是衡量网店收入状况的重要指标之一，直接关系到网店的营业额和利润。如果能提高每个订单的价值，即便客户数不增，收入也能跟着往上走。一般有几种策略可以实施。第一，你可以通过捆绑销售来提高订单价值，鼓励顾客一次性购买更多商品。第二，提供阶梯式折扣也是一个不错的方法，比如，购买超过一定金额就能享受更大的折扣。第三，利用数据分析优化商品推荐也很关键，了解顾客的购买习惯和偏好，向他们推荐可能感兴趣的商品。

小红：我终于明白为什么商家进行捆绑销售，或给满减的优惠券，以及进行相关推荐了。

吴老师点头：弃买率也是非常关键的一个指标，弃买率高意味着有更多的潜在顾客在购买流程中退出，没有完成购买。理解和分析弃买率的关键在于将购买流程细分为多个步骤，比如确认订单信息、填写收货地址、选择支付方式等，然后观察在哪个步骤丢失的顾客最多。这种跟踪每一步转化的分析方法，就是我们常说的转换漏斗，后续工作中遇到，我们再详细介绍。

小红：那率买率也是数据分析的重点，需要不断测试和优化。

吴老师：没错。再来谈谈库存可供率，它在电子商务的供应链管理中占据着举足轻重的地位。若库存短缺，网店可能会错过销售高峰期，导致收入减少。相反，如果库存过剩，则可能导致降价销售，影响利润。

小红：那我们要如何处理库存和销售之间的平衡呢？

吴老师：优化库存可供率最重要的是建立一个有效的库存管理系统，这需要我们做到以下几点。首先，要进行精准的销售预测，这意味着不仅需要搜集和分析历史销售数据，还要了解市场的走向，这样才能对未来的销量有个大概的判断。其次，根据销量来动态调整库存是非常有必要的，比如，某个商品卖得好，那我们就得确保库存足够；反之，如果某商品销量不佳，那就应该考虑减少库存。

小红：这需要很强的数据分析能力和市场洞察力呢。

吴老师：是的，数据分析可以使销售预测更准确。而对物流而言，通过精细化的物流与配送策略及有效的运送时间管理可以减少库存滞留时间，加快库存周转，这样不仅能提升客户满意度，还能减少因长时间保存库存产品而产生的资金和空间成本。同时，通过技术的提升和物流路线的优化，我们能够确保商品更快地到达消费者手中，降低库存过剩的风险，进一步提升整个供应链的效率。

小红：的确，我注意到现在消费者对物流速度的要求越来越高了，现在天猫超市、京东基本次日送达，还有不少商品可以做到1小时达。高科技真是大大提升了我们的生活水平，好期待看到无人机给我送货。

吴老师：下面，再看看"场"涉及的指标。

> **提问**：对"场（平台）相关指标"进行分析，说明每个指标的重要性，并举一个应用或分析的场景。

对于"场（平台）相关指标"，每个指标都反映了电商平台在不同方面的表现，对于平台的运营和优化具有重要意义。以下是对这些指标的分析以及它们的重要性和应用场景。

推荐接受率（Recommendation Acceptance Rate）

- 重要性：推荐接受率衡量了用户接受平台推荐商品的比例。高推荐接受率意味着推荐系统的准确性和有效性较高，能够提升用户体验和增加销量。
- 应用场景：电商平台可以通过分析推荐接受率来优化推荐算法，提高个性化推荐的相关性和吸引力，从而增强用户的购买意愿，提高满意度。

裂变式传播（Viral Spread）

- 重要性：裂变式传播也称为病毒式传播，指的是通过用户分享引发的新用户增长率。裂变式传播效果好，表明平台具有较强的社交影响力和口碑传播能力，有助于降低 CAC。
- 应用场景：电商平台可以通过鼓励用户分享商品、评价和活动，提供分享奖励或优惠券来促进社交传播和裂变增长。

关键词和搜索词（Keyword and Search Term）

- 重要性：关键词和搜索词反映了用户的搜索行为和兴趣，对于理解用户需求、优化搜索引擎和提高商品曝光率具有重要意义。
- 应用场景：电商平台可以通过分析热门关键词和搜索词来优化商品标题、描述和标签，提高搜索排名和吸引更多目标用户。

PUSH 点击率（PUSH Click-Through Rate）

- 重要性：PUSH 点击率衡量了用户点击平台发送的推送通知的比例。高 PUSH 点击率表明推送内容具有较高的吸引力和相关性，能够有效地引导用户参与和购买。
- 应用场景：电商平台可以通过分析 PUSH 点击率来优化推送策略，如调整发送时间、个性化推送内容，以提高用户的响应率和参与度。

通过对这些"场（平台）相关指标"的分析，电商平台可以更好地理解用户行为和平台表现，优化推荐系统、社交传播和推送策略，提升用户体验和销售效果。

吴老师：对于"场"相关的指标，我们需要理解推荐接受率、关键词和搜索词、

PUSH 点击率。首先看看推荐接受率，它反映了用户对推荐商品的接受程度，目的是从推荐的商品中获得额外的营收。推荐系统通常基于协同过滤和基于内容的推荐两种技术。协同过滤通过分析大量用户的行为数据，找出购买或喜欢相似商品的用户群体，然后向这个群体推荐他们未发现的商品。基于内容的推荐则是分析商品的特征和用户的偏好，为用户推荐与他们之前喜欢的商品特征相似的商品。数据分析可以帮助优化特征，同时评估推荐系统的效果。

小红：明白了。推荐系统不仅需要强大的算法技术的支持，还需要持续的数据分析和优化。

吴老师：接下来，我们说说关键词和搜索词。分析站内关键词和搜索词能帮助我们理解用户的需求和行为。如果某个关键词的搜索量很高，但转化率低，那就需要检查为什么用户没有在搜索后进行购买，可能是因为商品描述不清楚、价格不合适，或者用户根本就找不到他们想要的商品。如果我们发现某个商品分类被频繁搜索，那么可以考虑将这个分类放到更显眼的位置，甚至是首页，这样可以更快、更直接地满足用户的需求。此外，还可以根据搜索词的热度来调整库存和采购计划，确保高需求商品供应及时。

小红：原来如此。

吴老师：我们再说说 PUSH 点击率。PUSH 通知是一种高效、低成本的营销工具，能迅速提升用户参与度，高 PUSH 点击率不仅增加了 App 的用户流量，也提高了用户的留存率。然而，频繁推送可能打扰用户，甚至导致他们关闭通知，从而失去接触点。因此，重要的是个性化内容和推送频率，基于用户行为和偏好进行数据分析，以提供他们感兴趣的信息；同时灵活调整推送频率，促销期间可适度提高，而平常则需在用户可接受的范围内，以免引起用户反感。

小红：明白了，要根据用户的偏好来定制 PUSH 通知的内容和频率。

2.2.2　内容媒体关键指标

吴老师：刚才讲"分享次数"指标时，我特别提到了内容媒体，内容媒体在整个移动应用领域中占据着非常重要的位置，值得单独进行深入探讨。而且，你以后在数据分析的工作中还会专门针对内容媒体进行分析，所以我们需要对它有更深入的了解。

小红：那我可得好好学一学，什么是内容媒体呀？

吴老师：顾名思义，内容媒体就是那些提供各种内容的网站，它们的内容类型有很多，比如新闻资讯、聚焦某一主题的专业知识、生活方式信息、娱乐休闲资讯等，还有的网站提供的是用户生成内容（User Generated Content，UGC）。

> **提问**：假如你是互联网资深数据分析师，介绍一下主要的内容媒体商业模式。

1．广告模式

- 最传统且普遍的商业模式之一。内容媒体平台通过吸引用户访问来增加页面浏览量和用户停留时间，然后将这些流量卖给广告商。
- 广告形式多样，包括但不限于横幅广告、视频广告、原生广告和赞助内容。
- 广告效果可以通过点击率（Click-Through Rate，CTR）、转化率等指标进行量化。

2．订阅模式

- 用户为访问高质量内容支付定期费用。这个模式依赖于独家内容、高质量的编辑标准或用户体验。
- 数据分析在这里可以帮助理解用户偏好、预测留存率、制定个性化的订阅计划。

在分析和运营这些商业模式时，关键数据指标包括用户增长率、活跃度、用户生命周期价值、用户获取成本、留存率和用户参与度等。数据分析的目的是揭示用户行为背后的模式和趋势，优化产品和服务，以及预测未来的市场动态。通过不断的测试和迭代，内容媒体商业模式可以根据市场反馈和数据分析结果进行调整和优化。

吴老师：主要讲一讲"广告模式"和"订阅模式"，这两者常常是一起运作的。我们先聊一聊广告的本质是什么（见图2-5）。广告的本质是让某人在某个地方、某个时间下，看某个素材以宣传某个东西，达到某种效果。广告的五大要素是目标人群、场景、创意、产品/品牌、认知。

目标人群　　　场景　　　　　创意　　　产品/品牌　　　认知

给 某人 在 某个地方、某个时间 下，看 某个素材 以宣传 某个东西 ，达到 某种效果

图2-5

小红：感觉广告也是人（目标人群）、货（创意）、场（场景）的匹配。

吴老师：是的，你很有洞察力嘛。广告是商业诉求与内容创作巧妙融合的一种信息传递方式。同时，广告也是一种价值交换方式，广告主通过内容平台将其产品或服务的信息传达给潜在顾客，以期转化为销量或提升品牌知名度。对内容平台来说，广告是一种重要的收入来源，它使得平台能够维持运营，同时提供免费的内容给用户。这种价值交换的基础是用户的注意力和用户数据，广告主付费以获取这种资源。

小红：原来如此，我有个问题，内容媒体如果展示很多广告，用户体验不好，他们可能就不再使用该平台了，那该如何平衡广告收益和用户体验呢？

吴老师：你提出了一个非常关键的问题，这里涉及一个概念，叫作"广告库存"。广告库存指的是一个平台上可用于展示广告的空间或时段的总量。在内容媒体或App中，这可以是页面上的横幅广告位、视频前的广告时段、App内的推送消息等。广告库存的管理非常重要。首先，精细化运营是关键。优化广告的位置和大小，挑选和内容匹配的广告，甚至采用原生广告，这些都能在不影响用户体验的前提下获得收益。其次，提高网站内容的质量和相关性也很重要。高质量的内容可以让用户停留更久，浏览更多的页面，还可以吸引更有价值的观众。最后，利用数据分析来优化广告策略，根据用户的行为数据调整广告，不仅可以提高其点击率和转化率，还可以保持良好的用户体验。

小红：那么，数据分析能在其中起到什么作用呢？

吴老师：由于广告数据复杂且维度丰富，我们需依据指标体系构建全面的数据分析系统，以追踪和评估广告表现与用户行为，比如知晓哪些广告位点击率高，哪些低。此分析基于时间、地理位置、用户行为等多维度因素。并且，数据分析可帮助平台优化广告定价策略，通过分析不同广告位的表现及市场需求，平台能灵活调整定价以实现收益最大化，表现好的广告位可适当提价，表现差的广告位可能需降价来吸引广告主。此外，数据分析能预测特定时期的广告需求，根据预测，平台可提前规划和调整广告库存。比如通过分析得知某些季节或特定事件期间广告需求会增加，这样平台不仅可以提前准备充足广告位，还能动态调整广告库存以响应市场的即时变化。

小红：数据分析起的作用很大呢。

吴老师：是的，我们说一个很重要的指标——广告点击率，这是评估移动应用中广告吸引力和效果的关键指标。点击率高，意味着广告内容对用户具有较高的吸引力，用户更可能点击广告，这直接关系到广告收入的多少。提升广告点击率的关键在于深入了解用户行为和偏好，以及广告本身的表现。我们可以做广告展示时间和上下文分析，分析某些时间段或在特定内容上下文中展示的广告是否可以有更高的点击率。

小红：看来提升广告点击率也是一个持续的过程。

吴老师点头：广告是商业化进程中的重要手段，广告收入在互联网总营收中占据大量份额。后续讲到相关话题，我会详细展开。

小红：好的。广告模式我懂了，那订阅模式又是什么呢？

吴老师：订阅模式下，我们常常会购买会员来享受服务。会员制度是一种双向价值交换机制，企业通过提供特权、优惠和服务来吸引和留住用户，而用户则通过付费、消费或参与活动来获取这些价值，实现双方的利益共赢。

小红：刚才说的广告也是一种价值交换，是广告平台和广告主的交换，看来如果要达成商业目标，一定要有价值交换。

吴老师点头：会员业务不仅可以为互联网公司带来收入上的增长，还有助于构建和维护与用户之间的长期关系，提升用户体验和满意度，是商业策略中不可或缺的一部分。我们来了解一下会员的分类。

> **提问**：假如你负责提升内容媒体会员业务，请说明会员可以分为哪些类别。

互联网内容媒体会员可以从多个方面划分。

1．按付费方式分类

（1）免费会员：不需要付费即可享受基本会员权益。

（2）付费会员：需要支付一定费用才能成为会员，享受更多特权和服务。付费会员又可以细分为以下类型。

- 储值型：通过储值行为换取会员特权，优惠行为通常与有余额的储值卡绑定。
- 订阅型：通过定期订阅服务成为会员，常见于内容平台、电商平台和O2O平台。

2．按获取方式分类

（1）成长会员：用户通过完成任务或消费累积成长值，从而提升会员等级并享受相应权益。

（2）直接购买会员：用户直接支付一定费用成为会员，无须通过任务或消费累积成长值。

3．按服务内容分类

（1）内容会员：专注于提供内容服务，如视频、音乐、阅读等。

（2）权益会员：提供各种优惠和特权，如折扣、免费配送、专属活动等。

（3）综合会员：结合内容和权益，提供多方面的会员服务。

4．按适用范围分类

（1）单一平台会员：仅在特定平台或服务中有效。

（2）跨平台会员：在多个平台或服务中都能享受会员权益。

小红：看起来，会员分类并不是相互独立的，一个会员系统可能会同时属于多个分类。

吴老师点头：会员制度的核心在于身份认同，即用户对自身作为会员的身份的认同。这种身份认同感可以来自会员身份的专属标志，例如会员卡、徽章等，它们象征着用户的特殊地位；也可来自会员专属的权益和服务，例如折扣优惠、优先体验等，它们能体现出会员的身份价值；还可以来自与志趣相投的群体交流互动所形成的强烈的社群感和归属感。

小红：就好像我是清华大学毕业的，就特别有自豪感；我持有超级白金会员，就非常有优越感。

吴老师：你的比喻非常好。身份认同的目的是提高用户的忠诚度、提升用户的消费体验和促进复购，唤起用户的排他性留存，提升 LTV。

小红：那么，数据分析如何提升会员的复购率和留存率呢？

吴老师：通过对会员购买行为、偏好和反馈的数据进行分析，我们可以识别会员的需求和兴趣点，还可以提早识别会员流失的风险。这里主要利用神经网络算法，以及用户分层运营的方法进行识别，等我们遇到相关的分析场景再详细讲解。我先介绍一个重要的指标——会员购买率。会员购买率不仅反映了应用能够从用户那里直接获得多少收入，还体现了用户对应用价值的认可程度，表明用户愿意为获得更高价值的服务付费。

小红：如何使用数据分析来提升会员购买率呢？

吴老师：提升会员购买率的关键在于理解用户的需求和偏好，以及他们在什么情况下愿意为应用内容或服务付费，也就是用户动机。我们可以进行用户行为分析，找出哪些功能引起了他们的兴趣；也可以作用户分群分析，找出更有可能购买的用户群体；还可以分析用户反馈和评价，改进服务。另外，还可以对购买引导流程、订阅套餐设计、促销活动等进行 A/B 实验，后续遇到相关场景，我们再深入讲一讲 A/B 实验。

小红撇撇嘴：好吧，又要"吊"我胃口了。

吴老师一笑：我们已经跟 GPT 大模型交互了多轮，如果想让 GPT 讲一讲国内重点内容媒体的指标体系，我们可以这么提问。

> **提问：** 根据我们上面的讨论，请详细介绍一下内容媒体的指标体系。

为内容媒体建立一个详细的指标体系是关键，以确保网站的健康发展和收入增长。这些指标不仅能帮助网站运营者监控性能，还能指导决策和优化策略。以下是一个内容媒体详细指标体系的概览，包括但不限于用户参与度、内容效能、收入生成和用户满意度几个主要方面。

1．用户参与度

- 日活跃用户数和月活跃用户数：衡量每天和每月访问网站的独立用户数。
- 访问频率：用户平均访问网站的次数。
- 页面浏览量：网站接收到的总页面加载数量。
- 平均会话时长：用户在网站上平均花费的时间。

- 跳出率：访问一个页面后离开网站的用户比例。
- 留存率：在特定时间后仍然使用网站的用户比例。

2．内容效能

- 热门内容：根据访问量、分享次数、评论数量等指标评定的最受欢迎内容。
- 内容覆盖率：内容覆盖的用户比例或目标群体。
- 内容更新频率：网站内容更新的频率。
- 用户生成内容参与度：用户上传内容的数量和质量，包括评论、评分和分享。

3．收入生成

- 总收入：网站在特定时期内产生的总收入。
- 广告收入：通过各种形式的广告（如 CPM、CPC、赞助内容）生成的收入。
- 购买收入：通过用户购买服务生成的收入。
- 单次购买和其他收入：通过电子商务销售、一次性购买内容或服务等其他方式生成的收入。

4．用户满意度

- 用户满意度调查结果：通过在线调查、反馈表等方式收集的用户满意度数据。
- 净推荐值：衡量用户推荐产品或服务给他人的可能性的指标。
- 用户投诉和问题解决时间：用户投诉的数量以及解决这些问题所需的平均时间。

5．技术性能

- 网站加载时间：页面完全加载所需的平均时间。
- 服务器正常运行时间：网站可访问和功能正常的时间比例。
- 移动适应性：网站在移动设备上的表现和用户体验质量。

6．社交媒体和外部影响力

- 社交媒体关注度：在不同社交媒体平台上的粉丝或关注者数量。
- 社交媒体互动率：在社交媒体上的帖子获得的平均点赞、评论和分享数量。
- 外部链接：其他网站链接到内容媒体的数量，这反映了网站的权威性和流行度。

小红：GPT 介绍得好详细呀，果然连续的对话能让回答的质量更高。

吴老师：内容媒体的核心目标之一便是获取一次性用户，将其转换成注册用户，并最终成为内容生产者，使其为网站内容做贡献。有好的内容会吸引更多的用户注册，更多的用户又会提供更多好内容，所以，接下来我们要讲讲双边市场。

2.2.3 双边市场关键指标

吴老师：双边市场是一种特殊类型的经济平台，它服务于两组不同的用户群体，这两组用户群体通过这个平台进行互动而相互依赖，从而产生网络效应。在双边市场中，平台的价值不仅取决于单一用户群体的规模，还依赖于另一用户群体的规模和参与度。这意味着，当一侧的用户数量增加时，另一侧的用户也会因为得到更多的互动机会而受益，从而提高整个平台的价值。

小红：双边市场像是个"先有鸡还是先有蛋"式的问题。

吴老师：这个比喻很形象，比如滴滴，乘客多了，滴滴司机是不是就多了？滴滴司机多了，更容易打车了，乘客是不是也变多了？

小红：对于双边市场和单边市场，我们在做数据分析时有什么不同呢？

吴老师：好问题。最主要的区别在于，传统的单边市场只关注一个用户群体，而双边市场则需要分析两个用户群体。

> **提问**：根据我们上面的讨论，请详细介绍一下双边市场的指标体系。

双边市场的指标体系需要同时考虑两个用户群体的关键指标，以衡量平台的整体健康状况和盈利能力。以下是一些常见的双边市场指标。

1．用户规模和活跃度

（1）用户数量：双边市场的基础是用户数量，需要关注两个用户群体的用户数量及其增长率。

（2）活跃用户数量：活跃用户是指在指定时间段内至少进行过一次特定操作的用户，主要分为买家和卖家。

- 买家：在平台上至少购买过一次商品的用户。
- 卖家：在平台上至少发布过一次商品的用户。

（3）用户留存率：指在一段时间内继续使用平台的用户比例，反映了用户对平台的黏性。

2．网络效应指标

（1）网络密度：指用户之间连接的紧密程度，可以衡量平台的网络效应。

（2）匹配效率：指用户之间匹配的成功率，主要分为如下两类。

- 买家找到所需商品的成功率。
- 卖家找到目标客户的成功率。

（3）交易转化率：指用户访问平台后完成交易的比例。

3．盈利能力指标

（1）每用户平均收入（ARPU）：指每个用户在指定时间段内的平均收入。

（2）商品交易总额（GMV）：指平台上所有交易的总额。

（3）佣金率：指平台收取的佣金占交易总额的比例。

（4）利润率：指利润占收入的比例。

4．其他指标

（1）用户满意度：反映了用户对平台的整体体验。

（2）品牌知名度：反映了平台在公众中的认知度。

（3）市场份额：反映了平台在市场中的竞争力。

吴老师：在双边市场中，强大的网络效应可以显著增加平台的价值，我们主要讲一讲与网络效应相关的指标——网络密度。网络密度＝连接数／可能的连接数，其中连接数指的是实际存在的用户之间的连接数量，可能的连接数指的是所有用户之间可能存在的连接的数量，也就是说，可能的连接数＝A群体数量×B群体数量。我们让大模型举个例子。

> **提问：** 基于网络密度的计算公式，举一个例子。

假设我们有一个在线市场，这个市场是为买家和卖家提供服务的双边市场。我们来计算一下这个市场的网络密度。

示例数据如下。

- 买家数量 $n_A = 100$。
- 卖家数量 $n_B = 50$。
- 实际发生的交易数量 $E = 200$。

计算思路如下。

（1）我们有两个不同的用户群体：买家和卖家。

（2）我们已知的是有 100 位买家和 50 位卖家在这个市场上。

（3）如果每位买家都与每位卖家进行了交易，那么可能的最大交易数是买家数量乘卖家数量，即 $100 × 50 = 5000$ 次交易。

（4）实际上，市场上发生了 200 次交易。

基于以上信息，我们可以使用网络密度的计算公式来计算：

$D = E / (n_A × n_B) = 200 / (100 × 50) = 0.04$

所以，这个在线市场的网络密度为 0.04，意味着所有可能的交易中，只有 4% 实际发生了。这个密度较低，可能表明市场上的买家和卖家之间的互动不是很频繁，或者市场还有很大的增长潜力。

小红：我有个问题，交易数量是所有交易的数量吗？多次购买会去重吗？

吴老师：很好的问题，你描述清晰，问问 GPT。

> **提问：** 实际发生的互动（如交易、评价、点击等）数量为 E，是去重后的数量吗？比如 A 组用户 1 与 B 组用户 2 发生了 10 次交易，那么 E 的数量是算 1，还是 10 呢？

在计算网络密度时，实际发生的互动（如交易、评价、点击等）数量 E 是否需要去重，取决于你的分析目的和定义互动的方式。

- 如果目标是衡量平台上不同用户对之间的唯一连接数量，即只要两个用户之间发生过至少一次互动，就认为是一个有效连接，那么 E 应该是去重后的数量。在这种情况下，不论 A 组的用户 1 与 B 组的用户 2 发生了几次交易（无论是一次还是 10 次），它都只算一次互动。

- 然而，如果分析的目的是衡量平台上的总互动活跃度，那么你可能会计算所有的互动，包括重复的。在这种情况下，如果 A 组的用户 1 与 B 组的用户 2 发生了 10 次交易，那么 E 的数量应该算 10。

通常，对于评估平台的活跃度或用户之间的互动密度，考虑所有互动（包括重复的）可能更有意义，因为这能更好地反映出平台的活跃度和用户参与度。但在某些分析场景下，可能更关注独立的连接数量，那么去重后的计数可能更加适用。明确你的分析目的将帮助你决定如何计算 E。

小红：GPT 回答得真清楚。原来目的不同，指标定义也不一样。

吴老师：是的，指标是用来衡量业务目标达成情况的工具，因此指标的定义必须与业务目标息息相关。

2.3 大模型助你利用指标体系做归因分析

2.3.1 如何找到异常指标

吴老师：构建了指标体系之后，我们可以每天密切关注这些指标的变化，就像医生观察心电图一样。指标数据的波动（有时上升，有时下降）正如心跳的起伏。面对这些变化，我们需要深入探究背后的原因。下面，我们就好好聊聊归因分析，归因分析能帮助我们理解数据背后的故事，理解哪些因素驱动了指标的变动，从而为未来的决策提供依据。

小红：那指标数值一变我们就得分析吗？

吴老师：那也太累了。对那些看起来"不太对劲"的异常指标，我们才下手分析。

小红：那什么才算"不太对劲"的指标呢？

吴老师：数学上我们通常用两倍标准差来区分"对劲"的指标和"不太对劲"的指标。标准差就是一把尺子，量量我们的数据是挤在一块儿，还是分散的。标准差大，说明数据散得开；标准差小，说明数据挨得紧。在正态分布的情况下，大约 95% 的数据会落在平均值加减两倍标准差的范围内。那些超出这个范围的数据点就可能是异常值，值得我们进一步分析。

小红：那在实际工作中，我们也用这种数学方法来判断异常吗？

吴老师：在实际判断中，常使用同比、环比和对比等方法。举个例子，如果你发现周末的用户量和工作日相比差别很大，那你就不能简单地拿周末的数据和周一比较，这样是不合理的。我们应该拿相同时间点的数据来比较，比如本周一和上周一的用户量、本周六和上周六的用户量。环比分析也很常用，比如如果我们连续几天都有活动，我们就需要每天都看看和前一天相比情况如何。如果发现数据有下降的趋势，那就需要及时调整策略了。

小红：我明白了，同比和环比都很常用。那对比又是什么呢？

吴老师：对比分析就是把不同的事物放在一起比较。比如，我们可以在同一个 App 的各个模块之间进行对比，将付费人数与活跃人数进行对比，看看这两者是不是有相关关系。我们也常常会将自己的数据和竞争对手的数据或者整个行业的数据进行对比。

小红：除了同比、环比和对比，还有其他的方法吗？

吴老师: 其实,有时候即使变化没有超出正常范围,但如果显示出与过去明显不同的趋势,那也可能表示异常。比如,指标开始持续上升或下降,而过去通常是稳定的。另外,我们之前说过数据分析可以提升预测准确性,如果实际值和预测值差距很大,也可能是异常情况。

> **提问:** 假如你是高级数据分析师,对于指标的涨跌要做归因分析,如何判断指标涨跌是否异常?

(1)设定阈值:根据历史数据和业务经验,设定指标涨跌的正常范围。超出这个范围的变动可以初步认为是异常。

(2)趋势分析:观察指标的长期趋势,如果指标的变动与历史趋势明显不符,可能是异常。

(3)季节性检查:考虑指标是否受季节性因素影响。例如,零售业的销售额在节假日可能会暴增,这种季节性变动不应被视为异常。

(4)比较分析:将指标与相关指标进行比较。如果相关指标未发生显著变化,而某一指标却出现大幅波动,可能是异常。

(5)事件关联:检查指标变动的时间点是否与特定事件(如营销活动、产品更新、市场变化等)相关联。

(6)统计检测:使用统计方法,如控制图或异常检测算法,来识别数据中的异常值。

(7)深入分析:对疑似异常的指标进行深入分析,排查数据收集、处理过程中的错误,或寻找潜在的业务原因。

判断指标涨跌是否异常需要综合考虑多种因素,同时要密切关注业务背景和市场环境,以做出准确判断。

小红: 看来衡量指标的涨跌确实需要综合考虑多种因素。

2.3.2 如何分析异常指标

小红: 对于归因分析,有没有什么标准流程或者方法?我想深入学习一下。

吴老师: 那我们讲一讲在实际工作中做归因分析的方法。第一步,要确定数据是否准确。因为如果数据本身有问题,那分析就毫无意义了。我们需要检查以下几个方面。

(1)数据收集是否全面?

(2)有没有少收集或者重复收集?

(3)数据来源是否有变化?比如原来从 A 集群收集,变成了从 B 集群收集。

(4)数据任务是否"跑"完?比如数据仓库每天晚上跑的脚本是否发生故障,前后端代码是否更改。

(5)埋点是否变更?埋点变更常常会导致数据发生明显的变化。

(6)统计口径是否发生变化?比如之前统计 DAU 是以打开 App 为准,后来改成以打开 App 后有主动的行为为准,那么数据就会有所变化。

(7)发版是否会带来影响?

小红边记边点头: 原来有这么多潜在的错误来源啊,看来在分析之前一定要确保数据的准确性。

吴老师：没错。第二步，评估已知的动作是否对数据有影响，必要时计算这些影响的程度。这些已知动作可能如下。

（1）产品是否改版？比如功能或者样式的变换。

（2）是否有运营动作？比如调整 PUSH 策略、开展激励计划等。

（3）算法是否进行调整？比如分发策略的更改等。

（4）拉新渠道是否发生变化？比如投放渠道的增减等，如 iOS 版本被下架会明显影响新增用户数。

（5）竞争对手是否有活动？比如电商平台天猫的"双 11"活动、京东的"618 活动"等。

小红：了解了，我们需要先确认这些已知的动作，然后再深入分析数据的变化。

吴老师：接下来，第三步，对异常指标进行拆解和定位。如果是综合指标，需要先分解成单一指标。

小红：听起来有点复杂，什么是综合指标呢？

吴老师：综合指标其实就是由多个单一指标组合而成的指标。它们通常涵盖了多个维度或者条件。比如，"浏览时长超过 1 分钟且浏览内容超过 10 条的用户数"就是一个综合指标，因为它同时考虑了时间和内容数量两个维度。我们需要把这样的指标拆解开，单独考察各个部分。

小红：原来是这样，那我们怎么拆解这些指标呢？

吴老师：拆解综合指标主要有几种方法。第一种方法是多维分析，就是从不同的角度来看问题。比如活跃用户数量这个指标，我们可以按照性别、年龄、地区等属性来分析，也可以按照用户的生命周期阶段来划分，比如新用户、留存用户、回流用户等。还有就是看用户是通过什么渠道进入 App 的，比如直接点击图标，通过推送消息、短信链接或者活动页面等。甚至还可以按照操作系统来分析，比如 iOS 和安卓系统用户的表现可能会有所不同。

小红：还有别的方法吗？

吴老师：第二种方法是漏斗分析，这种方法特别适用于转化类指标。比如订单转化率，我们可以追踪用户浏览商品、添加到购物车、下单、付款等环节的表现，看看在哪个环节出现了问题。

小红：我记住了。

吴老师：此外，我们还要学会多问几个"为什么"，深入挖掘背后的原因。比如，如果发现某个年龄段的用户活跃度下降，我们就要问为什么会这样，是不是产品的某个功能没有满足他们的需求，或者是市场有什么新的变化。通过不断提问和假设，我们才能找到问题的根本原因。我们让 GPT 举一个具体的例子。

> **提问**：指标涨跌，如何利用指标体系做归因分析？请举一个具体例子说明。

假设我们关注的是电商平台的订单量指标，发现本周订单量较上周下降了 10%。

接下来，按照上面提到的归因分析方法进行分析。

第一步，确认数据的准确性。检查数据收集是否全面，有无少收集或重复收集的情况，数据来源是否更改，相关的数据任务是否"跑"完，埋点是否变更，统计口径是否变化，以及发版是否有影响。

例如，经过检查，发现数据收集全面，没有上述可能导致数据不准确的问题。

第二步，评估已知的动作是否对数据有影响。查看产品是否改版，是否有新的运营动作，算法是否调整，拉新渠道有无变化，竞争对手是否有活动。

假设经过排查，发现本周没有产品改版，也没有新的运营动作和算法调整。但是，竞争对手开展了大规模的促销活动，吸引了大量用户。

第三步，对异常指标进行拆解和定位。对于订单量这个综合指标，可以将其拆解为新用户订单量、老用户订单量、不同品类商品的订单量等单一指标。

比如，进一步分析发现新用户订单量下降明显，老用户订单量相对稳定。

然后通过多维分析，从用户地区、购买时间、购买商品类别等不同维度进行分析。发现来自某个地区的新用户订单量下降最为明显。

再通过漏斗分析，查看新用户从注册、浏览商品、加入购物车到下单等环节的转化率，发现注册到浏览商品这一环节的转化率大幅下降。

最后，通过不断提问和假设，可能得出是竞争对手的活动吸引了该地区的潜在用户，导致他们没有选择我们的平台。同时，平台的注册流程可能存在一些问题，影响了新用户的体验，导致他们在注册后没有进一步浏览商品。

2.3.3　归因分析实战

小红：GPT 大模型讲的例子，流程很详细，不过我觉得自己需要多练习一下才能真正理解。

吴老师：我们来通过几个图文结合的例子来详细了解一下。做归因分析一定要对指标进行拆解，比如，购买会员的销售总额，我们用公式进行拆解（见图 2-6）。假设我们的视频 App 会员销售总额有所下降。首先，我们认识到，购买会员的销售总额 = 销售人数 × 平均单价。如果销售总额下降，那可能是销售人数减少、平均单价下降，或者两者同时发生变化造成的。

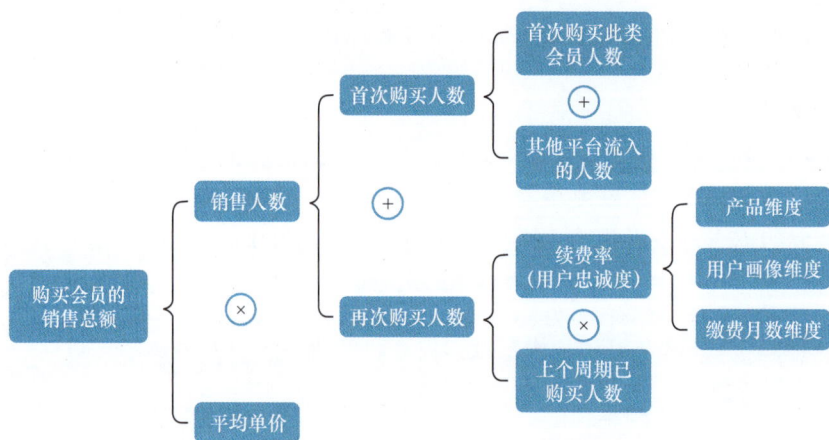

图 2-6

小红：图就使内容变得很生动了。

吴老师点头：销售人数可以进一步拆解，即销售人数 = 首次购买人数 + 再次购买人数

（续费）。首次购买人数 = 首次购买此类会员人数 + 其他平台流入的人数，再次购买人数 = 续费率（用户忠诚度）× 上个周期已购买人数。

吴老师继续： 如果我们观察到续费率下降，就需要进行多维分析。比如，产品方面、用户维度方面都没有发现异常，但是，分析不同缴费月数的用户时，可能发现季卡用户的续费率特别低，这就是一个异常点。接下来，我们需要深入挖掘造成这种异常的原因。可能是竞争对手推出了更具吸引力的会员计划，导致我们的销量受到影响。或者可能是我们的用户对会员服务的整体满意度下降了，这又可以细分为很多原因，比如他们可能对价格不满意，或者对会员提供的服务不满意。为了找到根本原因，我们需要对每一个可能的因素提出假设，并通过数据分析来验证这些假设。

小红： 那如果我们提出的假设经过验证之后，还是找不到问题的原因怎么办呢？

吴老师： 确实有这种可能性。如果经过一轮分析后仍然无法找到问题的根源，那我们可能需要换一个角度来看待问题。可能需要考虑更广泛的因素，比如市场趋势、宏观经济环境等，这可能会给我们提供一些新的线索。总之，归因分析是一个反复迭代的过程，需要我们不断地提出假设、验证假设，并根据分析结果调整我们的思路或计划。

小红： 我能像这个例子一样，从指标拆解开始，再练几个例子吗？

吴老师： 没问题。假如你在分析汽车的销量，新车销售额这个指标如何拆解呢？

过了一会儿，小红画好了一张拆解图。

小红： 我仿照购买会员的销售总额，用公式进行了拆解（见图 2-7），新车销售总额 = 新车销售数量 × 平均单价，然后又对新车销售数量进行了细拆。

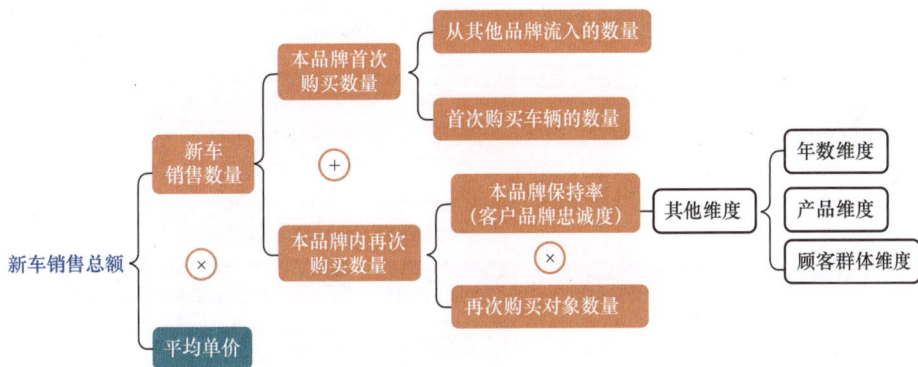

图 2-7

吴老师： 很好。指标的拆解不止一种方法，利用公式拆解指标是一种很好的方法，我们也可以尝试其他的拆解方法。刚才大模型以电商为例，讲了怎么做归因分析，我们可以通过数学公式来拆解，也可以从不同的业务维度入手，这样有助于我们深入理解每个维度如何影响总结果。

小红： 我觉得，GMV 与流量、付费转化率、客单价这三者的关系都非常大（见图 2-8）。比如，流量可以进一步细分为免费流量和付费流量，甚至还能继续拆解到具体的渠道，这样就能更精确地找到影响 GMV 的关键点。

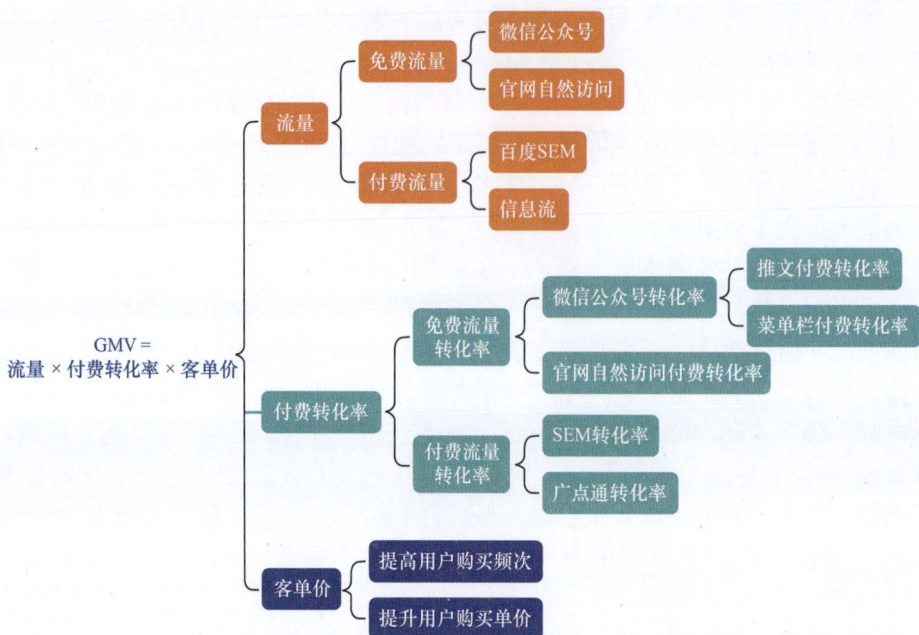

图 2-8

吴老师：很好。你可以再试一试拆解 DAU 指标。

小红：我用了 3 种拆解方法，按用户分层拆解、按用户价值拆解、按渠道类型拆解（见图 2-9）。

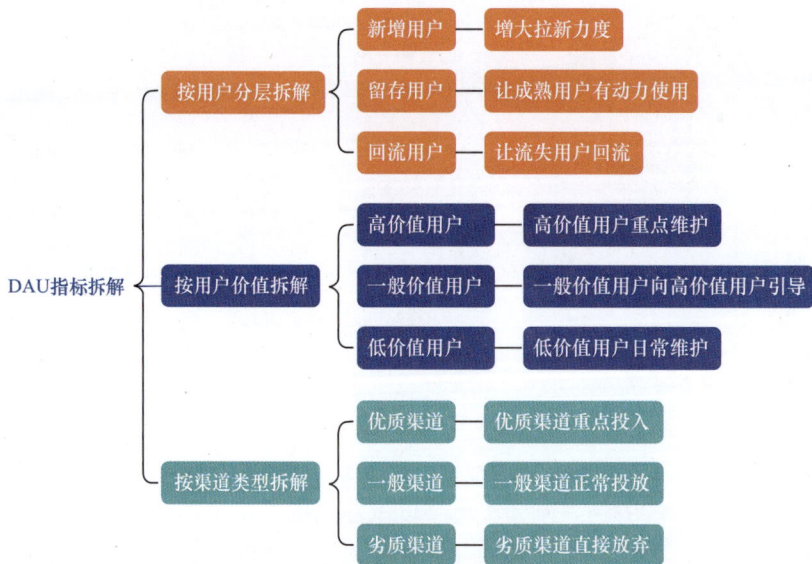

图 2-9

吴老师：非常好。你可以让 GPT 说说思路，看看有没有要补充的，这样可以进步得更快。

> **提问**：如果发现日活跃用户数（DAU）指标明显下降，如何利用指标体系做归因分析？

如果发现 DAU 指标明显下降，可以利用指标体系进行归因分析，以识别导致下降的原因。以下是一个分析流程。

（1）分解指标：将 DAU 分解为更细的指标，如新用户数、老用户留存率、用户参与度（如平均使用时长、访问频次等）。

（2）分析新用户趋势：检查新用户数是否有下降，如果是，可能是获取用户的渠道出现问题，或者市场营销活动效果减弱。

（3）检查老用户留存率：分析老用户的留存率，特别是次日留存率、7 日留存率和 30 日留存率等关键指标。如果留存率下降，说明老用户对产品的满意度可能下降。

（4）评估用户参与度：检查平均使用时长、访问频次等指标是否下降，这些指标的下降可能表明用户对产品的兴趣减少。

（5）探索外部因素：考虑是否有外部因素影响了 DAU，如季节性变化、竞争对手的动作、行业趋势等。

（6）深入分析具体功能或页面：如果发现特定功能或页面的使用率下降，可能是产品改动或技术问题导致了用户体验下降。

（7）收集用户反馈：通过用户调查或反馈渠道了解用户对产品的看法和建议，这些信息可以帮助识别用户流失的具体原因。

（8）制定改进措施：根据归因分析的结果，制定针对性的改进措施，比如优化产品功能、调整用户留存策略、调整市场营销计划等。

小红：我还有一个问题，一般进行一次归因分析大概需要多长时间呢？

吴老师：做归因分析，有时候我们只需要几分钟就可以找到原因，有时候则需要几个月才能得到一个结果。将综合指标拆解后，还可以通过开发系统程序帮助我们实现自动化归因。

小红：太棒了，拆解指标的方法有很多种，要找到引起指标变化的真正原因，需要进行大量的分析。如果能实现自动化，确实可以节省很多时间。

2.4 数据思维：知识体系扩展能力边界

吴老师：我们讨论了指标和指标体系，其实体系化是一种非常重要的思考方式。特别是从个人成长的角度来说，构建自己的知识体系，可以帮助你更清楚地认识到自己的核心能力和未来的发展方向，同时也能更好地将这些能力与自己的知识和经验相结合。

小红：构建知识体系原来这么重要。

吴老师：在这个信息"爆炸"的时代，我们每天都能接触到海量的新鲜事物。一开始，可能会觉得很惊讶，学的东西多了，知识就丰富了。但时间久了，你会发现，自己的笔记本越堆越多，内心的焦虑感也越来越强烈。慢慢地，你可能会意识到，虽然好像学了很多东西，但自己的核心竞争力并没有提升，反而有种原地踏步甚至倒退的感觉。这其实是因为我们的注意力被分散了，没办法深挖任何一个领域。

小红：我确实深有体会，很多新知识出现了，我都想学一学，比如，区块链我想学一学，Web 3.0 我也想深入了解，结果什么也没学明白。

吴老师：是的，真正有效的学习并不在于大量吸收信息，而在于对信息的深入思考、总结和实践。当我们面对具体问题或专业挑战时，那些表面的知识往往派不上用场。反而是我们自己的思考、总结和实践的过程，才能帮助我们形成有价值的见解和能力。大量知识的积累如果没有得到有效的消化和整理，只会变成负担，而不是成就感的来源。真正有效的东西来自自己的总结、思考，来自自己的主题学习、刻意练习，以及知识体系管理。

小红：但是有这么多值得学习的领域，我对商业、AI、历史和摄影都很感兴趣。我该怎么办呢？

吴老师：我们需要为自己建立知识边界。深入思考自己擅长什么，长期想要做什么，确定自己真正感兴趣的领域，确定自己未来十年甚至二十年要专注的方向，并在自己的知识领域内，专注发展，逐渐把碎片化的知识和经验整合成自己独特的知识体系。

小红愣了一下：我从来没想到要给自己建立知识边界。

吴老师：人的精力和意志力，如同有限的沙漏，当我们试图处理太多的事情时，我们的沙漏就会加速倒空，留给我们的时间和能量变得越来越少。所以，专注于某一领域，进行深入的主题学习，才能让我们的思考能力和认知高度有实质性地提升。

小红：建立个人的知识体系有什么好的方法吗？

吴老师：刚开始建立自己知识体系的时候，一般会有心理负担，担心知识体系不够完美，不敢下手。我的建议是刚开始建立知识体系，只要觉得对未来可能有用的内容就可以沉淀，即使它们看起来不够完美或不够整洁，大胆地收集对自己有价值的信息，有点乱也没关系，就像是捡宝贝一样，先把宝贝捡回家再分类。通过不断地收集和整理信息，就会逐渐形成一个强大的知识库。

小红：那我收集了这么多信息，怎么管理呢？

吴老师：有了内容之后，知识体系要做到结构清晰和方便调用。想象一下，你的知识就像一个巨大的图书馆，你需要把书籍分类，摆放得整整齐齐，这样当你需要某本书时，就能很快找到。而且，我建议你最好使用电子文档来管理知识体系，因为电子文档比纸质的更容易编辑和检索，这样我们调用起来就更方便。

小红：我之前画纸质的脑图，整理起来特别费劲。有没有什么好用的电子工具推荐呢？

吴老师：我比较推荐飞书文档，它的功能非常强大，且可以多人协作。

小红：构建知识体系需要大量知识的积累，有没有什么方法可以帮助我高效形成知识体系呢？

吴老师：有一种系统思考框架叫作 IPO 模型，这个 IPO 是指知识的输入、处理、输出。

小红：用 IPO 模型，我需要输入信息，处理信息，再输出知识。我需要做大量的思考，这个过程会很消耗我很多的时间，为什么不能将获取的信息直接加入知识体系里面呢？

吴老师：这个问题非常好。因为一旦你收藏的内容大于你能消化的内容，你就会变得非常焦虑，甚至放弃持续构建知识体系。其实，在我的知识管理系统中，不是每篇文章我都认真读过，大约只有 20% 是我认真读过的。有些文章可能只是大概浏览了一下，甚至没有做笔记，但如果某几篇文章对我来说非常重要，我就会记得很清楚。

小红：我明白了，不用每一篇文章都仔细研读，再放到知识体系里面，但是重要的知识还是需要认真整理后，再记录。

吴老师点头：建立核心知识体系你还可以用"输出倒逼输入"的办法，这意味着我们应该以产出为目标，来指导我们的学习和知识积累。通过这种方式，可以更有针对性地选择和处理输入的信息，从而提高学习效率和知识应用能力。

吴老师继续：举个例子，如果我计划写一篇关于经济创业的文章，那么我就会有意识地收集和学习与经济创业相关的信息和知识。在写作的过程中，我会不断地整理思路、提炼观点，并将这些知识融入文章中。同时，这种输出还会暴露出我在这个领域的知识空白和不足，从而驱使我去寻找更多的信息来填补这些空白，形成一个良性的学习循环。

小红：之前讲的"费曼学习法"正好可以结合起来用，我把产出的内容再讲给别人听，又加深了我的理解。

吴老师：有了知识体系之后，刚开始你能感受到明显的好处是，同样的错误不会犯两次，遇到头脑风暴也会有很多点子。慢慢你会发现，即使认真做笔记并将其整理到了知识体系，你依旧无法信手拈来。因为知与行之间隔着缄默知识，需要大量的重复练习、反馈纠正，最终才能形成稳定的记忆。

小红：那要怎么办呢？

吴老师：所有的能力都是练出来的，重要的能力要刻意练习。我建议你在知识管理中加入能力训练的元素，将自己的关键能力整理成一篇篇笔记，并且持续更新这些笔记。这样，笔记不仅代表了知识，也代表了你的能力水平。做专业练习的时候，GPT 大模型是一个很好的助手。首先，GPT 可以推荐相关书籍、课程、教程或其他学习材料，帮助你获取所需的知识和技能。再有，如果在练习过程中遇到了难题和挑战，也可以通过 GPT 查找解决方式。另外，在你坚持不下去的时候，还能让 GPT 提供鼓励。

小红：原来如此。将能力训练纳入知识管理，不仅可以系统地积累和提升自己的技能，还可以使知识库更加丰富和实用。

吴老师：不仅是专业能力可以通过刻意练习提升，深度思考也可以刻意练习。看事情特别片面，是因为没有意识和方法，没有反复要求自己深度思考。深入几次，养成习惯，就会变得很容易。

小红：能举一个例子吗？

吴老师：假如你看一部电影，第一层是你看到的剧情、人物、画面、特效；第二层是导演通过这个故事要传递的核心价值观；第三层是电影行业未来的发展方向；第四层是某个文化的内核、导演的人生观等。

小红：越看越有深度呀。

吴老师：理想的知识管理状态，即拥有一个充满丰富内容的虚拟档案馆。这个档案馆里收藏了你过去多年遇到的各种重要的书籍、笔记、文章、思考和灵感，可能有数百篇内容，甚至达到上百万字。"坐"在这样一个档案馆里，你可以思考一些更高维度或更深层的问题，如商业的本质、产品经理的本质等。这种思考的质量远远超过了你平时的随意思考。

小红：我越来越觉得知识体系有用，但是我没有知识管理的经验，您有没有什么方法可以教教我呀。

吴老师：当然没问题。首先，一定要先定义好自己的内核和边界，内核指的是你现在做的事情和未来希望成长的主题领域，这是你职场发展的核心能力，边界是告诉你自己不做什么。不要怕花时间在自己内核能力的提升上，长期坚持会有很丰厚的回报。

小红：可是我的内核能力有好几个呢，应该一起提升吗？

吴老师：这是一个好问题。要坚持做主题学习，学几十个专项，还不如深入学一个主题。主题学习是指围绕一个特定主题，如经济创业、互联网思维等，系统地学习和整理相关的知识和信息。把所有相关的书籍、文章和理论整合在一起，这样能够更深入地理解复杂的概念和问题，并在此基础上形成自己的见解和理解。

小红：做主题学习时记笔记有什么技巧吗？

吴老师：首先，结构一定要尽量清晰，开始的时候先设计多层级目录，这里要注意的是层级的宽度和深度，我建议层级不要太深（不要超过4级），否则深层的内容很容易遗漏。多层级目录可以帮助我们更好地理解主题的整体结构，并明确每个部分的学习重点。

吴老师：其次，刚开始不要追求大而全的知识体系，知识体系应该像一棵树，从根部开始，不断向上生长。在学习的过程中，我们应逐渐拓展知识体系的深度和广度。

吴老师：再有，标签有助于在文档之间进行双向链接，但是使用标签要慎重，标签过多会使文档维护难度增加。

吴老师：最后，文档命名一定要规范，不要出现无标题的文件夹和文档，否则查找起来就会十分费劲。

小红：我记下了。吴老师，您学习的时候有没有什么个人小技巧呀？

吴老师：我有3个常用的小技巧。技巧一是使用不同的颜色进行标记，比如红色是重点，黄色是没有搞明白的概念，粉色是我的个人思考，黑色是关键信息。因为人脑对颜色的区分能力强，不同的颜色可以帮助我们更好地记住不同的信息。研究表明，彩色信息比黑白信息更容易被记住，因为颜色能够刺激我们的视觉感官，加深印象。

小红：这确实是一个好方法。

吴老师：技巧二是打分。我有个习惯，就是阅读文章后给它们打分，从70分到99分，但从不打100分。分数越高，意味着这篇文章对我来说越有长期价值。比如，分数在70分以上的文章，对我来说启发巨大，未来会反复阅读，甚至成为我核心认知的一部分。如果文章只有一个小点或案例有趣，但不够深刻，我就不打分，直接收藏。这样的文章更多用于搜索。

小红：太好了，这样我就知道哪些是重要知识，哪些是搜索知识。

吴老师：技巧三是设置一个缓冲区。就是把你没有读、不确定如何分类的文章先堆在里面，不用太担心缓冲区无法清空的问题。你告诉自己，能消化就消化，消化不了的就用于备忘和搜索，这样可以缓解你做IPO的压力。缓冲区的内容也很有价值，可以帮助你找到需要的内容，不要太在意缓冲区内容的数量问题。

小红：我可以在发现新内容时直接将其存入缓冲区，再日益完善和理解。

吴老师：在知识管理的过程中，GPT大模型可帮我们提炼标签。另外，当我们构建知识体系时，如果有哪个名词不懂，GPT大模型也可以快速为我们解释，并给出例子。构建知识体系是一个很漫长的过程，普遍的难题就是坚持不下去。你要追求长期主义，相信"复利"的价值。学习知识的好处不只是学习了那部分知识。当我们学习新知识时，大脑会建立复杂的神经网络，使不同领域的知识相互连接。这种泛化能力让我们能将一个领域的思维方式应用到另一个领域，提升解决问题的能力。随着知识的积累，我们的思维会变得更加灵活，我们也能够看清问题的本质和不同领域之间的联系。

小红：我以前一直都是学知识，没想到知识也需要管理。听您讲完知识管理，感觉管理知识就是在管理人生。有效地管理知识，可以让我更有掌控感，在成长的道路上走得更远、更稳。

第 **3** 章 大模型助你获取和处理数据

在数据分析的世界里，获取和存储数据是基础中的基础，就像盖房子之前要打好地基一样。我们需要建立一个稳固而高效的数据仓库来存放我们收集到的各种数据。数据治理能够确保数据的质量和安全，让我们的分析结果更加可靠。而数据埋点则是我们收集数据时的眼睛和耳朵，帮助我们捕捉用户行为的每一个细节。熟练地处理数据获取和存储的问题，是每位数据分析师必备的技能。在面试中，面试官往往会通过这一环节来评估你的技术能力和你对数据分析基础知识的掌握。

数据分析工具是数据分析师的利器，它们帮助我们高效地处理数据、发现数据的规律和趋势，并将分析结果以直观的方式展现出来。Python、Excel、Tableau 等工具在数据分析领域被广泛使用，而近年来，GPT 等 AI 工具的出现，更是为数据分析带来了新的可能性。本章将逐一介绍 SQL、Excel、大模型作为数据分析工具的特点、用途和操作技巧，并通过实际案例展示如何运用这些工具解决数据分析中的常见问题。此外，本章还将探讨 GPT 大模型在数据分析中的应用，以及如何将其与传统工具结合使用，以达到更好的分析效果。

通过学习本章的内容，你将能够构建一个高效、可靠的数据处理思路，同时提升你的数据分析技能，为深入的数据分析奠定坚实的基础。

3.1 大模型助你高效获取数据

3.1.1 大数据平台的作用

吴老师：我们来聊一聊数据的获取。让我们先了解一下公司的大数据平台都在做什么。

> **提问**：讲讲公司的大数据平台都在做什么。

数据采集方面，对用户行为的埋点数据进行采集。通过在网页或应用程序中设置埋点，记录用户的点击、浏览、停留等行为，为后续的分析提供基础数据。

数据整合与存储方面，将来自不同渠道和系统的各种类型数据（如业务数据、埋点数据等）进行整合，并选择合适的存储方式，以满足海量数据的存储需求。

数据治理是大数据平台的重要工作之一。它包括制定数据标准和规范，确保数据的准确性、完整性和一致性。例如，对重复数据进行清理，对缺失值进行合理处理，对异常值进行甄别和修正。

数据分析与挖掘方面，运用多种分析方法和算法，从大量的数据中挖掘有价值的信息和潜在规律。结合埋点数据，可以深入了解用户行为路径、偏好等。

数据可视化方面，将复杂的数据以清晰、直观的图表形式展现出来，帮助管理层和业务人员快速获取关键信息。

吴老师：从 GPT 的介绍可以知道，大数据平台的主要工作涵盖数据采集、数据整合与存储、数据治理、数据分析与挖掘，以及数据可视化。比如，在电商领域，大数据平台通过采集用户的埋点数据并加以治理和分析，能够实现精准推荐商品、优化页面布局，进而提升用户体验和销售业绩；金融行业则凭借大数据平台治理后的高质量数据来进行风险评估和投资决策。我们先讲数据采集和数据治理的相关内容，接着再讲数据整合与存储。数据分析与挖掘、数据可视化均为数据分析师的基本专业技能，我们在工作中每天都在运用，随着你工作内容的增多，我会慢慢给你讲一些小技巧。

小红：太好了。那先给我讲讲数据采集吧。

吴老师：首先，数据采集要从最核心的业务开始，确保采集到与企业最重要的业务目标直接相关的数据，从而提供实质性的业务价值和洞察。例如，一家传统企业进行互联网升级时，需要优先建立与互联网用户画像、用户行为、广告投放以及财务数据系统相关的数据采集机制。同样，智能制造公司会优先建立物联网数据采集系统、物联网大数据平台、供应链决策支撑系统等。

吴老师：其次，数据采集要从最明细的数据开始，这里指的是最原始、最详细的数据，通常是事务性或事件级别的数据。从这些数据开始采集，可以保留数据的完整性和详细性，有助于后续进行更深入的数据分析和挖掘。例如，在社交媒体平台上，我们可以从每个用户的每一次互动（如点赞、评论、分享）等记录开始采集数据。这些细致的数据能够揭示用户的兴趣爱好和行为模式，为个性化推荐和广告定位提供重要依据。像阿里巴巴、腾讯等一线互联网公司，都会给数据分析和运营部门提供相关权限的所有明细数据，数据分析师能够在秒级内获取并分析这些数据，而无须经过多层次的数据加工。

小红： 数据分析师可以直接使用明细数据进行数据探索，这就非常方便了。

吴老师： 正是如此。然而，未经过清洗的大量原始数据可能会给数据使用带来巨大的挑战。比如，拿到一堆用户行为数据后，若不进行解析和清洗，这些数据是无法直接使用的。同样，低质量甚至错误的数据可能导致错误的分析结论，从而影响业务的决策判断。因此，数据治理对公司来说尤为重要。特别是，我们数据的主要来源之一是"网站和应用程序日志"，日志依赖于埋点，埋点方案是数据产品提供者负责设计的，他们会确定哪些页面和操作需要埋点，并定义每个埋点的数据结构和字段，如果大家的埋点方案不一样，那得到的数据就无法用于进行后续的分析。

小红： 听起来埋点很重要，有了埋点才能记录到用户行为数据，到底什么是埋点呢？

> **提问：** 你是互联网数据分析师，请解释一下什么是埋点，以及埋点的分类、实施步骤，并举一个例子。

在互联网公司中，埋点指的是在应用程序、网站或系统的特定位置上预设数据采集触发点，以记录用户的行为和操作。这些触发点通过代码的方式嵌入，当用户进行相应操作时，数据会被自动记录下来，供后续的分析和决策使用。

埋点的关键概念

（1）触发点：数据采集的具体位置和事件。例如，用户点击按钮、页面加载、滚动浏览等操作都可以成为触发点。

（2）数据采集：通过埋点记录下用户行为数据，这些数据通常包括事件发生的时间、用户ID、操作内容等。

（3）分析和决策：通过对埋点数据的分析，公司可以了解用户行为，优化产品设计，提升用户体验，制定业务策略。

埋点的分类

（1）页面埋点：记录用户在页面上的行为，如访问、停留、滚动等。

（2）事件埋点：记录用户与页面元素的交互，如点击按钮、填写表单、播放视频等。

（3）链路埋点：记录用户在多个页面之间的行为路径，如从首页到产品详情页，再到结算页的操作流程。

埋点的实施步骤

（1）确定目标：明确要通过埋点了解哪些用户行为和数据需求。

（2）设计方案：制定详细的埋点方案，确定需要埋点的位置和触发条件。

（3）代码实现：在应用程序或网站的代码中添加埋点代码，记录用户行为数据。

（4）数据收集：数据被采集后，存储在数据库或数据平台中，供后续分析使用。

（5）分析验证：对采集的数据进行分析，验证数据的准确性和完整性，并根据结果优化埋点方案。

举例说明

假设你运营一个电商网站，希望了解用户的购物行为。你可以在以下几个地方埋点。

（1）首页加载：记录用户每次访问首页的时间和频率。

（2）产品浏览：当用户点击某个产品查看详情时，记录产品ID和浏览时间。

（3）加入购物车：当用户将产品加入购物车时，记录产品 ID 和加入时间。

（4）下单购买：用户完成购买时，记录订单 ID、产品 ID、金额和购买时间。

通过这些埋点数据，你可以分析出：

- 哪些产品最受欢迎（浏览和加入购物车次数最多的产品）；
- 用户在网站上花费的时间和浏览路径；
- 用户的购买转化率（浏览到购买的比例）。

小红：原来埋点是通过代码在应用程序或网站上预设的数据采集触发点，用于记录用户行为数据。

吴老师：我举一个例子，让你理解为什么这一行为被称为"埋点"。假如小时候班里有一个同学喜欢你，他会怎么做呢？到校时间，他可能会在学校附近的几个关键位置突然出现，假装偶遇。与之类似，为了采集到你的关键行为信息，业务人员就需要在产品中提前做好规划。类似地，埋点就像是这些埋伏点。例如，用户在什么时间点击某个按钮、观看某个视频的时长，都需要在产品中提前做好规划。这样用户出现这个行为的时候，系统就可以进行数据采集和上报。

小红：埋点是提前做好规划，以便更好地收集用户行为信息。

吴老师：是的。埋点的主要目的是收集用户行为信息，通过日志将这些行为信息记录下来。然后，这些日志数据会被解析，变成可以解读和使用的数据，最后存储在数据仓库的数据表中。通过这种方式，我们可以深入了解用户行为，为业务优化提供有价值的信息。

小红：刚才提到了数据治理，数据治理主要治理"脏"数据吗？

吴老师：哈哈，不用想得很复杂。从我个人的实践经历来讲，数据治理就是严格把控数据规范，实现数据由乱到治、建章立制的过程。数据治理本身也不是目的，就是实现目标的一个手段而已，最终还是服务于数据应用；我们通过数据治理解决数据生产、管理和使用过程中遇到的问题，完善流程和规范，保障数据安全和数据一致性。

小红：原来如此。

吴老师：数据治理主要分为两个阶段。第一，存量数据"由乱到治"，实现数据统一性的治理阶段：在"由乱到治"的过程中，我们需要沉淀出数据的规章制度，以及沉淀规章制度的工具和组织。第二，增量数据"建章立制"，确保数据一致性的运营阶段：在增量数据的运营阶段，我们主要靠对应的组织确保规章制度的落实，并在长期的运营中不断完善规章制度。根据大数据平台的架构，中间部分是数据治理必须要做的事情（见图 3-1），即成本治理、规范治理、质量治理、安全治理。

吴老师：成本治理主要包括存储成本和计算成本。存储成本方面，我们根据数据表的生命周期类型进行管理，如删除长期未访问的数据表、合并相似的表以及限制临时表的存储时间。而计算成本则根据各部门的实际消耗进行费用分摊，因为算力对资源的消耗很大，所以节约计算成本尤为重要。

小红：所以我们跑的每一条 SQL 代码，存储的每一个数据，都是会花钱的。

吴老师：的确如此，所以不但要优化数据存储方式，对数据分析师而言，还要将 SQL 的基本功夯实。一旦写错 SQL 代码，反复去跑，那会极度消耗资源，特别是在涉及大量数据的情况下。要确保每一次跑 SQL 代码，都能够获取到期望的数据。

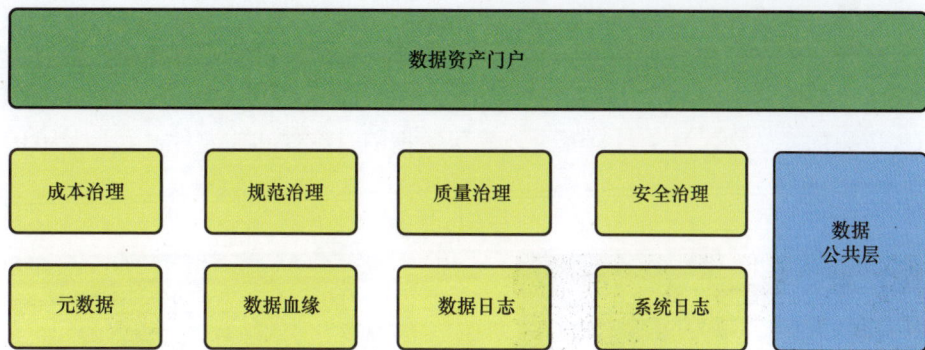

图 3-1

小红：明白！

吴老师：规范治理主要涉及数据仓库分层、数据分类和资产分级。我们严格按照数据仓库分层规范，建立数据仓库命名规范，并执行严格的数据分类定义，如"业务板块 - 数据域 - 数据子域"。资产分级则根据资产的重要性划分等级，确保高优先级资产的优先保障。后面我们讲到数据仓库的时候，会详细讲一下数据分层。

小红：好的，我想好好学学数据仓库。数据治理主要是数据研发人员和数据产品人员的工作，数据分析师能起到什么作用呢？

吴老师：先做好数据治理，再做数据分析。你想想，如果数据都是错误的或者不一致的，怎么能进行有效的分析呢？比如我们的产品收入数据使用的是用户 ID，而用户行为数据却是通过设备 ID 记录的，如果用户 ID 和设备 ID 无法正确对应，那我们如何基于用户行为进行分析，进一步优化产品以增加收入呢？因此，数据分析师应经常参与到数据治理项目中，确保数据的质量和一致性，为后续分析工作提供可靠的数据基础。

小红：原来如此，数据分析需要建立在高质量的数据基础之上才能发挥作用，这样能确保分析结果的准确性和有效性。

3.1.2 获取内部数据的方法

吴老师：说完了公司的大数据平台，我们重点聊一聊数据仓库，因为我们的数据通常会存储在数据仓库中。什么是数据仓库呢？举个例子你就明白了。去过宜家购物吗？在宜家看中家具后，得记住商品编码，再凭此编码到一楼仓库提货。对顾客来说，编码或许没意义，但仓库管理员能通过它准确知晓家具在货架哪个位置。数据仓库的作用与之类似，它按特定数据模型（如货架和位置组合）组织数据，便于我们高效存储、检索和使用数据。再比如，可将公司数据资料想象成放在各个文件柜里的文件夹，当文件夹和文件柜又多又复杂时，逐个从文件柜中找文件夹会很耗时耗力。于是我们建立了档案室（见图 3-2），对文件柜进行编号、归类、分组，方便我们快速定位数据源。这个档案室就是数据仓库。

小红：我明白了。那数据仓库和普通的数据库有什么不同呢？

吴老师：问得好。首先，数据仓库是为了支持决策制定而设计的，它通常存储的是历史数据，并且这些数据是经过清洗和整合的；而数据库则更多用于日常事务处理，存储的是当前的数据，并且通常需要支持快速的读写操作。其次，数据仓库的数据模型通常更加复杂，它能够支持多维度的数据分析；而数据库则更注重数据的一致性和完整性。最后，数据仓库通常采用反规范化的表结构，以优化查询性能，方便进行数据分析；而数据库通常采用规范化的表结构，避免数据冗余，确保数据的一致性和完整性。我们让 GPT 举个例子。

宜家的一楼仓库   档案室

图 3-2

提问：什么是反规范化的表结构？举一个简单易懂的例子。

反规范化是数据库设计中的一种策略，它通过故意增加冗余的数据来提高查询性能。这种方法通常用于读操作频繁的场景，因为它可以减少查询时需要执行的连接操作数量，从而加快查询速度。然而，反规范化的缺点是可能会增加数据维护的复杂性，因为相同的数据可能需要在多个地方更新。

例子

假设我们有一个在线书店的数据库，它记录了图书和作者的信息。在初始设计中，我们可以将信息规范化，将图书和作者信息分别存储在不同的表中：

```
图书表
+--------+----------+
| 书 ID  | 书名     |
| 1001   | 红楼梦   |
| 1002   | 三国演义 |
+--------+----------+

作者表
+--------+----------+
| 作者 ID | 作者名   |
+--------+----------+
| 2001   | 曹雪芹   |
| 2002   | 罗贯中   |
+--------+----------+
```

但是，如果用户经常查询图书及其作者，我们可能会选择反规范化，将作者名直接存储在图书表中，以减少查询时的连接操作：

```
图书表（反规范化）
+--------+----------+------------+--------+
| 书 ID  | 书名     | 作者名      |        |
+--------+----------+------------+--------+
| 1001   | 红楼梦   | 曹雪芹      |        |
| 1002   | 三国演义 | 罗贯中      |        |
+--------+----------+------------+--------+
```

小红：原来反规范化是通过增加冗余的数据来提高查询性能。

吴老师：没错。我总结一下，数据仓库是一个专门设计的用于存储和管理历史数据的系统，它通过清洗、整合和优化数据，支持复杂的多维度分析和决策制定，通常采用反规范化的表结构以提高查询效率。下面我们来了解一下一般公司的大数据平台中数据仓库的整体架构。从架构图（见图 3-3）中可以清晰地看到，数据仓库汇集了来自多个源的数据，并为多样化的数据应用提供支持。在大数据平台的架构中，数据仓库扮演着核心的集成化数据管理角色，它不仅整合了各类数据源，还确保了数据的统一管理和高效应用。

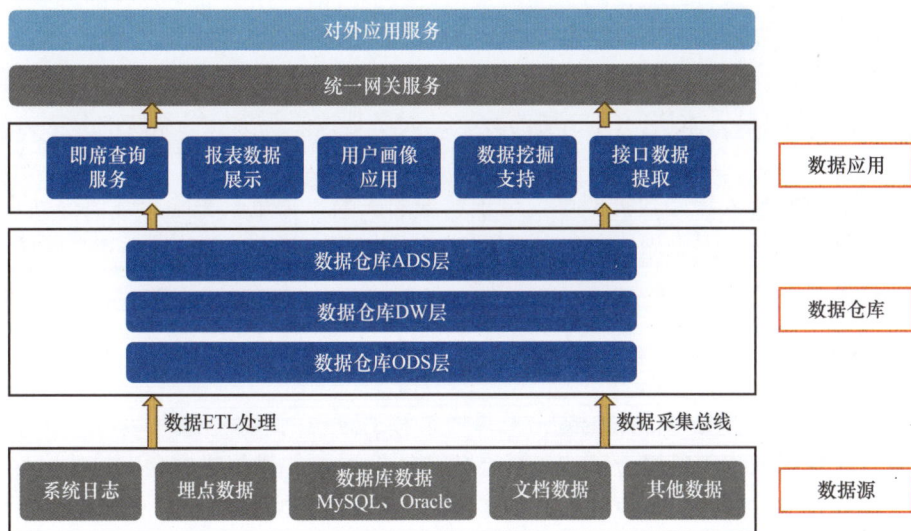

图 3-3

小红：原来数据仓库是大数据平台的一部分。那数据仓库这几个层，又是什么呢？

吴老师：我们对照着这张图（见图 3-4）来看。从应用支持来讲，越上层，对应用越友好，数据模型越简化、直观。比如 ADS 层基本是完全为应用设计的，很易懂；ODS 层和数据源层非常接近，就比较难懂了。从数据聚合程度来讲，越上层，数据的聚合程度越高，可以理解为是按照数据的聚合程度来划分数据仓库的层次的。比如，最下面的 ODS 层的数据基本是原始日志粒度的，不做任何聚合操作。再看 DW 层，里面细分了 3 层，DWD 层保留数据的原始粒度，在 ODS 层的基础上，对数据进行加工和处理，提供更干净的数据；DWM 层存放轻度汇总的数据；DWS 层存放高度汇总的数据。从能力范围来讲，80% 的数据应用需求由 20% 的表来支持。也就是说，80% 以上的数据需求都可以通过 ADS 层和 DWS 层的表来满足。如果 DWS 层无法满足需求，再使用 DWM 层和 DWD 层的表来支持。极少部分特殊需求才需要从原始日志中提取数据。

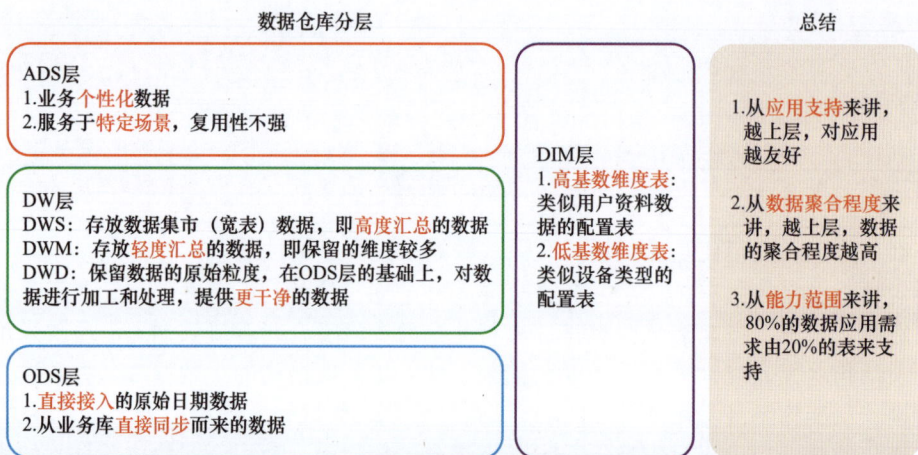

图 3-4

小红：明白了，这样一来，80% 的需求都可以通过对应用方非常友好的方式来支持，降低了获取数据的成本。

吴老师：是的。ODS 层是最接近数据源中数据的一层，数据经过提取、转换、加载（也就是 ETL）之后装入本层。ODS 层的数据，大多是按照源头业务系统的分类方式分类的。一般来讲，考虑到后续可能需要追溯数据问题，因此不建议对这一层做过多的数据清洗工作，尽量完整接入原始数据即可；至于数据的去噪、去重、去除异常值等处理过程，可以放在后面的 DWD 层来做。ETL 这个词应该是你第一次见，我们让 GPT 解释一下什么是 ETL。

> **提问**：假如你是高级数据工程师，解释一下数据仓库中的 ETL。

ETL 是 Extract（提取）、Transform（转换）和 Load（加载）的缩写，是指将数据从多个来源系统中提取出来，经过清洗、标准化和转换后，加载到数据仓库中的过程。ETL 是数据仓库建设的重要环节，为数据仓库提供高质量、一致性的数据，是数据分析和挖掘的基础。

ETL 过程通常包括以下 3 个步骤。

（1）提取：从多个来源系统中提取数据。数据来源可以是关系数据库、非关系数据库、文件系统、应用程序等。

（2）转换：对提取出来的数据进行清洗、标准化和转换。清洗操作包括去除重复数据、纠正错误数据等；标准化操作包括统一数据格式、编码规则等；转换操作包括聚合、计算等。

（3）加载：将转换后的数据加载到数据仓库中。加载操作需要保证数据的完整性和一致性。

吴老师：数据仓库的数据获取、转换和流动都被称为 ETL 过程。可以将 ETL 比作数据仓库的流水线，它维持着数据仓库中数据的运转。因此，数据仓库的日常管理和维护工作的核心是保持 ETL 过程的正常和稳定。

小红：原来，所有对数据进行处理的过程都是 ETL。

吴老师: ODS 层所存放的是最为原始的数据，其中存在诸多"脏"数据以及冗余数据，因而我们通常会针对 ODS 层实施一定的加工处理操作，进而获取 DWD 层数据，在 DWD 层通常不会进行任何聚合操作，而是保留最细微的粒度。到了再上一层的 DWM 层，要对数据进行轻度聚合。例如，根据用户每日的行为数据，计算每个用户的登录次数、使用时长、点击次数等。再往上的 DWS 层常用来做宽表，也就是一张涵盖的字段比较多的表，该层的数据表会相对比较少。比如，在 DWM 层，我们算出了每日每个用户的登录次数、使用时长、点击次数等，这几个指标可能分散在 3 张不同的小表里；在 DWS 层，我们的目标是做一张用户行为的宽表，把用户当日所有的相关行为放在一张表里面。

小红: 宽表用起来非常方便。

吴老师: 是呀。最上面的 ADS 层主要存放统计指标数据，这一层的数据粒度大而全，覆盖与表主题相关的所有内容。它与业务系统强相关，比如，我们经常说的 BI（Business Intelligence，商业智能）报表、画像平台数据，一般就存放在这里。ADS 层中的表一般是用户资料表、商品资料表等字典表，枚举值对应的中文含义，还有日期维度表等。除此之外，偶尔也会用到 TMP 层，TMP 层主要是数据分析师、数据科学家等在使用，其中的数据供后续的加工和计算。我们让 GPT 举个例子，加强理解。

> **提问**: 假如你是高级数据工程师，举一个数据仓库分层的应用实例，数据用表格的形式呈现。

假设我们有一个电子商务平台，用户可以在上面浏览商品、下订单、进行支付，以及进行评价。我们希望通过数据仓库来处理和分析这些数据，以便做出业务决策。

ODS 层

ODS 层存放未经过处理的原始数据，直接从源系统导入，保持与源系统一致的结构。

DWD 层

DWD 层对 ODS 层数据进行清洗和处理，去除"脏"数据和冗余数据，保留粒度最细的明细数据。

DWM 层

DWM 层对 DWD 层数据进行轻度聚合和处理，生成一系列的中间表，提升数据的复用性和查询效率。

DWS 层

DWS 层进一步汇总 DWM 层数据，生成宽表或数据集市，使十进行业务查询和分析。

ADS 层

ADS 层为具体应用场景定制数据，进行进一步聚合和筛选，支持数据产品和数据分析。通常，这一层的数据不包含具体的用户标识符，而是基于业务需求生成的统计指标。

DIM 层

DIM 层基于维度建模理念，建立整个企业的一致性维度，降低数据计算口径和算法不统一的风险。

小红: 看了 GPT 的例子，再加上前面的解释，果然清晰多了。我觉得 DW 的 3 个子层，从业务需求来看，不是每一层都需要。

吴老师: 你说得很对。可能只需要其中的一到两层就可以满足需求，而不需要完整的三层结构。比如可以跳过 DWM 层，直接从 DWD 层进入 DWS 层，再到 ADS 层。

小红：感觉数据仓库就像是一个数据的"大宝库"，帮我们对杂乱的数据进行有序的整合和处理。

3.1.3　获取外部数据的方法

小红：我已经了解了可以从数据仓库获取内部数据，那外部数据一般都需要了解哪些呢？

吴老师：在讲如何获取外部数据之前，我们先理解两个概念，即一手数据和二手数据。

> **提问**：假如你是资深数据分析师，讲讲什么是一手数据？什么是二手数据？

一手数据和二手数据是数据领域中常用的两个概念。

（1）一手数据（First-hand data）：指的是由数据采集者或数据所有者直接获取的原始数据。这类数据通常是通过自己的调查、观察、实验或直接从用户或客户那里收集而来的，具有较高的原始性和准确性。例如，公司自己进行市场调研得到的数据、用户注册信息等都属于一手数据。

（2）二手数据（Second-hand data）：指的是从其他来源获得的已经存在的数据。这些数据可能是通过数据提供商、公共数据库、数据市场等渠道购买或获取的，通常已经被他人使用过或进行过整理和加工。二手数据的质量和适用性可能因数据来源和处理方法的不同而有所差异。

吴老师：正如 GPT 所说，一手数据主要来源于公司内部的业务系统、网站和应用程序日志、实验，以及用户访谈、调研问卷和内部的历史文档。一手数据的特点在于数据可控，因为数据完全掌握在公司手中，理论上只要投入成本，我们就可以获取所需的所有数据。我们可以通过数据采集、录入，或者开展大规模的用户访谈和问卷调研来获取想要的数据。二手数据用于了解行业内的竞争对手及行业的整体趋势。例如，如果你在互联网行业，可以通过二手数据了解不同 App 的用户活跃度和留存率，这些数据有助于分析公司在行业中的整体表现，从而优化我们的目标设定。二手数据的来源包括政府部门的报告、行业协会数据、公司财报、投资机构报告，以及一些新闻稿和行业内的专业分析报告。

小红：在采集一手数据和二手数据时，有什么需要特别注意的地方吗？

吴老师：对于一手数据的采集，关键是要从核心业务流程出发，从最明细的数据开始采集，确保数据质量优先于数据量。而对于二手数据的采集，则需要严格控制数据质量，通过数据分析得出发展趋势和其他有价值的信息。比如，每个公司的财务数据的口径都是不同的，有的公司是所有收入全额记账，有的公司是扣除了给合作伙伴的分成收入后记账。在使用二手数据时要避免轻率地下结论，特别是对行业发展的判断，因为这可能受多种因素影响而产生变化。

小红：明白了，那是不是说，我们获取的外部数据大多都是二手数据呢？

吴老师：是的，二手数据居多。根据业务不同，每个公司关注的外部数据不一样，一般互联网公司需要 5 类数据：宏观指标数据、电商指标数据、互联网指标数据、重点公司监控数据、行业分析数据（见图 3-5）。

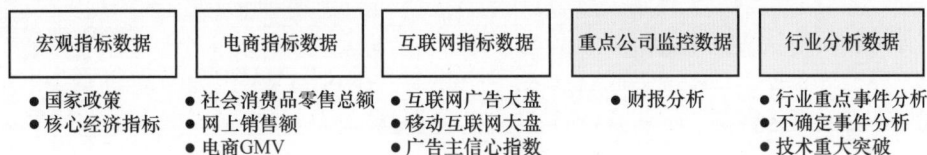

宏观指标数据	电商指标数据	互联网指标数据	重点公司监控数据	行业分析数据
●国家政策 ●核心经济指标	●社会消费品零售总额 ●网上销售额 ●电商GMV	●互联网广告大盘 ●移动互联网大盘 ●广告主信心指数	●财报分析	●行业重点事件分析 ●不确定事件分析 ●技术重大突破

图 3-5

小红：这些数据通过 AI 搜索是不是就可以获得呢？

吴老师：虽然通过 AI 搜索可以高效获取行业数据，正确率高且高效，但是，AI 搜索也有局限性，比如你让 AI 搜索帮你生成某公司连续几年的财务数据，有时候依旧会搞错。这是因为 AI 搜索依赖于公开的网络数据，这些数据可能来自不同的地方，包含不一致或不完整的信息。此外，财务数据通常分散在多个报告和文档中，AI 在整合这些数据时可能会遇到格式不一致、数据缺失或重复的问题，从而导致错误。

小红：为什么我们需要看上市公司的财报数据呢？

吴老师：因为重点公司的财报数据可以帮助我们洞察宏观经济趋势，理解行业整体趋势，以及竞争格局的变化，同时帮助我们识别潜在的投资机会和潜在风险。最关键的是，财报数据可获取、可信度高，上市公司需要定期对公众披露真实的运营情况。因为财报是定期公布的，所以，借助同一公司的财报数据，从时间维度上，我们可以观察趋势；借助不同公司的数据，我们可以对比同一时间点的情况。

小红：原来上市公司的财报数据这么有用呀。

吴老师：是的，我这里主要给你讲一讲如何获取高质量的财报数据和行业分析报告。首先我们说说财报数据。公司一般会在 A 股、港股、美股上市，我们分别来讲。在哪里能查到 A 股的财报数据？一般在巨潮资讯网和互动易这两个网站查 A 股公司财报数据。

- 巨潮资讯网是中国证券监督管理委员会指定的上市公司信息披露网站。
- 互动易是上市公司投资者网上交流平台，主要业务包括互动问答、投资者关系信息查询、实时访谈等。

小红：进入网站直接搜索，就能看到各公司的财务数据了。不过，我有个问题，为什么有的股票代码是 600 开头，有的是 000 开头，有的名称里面有 ST，有的没有？

吴老师：A 股都以 6 位数字作为代码，上海证券交易所，主板股票以 600、601、603、605 开头，科创板以 688 开头；深圳证券交易所，主板股票以 000、002、003 开头，创业板以 300、301 开头。如果一个公司两年都出现亏损，那就会以 ST 开头；如果连续 3 年亏损，则以 *ST 开头。

小红：明白了，那港股去哪里查呢？

吴老师：港股可以在披露易 HKEX 上面查，这是香港交易所设立的专门发布资讯的网站。港股以 5 位数字作为代码，搜索时，由于港股名称用的是繁体字，再加上英文可能有大小写的问题，直接搜索名称可能搜不出来，建议搜索股票代码。部分港股名称有后缀"S""W"。"W"表示同股不同权的股票，比如小米集团 -W、美团 -W；"S"表示在香港交易所二次上市的公司，比如网易 -S、京东集团 -SW、阿里巴巴 -SW。

> **提问：** 港股中股票名称后缀"S"表示二次上市，什么叫二次上市？举个例子。

二次上市（Secondary Listing）指的是一家公司的股票已经在某一个主要的证券交易所上市交易，然后选择在另一个证券交易所进行上市。这种情况通常发生在公司希望扩大其投资者基础、提高股票流动性、分散地缘政治风险，或者利用不同市场的监管优势等的时候。

例如，一些在美国纳斯达克或纽约证券交易所上市的公司，可能会选择在香港交易所进行二次上市。这样的公司股票名称后面会加上"-S"后缀，以提示投资者这是一次在原有上市基础上的额外上市。

值得注意的是，二次上市公司的股票价格可能会受到其在主要交易所上市股票价格的影响，而且二次上市的股票可能面临较高的首日破发风险，因为它们不像首次公开发行（IPO）那样有价格发行的过程。

此外，二次上市公司可能不会进行大规模的融资，因为它们的主要上市已经提供了融资渠道。二次上市可能更多的是为了增加股票的可及性和交易的便利性。

吴老师： 另外，港股不强制披露季报，可能只能找到年报和中期报。

小红： 明白了，那美股去哪里查呢？

吴老师： 美国上市公司的财报可以去美国证券交易委员会 SEC-EDGAR 数据库查询。美股以大写字母作为代码，比如 SOHU（搜狐）、NTES（网易）、BIDU（百度）、AAPL（苹果）、NFLX（奈飞）、IQ（爱奇艺）、BILI（哔哩哔哩）。另外，美股的财报文件前缀是有命名规范的，比如，对于在美国上市的公司发布的报告，开头为"10-K"的是上市公司的年报，开头为"10-Q"的是季报，开头为"8-K"的则用于披露公司发生的重大事件，如公司控制权变更、重大资产出售或购置、重要合同签订、财务状况的重大变化等。对于不在美国上市的公司，"20-F"是上市公司的年报，中概股通常会用"6-K"披露季报以及重大事件。我们可以通过报告发出的日期是否为财报周期来判断该报告是否为财报文件。另外，财报文件一般会大一点，可以结合这个特征来综合判断。

小红： 去 3 个地方查信息好麻烦呀，有没有将这些信息汇总在一起的地方？

吴老师： 除了以上网站可以查，我们还可以在各个公司的投资者关系网站上查，比如爱奇艺的投资者关系网站。另外，可以使用"万德 Wind""同花顺 iFinD""东方财富 Choice""富途牛牛"等 App，里面汇总了每个公司的各种财务信息，我最推荐 Wind，但是它的会员比较贵；免费软件里，东方财富 Choice 是一个很好的选择。另外，除了财报数据，IPO 资料中也会有非常细致的经营数据，这也是一个了解公司的好窗口。

小红： A 股信息在巨潮资讯网和互动易查询，港股信息在披露易 HKEX 查询，美股信息在 SEC-EDGAR 数据库查询，还可以从相关公司的投资者关系网站获取相关信息，如果想要更加便捷地获取各个上市公司的数据，可以下载"东方财富 Choice"App。

吴老师： 你总结得非常好。讲完了从哪里获取数据，我们聊一聊如何分析财报数据。财报里最重要的 3 张表是资产负债表、利润表、现金流量表。会计学中有一个等式：资产 ＝ 负债 ＋ 所有者权益。

> **提问：** 资产负债表、利润表、现金流量表分别展示的是企业的哪些信息和数据？这 3 张表有什么关系？

1．资产负债表

展示企业在特定时间点（通常为季度或年度末）的财务状况，包括资产、负债和所有者权益。

- 资产：企业所拥有的或控制的资源，按流动性从高到低排列，包括现金、应收账款、存货、固定资产等。
- 负债：企业的债务或义务，按偿还时间从短到长排列，包括应付账款、短期借款、长期借款等。
- 所有者权益：企业的净资产，即资产减去负债，反映所有者对企业资产的净权益。

2．利润表（损益表或收益表）

展示企业在一定会计期间（通常是一个季度或一年）的经营成果。

- 收入：企业在会计期间内实现的销售额或服务收入。
- 费用：企业在会计期间内产生的成本和费用，如销售成本、管理费用、财务费用等。
- 利润：收入减去费用，反映企业的盈利状况，包括营业利润、税前利润和净利润。

3．现金流量表

展示企业在一定会计期间内现金和现金等价物的流入和流出情况。

- 经营活动现金流：企业主营业务产生的现金流量，如销售商品或提供劳务收到的现金。
- 投资活动现金流：企业进行资本支出和投资活动产生的现金流量，如购买固定资产或出售投资。
- 筹资活动现金流：企业进行融资活动产生的现金流量，如发行股票或偿还债务。

3 张表之间的关系如下。

- 资产负债表和利润表：利润表中的净利润会影响资产负债表中所有者权益的变动。如果企业盈利，所有者权益增加；如果亏损，所有者权益减少。
- 资产负债表和现金流量表：现金流量表中的现金及现金等价物的净增加额会在资产负债表的现金及现金等价物项目中反映出来。
- 利润表和现金流量表：利润表显示企业的盈利情况，现金流量表提供盈利质量的信息，即利润是否转化为了现金流入。

这 3 张表相互关联，共同构成了企业的财务报表体系，为分析和评估企业的财务健康状况提供了重要信息。

吴老师：除此之外，我们要重点看财报里面披露的收入结构，收入结构能帮我们判断哪个业务才是核心贡献者，而收入结构的变化能说明业务重心的转移。比如，我们可以看看腾讯的主营收入构成（见图 3-6），增值服务最近 3 年占比持续下降，而金融科技及企业服务的收入和占比持续增加。增值服务主要包括网络游戏和社交网络，下降可能是由于市场饱和、游戏版号审批限制，以及竞争加剧等；金融科技及企业服务业务涵盖支付服务和云服务等，上升则是因为支付用户基础扩大、交易频次增加，以及云服务市场需求的持续增长。

起始日期	2023-01-01
截止日期	2023-12-31
公告日期	2024-03-20
币种	CNY

产品名称	营业收入(元)	收入占比(%)
增值服务	298,375,000,000.00	48.99
金融科技及企业服务	203,763,000,000.00	33.46
网络广告	101,482,000,000.00	16.66
其他	5,395,000,000.00	0.89

起始日期	2022-01-01
截止日期	2022-12-31
公告日期	2023-03-22
币种	CNY

产品名称	营业收入(元)	收入占比(%)
增值服务	287,565,000,000.00	51.86
金融科技及企业服务	177,064,000,000.00	31.93
网络广告	82,729,000,000.00	14.92
其他	7,194,000,000.00	1.30

起始日期	2021-01-01
截止日期	2021-12-31
公告日期	2023-03-22
币种	CNY

产品名称	营业收入(元)	收入占比(%)
增值服务	291,572,000,000.00	52.06
金融科技及企业服务	172,195,000,000.00	30.74
网络广告	88,666,000,000.00	15.83
其他	7,685,000,000.00	1.37

图 3-6

小红：通过财报，我们可以了解公司的经营情况，判断公司未来的发展趋势。

吴老师：是的，如果你想分析和解读财报，我建议你可以直接把财报给 Kimi，请 Kimi 帮忙解读。Kimi 支持 20 万字上下文，而且信息定位也比较准确，最重要的是，Kimi 可以直接读网页，只需要把最新的财报网址贴到对话框里即可。另外，你还可以利用 AI 搜索工具，之后我们再详细讨论。

小红：不过我有一个疑虑，我对上市公司的了解并不深入，如果重点分析一个公司，只看财报，可能也写不出来深度的分析报告，那怎么办呢？

吴老师：这是一个非常好的问题。你需要多看一些公司，比如摩根士丹利（大摩）、摩根大通（小摩）、中金、招银国际、交银国际等发布的行业解读，另外，一般页数比较多的分析报告更容易呈现多维度的数据解读。有时间就看看咨询公司的分析是一个非常好的习惯，不但可以扩充知识面，减少知识盲区，而且可以提升对行业以及竞争格局的认知。如果看到了报告中的不同的观点，你可以追根溯源，深度思考后，形成自己的观点，这样你就慢慢进步了。

小红：好的，我会快速获取信息，提高工作效率，把更多时间放在对数据的思考上。

3.2 大模型助你高效处理数据

3.2.1 SQL 查询与 NL2SQL

吴老师：我们已经讨论了很多关于如何获取数据的话题，现在我们讲讲获取和处理数据的工具 SQL。我记得我刚工作时，有前辈告诉我："即便老板们不写代码，他们也一定会写 SQL 代码。"这是因为数据是决策的核心依据。SQL 作为一种强大的工具，可以从数据库中提取、分析和处理数据，帮助老板们做出明智的经营决策。在某些情况下，掌握数据的深度和广度，实际上代表了对资源的控制能力。

小红：原来 SQL 这么关键，我之前以为只有我们做数据工作的人才需要辛苦地写 SQL 代码。

吴老师：SQL 的重要性远远超出了数据工作的范围。SQL 全称是 Structured Query Language，自 20 世纪 70 年代诞生以来，SQL 已经成为数据库管理员、开发人员和数据分析师等不同角色的必备技能。现在，不仅是技术人员，产品经理、运营人员，甚至高层管理人员也都开始学习 SQL。SQL 的普遍性反映了数据驱动决策在当今商业环境中的重要性。我们先了解一下 SQL 的基本知识。

小红：GPT 现在可以直接帮我写 SQL 代码，我是不是就不用了解这些基本知识了呢？

吴老师：虽然 GPT 可以帮助你生成 SQL 代码，但是理解 SQL 的基本知识仍然是非常重要的。这些知识包括表结构、数据类型、常用函数、查询语法等。即使 GPT 可以生成 SQL 代码，你也需要理解生成的 SQL 代码，以确保其符合你的需求，并且能够对生成的 SQL 代码进行必要的修改和优化。工具可能会出现故障或不准确，这时候拥有基本知识就可以自己手动进行编辑和修正，而不是完全依赖工具。此外，对 SQL 的基本了解还有助于更好地与开发团队合作，解决数据库设计和查询优化方面的问题。

小红：明白了，我要了解 SQL 的底层逻辑，才能理解 GPT 给我的 SQL 代码是不是正确的，而不是完全依赖于 GPT。

吴老师点头：我们让 GPT 给我们解释一下 SQL 的分类。

提问：根据功能和用途，可以将 SQL 分成哪几类？

SQL 根据功能和用途可以分为五大类：数据定义语言（Data Definition Language，DDL）、数据操纵语言（Data Manipulation Language，DML）、数据查询语言（Data Query Language，DQL）、事务控制语言（Transaction Control Language，TCL）和数据控制语言（Data Control Language，DCL）。

- 数据定义语言：用于定义和管理数据库中的结构，如创建、修改和删除表、索引和视图等。数据定义语言的关键指令包括 CREATE、ALTER、DROP 等。例如，用 CREATE TABLE 创建新表，用 ALTER TABLE 修改表结构，用 DROP TABLE 删除表。

- 数据操纵语言：用于对数据库中的数据进行操作，包括插入、更新和删除记录。数据操纵语言的关键指令有 INSERT、UPDATE 和 DELETE。比如，使用 INSERT 将新记录添加到表中，使用 UPDATE 修改记录，使用 DELETE 删除记录。

- 数据查询语言：主要用于从数据库中检索数据，而不会改变数据本身。数据查询语言的核心指令是 SELECT，它通常与 FROM、WHERE、GROUP BY、HAVING、ORDER BY 等子句结合使用，以实现各种查询操作。

- 事务控制语言：用于管理事务，确保数据库的一致性和完整性。事务控制语言的关键指令包括 COMMIT 和 ROLLBACK。COMMIT 用于提交事务，确保所有更改都已保存；ROLLBACK 用于撤销未提交的更改，回到事务开始的状态。

- 数据控制语言：用于控制数据库访问权限和安全级别。数据控制语言的主要指令是 GRANT 和 REVOKE。GRANT 用于授予用户或角色对数据库对象的访问权限，REVOKE 则用于撤销这些权限。

小红：我之前一直以为只有数据查询语言才是 SQL，原来 SQL 有这么多分类呢。

吴老师：确实，我们数据分析师用数据查询语言的场景更多，下面我们就说说，数据查询语言的 SQL 代码是如何执行的。了解 SQL 代码是如何被逐步执行的，可以帮助你更好地理解查询的行为和结果，减少不必要的计算和数据处理步骤，提高查询的执行效率。我们看下面这段 SQL 代码，以及执行顺序的说明。

```
(7) SELECT (8) DISTINCT <Select_list>
(1) FROM <left_table> (3) <join_type> JOIN <right_table>
(2) ON <join_condition>
(4) WHERE <where_condition>
(5) GROUP BY <group_by_list>
(6) HAVING <having_condtion>
(9) ORDER BY <order_by_list>
(10) LIMIT <limit_number>
```

小红：原来是从 FROM 子句开始执行的，然后是 WHERE 子句，再进行聚合，之后才是 SELECT，最后是 ORDER BY、LIMIT。

吴老师：我们来看一个例子，求 8 月 1 日至 8 日每日曝光的 UV 和 PV。思路是这样的（见图 3-7）。

（1）确认想要的数据结果：每日曝光的 UV 和 PV（明确指标口径定义）。

（2）根据数据结果，确认从哪个表里取出数据。比如从 events 表。

（3）确认限制条件：曝光，即 event = 'page'；8 月 1 日至 8 日，即 date >= '2024-08-01' and date <= '2024-08-08'。

（4）进行指标聚合，计算 pv 和 uv，并在后面加上 GROUP BY date。

（5）对运行结果进行排序，即 ORDER BY date，正序排列一般省略关键字 ASC，倒序排列关键字 DESC 不能省略。

SELECT date,
COUNT(DISTINCT distinct_id) AS uv,
COUNT(DISTINCT distinct id)AS pv

FROM events

WHERE event ='page'
AND date>='2024-12-01'
AND date<='2024-12-08'

GROUP BY date
ORDER BY date

图 3-7

小红：SQL 有好多种连接方式，有 JOIN、LEFT JOIN、RIGHT JOIN 等。

吴老师：你说得非常好。Hive 支持常用的 SQL JOIN 语句，例如内连接、左外连接、右外连接以及 Hive 独有的 map 端连接。其中 map 端连接是用于优化 Hive 连接查询的一个重要技巧。这是我在网上找到的一张图（见图 3-8），图中是各种 JOIN 的示意。

吴老师继续：我们常用的一般就是 INNER JOIN、FULL JOIN、LEFT JOIN、RIGHT JOIN。使用 INNER JOIN 对多张表进行内连接操作时，所有表中只有与 ON 条件相匹配的数据才会显示，类似取交集。FULL JOIN 保留满足 WHERE 条件的两张表的数据，类似取并集，没有符合连接条件的字段，就使用 NULL 填充。使 LEFT JOIN 操作符，左边表中符合 WHERE 条件的所有记录都会被保留。RIGHT JOIN 与 LEFT JOIN 相对，右边表中符合 WHERE 条件的所有记录都会被保留。

SQL JOINS

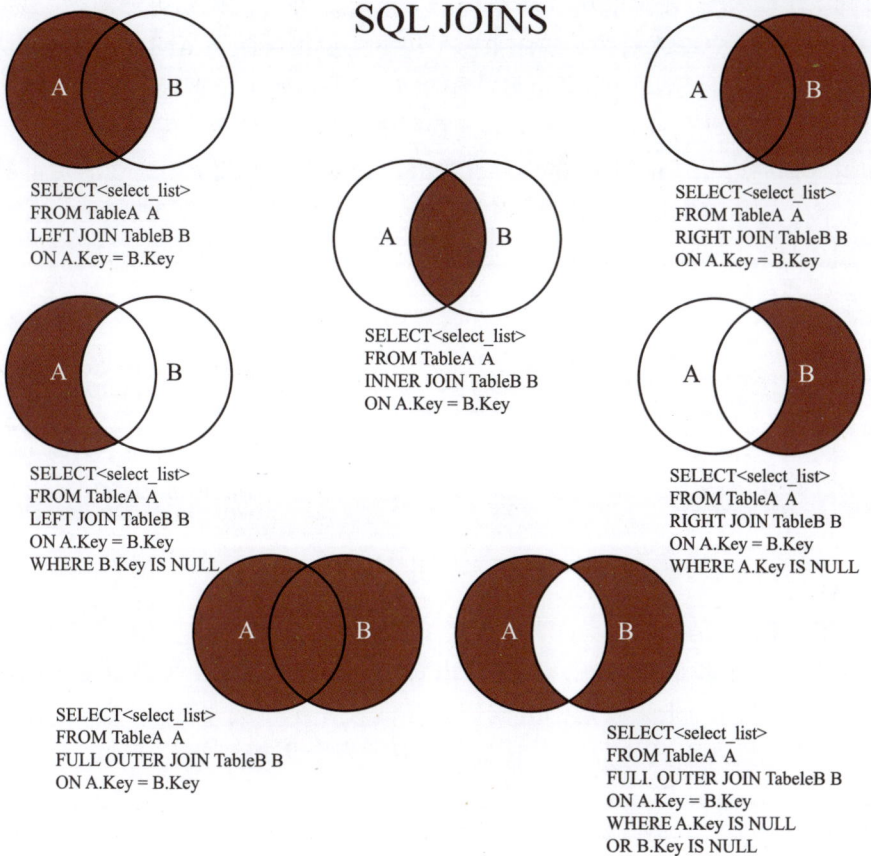

```
SELECT<select_list>
FROM TableA A
LEFT JOIN TableB B
ON A.Key = B.Key
```

```
SELECT<select_list>
FROM TableA A
INNER JOIN TableB B
ON A.Key = B.Key
```

```
SELECT<select_list>
FROM TableA A
RIGHT JOIN TableB B
ON A.Key = B.Key
```

```
SELECT<select_list>
FROM TableA A
LEFT JOIN TableB B
ON A.Key = B.Key
WHERE B.Key IS NULL
```

```
SELECT<select_list>
FROM TableA A
RIGHT JOIN TableB B
ON A.Key = B.Key
WHERE A.Key IS NULL
```

```
SELECT<select_list>
FROM TableA A
FULL OUTER JOIN TableB B
ON A.Key = B.Key
```

```
SELECT<select_list>
FROM TableA A
FULI. OUTER JOIN TabeleB B
ON A.Key = B.Key
WHERE A.Key IS NULL
OR B.Key IS NULL
```

图 3-8

吴老师：最后我们说说 SQL 的代码规范。想象一下，如果每个数据分析师都按照自己的方式编写 SQL 代码，那么代码将变得非常混乱和难以理解。但有了规范，我们的代码就像是用同一种语言写成的诗，每个阅读它的人都能感受到它的韵律和意义。

小红：原来 SQL 还有代码规范，我一直以为写出来能执行就好了。

吴老师：SQL 代码规范提高了代码的可读性和可维护性，使开发者更容易理解和修改代码。同时，它能减少沟通成本，提高协作效率。此外，规范化的代码增强了系统安全性，降低了 SQL 注入攻击的风险。我们举一个例子，看看用与不用代码规范的区别。

```
-- 没有用 SQL 代码规范
select name,age,
address,phonenumber from users where
age>25 and status='active' order by
name;
```

```
-- 使用 SQL 代码规范
SELECT
    name,
    age,
    address,
    phone_number
FROM
    users
WHERE
    age > 25
    AND status = 'active'
ORDER BY
    name;
```

小红：果然用了 SQL 代码规范，一眼就能读懂所有代码。

吴老师：编写 SQL 代码的格式和结构同样重要，可以让代码更加清晰、易于理解。首先，SELECT 语句完全左对齐，WHERE 子句下的逻辑判断符 AND、OR 等与 WHERE 左对齐（见图 3-9）。是不是清晰了很多？在 SQL 代码中使用子查询，尤其是嵌套子查询时，分层编排就显得尤为重要。子查询要注意缩进、对齐和换行。缩进可以清楚地标示出主查询和子查询的边界（见图 3-10）。除此之外，最好在算术运算符、逻辑运算符的前后保留一个空格。空格可以让运算符更加突出，使得运算的逻辑关系更加清晰，便于阅读和理解（见图 3-11）。手动格式化代码可能会比较耗时，可以将 SQL 代码直接发送给 GPT 大模型，请它帮你格式化。

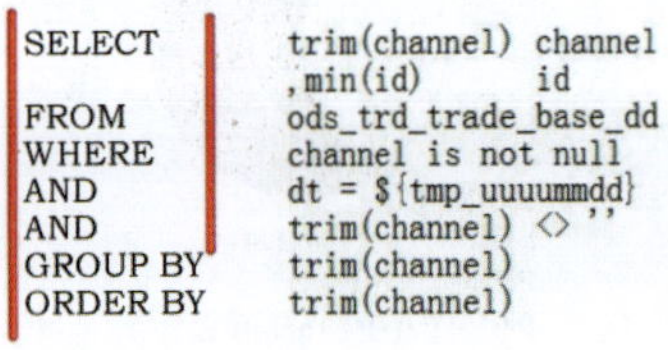

图 3-9 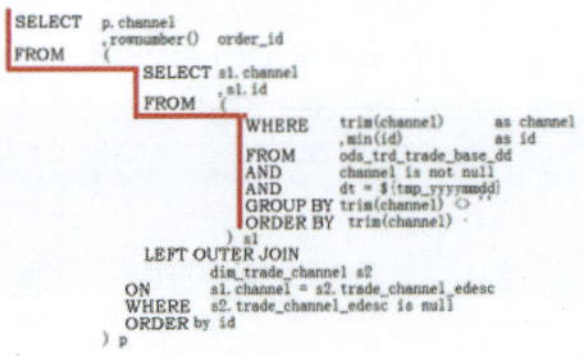　　　　　　　　图 3-10 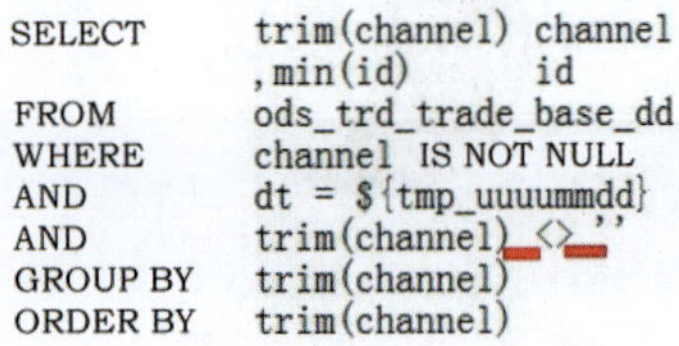　　　　　　　　图 3-11

小红：有 GPT 真是太方便了，大大提高了我的工作效率。

吴老师：虽然说我们懂 SQL，能判断出 GPT 写出来的 SQL 代码是否正确，对于分析师至关重要。不过，未来发展的方向一定是即使完全不会写 SQL 代码，也能高效通过 GPT 大模型查找到正确的数据。未来大模型一定会更加智能、高效。对了，你了解 NL2SQL 吗？

小红：不太了解，您能详细讲一讲吗？

吴老师：NL2SQL，全称是 Natural Language to SQL，是指将自然语言转换为 SQL 的技术。它就像一个语言翻译器，可以将你用自然语言表达的意思转换成数据库能够理解的 SQL 语句，帮助你轻松获取所需数据。NL2SQL 的研究始于 20 世纪 90 年代，随着 AI 技术的不断发展，NL2SQL 也取得了长足的进步。如今，NL2SQL 已经成为数据分析和 AI 领域的重要研究课题之一。我们让 GPT 介绍一下 NL2SQL 的原理吧。

> **提问**：请详细介绍 NL2SQL 的原理。

NL2SQL（自然语言转结构化查询语言）的原理涉及多个复杂的技术和步骤，以下为您详细介绍。

（1）自然语言理解：NL2SQL 的第一步，旨在解析和理解输入的自然语言文本。

- 词法分析：将输入的文本分解为单词、数字、标点等基本元素。
- 句法分析：确定句子中单词之间的语法关系，例如主谓宾结构。
- 语义理解：尝试理解每个单词和短语的含义，以及整个句子的意图。

例如，对于句子"找出销售额大于 1000 的产品"，词法分析会识别出"找出""销售额""大于""1000""的""产品"这些元素；句法分析会确定"销售额"是主语，"大于 1000"是修饰语，"产品"是宾语；语义理解则明白是要查找满足特定销售额条件的产品。

（2）数据库结构分析：了解数据库的结构是将自然语言转换为 SQL 的关键。

- 识别数据库中的表、列以及它们之间的关系。

- 确定每个列的数据类型和可能的取值范围。

比如，数据库中可能有"产品"表，包含"产品名称""销售额"等列。

（3）语义映射：将自然语言中的语义元素与数据库结构进行匹配和映射。

- 识别自然语言中的关键实体和属性，如"销售额""产品"。
- 将这些实体和属性与数据库中的相应的表和列关联起来。

以"找出销售额大于1000的产品"为例，会将"销售额"映射到数据库中的"销售额"列，将"产品"映射到"产品"表。

（4）生成SQL语句：基于上述的分析和映射，生成相应的SQL语句。

- 根据条件（如"大于1000"）构建合适的条件表达式。
- 组合表名、列名和条件，形成完整的SQL语句。

最终生成的SQL语句可能类似于：

```
SELECT * FROM products WHERE sale_amount > 1000;
```

（5）优化和验证。

生成的SQL语句可能需要进行优化，以提高查询效率。同时，还需要进行验证，确保生成的语句在语法上是正确的，并且能够返回预期的结果。

NL2SQL的原理是一个综合性的过程，需要自然语言处理技术、对数据库结构的深入理解以及有效的算法和模型来实现准确和高效的转换。

吴老师：简单来说，NL2SQL就像是一个智能的翻译官，能够理解我们输入的自然语言描述，并将其转换为计算机能够理解的SQL语句。这个过程首先需要对输入的自然语言进行分析，包括理解词汇、语法结构和语义等。然后，通过一系列的算法和模型，将这些自然语言的元素与数据库中的表结构、列和关系进行匹配和转换，最终生成相应的SQL语句（见图3-12）。

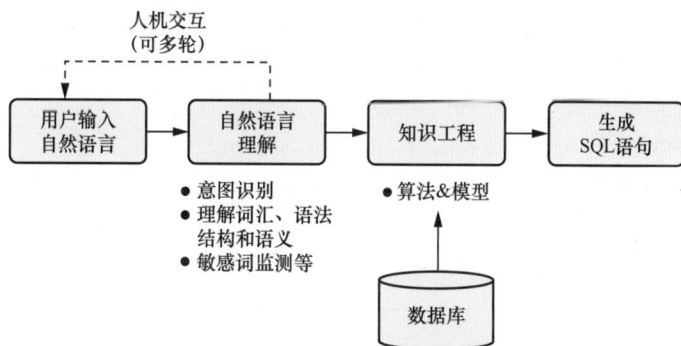

图 3-12

小红：使用NL2SQL是不是对数据质量要求很高？

吴老师：那是当然了。首先，数据的一致性至关重要。表名和列名必须统一，数据格式（如日期和数值类型）也需保持一致。其次，数据的完整性也很关键，应避免数据缺失，确保具有外键约束和唯一性约束等完整性约束。再次，清晰的数据关系和描述也很重要。表与表之间的关系应明确，注释和元数据要清晰，帮助系统理解查询意图。最后，统一的数据口径是关键，确保不同部门和应用系统之间对数据的理解和使用保持一致。例如，"销售额"在不同系统中的计算方法和定义应一致，避免因口径不同导致的查询结果不一致。

小红：我们持续进行数据治理，对应用 NL2SQL 一定会有显著的帮助。

吴老师：是的。不过，目前的 NL2SQL 技术还有很多提升的空间，需要持续增强语义理解、复杂查询处理和上下文感知能力。例如，NL2SQL 技术难以解决像"我想查询公司内部有多少本科以上学历的员工"这种问题，该模型可以准确识别"本科"一词，但难以理解"本科以上"这 4 个字。大模型为 NL2SQL 带来了更强大的意图理解能力，在处理模糊、多义或复杂的用户查询时，系统可以更准确地识别用户的真实需求。

小红：所以我还是需要懂 SQL，这样才能借助 NL2SQL 技术更高效地工作。

吴老师：目前，财务系统是应用 NL2SQL 技术的一个很好的场景。首先，财务系统的数据口径通常非常明确和统一；其次，财务数据高度规范化，数据格式和类型一致，且遵循严格的会计准则，例如，财务报表中的日期、金额、科目等数据都有固定的格式和标准；再次，财务系统的用户通常是专业的财务人员，他们对财务数据和查询需求有清晰的理解。这意味着他们的自然语言查询更具专业性和准确性，NL2SQL 系统更容易解析和转换他们的查询需求。

小红：看来，明确的数据口径、规范化的数据结构以及专业用户的使用，能够帮助 NL2SQL 系统更准确地理解和转换查询需求，从而提供高效、准确的查询服务。

3.2.2　Excel 瞬间提效的 3 个方法

吴老师：讲完了 SQL，我们来聊聊 Excel 的使用技巧。在初涉数据分析之时，多数人最先接触的往往是 Excel。然而，令我颇感意外的是，不少分析师"瞧不上"Excel，觉得它压根不是数据分析"大咖"该用的工具。其实，我认为 Excel 是当下的一个非常出色的数据分析工具。它使用便捷，支持各式各样的定制化展示，并且还支持一些简易的数据挖掘算法。在我过往的工作中，我遇到的许多看似复杂的数据分析案例，实际上都能够通过 Excel 轻松搞定，而无须借助复杂的大数据系统。即便后期使用了大型的数据挖掘系统和大数据工具，在最终的数据报告形成阶段，Excel 依然发挥着重要作用。

小红：看来 Excel 是数据分析的"神器"！

吴老师：完全可以这么说。不过，刚开始学习 Excel 的时候，基础一定要打扎实。这包括快捷键的学习、常用函数的掌握、数据整理、图表的制作，以及数据透视表的使用。网上有很多学习教程可以学习，如果你遇到了问题，也可以直接问问大模型。说到 Excel，首先就不得不提到 Excel 函数，我们先说 10 个常用的函数。

> **提问：**举例说明 Excel 的常用函数 —— COUNTIF、COUNTIFS、SUMIF、SUMIFS、SUBSTITUTE、SUMPRODUCT、CONCATENATE、ROUND。

COUNTIF
计算范围内满足特定条件的单元格数量。
例子：=COUNTIF(A1: A10, ">50")

说明：统计 A1 到 A10 范围内大于 50 的单元格数量。

COUNTIFS

计算满足多个条件的单元格数量。

例子：=COUNTIFS(A1：A10, ">50", B1：B10, "<100")

说明：统计 A1 到 A10 中大于 50 且 B1 到 B10 中小于 100 的单元格数量。

SUMIF

对满足特定条件的单元格进行求和。

例子：=SUMIF(A1：A10, ">50", B1：B10)

说明：对 A1 到 A10 中大于 50 的单元格对应的 B1 到 B10 的值求和。

SUMIFS

对满足多个条件的单元格进行求和。

例子：=SUMIFS(B1：B10, A1：A10, ">50", C1：C10, "<100")

说明：对 B1 到 B10 中对应 A1 到 A10 大于 50 且 C1 到 C10 小于 100 的单元格求和。

SUBSTITUTE

替换文本字符串中的指定字符。

例子：=SUBSTITUTE(A1, "旧", "新")

说明：将 A1 中的所有"旧"替换为"新"。

SUMPRODUCT

计算对应元素的乘积和。

例子：=SUMPRODUCT(A1：A10, B1：B10)

说明：计算 A1 到 A10 和 B1 到 B10 对应元素的乘积并求和。

CONCATENATE

将多个文本字符串合并为一个字符串。

例子：=CONCATENATE(A1, " ", B1)

说明：将 A1 和 B1 的内容合并，中间用空格分隔。

ROUND

将数字四舍五入到指定的小数位数。

例子：=ROUND(A1, 2)

说明：将 A1 的值四舍五入到小数点后 2 位。

吴老师：记住这些函数可以帮你解决大部分的问题。如果遇到复杂的问题，如格式转化或者计算问题，可以直接向大模型提问，让它帮你写函数。

> **提问**：Excel 的 A1 单元格里面的数据格式是"2024/12/04 14:30"，如果要改成"04-12-2024 14:30"，要怎么写函数？

```
=TEXT(DATE(YEAR(A1), MONTH(A1), DAY(A1)), "DD-MM-YYYY") & " " &
TEXT(TIME(HOUR(A1), MINUTE(A1), SECOND(A1)), "hh：mm")
```

吴老师：除了统计函数和文本函数之外，还常常用到逻辑函数。我们常用的是 IF 函数，但在处理数据时，我特别推荐使用 IFERROR 函数。因为我们在分析数据时，数据往往不是很规范，使用 IF 函数容易出现如 #DIV/0! 或 #N/A 这样的错误；而使用 IFERROR

函数，你可以这样写 =IFERROR(A1/B1, " 默认值 ")，这样，如果计算过程中出现错误，Excel 会返回指定的"默认值"，而不是错误信息。

小红：这样一来，整个数据表看起来就整洁多了。

吴老师：是呀。除了函数，我们再说说 Excel 的快捷键，这里特别介绍智能填充快捷键"Ctrl + E"，它可以根据用户的输入模式，自动填充剩余单元格中的数据。比如，A 列是省、自治区、直辖市的全称，想改成简称，只需在相邻的列中输入一个省、自治区、直辖市的简称，然后按快捷键"Ctrl + E"，Excel 就会自动识别输入模式并完成填充（见图 3-13）。

小红：这听起来太方便了。

吴老师："Ctrl + E"非常实用，一定要记下来。还有一些快捷键也很常用，比如"Ctrl + D"，这个快捷键可以用来向下填充单元格上方的数据。还有自动求和快捷键，在 Windows 系统中是"Alt + ="，而在 macOS 中是"Option + Command + ="，只需将鼠标指针放在你想要求和的列的最下面一行，按下这个快捷键，就能快速得到求和结果（见图 3-14）。其他常用的快捷键，可以直接问 GPT。

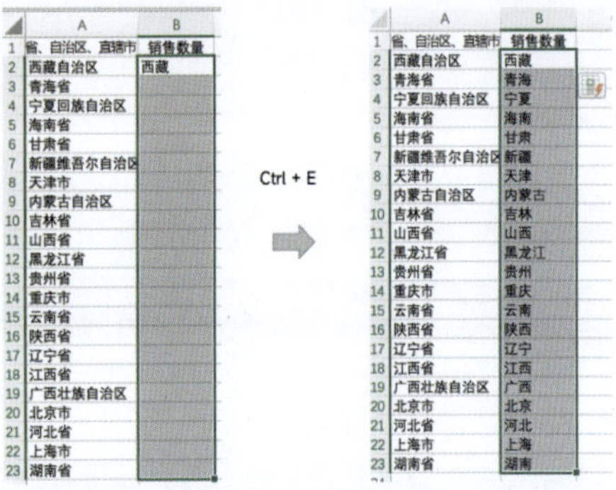

图 3-13

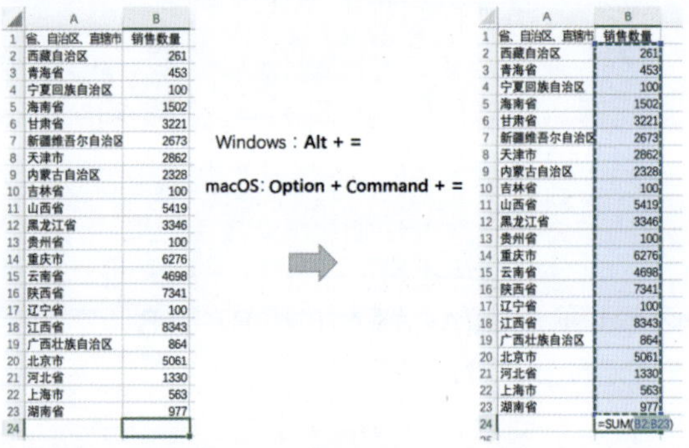

图 3-14

小红：这么多快捷键我都要记住吗？

吴老师：并不一定需要记住所有的快捷键。你可以先从一些最常用的快捷键开始熟悉和使用，随着使用频率的增加，自然而然就会记住更多。最后，介绍一下空值填充的技巧，空值填充的步骤是单击"开始→查找与选择→定位条件"，然后选择"空值"，单击"确定"按钮，这时会自动定位到空值部分。如果你想用一个特定的数值进行填充，比如 100，那么输入"=100"后按快捷键"Ctrl + Enter"，所有空白单元格都会被填充（见图 3-15）。

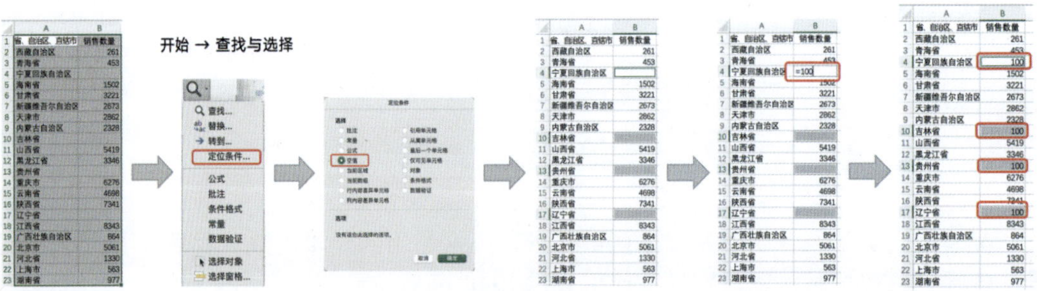

图 3-15

小红：几秒就能完成，比我把文档传给 GPT 处理快多了。掌握这些 Excel 函数、快捷键和操作小技巧，可以让我在处理数据时更加高效。

3.2.3 利用大模型处理数据

吴老师：使用大模型整理数据非常方便，它可以处理结构化和非结构化的数据，包括文本、表格和图表等，还可以提取关键信息和进行格式转换。

小红：太好了，这样我就能更专注于分析，而不是花时间在烦琐的整理工作上了。

吴老师：是的。下面我们用一个数据集做例子，看看如何用大模型来处理和分析数据。这个数据集一共有 550 条数据，数据示例如下（见图 3-16），我们先让大模型理解一下数据。

	A	B	C	D	E	F	G
1	name	author	user_rating	reviews	price	year	genre
2	10-Day Green Smoothie	JJ Smith	4.7	17350	8	2016	Non Fiction
3	11/22/63: A Novel	Stephen King	4.6	2052	22	2011	Fiction
4	12 Rules for Life: An Ant	Jordan B. Peterson	4.7	18979	15	2018	Non Fiction
5	1984 (Signet Classics)	George Orwell	4.7	21424	6	2017	Fiction
6	5,000 Awesome Facts (A	National Geographic	4.8	7665	12	2019	Non Fiction
7	A Dance with Dragons (A	George R. R. Martin	4.4	12643	11	2011	Fiction
8	A Game of Thrones / A C	George R. R. Martin	4.7	19735	30	2014	Fiction
9	A Gentleman in Moscow	Amor Towles	4.7	19699	15	2017	Fiction
10	A Higher Loyalty: Truth,	James Comey	4.7	5983	3	2018	Non Fiction
11	A Man Called Ove: A No	Fredrik Backman	4.6	23848	8	2016	Fiction
12	A Man Called Ove: A No	Fredrik Backman	4.6	23848	8	2017	Fiction
13	A Patriot's History of the	Larry Schweikart	4.6	460	2	2010	Non Fiction
14	A Stolen Life: A Memoir	Jaycee Dugard	4.6	4149	32	2011	Non Fiction
15	A Wrinkle in Time (Time	Madeleine L'Engle	4.5	5153	5	2018	Fiction
16	Act Like a Lady, Think Li	Steve Harvey	4.6	5013	17	2009	Non Fiction
17	Adult Coloring Book De	Adult Coloring Book D	4.5	2313	4	2016	Non Fiction
18	Adult Coloring Book: St	Blue Star Coloring	4.6	2925	6	2015	Non Fiction
19	Adult Coloring Book: St	Blue Star Coloring	4.4	2951	6	2015	Non Fiction
20	Adult Coloring Books: A	Coloring Books for Ac	4.5	2426	8	2015	Non Fiction
21	Alexander Hamilton	Ron Chernow	4.8	9198	13	2016	Non Fiction
22	All the Light We Cannot	Anthony Doerr	4.6	36348	14	2014	Fiction
23	All the Light We Cannot	Anthony Doerr	4.6	36348	14	2015	Fiction
24	Allegiant	Veronica Roth	3.9	6310	13	2013	Fiction
25	American Sniper: The Au	Chris Kyle	4.6	15921	9	2015	Non Fiction
26	And the Mountains Echo	Khaled Hosseini	4.3	12159	13	2013	Fiction
27	Arguing with Idiots: How	Glenn Beck	4.6	798	5	2009	Non Fiction

图 3-16

> **提问**：对数据集进行解释，并对字段进行说明。

分析畅销书的特征，包括评分、评论数量、价格和类型等。
该数据集包含以下字段。

- name：书名。
- author：作者姓名。
- user_rating：用户评分，通常在 1 到 5 之间。

- reviews：书籍的评论数量，反映书籍的受欢迎程度。
- price：书籍的价格，单位为美元。
- year：出版年份。
- genre：书籍类型，分为小说（Fiction）、非小说（Non Fiction）。

吴老师：你看，大模型对数据内容的理解非常准确。下面对用户评分这一列进行分类，分成高、中、低3类，首先我们要知道用户评分的分布。

> **提问**：将不同用户评分对应的图书数量画成趋势图，并给出 0.1 ～ 0.9 分位点的用户评分数值。

这是用户评分对应的图书数量的折线图（见图3-17），清晰地展示了不同评分图书的数量分布。

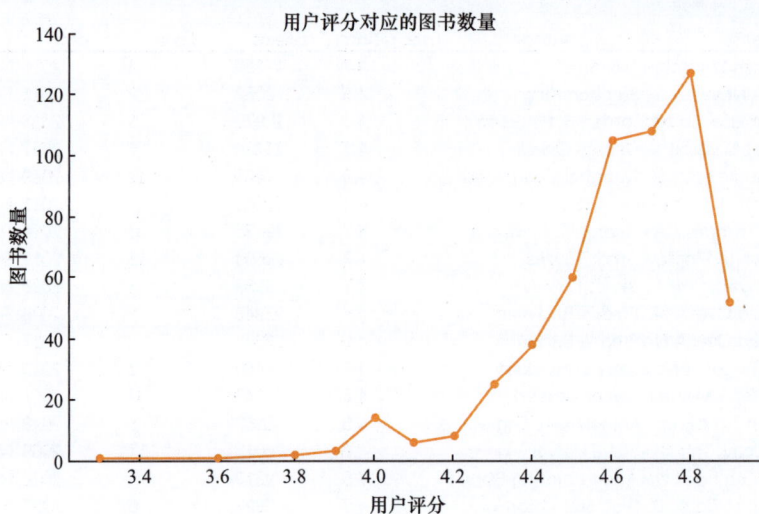

图 3-17

0.1 分位点：4.3。0.2 分位点：4.5。0.3 分位点：4.6。0.4 分位点：4.6。0.5 分位点：4.7。0.6 分位点：4.7。0.7 分位点：4.8。0.8 分位点：4.8。0.9 分位点：4.8。

吴老师：我们可以看出，基本上所有图书的分数都在 4.0 以上，所以我们区分高、中、低时需要按照现有数据进行。

吴老师：下面，我们在表格最后添加一行，用来计算平均值。

> **提问**：在表格最后添加一行，展示 user_rating、reviews、price 这 3 个字段的平均值，平均值保留两位小数。

我已经将 user_rating、reviews 和 price 的平均值作为一行添加到了表格的最后（见图3-18），并保留了两位小数。

	name	author	user_rating	reviews	price
549	You Are a Badass: How to Stop Doubting Your Greatness and	Jen Sincero	4.7	14331.0	8.0
550	You Are a Badass: How to Stop Doubting Your Greatness and	Jen Sincero	4.7	14331.0	8.0
551	平均值		4.62	11953.28	13.1

图 3-18

吴老师：下面我们让大模型做一些描述性的统计。

> **提问**：对 user_rating、reviews、price 进行基础的描述性统计，让我们了解数据的概貌。

我已对 user_rating、reviews 和 price 进行了基础的描述性统计分析，数据概貌已经展示出来。你可以看到平均值、标准差、最小值、四分位数等信息（见图 3-19）。

选定列的描述性统计

		user_rating	reviews	price
1	count	550.0	550.0	550.0
2	mean（平均值）	4.62	11953.28	13.1
3	std（标准差）	0.23	11731.13	10.84
4	min（最小值）	3.3	37.0	0.0
5	25%	4.5	4058.0	7.0
6	50%	4.7	8580.0	11.0
7	75%	4.8	17253.25	16.0
8	max（最大值）	4.9	87841.0	105.0

图 3-19

吴老师：大模型以表格的形式把基础描述性统计数据都算出来了，下面我们进行一些探索分析。

> **提问**：user_rating 和哪些因素有关？帮我进行分析。

为了分析 user_rating 与其他因素（如 reviews、price、year、genre 等）的关系，我们可以使用以下几种方法。

（1）相关性分析：通过计算 user_rating 与数值型变量（如 reviews、price、year）之间的相关系数，了解这些变量之间的线性关系。

（2）分组分析：通过 genre 等分类变量，计算不同类别下的 user_rating 平均值，分析类别对评分的影响。

（3）回归分析：通过线性回归模型，建立 user_rating 与其他变量之间的回归关系，分析哪些因素显著影响评分。

接下来，我会先计算相关性和分组统计结果（见图 3-20）。

按genre分组的相关矩阵

		user_rating	reviews	price	year
1	user_rating	1.0	-0.0017290142555487738	-0.13308628728088093	0.2423829602201198
2	reviews	-0.0017290142555487738	1.0	-0.10918188342780513	0.26355960436586084
3	price	-0.13308628728088093	-0.10918188342780513	1.0	-0.15397858170436862
4	year	0.2423829602201198	0.26355960436586084	-0.15397858170436862	1.0

图 3-20

我已经完成了相关性分析和分组分析。

（1）相关性分析：你可以查看 user_rating 与 reviews、price 和 year 之间的相关系数，了解它们的线性关系。

（2）分组分析：根据 genre（图书类型）分组，各组的平均评分如下。

- 小说类书籍的平均评分是 4.65。
- 非小说类书籍的平均评分是 4.60。

吴老师：你不需要知道是使用相关性分析、分组分析还是回归分析，GPT 会自动帮你分析一遍数据。虽然可能不会得到质量很高的分析结果，不过可以节省探查数据的时间，并给你一些数据分析灵感。下面我们一步一步做回归分析。

> **提问**：对评论数量进行聚合，维度是出版年份、图书类型。

我已经对评论数量进行了聚合，按出版年份和图书类型进行了分类（见图 3-21）。

按year和genre分类对reviews进行聚合的结果

	year	genre	reviews
1	2009	Fiction	156824
2	2009	Non Fiction	78682
3	2010	Fiction	168185
4	2010	Non Fiction	105796
5	2011	Fiction	217041
6	2011	Non Fiction	188000

图 3-21

提问：根据上面聚合后的表，分别为小说和非小说这几年的评论数量的走势绘制趋势图。

我已经为小说和非小说的评论数量绘制了趋势图（见图3-22）。

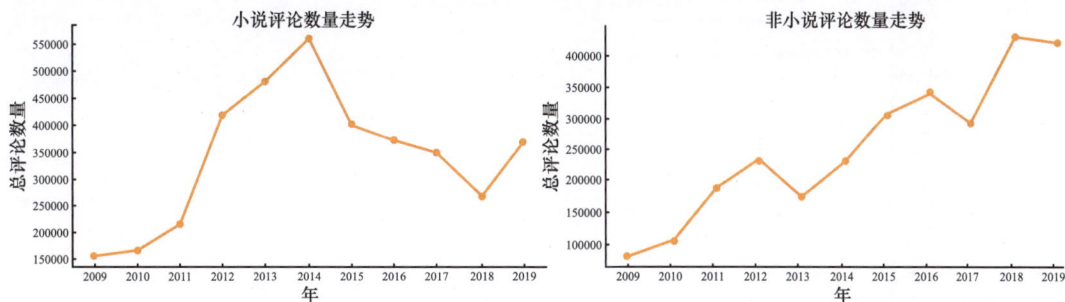

图 3-22

提问：从第二张图"非小说评论数量走势"可以看出，非小说的评论数量呈上涨趋势，请预测 2020—2023 年的走势，并画出图形。

我已经绘制了非小说评论数量的实际数据与 2020—2023 年的预测数据对比图（见图 3-23 ）。

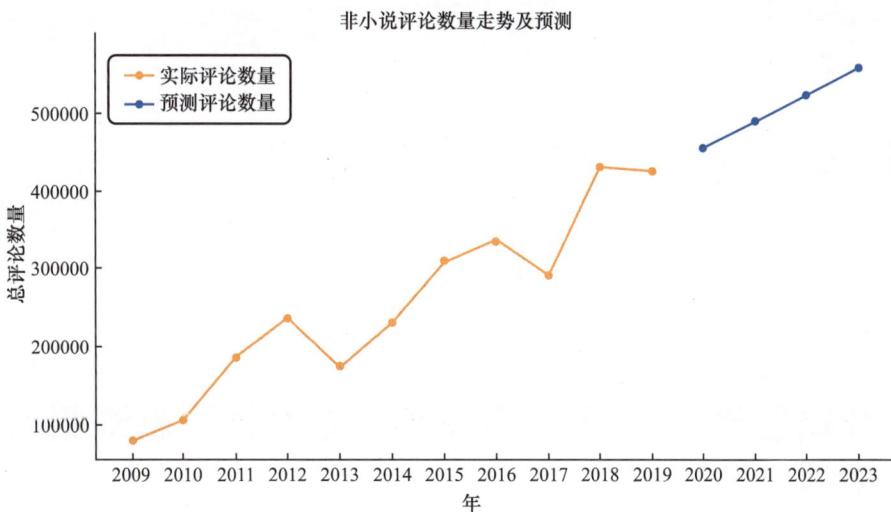

图 3-23

吴老师：当用户呈上涨趋势的时候，GPT 会默认使用线性回归进行预测。我们看到实际评论数量曲线呈现出了周期性波动，所以你需要告诉 GPT，生成的曲线应是周期性波动上涨的。

提问：根据时间序列，每4年是一个周期，重新预测，告诉我新预测的4个点的数值。
注意：预测数据和实际数据用不同颜色表示。

我使用了季节性分析模型进行每 4 年为一个周期的预测,并将实际数据与预测数据分别用不同颜色显示在图 3-24 中。

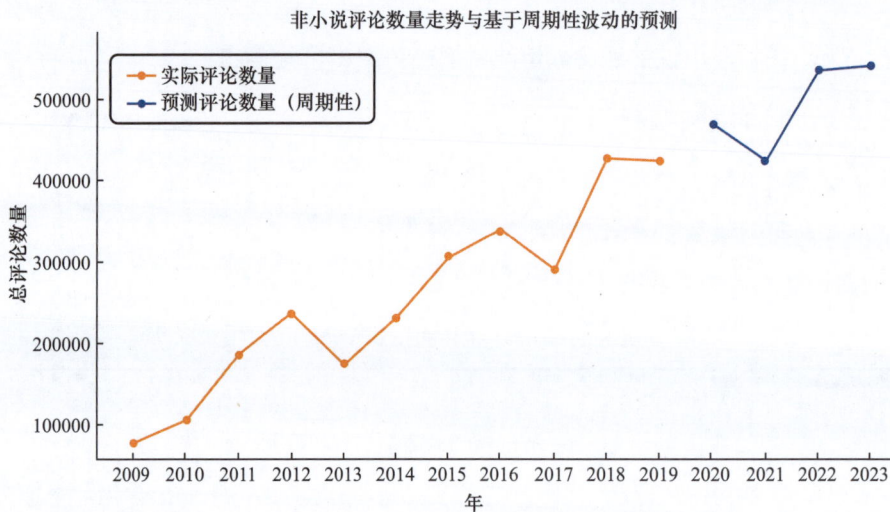

非小说评论数量走势与基于周期性波动的预测

图 3-24

新预测的 4 个点的数值如下。

- 2020 年:470189。
- 2021 年:425207。
- 2022 年:537743。
- 2023 年:543889。

小红:只要告诉 GPT 我想要做什么,它就能生成我需要的数据,这对新手真是太友好了!

吴老师:我们有多种分析方法可以快速处理和分析数据,而 GPT 的作用主要在于帮助我们验证数据,以及高效处理复杂逻辑。

3.3 数据思维:"概率 + 相关性 + 系统性"思维驱动业务增长

小红:您之前给我讲了提升认知的思维方式、形成知识体系的思维方式,能不能给我讲一讲数据化思维方式呀?

吴老师:好呀。我们就了解一下 3 种常用的数据化思维方式,即概率思维、相关性和因果性思维、系统性思维。首先,概率思维帮助我们在充满不确定性的世界里找寻到一些具有确定性的线索。你想象一下,我们生活中的很多事就如同掷骰子,结果的确是不确定的,但每个结果的出现其实都存在一定的可能性。

小红:就比如说明天下雨的概率是 30%,这并非意味着明天肯定下雨或者肯定不下雨，而是在类似的天气条件下，大约有 30% 的概率会下雨。

吴老师：是的。在数据分析当中，概率思维可是极其关键的。它能够协助我们进行风险评估。举个例子，对于一个投资项目，我们不仅要关注可能获得的高回报，更要去思考成功的概率有多大，失败的概率又是多少，同时还要考量失败时可能遭受的损失程度。概率思维告诉我们，在做事的时候，哪怕再胸有成竹，实际上也只是成功的概率有所不同罢了。很多时候，如果事情没有成功，不一定是我们采取的策略有误，也有可能只是运气不佳。所以我们应当学会持续去做那些大概率能够成功的事情。这样一来，从长远的角度看，我们成功的机会自然就会有所增加。

小红：所以选择大概率的事情，成功概率就会增加。

吴老师：是的。同时要提升自己应对突发事件和不确定性的能力。我给你推荐一本书，叫作《黑天鹅：如何应对不可预知的未来》，读了这本书，你会更加深刻地领悟到世界的不确定性正在不断增强，并帮助你更好地应对它。

小红：那相关性和因果性思维呢？

吴老师：相关性并不意味着因果关系。虽然两个变量可能显示出相关性，但这不意味着其中一个变量一定是影响另一个变量的原因。作为数据分析师，我们首先找到的是相关性，然后才是判断与区分相关性和因果性。这里特别容易犯两个错误，一个是"因果倒置"，比如，某汽车发生车祸的概率较低，所以非常安全；实际上是，某汽车安全系数高，所以某汽车发生车祸的概率较低。

小红：第二个常犯的错误呢？

吴老师：第二个常犯的错误是"伯克森悖论"，也就是样本偏差的影响。假设有一家医院分别统计了内科和外科的患者住院天数。内科患者通常病情较缓和，住院天数较短；外科患者往往因为手术等住院天数较长。但如果把科室这个因素忽略，只看患者的性别，可能会发现女性患者的平均住院天数比男性患者长，这就产生了悖论，因为实际上科室才是影响住院天数的关键因素，而不是性别。但仅从性别这个角度分析数据，就得出了看似不合理的结论。

小红：明白了。

吴老师：有一本书叫作《乌合之众：大众心理研究》，解释了为什么在群体中，个体常常会做出平时不会做的行为，并且这种行为往往是非理性和冲动的。理解这些机制有助于我们在做数据分析和决策时保持理性，避免被群体心理所左右。这本书也推荐你看一看。

小红：好的，收到。那系统性思维呢？

吴老师：系统性思维能帮助我们理解一个系统的整体运作方式以及各部分之间的相互影响。在数据分析中，这意味着不仅要关注单个数据点或变量，还要理解它们在整个系统中的位置和作用。系统性问题通常存在延迟反馈的现象，而这会极大地影响我们的决策。人类在面对延迟反馈时，做出的决策往往会有偏差。就像种一棵树，我们不会马上看到它长成参天大树，其间的成长变化是缓慢的，需要很长一段时间才能看到明显的结果。如果因为短期内看不到效果就放弃养护，那这棵树很可能长不好。

小红：也就是说，我们不能被短期的表象所迷惑，在做决策时应保持冷静和耐心。

吴老师：在这方面，我也想给你推荐一本书，叫作《第五项修炼：学习型组织的艺术实践》，书里讲了系统思考让人们从整体、动态和相互关联的角度去看待问题，理解事物之间的复杂关系和变化规律。

第 **4** 章 大模型助你掌握9个常用的数据分析方法

　　数据分析方法，简单来说，就是一套帮我们处理数据的方法，可以帮助我们从一大堆数据中找出有用的信息，发现潜在的模式和关系，以便我们可以更加客观地评估不同的选择，降低决策过程中的不确定性，做出更加明智的决策。

　　在求职过程中，掌握体系化的数据分析方法能够显著提升你的竞争力，还能展示你的技术水平，证明你有逻辑头脑和解决问题的能力。在面试中，你可以通过具体的案例来展示你如何运用数据分析方法来解决实际问题，这将大大增加你的竞争优势。

　　本章我们通过具体的实际场景案例，让 GPT 大模型帮助我们解决实际问题，同时通过对话引导，提升你的数据思维和思考深度。数据分析方法就像是我们的"武器"，所谓"工欲善其事，必先利其器"，让我们开始本章的学习吧。

4.1　描述性分析：揭示数据背后的故事

小红：我知道如何获取数据之后，是不是就可以做分析了呀？

吴老师：那当然了，不过在这之前，我先给你讲讲数据分析方法。数据分析方法很广泛，涵盖了从数据的收集、清洗，到探索、建模，再到解释的整个过程。这些方法可以是简单的描述性分析，也可以是复杂的机器学习算法。

小红：原来数据分析包含这么多方面。

吴老师：没错。我们之前已经讨论过指标体系和数据的收集与清洗了。接下来，我建议从一些常用的数据统计技巧和方法开始学起，这样你会更容易上手。我们先从描述性分析入手吧。

> **提问**：什么是描述性分析？举几个互联网常见的描述性分析的例子。

描述性分析是一种统计方法，用于总结和描述数据集的主要特征，而不涉及对数据之间关系的解释或推断。它通常是数据分析的第一步，帮助我们形成对数据的基本了解。描述性分析包括计算数据的中心趋势（如平均值、中位数、众数），分布（如标准差、方差、范围），以及数据的形状（如偏度和峰度）等统计量。

在互联网行业中，描述性分析的一些常见例子如下。

（1）网站流量分析：计算网站的日均访问量、平均每次访问的页面数、用户来源分布等，以了解网站的受欢迎程度和用户行为。

（2）用户活跃度分析：分析用户的日活跃用户数（DAU）、月活跃用户数（MAU）等指标，以衡量用户的活跃程度。

（3）销售数据分析：汇总电商平台的日销售额、订单量、客单价等数据，以了解销售情况。

（4）社交媒体分析：分析社交媒体平台上的点赞数、评论数、转发数等指标，以评估内容的受欢迎程度和用户参与度。

（5）广告效果分析：统计广告的展示次数、点击次数、点击率（CTR）等指标，以评估广告的效果。

小红：原来平均值、中位数、众数、标准差都属于描述性分析。

吴老师：是的。正如大模型所述，我们日常工作中主要包括以下 5 种统计量。

- 表示集中程度的统计量：平均值、中位数、众数。
- 表示相对位置的统计量：分位数。
- 表示极端情况的统计量：最大值、最小值。
- 表示比值的统计量：比率、比值。
- 表示离散程度的统计量：方差、标准差。

吴老师：这里面首先要注意的是平均值、中位数和众数。小红，你说说这 3 个值都是怎么计算的？

小红：平均值就是将所有数据加起来然后除以数据个数得到的那个数。中位数是指把一组数据从小到大排列，最中间的那个数。众数是一组数据中出现次数最多的那个数，众数可以有多个。

吴老师：非常好，但是这几个统计量在使用上还是有很大差异的。比如"用户使用时长"这个指标，因为会有长尾效应，不但要看"人均使用时长"，还要看"使用时长中位数"。平均值整体服从均匀分布或正态分布的时候才比较有意义，忽略数据的分布，只提平均值，是很容易出错的。

小红：比如，把我们和高收入群体的年收入进行平均，看着平均值挺大，可我们也并没有成为百万富翁。因为此时收入不符合正态分布，谈平均值没有意义。一看中位数，瞬间就把我们拉回现实了。

吴老师：是这个道理。在工作中，这种错误也常常发生。我曾听到有人是这么汇报工作的：现在竞争对手的平均客单价只有 10 万元，我们的平均客单价有 100 万元，我们服务的都是优质的高端客户。再看数据：原来我们客单价为 3 万～ 5 万的客户相当多，只是还有一个 1000 万元的单子，把平均值拉高了罢了。如果按照 100 万元的客单价去做战略规划，很可能会给公司造成巨大的损失。

小红：唉，怪不得有的统计报告说人均住房面积是 120 平米，计算机行业人均年收入超过 50 万元，户均家庭资产已经超过 300 万元，人均存款超过 70 万元。

吴老师一笑：我们再来说说分位数。分位数指把一组数据从小到大排列，百分之多少对应的点上的那个数。比如，1/4 分位数，就是 25% 对应点上的那个数；3/4 分位数，就是 75% 对应点上的那个数；80 分位数，就是 80% 对应点上的那个数。股票的箱形图，箱体的上下两条边就分别代表 3/4 和 1/4 分位数。我们常说的"二八原则"的分割点就是所谓的 80 分位数。

小红：那刚才我们说的"用户使用时长""用户收入"指标应该也要看分位数吧？

吴老师：是的。如果我们想知道数据相对于整体的情况，分位数就特别合适。比如，考试不仅会有一个考试成绩，还有班级、年级、学校的排名，而且相对来说，你考了多少分不重要，因为每次考试的难易程度不同，但是排名却能说明你的成绩是不是真的上升或者下降了。

小红：所以每年高考的国家线都不一样。

吴老师：表示极端情况的最大值、最小值尤其需要关注，因为它能表示业务可能出现的最好或最坏的情况，一旦出现了异常的极值，就说明业务产生了非常严重的问题，需要及时分析和解决。比如，如果统计到用户的日活跃时长的最大值超过 24 小时，要么是统计错误，要么就是开发出现了 bug。你想想还有什么情况可以通过极端值发现问题。

小红想了想：比如，某一天用户活跃度突然降到了历史最低，这可能意味着平台出现了技术故障或者遭遇了网络攻击。再比如，一个在线游戏的同时在线用户数突然从几万人降到了几百人，这可能是因为游戏服务器出现了故障。

吴老师：这两个例子都对。我们有时候也会用极端值评价影响力，比如"双 11""618"的 GMV 再创新高。

小红：怪不得每年电商都要发"大促"的"战绩"。

吴老师：我们再说说表示比值的统计指标。举个例子，A 店铺销售额为 500 万元，团队有 100 人，A 店铺的人均贡献值是 500 / 100 = 5 万元；B 店铺销售额为 100 万元，团队有 10 人，B 店铺的人均贡献值是 100 / 10 = 10 万元。你说是 A 店铺做得好，还是 B 店铺做得好？

小红：A 店铺比 B 店铺做得好。

吴老师停了停：你不能简单地说 A 店铺比 B 店铺做得好，销售额的多少与团队人员数量有很大关系，而人均贡献值这个比值却能够反映店铺的效率。当然，在这个例子中，我们也只能说现阶段 B 店铺比 A 店铺效率高，不能说 B 店铺比 A 店铺好，因为如果 B 店铺想要增加销售额，将团队成员数量增加到和 A 店铺一样的 100 人，它的销售额也不一定能达到和 A 店铺一样的 500 万元。

小红：也就是说，随着销售额的增加，效率可能是在降低的。

吴老师：是的。这种表示比值的统计指标非常多，我们比较熟悉的指标还有点击率、收藏率、加购率、平均点击单价、平均客单价、访问深度等。最后是表示离散程度的方差和标准差，方差和标准差越大，数据离散程度就越高，表现就越不稳定。比如，一个每日收益只有 4% 左右的基金和一个收益在 -15% 到 20% 之间波动的基金，哪个更受青睐？

小红：当然是波动小的基金。

4.2　对比分析：通过差异洞察数据

小红一脸愁苦：今天业务人员让我写一份数据周报，我第一次写周报，心里有些忐忑。

吴老师：你可以先让 GPT 大模型写一份周报，再根据业务人员的需求优化和调整。你可以提出这样的问题：假如你是互联网数据分析师，负责 ××× 业务，上周针对 ××× 做了 ×××，请列出数据周报通常包含哪些内容，并附上一个例子。

以下是小红根据 GPT 的建议写的周报。

1．关键指标概览

- 日活跃用户数（DAU）：1200 万。
- 活跃用户次日留存率：75%。
- 用户停留时长：8.5 分钟。
- 日均收入：150 万。
- 广告点击率（CTR）：3.8%。
- 千次展示有效收益（Effective Cost Per Mille，ECPM）：12.5。

2．业务分析

- 用户增长：本周 DAU 达到 1200 万，同比增长 9.09%，主要得益于最近的推广活动和用户口碑传播，显示出平台的吸引力不断增强。
- 用户留存：活跃用户次留率有所下降，从 78% 降至 75%。初步分析可能是由于部分内容更新不符合用户期待，后续将深入分析用户反馈，优化内容。
- 用户参与度：用户平均停留时长从 8 分钟增加到 8.5 分钟，反映出内容质量和用户黏性有所提升。将持续监控用户行为，进一步优化用户体验。
- 广告效率：CTR 和 ECPM 均有所提升，说明广告内容和投放策略的调整取得了积极效果，广告主满意度和收益均有所增加。

3．下一步计划

- 内容优化：加强内容团队与用户的互动，收集反馈，持续优化推荐算法，提升内容质量和多样性，以提高用户次日留存率和停留时长。
- 推广加强：继续投资推广活动，尤其是在目标用户群体中，扩大品牌知名度，进一步提升 DAU。
- 广告优化：深入分析广告数据，优化广告内容和投放策略，提高广告匹配度和增强用户点击意愿，进一步提升 CTR 和 ECPM。

写完周报之后，小红依旧心里没底，于是拿着周报去找吴老师。

小红：吴老师，这是我写的数据周报，因为是第一次写，我只列出了核心指标，您看这么写可以吗？

吴老师看了看：感觉这份周报像是流水账呀，而且最重要的是，你的指标都没有对比。

小红：这是什么意思啊？

吴老师一笑：讲之前，我先提一个要点，除了呼吸和心跳，我们人每天做得最多的事情是对比。

小红一脸疑惑：为什么呀？

吴老师：早晨醒来，要根据气温选择穿哪件衣服，比如选择是长袖还是短袖，要不要穿秋裤。晚上回家，要根据预算甚至体重来决定吃什么晚餐，是吃一顿减肥餐，还是吃一顿火锅。在做这些决定的过程中，其实都用到了对比。我们不断地在主动做出选择，对比可以帮助我们在众多选项中找到最适合自己的那一个。比如，在购物时，我们会比较不同商品的价格、品质和样式，以决定哪个商品更符合我们的需求和预算。在选择工作时，我们会比较不同职位的薪资、工作环境和发展前景，以决定哪个职位更符合自己的职业规划。我们的大脑无时无刻不在思考，思考是为了更有效地比较。

小红：您这句话好有深度啊。

吴老师：哈哈。我想告诉你的是，DAU 为 1200 万，这个值到底是好还是不好？是高还是低？符合预期吗？我们需要一个判断标准。首先要与历史数据进行比较，看有没有提升。你想想如何与历史数据进行对比？

小红：可以采用环比的方法。

吴老师：是的。环比是将现在的统计周期与上一个统计周期进行比较。比如，月环比即这个月与上一个月进行比较。假定店铺今年 10 月的销售额为 100 万元，9 月的销售额为 50 万元，那 10 月与 9 月相比，就可以说环比增长了 $(100 - 50)/50 \times 100\% = 100\%$。但是，月环比有一个局限性，即业务有很强的周期性。比如羽绒服、冰激凌等的销售就比较适合用同比的方法。

吴老师继续：同比是与以往同一时期进行比较，多指与上一年的同一时期进行比较。比如，店铺今年 10 月的销售额为 100 万元，去年 10 月的销售额为 200 万元，今年 10 月与去年 10 月对比，就可以说同比下降了 $(200 - 100)/200 \times 100\% = 50\%$。通过对比思维发现，今年 10 月的销售额环比增长了 100%，但是同比却下降了 50%。从这些数据来看，存在两种可能性：一种是今年的运营方向做了大的调整，导致业绩下滑；另一种是市场环境发生了大的变化。

小红：明白了。我这就在周报上把同比数据加上。

吴老师：另外，在工作中还常常比较目标进度与实际进度，以评估我们是跑赢还是落后于既定的时间表。比如，过了一周，目标完成率是50%，那实际目标完成率有没有达到50%呢？

吴老师继续：举个例子，今年"双11"，某电商店铺为了冲销量，使GMV达到100万元，采用了优惠券、限时秒杀、满减等多种手段进行营销。活动持续两周，第一周结束后发现GMV仅达到30万元，目标完成率仅为30%，与此时应达到的目标完成率50%相差甚远（见图4-1），为保证最终达成目标，需要及时调整运营策略。

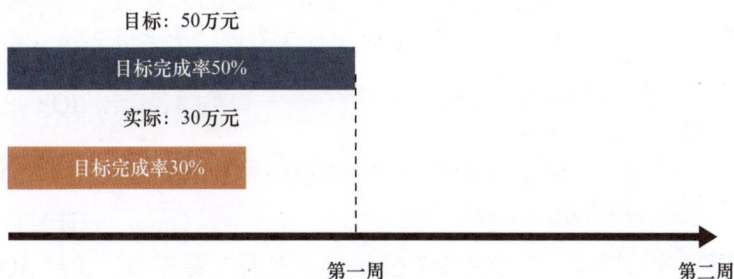

图 4-1

小红：也就是说，我们最关心的是收入，所以应该计算收入完成率，用来和时间进度进行对比。

吴老师：是的。除此之外，我们做分析的时候，还常常会跟竞争对手对比，选择竞争对手时，要找跟我们直接"争夺"消费者的对手，也就是消费者群体和产品相似的对手，或者行业标杆。

吴老师接着说：除了竞争对手，还要和整个行业进行对比，要知道现在自己处于行业的哪一梯队，市场份额增长的瓶颈是渠道、品牌力还是产品力，再分析应该从哪里发力。不过，由于行业数据比较难获得，一般来说我们可能需要通过爬虫、行业报告或者借助行业人脉去获得相关数据和信息。例如，我们需要掌握自身品牌的销售数据，也需要了解竞品的销售情况，以及我们在整个市场中的份额占比，这样才能评估我们产品的市场竞争力。只有通过合适的对比标准，我们才能准确判断业务表现的优劣，并明确未来的发展策略。

小红：明白了，我这就去优化数据周报。

吴老师：记得周报要简洁，突出重点，GPT也可以帮你优化周报。

小红：好的，明白。

4.3 漏斗分析：优化转化路径

这天吴老师看到小红在加班，皱着眉一脸焦急。

吴老师：小红，你遇到什么难题了？

小红：今天业务人员让我做一下注册转化率的分析，我按照GPT大模型给出的建议给出了数据。

作为一名互联网数据分析师，对注册转化页面进行漏斗分析是一项重要的任务。以下是详细的步骤和示例。

步骤 1：定义转化漏斗的各个阶段

首先，你需要确定用户从访问网站到完成注册的各个阶段。

（1）访问网站：用户访问网站的首页或登录页面。

（2）点击注册按钮：用户点击页面上的注册按钮，表示他们有意向注册。

（3）填写信息：用户开始填写注册所需的信息，如邮箱、用户名、密码等。

（4）提交注册：用户完成信息填写，并提交注册表单。

（5）注册成功：用户成功注册并收到确认信息。

步骤 2：收集数据

收集每个阶段的用户数量。这通常通过网站分析工具（如 Google Analytics）实现，利用该工具可以追踪用户在每个阶段的行为。

步骤 3：分析转化率

计算每个阶段的转化率，即从一个阶段到下一个阶段的用户比例。例如，从"点击注册按钮"到"填写信息"的转化率是指完成填写信息的用户数除以点击注册按钮的用户数。

步骤 4：识别瓶颈

通过比较各个阶段的转化率，识别哪个阶段的转化率明显低于其他阶段，这通常表明存在瓶颈。

步骤 5：提出改进建议

根据分析结果，提出改善低转化率阶段的建议，如改进用户界面、简化注册流程、增加引导信息等。

示例

假设在一周内，我们网站的相关数据如下。

- 访问网站：10000。
- 点击注册按钮：4000。
- 填写信息：2500。
- 提交注册：2000。
- 注册成功：1800。

转化率计算如下。

- 访问网站到点击注册按钮的转化率：4000 / 10000 = 40%。
- 点击注册按钮到填写信息的转化率：2500 / 4000 = 62.5%。
- 填写信息到提交注册的转化率：2000 / 2500 = 80%。
- 提交注册到注册成功的转化率：1800 / 2000 = 90%。

通过分析，我们可以发现"点击注册按钮到填写信息"阶段的转化率相对较低，可能是用户在点击注册按钮后对填写信息的页面设计或要求感到困惑。因此，我们可以考虑简化信息填写页面，减少必填项，或者在页面上添加更清晰的指引，以提高这一阶段的转化率。

小红：我把数据给业务人员后，他说挺好的，但是他又想更系统地看看漏斗数据。其实，我挺迷茫的，不知道体系化的数据要怎么做。

吴老师：你先别着急，我们先详细了解一下什么是漏斗分析。漏斗分析是基于业务流程的一种数据分析模型，能够科学反映用户从起点到终点各阶段的转化情况，进而可以定位用户流失的环节和原因。

吴老师：漏斗分析最常用的是转化率和流失率两个互补型指标（见图4-2），流失率 = 1 - 转化率。就拿你说的这个注册转化率的漏斗分析举例，假如有 100 人访问并打开注册页面，30 人点击注册按钮，10 人注册成功。这个过程共有 3 步，第一步到第二步的转化率为 30%，流失率为 70%，第二步到第三步的转化率为 33%，流失率为 67%；整个过程的转化率为 10%，流失率为 90%。

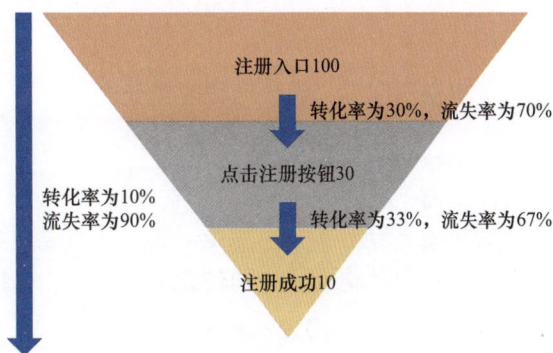

图 4-2

小红：原来转化率和流失率是两个互补型指标，学到了。我们工作中除注册页面需要用漏斗分析之外，还有哪些典型场景需要用漏斗分析呢？

吴老师：首先是大名鼎鼎的 AARRR 模型（见图 4-3），这是用户增长领域的经典模型，也是做用户增长和生命周期分析最常用的漏斗模型。从用户增长的各个阶段入手，包括用户获取（Acquisition）、用户激活（Activation）、用户留存（Retention）、用户产生收入（Revenue）、自传播（Referral）等阶段，进行漏斗分析，判断用户流失大致处于哪个阶段，进而对这个阶段的用户进行细分，精细化运营，完成将用户向成熟用户和付费用户的引导，实现用户增长。

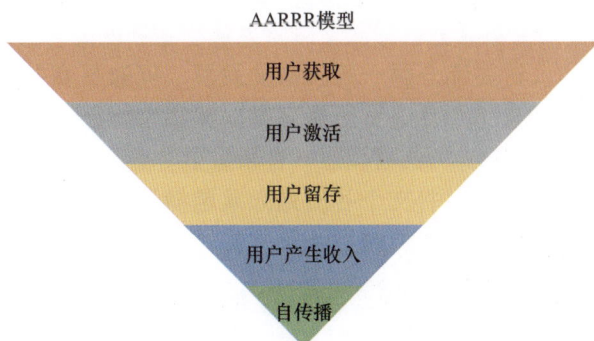

图 4-3

小红：能举个例子吗？

吴老师：举一个拼多多的例子。在用户获取阶段，拼多多通过社交平台和低价团购吸引了大量用户；在用户激活阶段，拼多多通过简单易用的界面和丰富的商品来激活用户的第一次购买；在用户留存阶段，拼多多利用大量的优惠券、红包和特价商品来鼓励用户回访和复购；在用户产生收入阶段，拼多多通过佣金、广告费和直播等多种方式实现盈利，特别是通过算法推荐提高了用户的购买转化率，从而提升平台的整体收入；而在自传播阶段，它推出了拼团功能，用户邀请朋友一起购买可以享受更低的价格，这不仅增加了用户的黏性，还促进了新用户的获取。

小红：我明白了。再比如抖音，它会在各个渠道上投放广告，大家会在电视上、地铁站中、手机专门下载 App 的应用商店推荐里、百度搜索的相关词中看到抖音的广告，这些都是抖音获取用户的渠道。用户看到抖音的广告后，下载并注册 App，就完成了用户激活。用户在抖音里看视频、看直播、发小视频、跟朋友互动，产生了黏性，之后便经常使用抖音，这就是用户留存。购物平台、直播及其他的产品也会在抖音上投放广告，使抖音实现了盈利。用户都非常喜欢玩抖音，于是忍不住向周边的朋友推荐，新的用户又注册了抖音，这就是自传播。

吴老师：非常好。AARRR 整体构成了一个大闭环，每个关键节点都是大漏斗的一层，而每层里面又有很多个小漏斗，比如从获取到激活要经历下载 App、下载完成、注册（可能有多个页面，构成复杂的转化漏斗）、完成用户激活这一流程。AARRR 模型非常重要，我们让 GPT 介绍一下一般需要关注其哪些重要指标。

> **提问**：假如你是互联网数据分析师，基于 AARRR 模型的指标体系，介绍一下需要重点关注哪些重要指标。

AARRR 模型用于衡量互联网产品的重要指标如下。

1．用户获取

- 流量指标：PV、UV、IP、新用户数等。
- 渠道指标：来源渠道流量、转化率等。
- 推广指标：广告投放效果、搜索引擎优化（Search Engine Optimization，SEO）效果等。

2．用户激活

- 用户行为指标：平均停留时间、跳出率等。
- 内容互动指标：内容阅读量、点赞量、分享量、评论量等。
- 注册指标：注册用户数、注册转化率等。

3．用户留存

- 用户留存率：在特定时间段内继续访问网站的用户占比。
- 回访率：用户再次访问网站的频率。
- 用户活跃度：用户在网站上的活跃程度。

4．用户产生收入

- 广告收入：展示广告、原生广告、搜索广告等产生的收入。
- 订阅收入：付费订阅内容或服务产生的收入。

- 电商收入：销售商品或服务产生的收入。
- 内容授权收入：将内容授权给第三方产生的收入。

5．自传播

- 用户分享率：用户分享内容或网站的次数。
- 社交媒体指标：粉丝数量、互动量等。
- 口碑传播：用户对网站的评价和推荐。

吴老师：此外，漏斗模型在电商领域也非常常用。比如常见的电商漏斗（见图 4-4），用户从进入平台到完成支付的完整路径也构成了一个经典的业务漏斗模型，计算每一个环节的转化率有助于我们分析是人、货、场哪个因素有问题。

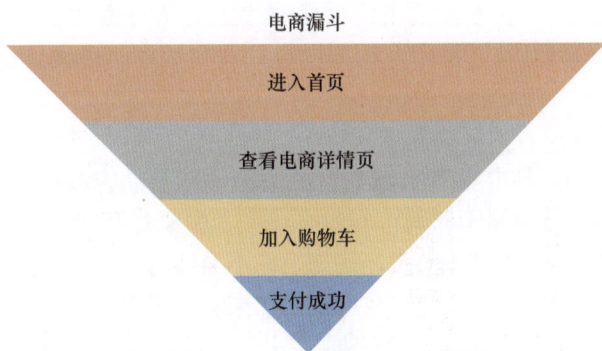

电商漏斗

进入首页

查看电商详情页

加入购物车

支付成功

图 4-4

吴老师：比如，京东上某个型号的电视 A 的购买漏斗包含如下环节。用户打开京东 App，进入首页，通过搜索或首页引导进入电视的列表页，点击列表中的电视 A，进入其详情页面，直接购买或者加入购物车购买，进入购买流程，最终支付成功。

小红：这是一个非常长的漏斗，而且用户行为可能是多次、反复，甚至跳跃的。如果用户不加购物车购买，不从首页进入 App，那怎么办？

吴老师：这个问题非常好。遇到这种情况，我们可以一个环节一个环节地看数据，一层一层地优化。比如，首页推荐电视 A，没人点击，说明电视 A 的定位人群出了问题；电视列表中，大家点击了其他型号的电视，没人点击电视 A，说明电视 A 不受用户欢迎，我们可以断定是产品的问题；如果用户搜索电视 A，得不到结果，那就是产品功能没有做好，要打磨产品细节。

小红：明白了。

吴老师：还有一种常用的漏斗，叫作 AIDMA 漏斗（见图 4-5）。这是什么呢？AIDMA 是消费者行为学领域很成熟的理论模型之一，由美国广告学家 E．S．刘易斯于 1898 年提出。该模型将消费者从接触到信息到最后达成购买归纳为 5 个阶段：注意（Attention）、兴趣（Interest）、欲望（Desire）、记忆（Memory）、行动（Action）[分享（Share）]。在这个过程中，消费者从不知情者变为被动了解者，再变为主动了解者，最后由被动购买者变为主动购买者；从商品角度看，这个过程可以被视为从不了解、了解到接受产品的过程。这个理论模型在品牌营销领域应用得很广泛。

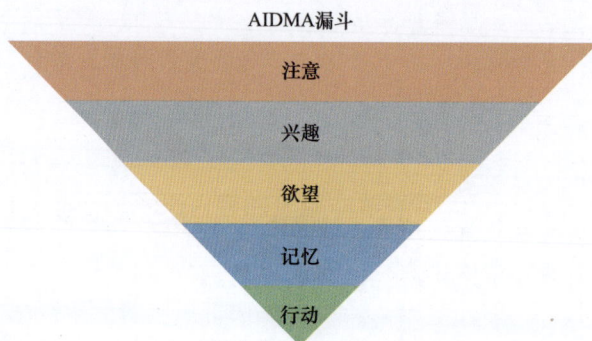

图 4-5

吴老师：比如刚才你举的例子，抖音会在很多媒体渠道上投放广告。但是，品牌广告的效果很难被数据化，它不像效果广告那样有点击和下载数据。所以品牌广告常用AIDMA 漏斗来衡量，而且是通过用户调研的方式收集数据，最终决定品牌广告是否取得了成功。

小红：什么是品牌广告？什么是效果广告？

吴老师：品牌广告以树立品牌形象为目的，能够传播品牌并影响消费者决策。比如，电视上、地铁站中的广告都属于品牌广告；再比如，大家打开一个 App，看到的开屏广告也是品牌广告。品牌广告不为结果负责，比如，你不知道用户看了电视广告之后是不是真的用了你的产品。但是，效果广告关注投放广告的结果，可衡量效果，并且客户需要为结果付费。比如，在百度上搜索"小视频"，在搜索结果页可以看到抖音 App 的下载广告，点击一次这个广告，就产生一次计费，也就是说，点击就是一个结果。效果广告只为结果买单。

小红：我明白为什么各个品牌既要投放品牌广告，又要投放效果广告了。

吴老师：以上 3 种漏斗分析你都可以通过 GPT 进行更详细的了解。

小红：好的。

吴老师：其实，每种产品的漏斗模型各有不同，但都是根据业务模型输出的。比如，运营人员要做一个比赛活动漏斗，应包含从活动推广，到用户报名，再到用户达标、用户抽奖的环节（见图 4-6）。计算各个业务环节的转化率，有助于我们定位问题环节，进一步定位是广告文案不好，还是投放的广告位转化效率低；是用户报名的操作过于复杂，还是用户达标的门槛过于苛刻；或者是奖品设置有问题、参赛用户调性不符、领奖的流程复杂等。

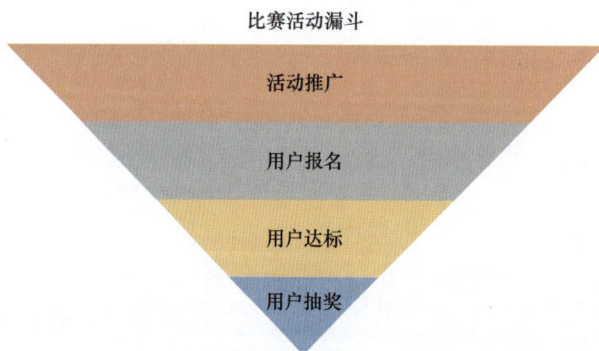

图 4-6

小红：我明白了，得具体问题具体分析。

吴老师：接下来，我们来聊聊具体的实施过程和步骤。我们在设计产品时，会设想一条理想的转化路径。比如，用户从点击购买页面，到打开支付页面，再选择支付方式，最后完成支付。如果发现用户在从打开支付页面到选择支付方式这一环节的转化率低，很可能是因为我们的支付方式不够全面，比如缺少微信支付。确定了用户流失的环节后，需要从多个维度进行针对性的深入分析。比如对于注册转化，我们可以观察不同渠道来源的用户在各个环节的转化情况，比较线上渠道和线下渠道、抖音渠道和快手渠道的差异。

小红：那我也可以去拆分一下渠道。

吴老师点头：另外，我们还需要做一些假设，如下。

- 是否与用户使用的平台有关？PC端和移动端是否有产品功能设计上的差异？
- 是否与手机平台有关？Android和iOS用户在这个环节是否有差异？
- 是否与浏览器有关？不同浏览器在进行验证时是否有Bug？
- 是否与时间段有关？白天和晚上的用户转化率是否有不同？

吴老师：以上假设都是从不同的维度去拆解的，我们可以看在各个维度下用户的转化漏斗数据，还可问问GPT，让它做一些补充。可以提这样的问题：假如你是互联网行业的资深数据分析师，要对注册转化页面进行漏斗分析。有哪些因素可能会影响漏斗转化率？列出你的假设。

小红：怪不得业务人员对我给的数据不满意呢，我都没有做细拆分析，更别说给他一些有价值的建议了。

吴老师：做完分析之后，记得把漏斗转化的报表搭建好，还要做好长期监控，这样以后才能快速反馈问题。

小红：好的。

4.4 LTV分析：搞清客户终身价值

第二天，小红把漏斗分析交给了业务人员，业务人员很满意。

小红：业务人员说这就是他想要的，这样可以有针对性地做一些产品改进。

吴老师：之前我们说到了AARRR模型，AARRR模型是增长理论中最常用的模型之一，我觉得有必要给你详细讲一讲增长的相关模型。我们可以按照用户生命周期的不同阶段，从用户获取、用户激活、用户留存3个阶段来展开讨论。

小红：早就听说了增长黑客和增长理论，我很期待学习相关的知识。

吴老师：关于用户获取阶段，我会深入讲一讲LTV分析和ROI分析；关于用户激活阶段，我打算讲一讲Aha时刻；关于用户留存阶段，我会详细说说留存分析怎么做。

小红：太好了，都是我想学习的。

吴老师：我先给你讲一个业内很著名的例子。有两个产品，它们都是以照片分享起家，都提供视频功能，也都建成了相当规模的社交网络。这两个产品早期都发展迅猛，其中一个被一家科技巨头公司以3500万美元的价格收购，另一个被另一家科技巨头公司以

10亿美元的价格收购。类似的产品、相似的故事，结局却大相径庭。

吴老师继续：第一个产品是Flickr，它在2005年被Yahoo买下之后，到2016年总用户数达到1.2亿，但增长已经连续几年停滞不前。第二个产品是Instagram，它在2012年被Facebook买下之后，一直保持着强劲的增长，到2017年月活跃用户数已经达到7亿，远远超越了早它几年的Flickr。为什么两个类似的产品，到最后却有着差距巨大的结果呢？

小红：我去问问GPT。

> **提问**：Flickr和Instagram虽然起步相似，但最终的发展差异很大，原因是什么？

Flickr和Instagram虽然起步相似，但最终的发展差异却很大，主要有几个关键因素。

（1）市场定位和用户体验：Instagram从一开始就专注于移动端，提供了简洁、直观的用户体验，而Flickr最初是作为一个网络相册平台起家，对移动端的适应和创新较慢。

（2）社交网络整合：Instagram被Facebook收购后，利用Facebook庞大的用户基础和社交网络优势，迅速扩大了自己的用户群。而Flickr在社交网络方面的整合能力较弱，未能有效利用Yahoo的资源。

（3）产品创新和功能更新：Instagram不断推出新功能，如故事、直播、滤镜等，引起和保持用户的兴趣。相比之下，Flickr的创新步伐较慢，未能跟上市场的变化和用户需求的改变。

（4）市场趋势和用户需求：随着智能手机的普及和社交媒体的兴起，人们对即时、便捷的照片分享有了更高的需求。Instagram顺应了这一趋势，而Flickr没有及时调整其策略。

总的来说，Instagram更好地把握了市场趋势，不断创新和完善产品，有效整合了社交网络资源，从而实现了快速增长和广泛普及。Flickr虽然在早期有一定的优势，但未能有效应对市场变化和用户需求改变，最终导致增长停滞。

小红：从回答看，并不是单一因素的影响。

吴老师：是的。从这个案例中，我们可以看到数字经济时代的一个残酷真相：真正独特的点子并不多。事实上，如今一款产品能否成功，越来越少依靠让人耳目一新的功能，而越来越多依靠成功的增长策略。"如何获取用户"不再仅仅是企业家们有了产品之后才考虑的事情，而是能够决定一家创业公司生死的另外一个因素。快速有效地获取新用户在创业成功中占的比重越来越大。与此同时，增长也变得越来越艰难。我们来看看几个数据。

- 苹果应用商店有超过220万个应用，谷歌应用商店有超过300万个应用。
- 苹果应用商店每月新增1000个新应用，谷歌应用商店每月新增1300个新应用。
- 83%的应用是"僵尸"，因为根本没有用户看见过它们，更谈不上下载使用。

小红：看来获取用户是关键的一步呀。

吴老师点头：说起来，你觉得做生意的本质是什么？

小红：咦？赚钱吗？

吴老师：你的第一反应非常正确。如果我们想要赚钱，就需要收入大于成本，否则就是白干，甚至是赔钱。赚钱也就是赚取利润，利润 = 收入 - 成本。收入是用户在整个生命周期里给企业创造的价值（生命周期价值，LTV），需要大于获取这个新用户所需要的成本（用户获取成本，CAC），否则拉来的用户越多，公司赔的钱越多。

小红：之前在讲指标的时候，您也给我讲过 LTV 和 CAC，您能深入讲一讲吗？

吴老师：当然。获取新用户的公式是 LTV > CAC，这个公式看上去简单，却是获取新用户的永恒公式。LTV / CAC 的比值，也是商业模型盈利能力的本质体现。如果 LTV 小于 CAC，那么企业目前的盈利模式是不可持续的；如果 LTV 大于 CAC，那么企业目前至少有一个可持续的商业模型。LTV/CAC 的比值越大，说明目前的商业模型盈利能力越强。

小红：那只要 LTV>CAC，就可以了吗？利润很低，企业也经营不下去吧。

吴老师：你的问题非常好。由于竞争是极其激烈的，即使 LTV / CAC > 3，也只能说是有一线生机。LTV / CAC 在 1 到 3 之间，活下来的概率非常小，是非常难受的，就像一个让人不舒服的"楔子"。LTV / CAC < 1，公司无盈利（见图 4-7）。

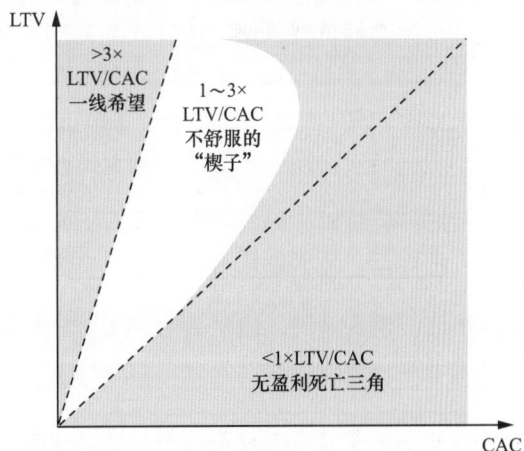

图 4-7

提问：LTV 是什么？计算公式是什么？如何在增长理论中应用？

LTV 是指一个客户在与企业交往的整个周期内为企业带来的总价值。它是衡量客户对企业长期价值的一个重要指标。

LTV 的基本计算公式是：

$$LTV = ARPU \times LT$$

其中：

- ARPU 是指每个用户在一定时间内为企业带来的平均收入；
- LT（Lifetime，生命周期）是指客户与企业交往的平均时长。

在实际应用中，还可以考虑折现因素，即将未来收入按照一定的折现率折算为现在的价值，公式为：

$$LTV = \sum_{t=1}^{n} \frac{R_t}{(1+d)^t}$$

其中：

- R_t 是第 t 个时期的收入；
- d 是折现率；
- n 是客户的生命周期时长。

上述内容在增长理论中的应用如下。

（1）用户获取策略：通过计算 LTV，企业可以确定在获取一个客户时可以承受的最高成本，从而制定合理的用户获取策略。

（2）资源分配：了解不同客户群体的 LTV 可以帮助企业优化资源分配，将更多资源投入具有更高 LTV 的客户群体中，以实现更高的整体回报。

（3）客户留存：提高客户留存率可以增加客户的生命周期，从而提高 LTV。因此，采取有效的客户留存策略是提高 LTV 的重要途径。

（4）产品和服务改进：分析影响 LTV 的因素，如产品质量、客户服务等，可以帮助企业发现改进的机会，通过提升产品和服务质量来增加客户的生命周期价值。

吴老师：GPT 概括得非常好。LTV 由 LT 和 V 两部分构成。它指的是在消费者作为产品用户的时期内，你能从他身上赚取多少收入。所以 LTV = LT × V。

- 用户会使用你的产品多少个月，也就是 LT。
- 平均每个月你能从用户身上赚多少钱，也就是 V。

小红：也就是说，LTV 要分别看 LT 和 V。

吴老师：是的。我们先说说留存率 LT，LT 的计算公式：

$$LT_m = \sum_{n=1}^{m} R_n$$

其中，R_n 指第 n 天留存率。R_n = 第 n 天仍活跃的用户数 / 第 1 天新增用户数。那么，次日留存率 = 第 2 天仍活跃的用户数 / 第 1 天新增用户数，三日留存率 = 第 3 天仍活跃的用户数 / 第 1 天新增用户数。

假如第一天的新用户有 100 人，第二天这 100 人里面有 50 个人活跃，第三天这 100 人里面有 20 个人活跃，之后就没有人活跃了，那么 LT 就是（100 + 50 + 20）/ 100 = 1.7。

吴老师在纸上画了一张图，随后解释道。

吴老师：随着时间的推移，曲线变得更加平缓，说明长期留存率趋于稳定（见图 4-8），所以说，长期留存率决定 LT，是提高 LTV 的最关键因素之一。

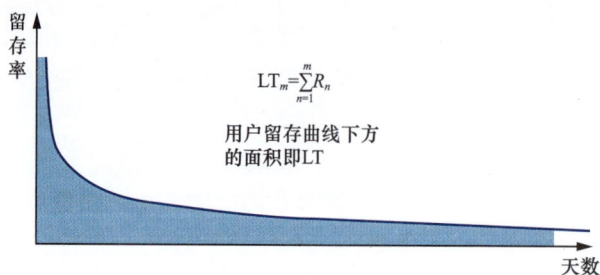

$$LT_m = \sum_{n=1}^{m} R_n$$

用户留存曲线下方的面积即 LT

图 4-8

小红：我明白了，那 V 呢？

吴老师：V 就是 Value，也就是 ARPU，要注意，ARPU 是有时间属性的，可以是 7 日 ARPU、14 日 ARPU、月 ARPU 等。

小红：ARPU 也是会变化的吧？

吴老师：是的。我们可以将用户生命周期大致分为引入（或获取）期、成长期、成熟期、休眠期、流失期 5 个阶段。在这些阶段，用户的参与度、购买频率和忠诚度都会有所变化，从而影响到 ARPU（见图 4-9）。

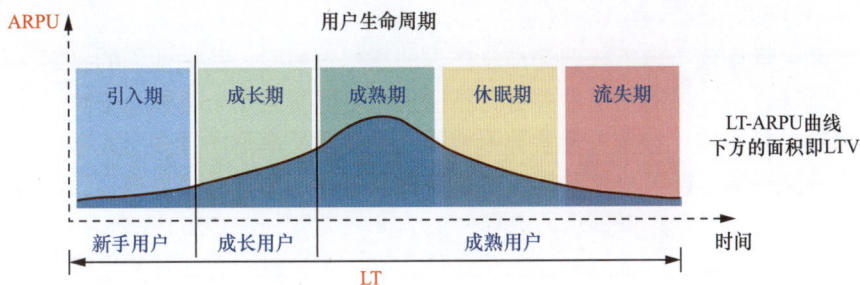

图 4-9

小红：确实用户不同生命周期的 LT 和 V 都不一样。那成本呢？

吴老师：用户获取成本，就是获取每一个新增用户所花的费用。公式是：CAC = 新增用户的总投入 / 新增用户总数。降低 CAC，一是要优化转化路径，二是要降低渠道的购买成本。优化转化路径很好理解，比如线上广告，从展示广告到下载完成，从安装完成到注册完成，漏斗非常长，每一个关键节点都有大量的用户流程，需利用漏斗分析来减少用户流失。

小红：漏斗分析我前面学过了。

吴老师：那我们再说说降低渠道的购买成本。这里要特别注意，切勿拿总投入 / 新增用户总数计算，而是需要对不同渠道单独进行计算。比如，新用户会从各种渠道了解和注册产品，如朋友圈分享、广告投放、应用商店、SEO 等，不同渠道的投入产出不同，我们要选择的是"获取成本最低，用户留存时间最长、LTV 最高"的渠道。这里面互联网公司用得最多的是广告投放，下面我们说说广告投放和 ROI 的计算。

4.5　投放 ROI 分析：最大化广告效益

吴老师：日常生活中，我们接触的广告非常多，如报纸上刊登的广告、地铁里和电视上播放的广告、手机里的广告，随处可见。从开屏界面到任意一个小位置都有广告，真的是数不胜数。

小红：可不是！

吴老师：下面我给你介绍一些广告的基础知识。先说说广告主和广告平台。广告主是付钱做广告的人，相当于提供商品或服务的"货"。广告平台就是广告发布和展示的场所，即提供交易场所的"场"。广告就是连接广告主和广告平台的桥梁。你回忆一下，我们讨论内容媒体的关键指标时，介绍过广告的本质是给某人在某个地方、某个时间下，看某个素材以宣传某个东西，达到某种效果。

小红：我想起来了。广告是人（目标人群）、货（广告主）、场（广告）的匹配。

吴老师：很好。那让 GPT 给我们详细讲讲广告主怎么在广告平台上投放广告。

提问：广告主在广告平台上投放广告的具体步骤是什么？

广告主通常通过以下步骤来投放广告。

（1）确定广告目标：明确广告活动的目的，如提高品牌知名度、推广新产品、增加销售或促进用户注册。

（2）定义目标受众：分析和确定谁是广告的目标消费者，包括他们的兴趣、年龄、性别、地理位置等。

（3）选择广告渠道：根据目标受众和广告目标选择合适的广告渠道，如电视、广播、印刷媒体、社交媒体、搜索引擎或其他数字平台。

（4）预算设定：决定广告预算，选择合适的计费类型（如 CPC、CPM、CPA 等）。

（5）创意设计：开发广告创意，包括广告文案、视觉设计、视频制作等，确保广告内容吸引目标受众并且能够表达清晰的信息。

（6）广告投放：在选定的媒体渠道上设置广告系列，配置广告的版位、投放时间和频率。

（7）监测与优化。

- 使用工具跟踪广告表现，如点击率、转化率、观看时长等关键指标。
- 根据数据反馈优化广告内容、投放时间、出价策略等，以提升广告效果。

（8）评估结果：分析广告活动的整体效果，包括 ROI 评估，以及对品牌的长期和短期影响。

（9）后续行动。

- 根据广告投放结果，决定是继续、调整还是停止广告活动。
- 总结经验，为未来的广告投放做准备。

广告主可以直接与媒体渠道合作，也可以通过广告代理商或使用自助式的广告平台来投放广告。技术的进步，尤其是程序化广告和机器学习算法的应用，使得广告主能够更精细地定位广告，自动优化广告投放，并实时调整策略以达到最佳效果。

吴老师：GPT 介绍了广告投放的全流程。我重点给你解释一下计费类型，这是一个比较重要的概念。计费类型有很多种，我按照之前提到过的品牌广告和效果广告做了分类（见图 4-10）。

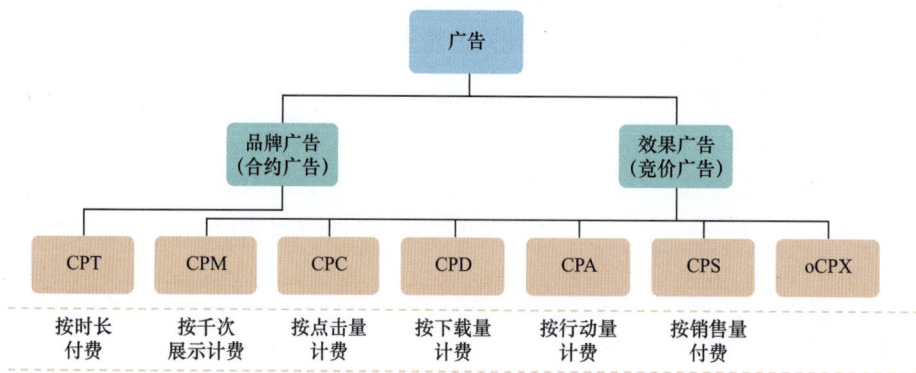

图 4-10

吴老师：常见的计费类型有以下几种。

- CPT：Cost Per Time，按时长计费，即按照广告的时长计费，多见于高价值广告位上的广告，例如开屏广告等。一般按照周、天、小时计费。
- CPM：Cost Per Mille，按千次展示计费，即按照广告的展示次数计费，多见于品牌展示类的广告。
- CPC：Cost Per Click，按点击量计费，即按照广告的点击次数计费，常用于关键词竞价，例如今日头条的信息流广告。
- CPA：Cost Per Action，按行动量计费，即按照某些用户行为出现的次数计费。CPA 包括 CPD、CPI、CPS 等。A 可以代表的含义很广，常见的有表单注册、激活。
- CPD：Cost Per Download，按下载量计费，即按用户完成 App 下载的数量计费，常用于游戏等。是 App 开发者进行推广的常用计费方式。
- CPS：Cost Per Sales，按销售量计费，即按完成订单的用户数量计算，常用于电商。按照实际销售额分成。

小红：这么多计费类型，我们都要记住吗？

吴老师：其实，这些计费类型非常容易记忆，我画一张图你看看（见图 4-11）。不论现在是否记得住，首先要了解有不同的计费类型。

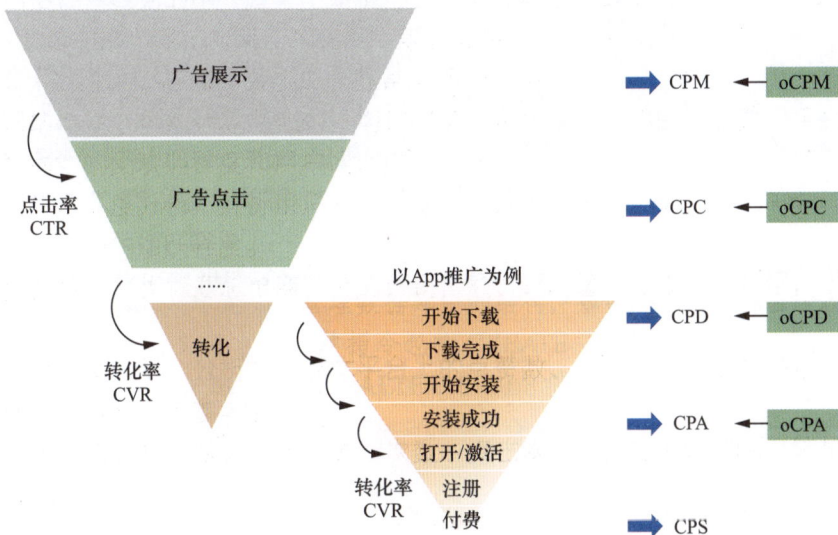

图 4-11

小红：好的。什么是 oCPX 呀？

> **提问**：广告计费中，什么是 oCPX 计费？为什么使用 oCPX 计费？oCPX 计费有什么好处？

oCPX（optimized Cost Per X）计费是一种优化的按行动量计费的模式，它是 CPA 的一种变体。在 oCPX 计费模式下，广告平台会利用机器学习和算法优化技术，根据广告主设定的目标行动（如安装应用、注册、购买等）和出价策略，自动调整广告的投放策略，以实现更高的转化率和更低的成本。

使用 oCPX 计费的原因

（1）效果优化：oCPX 计费模式能够根据广告主的目标行动和出价策略，自动优化广告投放，提高广告的转化率。

（2）成本控制：广告主只需为实现特定行动的结果付费，而不是为点击或展示付费，这有助于控制广告成本，并确保广告投入产出比的合理性。

（3）风险降低：由于广告主只需为达成的目标行动付费，因此相较于传统的 CPC 或 CPM 计费模式，oCPX 计费能够降低广告投资的风险。

oCPX 计费的好处

（1）转化率提升：通过优化广告投放策略，oCPX 计费能够提高广告的转化率，帮助广告主更有效地实现营销目标。

（2）ROI 优化：oCPX 计费有助于提高 ROI，因为广告主的付费与实际达成的目标行动紧密相关。

（3）灵活性高：广告主可以根据自己的营销目标和预算灵活设定目标行动和出价策略，实现更加个性化的广告投放。

总的来说，oCPX 计费是一种以效果为导向的广告计费模式，它能够帮助广告主更精准地投放广告，提高广告效果，同时控制广告成本。

小红：我还是不懂这个解释。

吴老师：我举个例子。假设一次激活转化的出价是 20 元，如果需要 100 次点击才能实现一次转化，那么每次点击的成本就是 0.2 元。但是，如果系统通过算法优化，能够推荐更容易转化的用户，那么可能只需要 40 次点击就能实现一次转化，此时每次点击的成本就上升到了 0.5 元。也就是说，尽管每次点击的成本变高了，但是广告主为每次转化所付出的总成本仍然是 20 元，没有增加。

小红：哦，所以 oCPX 计费的好处是，广告平台可以更精准地定位到最可能完成转化的用户群体，从而提升广告效率。

吴老师：对的。你可以以 oCPC 和 CPC 为例（见图 4-12）来对比两种计费方式的差距。具体来讲，oCPX 虽然是在用户做出特定行动的时候扣费，但是实际上是花钱买激活（见图 4-13），这样算法就会推荐那些更容易转化的用户。

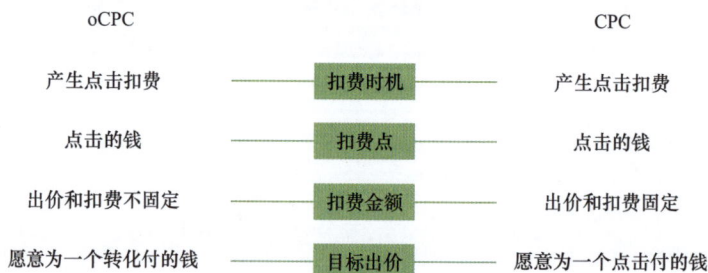

oCPC		CPC
产生点击扣费	扣费时机	产生点击扣费
点击的钱	扣费点	点击的钱
出价和扣费不固定	扣费金额	出价和扣费固定
愿意为一个转化付的钱	目标出价	愿意为一个点击付的钱

图 4-12

小红：我明白了。这样的策略能够帮助我们更有效地利用广告预算，确保投入产出比更高。可是，这就对算法的准确性提出了更高的要求。如果推荐的用户转化率不高，那我的广告费用岂不是白花了？

吴老师：你说得很对。这就是为什么持续优化算法，以确保它能够准确预测用户的行为非常重要。如果广告效果不佳，广告主自然会调整策略或者转向其他渠道。

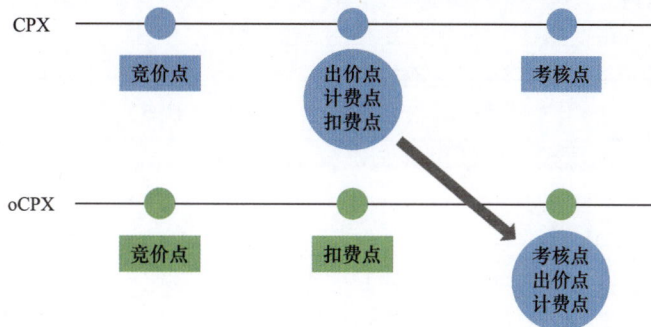

图 4-13

小红：原来如此，我明白了。这样一来，就可以确保广告投放更加精准，提高转化率。

吴老师点头：另外，广告投放涉及 3 个平台，即 SSP（Supply-Side Platform，供给方平台）、ADX（Ad Exchange，广告交易平台）和 DSP（Demand-Side Platform，需求方平台）（见图 4-14）。

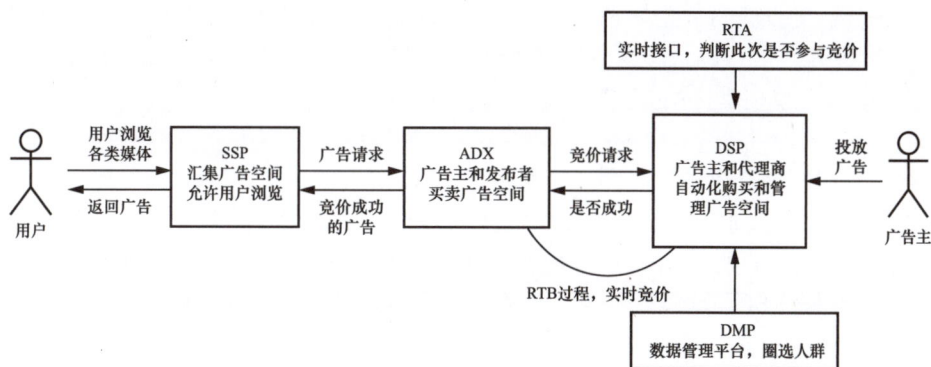

图 4-14

> **提问**：分别介绍一下 SSP、ADX、DSP。举一个例子，介绍从用户浏览媒体信息，到用户看到广告的全流程。

SSP（供给方平台）

SSP 为数字媒体所有者（如网站和应用程序的发布者）提供技术服务，帮助他们管理其广告空间库存，最大化从广告中获得的收益。SSP 能够自动将广告空间出售给连接的广告交易平台和网络。它也允许发布者设置一些销售参数，比如最低价格和优先级，以控制如何和给谁出售他们的广告空间。

ADX（广告交易平台）

ADX 是一个数字市场，它允许广告主和发布者通过实时竞价（Real Time Bidding，RTB）来买卖广告空间。ADX 类似于股票交易市场，但买卖的是广告空间。在这个平台上，广告空间以每千次展示的形式出售，最高出价者获得广告展示的机会。

DSP（需求方平台）

DSP 是供广告主和代理商使用的系统，帮助他们自动化购买和管理多渠道的广告空间库存。通过一个接口，广告主可以购买来自多个 SSP 和 ADX 的广告空间。DSP 利用数据和算法帮助广告主以最有效的价格定位到最合适的受众。

从用户浏览媒体到看到广告的全流程如下。

（1）用户浏览：用户打开一个网页或应用，开始浏览内容。

（2）广告请求：网页或应用通过其 SSP 向 ADX 发送一个广告请求，其中包括用户的数据和可用的广告版位信息。

（3）实时竞价：ADX 将广告请求发送到连接的 DSP，DSP 分析用户数据（如地理位置、浏览历史、兴趣等）并在毫秒级时间内对广告版位进行出价。

（4）竞价赢家：在 ADX 中，各个 DSP 参与实时竞价，出价最高的 DSP 赢得了广告展示的机会。

（5）广告展示：一旦 DSP 赢得竞价，它就会将广告内容发送到 ADX，然后 ADX 将其传递给 SSP，最后广告出现在用户的屏幕上。

例子

假设小明正在使用一个新闻应用阅读文章。当他点击进入一篇文章时，新闻应用（通过 SSP）会向 ADX 发送一个广告请求。这时，不同的 DSP 开始评估小明的数据（可能是根据他的兴趣、地理位置或他以前的行为数据）并参与实时竞价。最终，一家汽车广告主的 DSP 出价最高，他们的汽车广告就被选中了。ADX 将这个结果通知给 SSP，新闻应用随即在文章页面上为小明展示了这个汽车广告。

小红：对应解释，再看这张图就容易多了。

吴老师：我们讲到广告是人（目标人群）、货（广告主）、场（广告）的匹配，讲了不同的计费类型——CPT、CPM、CPC、CPD、CPA、CPS、oCPX 等，也讲了广告投放涉及的 3 个平台——SSP、ADX、DSP。铺垫了这么多基础知识，那到底广告投放的 ROI 如何计算呢？你先想想 ROI 会与什么因素相关。

小红：与成本和收益有关。成本又与渠道选择、广告计费、出价等有关系。

吴老师：很好。让 GPT 给一些全面的解释。

> **提问：** 广告投放的 ROI 如何计算？

广告投放的 ROI 是衡量广告成功与否的关键指标之一，它表示从广告投资中获得的回报相对于投资成本的比率。计算广告 ROI 的基本公式是：

$$ROI = (总收益 - 广告成本) / 广告成本 × 100\%$$

计算的步骤如下。

（1）计算总收益（Total Revenue）：这是指由于广告投放而直接产生的销售总额。有时候，如果数据可用，你可以考虑净利润，即扣除销售成本后的收益。

（2）确定广告成本（Advertising Cost）：这是指在特定广告活动上的总支出，包括媒体购买、创意制作、代理服务费用等。

（3）计算净收益（Net Profit）：从总收益中减去广告成本。

（4）计算 ROI：将净收益除以广告成本，得出的比率再乘以 100%。

例如，如果一家公司在广告上投入了 10000 元，并因此获得了 50000 元的销售收入，那么净收益是 40000 元（50000 元 – 10000 元）。这个广告活动的 ROI 将是：

$$ROI=40000\,元 / 10000\,元 \times 100\% = 400\%$$

这意味着，每投入 1 元，公司从广告中获得了 4 元的回报。

小红： 那不就是我们之前说的新用户获取公式吗？

吴老师： 但是有很多需要注意的地方。首先是 ROI 的计算口径，财务指标有多种不同的衡量方式，不同业务对 ROI 的定义也有差异。假如公司有 3 种收入口径，即直接毛利、毛利、经营利润，那么你可以定义 3 种 ROI。

- $ROI_{直接毛利}$ = 直接毛利 / 投放直接支出。
- $ROI_{毛利}$ = 毛利 / 投放直接支出。
- $ROI_{经营利润}$ = 经营利润 / 投放直接支出。

小红： 有没有可能"直接毛利"和"经营利润"差距很大呢？

吴老师： 有这个可能。比如，$ROI_{直接毛利} > 1$，可能 $ROI_{经营利润} < 1$。这就是为什么有的公司虽然考核指标是 $ROI_{直接毛利}$，但是要求 $ROI_{直接毛利} > 5$、$ROI_{直接毛利} > 10$，甚至 $ROI_{直接毛利} > 20$。

小红： 看来计算 ROI 时数据口径很重要。

吴老师： 除此之外，还有一个特别容易犯的错误，就是广告投放需要计算总收益 LTV。一般情况下，我们很难做到计算用户全生命周期的收入，会根据前 N 天的收入进行预估。这就涉及窗口期的概念，N 天就是这个窗口期。至于 N 是多少，我们要通过数据分析来确定。

吴老师继续： 如果窗口期设置得太长，虽然可以收集更多的数据，从而可能提高预估的准确性，但是这样得到的结果可能会因为反馈滞后而不利于快速决策。如果窗口期设置得太短，虽然可以快速得到数据和反馈，但是可能由于数据不足，无法准确反映客户的长期价值。

小红： 也就是说，广告投放需要预估 LTV。

吴老师： 是的。先把 LTV 算出来，才能定义 ROI 的目标。另外，还要注意一点，LTV 的计算应该从用户与广告的互动开始，具体来说，就是从用户点击广告的那一刻起算，因为这种互动是用户转化旅程的起点。例如，如果我们投放了一个电商广告，我们关注的是用户在点击广告后的 N 天内的购买行为和产生的收益。比如，游戏公司非常关注 ROI7，也就是 7 天内用户的消费总额：

$$满 7 日\,GMV_{ROI} = \frac{\sum_{N=0}^{7} t 日投放用户在第 t + N 日产生的 GMV}{t 日投放消耗}$$

小红： 假设我投放广告的成本是 100 元，前 3 天的收入分别是 20 元、18 元和 16 元，总共收回 54 元。如果根据这 3 天的收入预估的 LTV 为 400 元，那么 ROI 就是 400 元除以 100 元，等于 4。

吴老师： 这里有一张全链路示意图（见图 4-15），你看看。

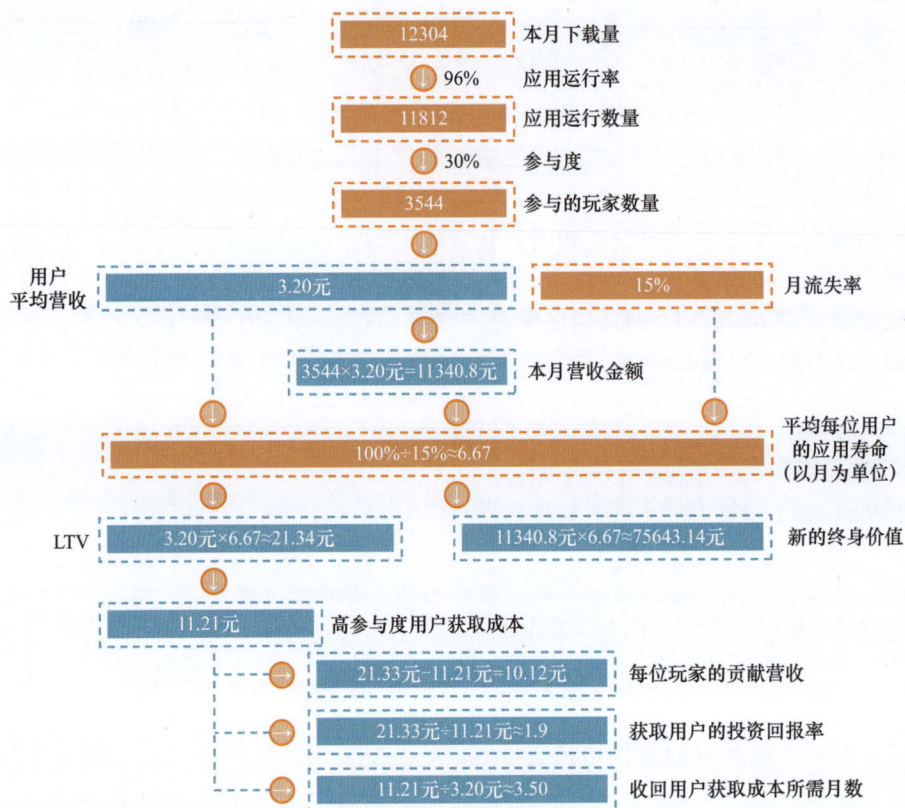

图 4-15

小红：从上面的"本月下载量→应用运行数量→参与的玩家数量"看，这是一个典型漏斗。中间部分是 LTV 的计算过程，"参与的玩家数量 × 用户平均营收 × 生命周期 = 每月全部下载用户的终身价值"。最下面，再通过 LTV 与 CAC 计算每个用户的贡献营收、获取用户的投资回报率、收回用户获取成本所需月数等。这里 LTV 是 21.33 元，CAC 是 11.21 元，于是 ROI = 1.9。

吴老师：你理解得非常正确，看来你已经学会了。

4.6 Aha 时刻：发现用户增长的关键点

注：Aha 时刻（Aha moment），也被称为惊喜时刻。

吴老师：说完了用户获取，我们再聊一聊用户激活。新用户激活是增长团队最容易找到机会的地方。

首先，新用户体验是一切的开始。

其次，新用户的注意力窗口期短、受干扰多。

再次，新用户的激活具有放大效应。

最后，新用户的激活可以提高市场预算的回报率。

小红：那新用户阶段怎么找到机会呀？

吴老师：每个产品都有其核心价值，对新用户来说，要体验到核心价值必须完成一些关键行为，而且是要快速地、无障碍地完成这些关键行为，新用户才能认识到产品的价值，进而留存。但不同类型产品需要完成的关键行为的次数有所不同，有的可能完成一次就能体验到产品的价值，比如电商类产品，用户完成一次下单即可；有的需要完成多次，比如抖音，可能要看几个视频，用户才会发现抖音平台推荐的都是自己喜欢看的。基于此，可以总结出新用户的留存公式，如图4-16所示。

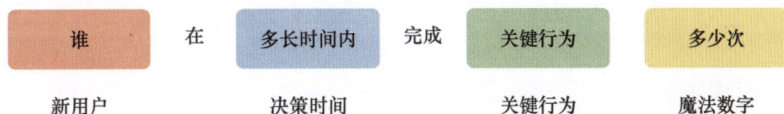

图 4-16

吴老师：一个用户下载并使用 App 是带着明确期望的，是有核心需求的，而且这个需求很直接，比如用户下载美团是为了订外卖，下载滴滴是为了打车。如果产品能很快、很直接地满足新用户的核心需求，达到他的期望，那么用户就会留下来。

吴老师：用户激活阶段需要找到用户的"Aha 时刻"，也就是用户第一次认识到产品的价值，从而脱口而出"啊！原来这个产品可以帮我做这个啊"的那个时刻。

> **提问**：什么是 Aha 时刻？

Aha 时刻是一个常用于产品管理和用户体验领域的术语，指的是用户在使用产品或服务的过程中突然理解其核心价值或功能的那一刻。这通常是一个启示性的瞬间，用户会感到惊喜、满足，甚至兴奋，因为他们发现了产品解决他们问题的有效方式或体验到了某种独特的价值。

在产品开发和市场营销中，识别并优化 Aha 时刻非常重要，因为这有助于提高用户的参与度、留存率和转化率。Aha 时刻通常被视为用户从初次尝试到成为忠实用户的转折点，因此，产品团队会努力为用户提供简洁直观的体验，确保用户能够快速而清晰地抓住产品的核心价值。

举个例子，对于一个音乐流媒体服务，用户的 Aha 时刻可能是他们第一次发现并播放了完美符合自己音乐品位的推荐歌单。这种体验可能会让用户意识到该服务能够为他们提供个性化的音乐选择，从而促使他们继续使用该服务并可能转变为付费用户。

小红：原来这就是所谓的 Aha 时刻。

吴老师：定义 Aha 时刻有 3 步。

（1）定义一个关键行为。

（2）要找到关键行为的完成者（人、设备、团队）。

（3）需要明确规定早期是指在多长时间内，并且在这段时间内用户需要完成多少次关键行为。

小红：那我怎么确认哪些是关键行为呀？

吴老师：确认关键行为有 3 个步骤（见图4-17）：提出备选行为、确定关键行为、找到魔法数字（Magic Number）。我们先说提出备选行为，提出备选行为有定性和定量两种方法。

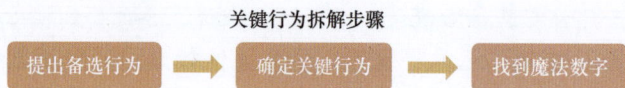

关键行为拆解步骤

提出备选行为 ➡ 确定关键行为 ➡ 找到魔法数字

图 4-17

小红：定性和定量方法怎么用？

吴老师：我们先说定性方法。首先明确产品的核心价值是什么。在此基础上，找出新用户在使用产品时，最快体验到核心价值的行为。我们可以提出一些问题，用好的问题引导思考。下面举几个例子。

- 关于注册后活跃的用户的问题：为什么他们留下来了？新用户时期，他们做了哪些动作？有哪些关键的体验？
- 关于注册后迅速离开的用户的问题：为什么他们会迅速离开？产品解决了他们的哪些痛点问题？
- 关于长期活跃用户的问题：为什么他们觉得产品有价值？

小红：明白了，提出好问题确实能启发思考。

吴老师点头：我们还可以通过用户调研，进一步提出备选行为。

小红：用户调研确实也能引发我们思考。那定量方法呢？

吴老师：通过分析留存用户和流失用户的差异化行为，找到留存用户的功能偏好和行为路径与流失用户有何区别，进而找到用户的核心诉求。

小红：也就是把用户分成留存和流失两部分，看哪些指标差距比较大？

吴老师：是的。从备选行为中，找到和用户长期留存正相关性最强的行为，这个行为可能就代表了用户的 Aha 时刻。具体分析可以通过比较不同行为群体的留存曲线进行。

小红：这是什么意思呢？

吴老师：首先，从图 4-18 中新用户在注册后的前 4 天内留存率的变化我们可以看到，留存率在这段时间内有显著下降，这意味着大部分用户流失都发生在这个阶段。因此，为了提高用户留存率，我们需要确保关键行为能够在这 4 天内发生。但实际上，为了尽快看到效果，我们通常会关注注册用户在首日内的关键行为。

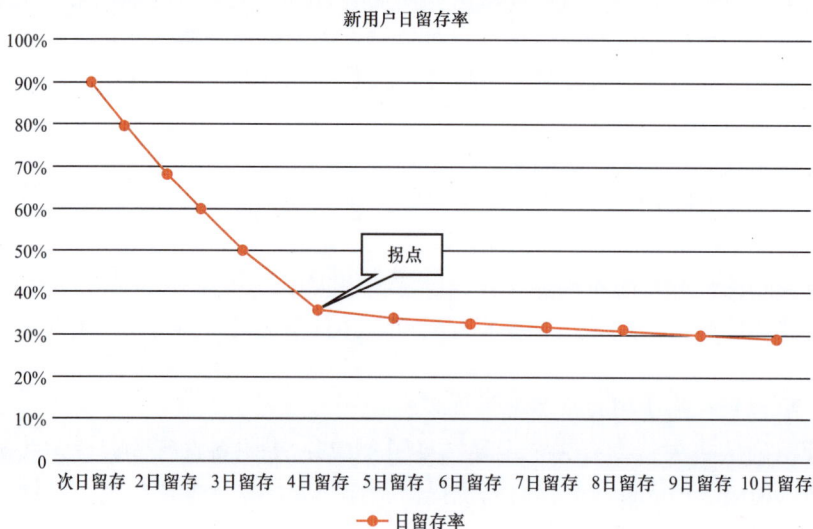

新用户日留存率

拐点

次日留存 2日留存 3日留存 4日留存 5日留存 6日留存 7日留存 8日留存 9日留存 10日留存

日留存率

图 4-18

吴老师继续：然后，我们看每个用户的关键行为与是否留存的相关性，选择相关性高的行为。

小红：我尝试理解一下，假如我们看注册当天的行为对留存的影响，如果注册当天用户点击某个按钮的行为和用户留存的相关性最强，这个就是我们的备选指标？

吴老师：你理解得很对。

小红：那什么是魔法数字？如何找到魔法数字呢？

> **提问**：假如你是互联网数据分析师，解释一下什么是魔法数字。

魔法数字是指在数据分析中具有特殊意义的数值，这些数值能够揭示业务的关键绩效指标或成为衡量成功的重要标准。它们通常代表了业务运营中的转折点或目标达成的关键水平，能够显著影响决策制定和业务战略。

在商业分析中，魔法数字可以帮助企业识别成功的模式、趋势或临界点，如转化率、客户留存率、平均订单价值等。例如，某电商平台发现，当用户数量达到100万时，平台的销售额开始大幅增长；某社交应用发现，当用户平均使用时长超过30分钟时，用户的留存率会显著提高。

吴老师：我们要找魔法数字，可以用留存下来的用户早期完成关键行为的次数画一个分布图，看哪个次数是临界点，也就是用户做了多少次之后，该关键行为对留存率的边际影响开始下降，这个次数就可以作为魔法数字的参考。时间窗口一般以首日、次日和首周居多，可以根据产品的实际情况决定。

小红：感觉有点儿抽象，能举一个例子吗？

吴老师：假如当日视频播放数与留存的关系是这样的（见图4-19），观看次数大于2次时，用户留存率的提升开始变慢，增长边际下降，所以可以确定2即魔法数字。

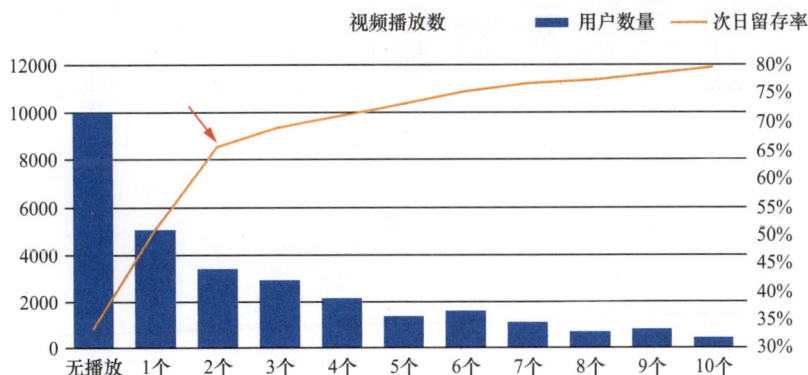

图 4-19

小红：哦，这个就是临界点。我总结一下就是魔法数字可以使用边际效应最大法，步骤如下。

（1）画出新用户首日（或某个周期内）关键行为次数的分布图。

（2）分析关键行为次数和次日留存率的关系。

（3）找到留存边际效益最大的点，对应的关键行为次数就是魔法数字。

吴老师：你的总结很好。你看看我们产品的关键指标是什么呢？

小红：好的，我们产品的备选指标是用户停留时长（见图4-20）、卡片曝光次数（见图4-21）、内容点击次数（见图4-22）。

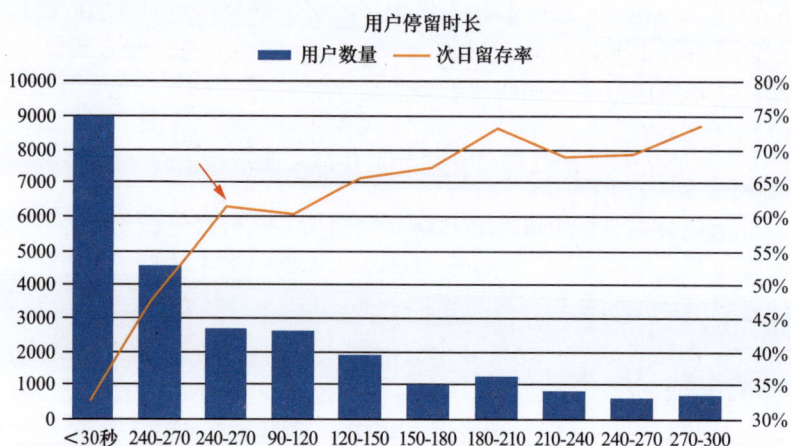

图 4-20

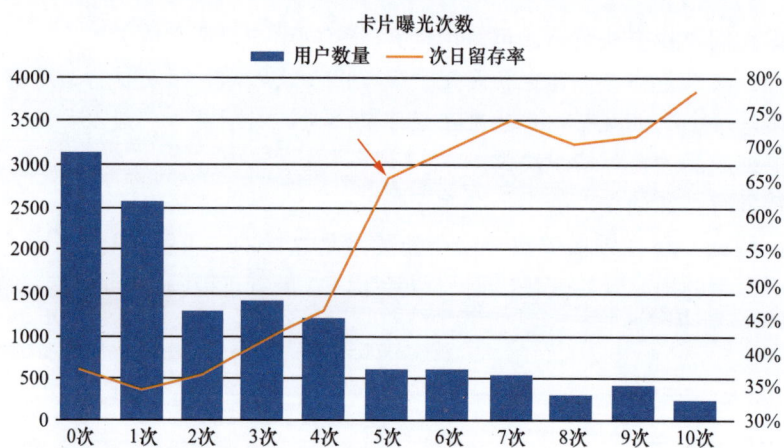

图 4-21

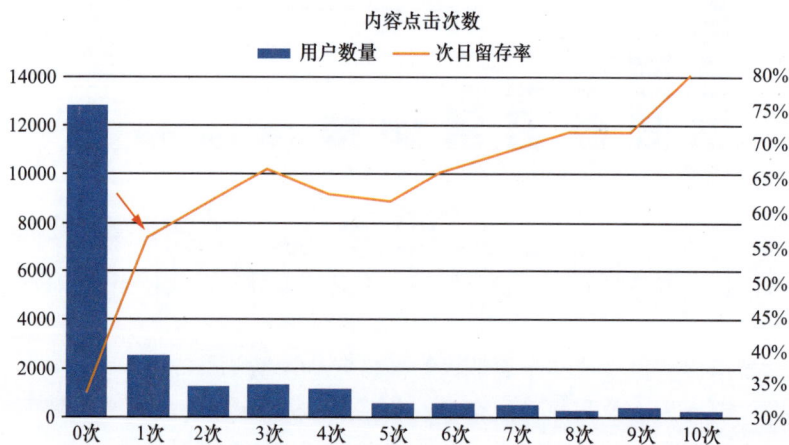

图 4-22

小红：我有个问题，如果多个行为都和用户留存有比较强的相关性，那怎么办呢？

吴老师：好问题，如果多个行为都和用户留存有比较强的正相关性，那就把焦点先集中到一个行为上。也就是说，可以看其中任意一个指标。找一个相关性最强，或者最容易在业务上做动作的指标。关键行为和 Aha 时刻与用户长期留存之间是相关关系，并不一定是因果关系。要通过设计增长实验，推动更多用户做出关键行为，同时监测这些用户的长期留存率以验证两者之间的因果性。如果留存率提升了，那就验证了因果性。

小红：明白了。那 GPT 大模型在这个过程中如何帮助我呢？

吴老师：我们可以使用 GPT 大模型的数据分析功能，或者把数据输入 GPT 大模型，让它计算相关性。我们后续遇到具体问题再详细讨论。

小红：好的，那我先去和业务人员讲一讲，定一个关键优化指标，尝试做一些动作。

吴老师：非常好，加油！

4.7　留存分析：提高用户忠诚度

小红给业务人员讲完 Aha 时刻，对方深受启发，马上做了几个业务动作。小红很开心，特别有成就感。

小红：这是我第一次主动提供数据和建议给业务人员呢。讲完了用户激活，再给我讲讲留存分析吧？

吴老师：好呀。我们都知道，净用户增长 = 新用户加入 - 老用户流失，提升留存率正是减少老用户流失最重要的手段。所谓"得留存者得天下"，留存的强大之处在于其复利效应，开始时微小的留存率差别可能意味着一段时间后巨大的用户数差别。

小红：我们有什么好方法吗？

吴老师：我们可以使用同期群（Cohort Analysis）分析，以日为单位绘制留存曲线，找到用户的天然使用周期。同期群是把同一时期加入的用户放在一起，横向追踪他们在接下来几个月、一年的时间里，是不是还持续使用这个产品，有多少用户流失了，在什么时间流失了，从而了解用户随时间变化的留存情况。找一个较长的时间段，比如 60 天，然后找到一组至少进行了关键行为两次的用户，观察大部分用户进行两次关键行为的时间间隔是多少，这就是用户的天然使用周期。

小红：我可以先分析一下"天然使用周期"，说不定业务人员会很感兴趣。

> 提问：假如你是一名资深的数据分析师，正在做用户增长，请你解释同期群分析的概念，它在留存分析中如何应用，并举一个应用的案例。

作为一名资深的数据分析师，我会这样解释同期群分析的概念，并说明它在留存分析中的应用。

同期群分析是一种分析方法，它将用户分成根据某些共同特征或经历（如注册时间、首次购买时间等）定义的群组，这些群组被称为同期群。通过比较不同同期群在随后的时间里的行为或表现，我们可以发现用户行为的模式和趋势，从而对产品、服务或市场策略做出更有针对性的优化。

在留存分析中，同期群分析尤其有用，因为它可以帮助我们理解不同用户群体随时间的留存变化情况。通过跟踪同一同期群的用户在一段时间内的留存情况，我们可以评估产品改进、功能更新或市场活动对用户留存的影响，从而制定更有效的用户增长策略。

假设我正在分析一款移动应用的用户增长情况，特别关注新用户的留存率。我会这样应用同期群分析。

（1）定义同期群：将用户按照他们注册应用的周划分成不同的同期群，比如2023年第1周注册的用户为一组，第2周注册的用户为另一组，以此类推。

（2）跟踪留存率：对每个同期群，我会跟踪他们在注册后的第1天、第7天、第14天和第30天的留存率。

（3）分析留存趋势：通过比较不同同期群在相同时间点的留存率，我可以观察到留存率的变化趋势，比如是否有特定周注册的用户群体表现出更高的留存率。

（4）识别影响因素：如果发现某个同期群的留存率异常高，我会进一步分析该周发生的事件，比如是否有新功能上线、特殊的市场活动或外部事件，以此来找出可能影响留存的因素。

（5）制定策略：根据分析结果，我会向产品团队和营销团队提出建议，比如优化特定功能、调整用户引导流程或复制成功的市场活动，以提高新用户的留存率，进而促进用户增长。

小红：原来同期群分析就是根据某些共同特征或经历（如注册时间、首次购买时间等）将用户定义为不同的群组（同期群），再比较不同同期群在之后的时间里的行为或表现。

吴老师：留存矩阵通过行和列的交叉点来显示特定同期群（比如按注册月份分组的用户）在之后的时间段内的留存情况（见图4-23）。具体来说，留存矩阵的行代表不同的同期群，例如，每一行可以代表某一天的新注册用户群组。留存矩阵的列代表时间间隔，例如，第一列可以表示用户注册后的第2天的留存率，第二列表示第3天的留存率，依此类推。单元格中的值表示特定同期群在特定时间间隔后的留存率，例如，某个单元格的值为30%，表示该同期群在对应的时间间隔内有30%的用户仍然活跃。

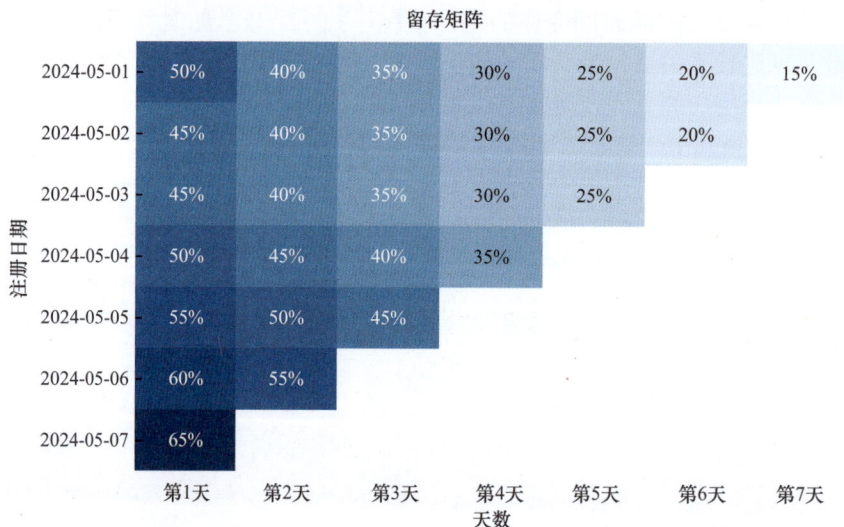

留存矩阵

注册日期	第1天	第2天	第3天	第4天	第5天	第6天	第7天
2024-05-01	50%	40%	35%	30%	25%	20%	15%
2024-05-02	45%	40%	35%	30%	25%	20%	
2024-05-03	45%	40%	35%	30%	25%		
2024-05-04	50%	45%	40%	35%			
2024-05-05	55%	50%	45%				
2024-05-06	60%	55%					
2024-05-07	65%						

天数

图4-23

小红：这个方法真好。

吴老师：使用留存矩阵可以横向观察同一批用户随时间变化的留存情况，这样能看出他们的留存趋势。也可以纵向对比不同时间段的用户群体，看看是否需要改善留存策略。

小红：能具体说说吗？

吴老师：具体来说，横向分析是指在留存矩阵中固定选择一个用户群体（例如，某月新注册的用户），随时间观察这一批用户的留存率变化。这样做可以帮助我们理解特定用户群体随时间的留存趋势，看看用户流失的速度有多快，以及什么时候留存率开始趋于稳定。

小红：横向观察同一群体的留存曲线。

吴老师：纵向分析则是观察在不同时间点（如不同月份）加入的用户群体的留存率，比较它们在相同的相对时间点（比如加入后的第 1 天、第 7 天、第 30 天）的留存情况。通过纵向分析，我们可以评估不同时间段内用户留存情况的变化，从而判断出是否有某些外部因素或内部改进措施影响了用户的留存。

小红：纵向对比不同时期群体的留存曲线。

吴老师：还可以根据用户的流量来源、用户特征以及用户行为等维度，对用户进行分组分析。

小红：流量来源之前讲过了，用户特征我也能理解，根据用户行为进行分组分析是什么意思呢？

吴老师：根据用户行为来分组，就是根据用户在产品中的具体行为模式来分类。例如，可以将经常使用某一功能的用户作为一个群体，将只使用过一两次的用户作为另一个群体。不同的使用行为反映了用户对产品的不同使用习惯和偏好，对这些细分的群体进行留存分析，可以帮助我们更精确地定位问题和机会。

小红：原来如此。

吴老师：其实，提升留存率最有效的方法是提升用户的参与度。用户留存率代表总体情况，是衡量有"多少"活跃用户的指标。而用户参与度更关注个体的参与程度，是衡量用户有"多么活跃"的指标。

> **提问**：假如你是一名资深的互联网数据分析师，正在做用户增长，有什么有效方法可以提升用户的参与度？

提升用户参与度是用户增长策略中的一个重要方面。以下是一些有效的方法。

（1）个性化推荐：利用用户的历史行为数据，通过算法推荐用户可能感兴趣的内容或产品，提升用户的参与度和满意度。

（2）优化用户体验：确保应用或网站的界面设计直观易用，加载速度快，提供顺畅的用户体验，减少用户流失。

（3）社交互动：鼓励用户在平台上进行社交互动，如评论、分享、点赞等，提升用户参与度，同时也能增加内容的传播范围。

（4）定期更新内容：定期更新有趣和相关的内容，保持用户的兴趣和好奇心，促使他们反复访问。

（5）奖励机制：设计一些奖励机制，比如积分系统、徽章、排行榜等，激励用户参与和贡献内容。

（6）推送通知：合理使用推送通知，提醒用户查看新内容或参与活动，但要避免过度打扰，以免引起用户反感。

（7）用户反馈：鼓励用户提供反馈，并根据反馈优化产品，让用户感受到他们的意见被重视，从而增强参与感。

（8）利用数据分析：持续跟踪和分析用户行为数据，了解用户的偏好和行为模式，以便更精准地进行用户参与策略的调整。

吴老师：除了这些，持续引导用户正确使用产品、提升使用频率、使用多个客户端、主动介绍新功能等，可以提升用户留存率。另外我有一个经验是，增加用户使用不同功能的数量，留存率也会大大提升。你可以分析一下数据，看看哪些功能用户最感兴趣。引导用户用不同的功能，那么用户使用产品的时长和留存率都会增加。

小红：这些分析业务人员一定会很关注。留存分析首先要基于同期群分析画出留存矩阵，横向观察同一群体的留存曲线，纵向对比不同时期群体的留存曲线。通过用户行为对用户群体进行分析，核心是要提升用户的参与度。我要赶紧去计算用户的"天然使用周期"，以及对用户行为分群做功能使用方面的分析。

吴老师：看来你都学会了。

4.8 RFM 模型：细分用户群体

小红：业务人员今天提到想对用户进行分层运营，问我能不能从数据角度出个方案。您之前在留存分析中提到过用户行为分析，我就根据这个思路做了一些分析，跟他讨论了一下。他希望我能提出一套系统化的分层方法，这样我们就能针对不同层级的用户制定不同的策略。

注：RFM 模型是一种用于分析客户价值和客户细分的模型，由 3 个关键指标组成，即 R（Recency，最近一次消费时间）、F（Frequency，消费频率）和 M（Monetary，消费金额）。这些指标可以帮助企业了解客户的购买行为，从而制定更有效的市场营销策略。

吴老师：那我们可以使用 RFM 模型。

> **提问**：解释什么是 RFM 模型。要求：从 3 个维度分别进行解释，给出一个互联网行业的案例，以及如何借助 ChatGPT 进行分析。

RFM 模型解释

RFM 模型是一种用于分析客户价值和客户细分的方法，主要用于数据库营销和客户关系管理。R、F、M 代表 3 个维度。

（1）Recency（R），最近一次消费时间。指客户最近一次购买或与品牌互动的时间。最近一次消费时间越短，表示客户越活跃，对品牌的忠诚度越高。

（2）Frequency（F），消费频率。指客户在一定时间内购买或互动的次数。消费频率越高，表示客户越忠诚，对品牌的依赖度越大。

（3）Monetary（M），消费金额。指客户在一定时间内为品牌带来的总收入。消费金额越高，表示客户的价值越大。

互联网行业案例

假设一个电子商务网站想要通过 RFM 模型分析其客户群体。他们可以将客户根据最近一次购物时间、购物频率和购物总金额进行细分，从而识别出高价值客户、潜在流失客户和需要激活的低活跃度客户。例如，最近一次购物时间短、购物频率高、购物总金额大的客户可以被视为"VIP 客户"，网站可以针对这部分客户提供特别优惠或定制服务以提高其忠诚度。

借助 ChatGPT 进行 RFM 分析

（1）数据准备。需要准备包含客户 ID、最近一次购物时间、购物频率和购物总金额的数据。

（2）计算 R、F、M 分值。使用 ChatGPT，可以编写脚本来计算每个客户的 R、F、M 分值。例如，可以将最近一次购物时间转换为距今天数（Recency），直接使用购物频率（Frequency）和购物总金额（Monetary）作为 F 和 M 分值。

（3）客户细分。根据 R、F、M 分值，可以将客户分为不同的细分群体。可以询问 ChatGPT 如何根据业务需求和数据特点进行合理的细分。

（4）制定策略。根据不同细分群体的特点，可以询问 ChatGPT 如何针对不同群体制定相应的营销策略或客户关系管理策略。

（5）执行和评估。实施相应策略后，可以继续使用 ChatGPT 来分析策略执行的效果，如客户细分的变化、销售额的提升等，并根据分析结果调整策略。

吴老师：GPT 解释得非常清晰。可以将 R、F、M 3 个维度的数据分为高低两类，从而把用户划分为 2^3——8 类。

小红：我有个问题，为什么是分成高低两类？每个维度分成 3 类行不行？最终分成 3^3=27 类用户，这样不就更精细了吗？

吴老师：这个问题非常好。其实这当然也没问题，但是我们能不能给出 27 种不同的运营方案呢？如果给不出，那这么精细地划分就没有意义。其实多少个群体不重要，最重要的是每一个群体都要有个性化的运营策略。这是一张经典的 RFM 客户细分的模型图（见图 4-24），R、F、M 的分值构成了一个三维的立方图。在各自的维度上，分值分成了高、低两类。我们用 2 表示高分值，用 1 表示低分值。最终，3 个指标组合构成了八大运营群体，每个群体的客户类型不一样，运营策略也就不一样。

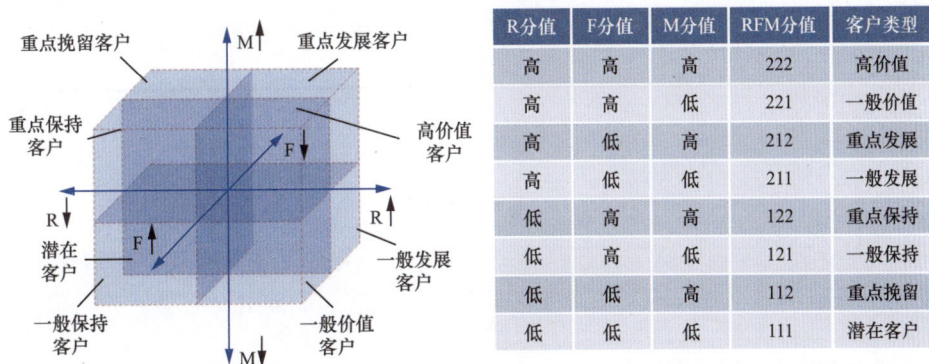

R分值	F分值	M分值	RFM分值	客户类型
高	高	高	222	高价值
高	高	低	221	一般价值
高	低	高	212	重点发展
高	低	低	211	一般发展
低	高	高	122	重点保持
低	高	低	121	一般保持
低	低	高	112	重点挽留
低	低	低	111	潜在客户

图 4-24

小红： 原来如此，主要应考虑运营策略的落地。

吴老师： 我们可以按照 GPT 的解释先把数据准备好。

> **提问：** 假如你是互联网信息流业务人员，正在应用 RFM 模型对用户进行分层，分层指标如何选择？

在互联网信息流业务中应用 RFM 模型对用户进行分层时，可以根据业务特点和数据可用性选择合适的分层指标。以下是一些建议。

1．Recency（R），最近一次活跃时间

- 在信息流业务中，活跃时间可以指用户最近一次浏览、点赞、评论或分享内容的时间。
- 可以按天数计算，例如，用户最近一次活跃是在 7 天内、30 天内、60 天内等。

2．Frequency（F），活跃频率

- 活跃频率可以指用户在一定时间（如过去 30 天）内浏览内容的次数、点赞的次数、评论的次数等。
- 可以根据业务重点选择合适的活动类型作为频率指标。

3．Monetary（M），价值贡献

- 信息流业务中可能没有直接的消费金额，但可以用其他指标来代表用户的价值贡献，如广告点击率、内容分享次数、引导的新用户数等。
- 可以选择与业务收入密切相关的指标作为价值贡献的衡量标准。

分层指标选择示例如下。

- Recency（R）：根据用户最近一次浏览内容的时间，将用户分为"7 天内活跃""30 天内活跃""60 天内活跃"等层级。
- Frequency（F）：根据用户在过去 30 天内的浏览次数，将用户分为"高频活跃"（如每天浏览超过 5 次）、"中频活跃"（每天浏览 1 ~ 5 次）、"低频活跃"（每天浏览少于 1 次）等层级。
- Monetary（M）：根据用户的广告点击率，将用户分为"高价值"（点击率超过平均水平）、"中价值"（点击率接近平均水平）、"低价值"（点击率低于平均水平）等层级。

根据上述指标，可以将用户细分为不同的层级，例如"7 天内高频高价值用户""30 天内中频中价值用户"等，然后针对不同层级的用户制定相应的运营策略和内容推荐策略，以提升用户活跃度和业务收入。

小红： 看完解释，我有两个问题。第一个问题是，R 和 F 的含义我都很清楚了，但对于 M 我们应该选择哪个指标呢？第二个问题是，我们怎么确定 R、F、M 分值高低两类的分界值？

吴老师： 这两个问题非常好。M 可以用广告点击率作为指标，因为点击率高的用户贡献的广告收入多。第二个问题可以先问问 GPT。

> **提问：** 确定 R、F、M 分值高低两类的分界值，有什么方法？

确定 RFM 模型中高低两类的分界值是一个关键步骤，可以根据业务需求和数据特征采取不同的方法。

1．业务逻辑决定

根据业务经验和目标，直接设定合理的阈值。例如，如果一个电商平台认为过去 30 天内至少购买 3 次的用户是高频用户，那么可以将活跃频率的分界值设为 3。

2．数据分布分析

观察 RFM 指标的数据分布，根据分布特征确定分界值。例如，可以将频率的中位数或平均值作为分界值，将用户分为高低两组。

3．分位数法

使用数据的分位数（如四分位数）来确定分界值。例如，将用户的活跃频率按从低到高排序后，取 75 分位数作为高频和低频的分界值。

4．聚类分析

使用聚类算法（如 k-means）对用户进行分群，然后根据聚类结果确定分界值。这种方法可以自动发现数据中的结构，但需要事先确定聚类的数量。

5．基于目标的方法

根据业务目标（如最大化转化率、收入等）来确定分界值。可以使用数据分析方法（如回归分析）来找出最优的分界值。

6．历史对比

如果有历史数据，可以参考过去的分界值，结合当前业务情况进行调整。

在实际应用中，可能需要结合多种方法并进行测试，以找到最合适的分界值。确定分界值后，应定期回顾并根据业务发展和数据变化进行调整。

小红： 哇，有这么多方法，我都不知道用哪种了。

吴老师： 优先听取业务人员的意见，因为 RFM 本身就是根据产品特点进行运营的方法。从数据的角度，比较常用的是平均值和中位数。

吴老师在纸上画了一张图（见图 4-25）。

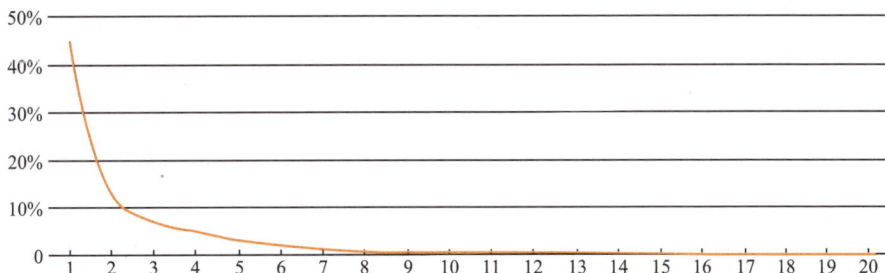

图 4-25

吴老师： 但是，如果用户登录频次是这样分布的，60% 都是仅登录了一两次的用户，这时平均值和中位数就不合适了，需要使用分位数。常用的是二八原则，即 20% 的用户贡献了 80% 的收入。再有就是做 k-means 聚类分析，这个我们后面遇到再讲。

小红：好的。那我这就按照分位数算一下。

吴老师：另外，要注意 RFM 模型是有滞后性的，比如，在"双 11"或者"618"大促的时候，我买了很多东西，之后一段时间内就不想再买任何东西了，但 RFM 模型是不会考虑这些的。

小红：明白。

吴老师：我考一考你学会了没有。运营人员打算按 RFM 对创作者分层。如果你是他，你会怎么做创作者分层？

小红：让我想一想。R 是指最后一次发帖时间，F 是最近一个月的发帖数量，M 可以是精华帖子的数量。比如，对于那些很久没发帖但以前写过很好帖子的用户（R 高、F 低、M 高），可以向他们发送召回信息，鼓励他们再次发帖，并提供奖励。而对于那些经常发帖但帖子质量不高的用户（R 低、F 高、M 低），可以向他们提供写作指导，鼓励他们提高帖子质量，并给出奖励。

吴老师：看来你已经都掌握了。

4.9 用户画像分析：构建全面的用户视图

小红：今天业务人员问我产品的用户有哪些特点，比如年龄多大、都是做什么工作的，这些都是用户画像需要的信息。我想系统学一学用户画像的相关知识。

> **提问**：详细介绍一下什么是用户画像，以及用户画像在数据分析中的应用。

用户画像，就像是给用户拍一张照片，通过这张照片我们可以了解用户的各种特征和喜好。具体来说，用户画像是根据用户的行为数据、社交数据、交易数据等，综合分析得出的一组标签化的用户特征描述。这些特征可以包括年龄、性别、职业、兴趣爱好、消费习惯等。

在数据分析中，用户画像有很多应用。

（1）个性化推荐：通过用户画像，可以了解用户的喜好，从而推荐他们感兴趣的产品或内容。比如，如果知道一个用户喜欢看科幻小说，那么就可以向他推荐相关的图书或电影。

（2）精准营销：利用用户画像，可以对不同特征的用户进行细分，实现精准营销。例如，对喜欢运动的用户群体推广运动装备，对关注健康的用户推送健康饮食信息。

（3）风险控制：在金融领域，通过分析用户的消费行为、信用记录等信息，构建用户画像，以评估用户的信用风险，防止欺诈行为。

（4）用户留存与流失预测：通过分析用户画像中的行为特征，可以预测哪些用户可能会流失，从而采取措施提高用户留存率。

（5）产品优化：通过分析不同用户群体的使用习惯和反馈，可以针对性地对产品进行优化，提升用户体验。

小红：看解释，一组标签化的用户特征描述就是用户画像。

吴老师：用户画像是基于你在互联网上留下的种种数据生成的。这些数据是在你知情或者不知情的情况下收集的，对这些数据进行加工，可以得到一个能刻画出你是什么样人的标签组。

吴老师：用户画像标签大致分为两类。一类是静态标签，也叫属性标签，包括你的基本信息，比如性别、年龄、常住地、婚姻状况、是否有孩子等，这类信息可能一个月甚至半年才会采集一次。另一类是动态标签，可以反映你的行为，比如你常用的 App、浏览过哪些内容等，这些信息需要每天进行采集。

> **提问**：用户画像分为静态标签和动态标签，它们各自包括哪些信息？请列举。

用户画像中的静态标签和动态标签包含的信息如下。

静态标签（属性标签）

（1）基本信息：性别、年龄、出生日期、民族等。

（2）地理信息：居住地、籍贯、常住地等。

（3）社会属性：职业、学历、婚姻状况、家庭状况（是否有孩子）、收入水平等。

（4）兴趣偏好：喜欢的音乐类型、电影类型、书籍类型等（虽然这部分有时也可以视为动态标签，但通常情况下，人们的兴趣爱好变化不会太频繁）。

动态标签（行为标签）

（1）浏览行为：访问过哪些网站、浏览过哪些内容、停留时间、点击次数等。

（2）购买行为：购买过哪些产品、购买频率、购买金额、购买时间等。

（3）社交行为：在社交平台上的活跃度、发表的内容、互动的对象、关注的人数等。

（4）使用习惯：常用的 App、使用频率、使用时段、使用设备等。

（5）搜索行为：搜索过哪些关键词、搜索频率、搜索结果的点击情况等。

需要注意的是，具体的标签信息可能会根据不同的业务场景和分析目的而有所不同。

吴老师：我们再看看业内通用的用户画像标签体系都有什么。

吴老师打开了一张图片（见图 4-26）。

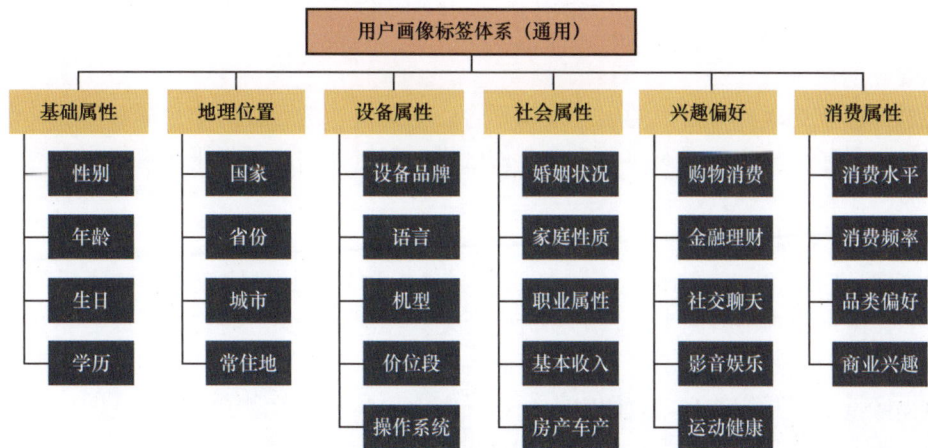

图 4-26

小红：我怎么才能获取所有用户画像标签呢？

吴老师：肯定不可能获取所有用户画像标签。我们收集到部分用户的信息后，称这部分用户为种子用户，通过算法计算这些用户的相似性，再依据他们的共同点给所有用户都附上标签。

小红：种子用户具体是什么意思？我问问 GPT。

> **提问**：什么是算法中的种子用户？

在算法中，种子用户通常是指在进行社交网络分析、推荐系统、影响力最大化等算法运算时，作为初始输入的一组用户。这些用户被认为是具有代表性或关键性的，他们的行为或属性可以影响算法的输出结果。

例如，在社交网络中进行传播模型的研究时，种子用户可以是最初被选定来传播信息的用户群体；在推荐系统中，种子用户可能是用来训练模型的一组具有典型特征的用户；在影响力最大化问题中，种子用户是被选定来最大化信息传播范围的一组用户。

吴老师：比如，用户提交信息之后，我就可以知道他的性别、年龄、常住地等大量信息。寻找其他填写过信息的用户，寻找两者的相似性，例如 A 用户与 B 用户安装和使用的 App 很相似，那大概率 A 用户与 B 用户是一类用户，可能年龄、性别也一样。所以这个时候，我就会用算法给他们"打"一个标签。

小红：那提交了自己信息的用户越多，准确率就越高。

吴老师：是的，种子用户越多，算法能力越强，整个用户标签体系也就越完整，内容准确度也就越高。所以一般收集用户画像的流程都是先收集部分用户的数据，然后进行分群，用算法进行标签预测，再叠加一些算法策略进行分析。

小红：叠加算法策略又是什么呢？

吴老师：举个例子，比如说安装了"美柚"App 的用户大概率是女性。叠加一些这样的策略，我们的算法模型可以不停地进行优化和迭代，最终得到较为准确的用户画像。

小红：用户的一些属性信息是我们要预测的，但用户的行为信息我们可以直接收集到，对吧？

吴老师：对，动态标签是直接收集的，不需要预测。这也是静态标签和动态标签的一个区别。

小红：明白了。

吴老师：我们现在有自己的用户画像平台，只需要勾选相关的用户群和属性，就可以得到用户画像了。如果你要对比两组用户的区别，可以在用户画像平台直接进行对比，这里还涉及一个概念——TGI。

小红：TGI 是什么意思？

吴老师：TGI（Target Group Index，目标群体指数）是我们比较人群时最常用的工具之一。TGI 是一种市场研究工具，用于衡量特定目标群体在某一特定行为或特征上的集中度或倾向性，TGI 越高，表示这方面的倾向就越明显，如果我们的产品在某一方面高出市场大盘很多，说明我们就有这方面的特征。我们让大模型举个例子。

> **提问**：TGI 是什么意思？举一个例子。

TGI 是一种市场研究工具，用于衡量特定目标群体在某一特定行为或特征上的集中度或倾向性。它通常用于广告和媒体规划，帮助营销人员了解不同目标群体的消费习惯、媒体使用行为和品牌偏好。

TGI 计算公式为：

$$TGI=\left(\frac{目标群体中表现出某一特定行为的比例}{总体中表现出该行为的比例}\right)\times100$$

举个例子：假设我们想了解年轻女性（18～24 岁）对健康食品的偏好程度。通过市场调研，我们发现在年轻女性中，有 30% 的人经常购买健康食品；而在总体人群中，只有 20% 的人这样做。那么，年轻女性对健康食品的 TGI 为：

$$TGI=\left(\frac{30\%}{20\%}\right)\times100=150$$

这个 TGI 值表明，与总体人群相比，年轻女性购买健康食品的倾向性高出 50%。营销人员可以利用这一信息，针对这个目标群体制定更有针对性的营销策略。

小红兴奋地说：这可真是一个好工具，感觉业务人员给我留的"作业"有头绪了。

吴老师：除了真实的用户画像、用 TGI 对比大盘，你还需要在此基础上总结出我们产品的"真实用户的虚拟代表"。

小红：这又是什么意思呢？

吴老师：真实用户的虚拟代表是一种将用户的真实特征抽象化、数字化的表示方式。比如，男性，25 岁，大学毕业，在广东上班，工作地点是写字楼，收入中等，闲暇时间喜欢在家里打游戏或刷科技类的短视频。这就是一个典型的真实用户的虚拟代表。我们再让 GPT 举个例子。

> **提问**：根据用户画像、TGI 等信息，解释什么是真实用户的虚拟代表，举一个例子。

真实用户的虚拟代表是指通过分析用户画像、TGI 等信息，构建出的一个模型或档案，用以代表和模拟一个真实用户在数字环境中的行为和特征。这个虚拟代表通常包含用户的基本属性（如年龄、性别、职业等）、兴趣偏好、消费习惯、媒体使用行为等多维度的信息。

举个例子：假设我们有一个用户小明，他是一位 25 岁的男性，工作于 IT 行业，对科技产品和旅游有浓厚的兴趣。通过对小明过去的购物记录、浏览历史和社交媒体活动的分析，我们发现他经常购买最新的电子产品，喜欢阅读科技资讯，并且经常关注与旅游相关的内容。此外，通过 TGI 分析，我们发现与总体人群相比，像小明这样的用户群体在购买科技产品和旅游服务方面的倾向性更高。

因此，我们可以构建一个虚拟代表来描述小明的用户画像，包括他的基本信息、对科技产品和旅游的偏好、购买行为等。这个虚拟代表可以帮助营销人员更准确地理解像小明这样的用户群体，从而制定更有效的营销策略，例如向他推荐最新的电子产品或旅游目的地。

小红：我明白了，我需要根据用户画像进行 TGI 的比较，最后得出一个真实用户的虚拟代表。

吴老师：真实用户的虚拟代表虽然不能表示全部用户的特点，但是可以概括多数用户的特征，让我们的脑海里面浮现出这个产品背后的人群特征。比如，你就可以这么描述：女性，22岁，居住在北京，经济条件良好，喜欢潮流的事物，闲暇时间喜欢逛街、购物，热衷于拍摄和分享生活类短视频，经常浏览时尚和美妆类内容，活跃于晚上和周末，经常与好友互动。

小红：真的好有画面感呀。

吴老师：用户标签和用户画像是数据分析中的重要工具，它们通过收集和分析用户的行为数据，将用户划分为不同的群体，从而帮助企业更好地了解自己的用户，提供更加个性化的服务。但是，当我们将这些概念应用到个人生活中时，我们会发现，标签不仅仅是数据分析中的工具，还反映了社会对我们的期望和评价。

小红：这是什么意思呢？

吴老师：生活中，我们每个人都会被"贴"上各种标签，有的是积极的，比如"励志""成功""优秀"，但也有消极的，像"懒惰""失败""平庸"。这些标签很多时候会成为我们身份的一部分，甚至影响我们的自我认知和行为。比如，一个被"贴"上"懒惰"标签的人可能会因为这个标签而放弃努力，而一个被"贴"上"成功"标签的人则可能会因为这个标签而更加努力。

小红：是啊，就像如果别人总说我丑，我可能慢慢就真的觉得自己不好看了。

吴老师：但你要知道，标签并不是刻在石头上的，它们可以随着我们的努力而改变。就像在数据分析中，用户的行为数据会随着时间变化一样，我们生活中的标签也会因为我们的行动和努力而发生变化。比如，有人通过努力减肥成功，他的标签可能就从"胖"变成了"励志"。

吴老师：在这个过程中，数据分析的思维方式对我们也有很大的启发。它教会我们如何通过收集和分析自己的行为数据来了解自己的优势和劣势，如何制定合理的目标和计划，以及如何通过不断的迭代和优化来达成目标。这种思维方式不仅适用于职场和学习，也适用于我们每一个人的生活和自我成长。

小红：哇，原来数据思维方式还可以这样用，数据思维真是太重要了！

4.10　数据思维：掌控工作节奏

吴老师：我之前给你讲过建立知识体系，其中非常重要的环节就是刻意练习，刻意练习的一个关键要素就是有效的时间和精力管理。时间和精力是我们最宝贵的资源，学会管理它们对实现目标来说至关重要。这不仅能帮助我们更高效地完成任务，提高生产力，还能减少压力，留出更多时间来享受生活。在讲之前，我先给你讲讲人脑的思考系统，让你更好地理解如何管理时间和精力。诺贝尔经济学奖得主，丹尼尔·卡尼曼在《思考，快与慢》里面提出了一个著名的观点，就是大脑有快系统和慢系统两套系统。

吴老师继续：你看这张图（见图4-27）。快系统，也就是系统1，它是一个直觉系统，负责我们的直觉反应，比如你看到某人的一个表情，几乎立刻就能感受到那个人的情绪。这种系统不需要我们投入太多的注意力，它基于经验和本能运作。慢系统，也就是系统2，它是你深思熟虑后才做出反应的系统，涉及更为复杂的思考过程，比如解决数学问题或者做重要决策。这个系统需要我们集中注意力，进行逻辑推理和深度分析。由于这种过程需要消耗更多的脑力资源，所以我们在使用慢系统时往往会感到疲惫。

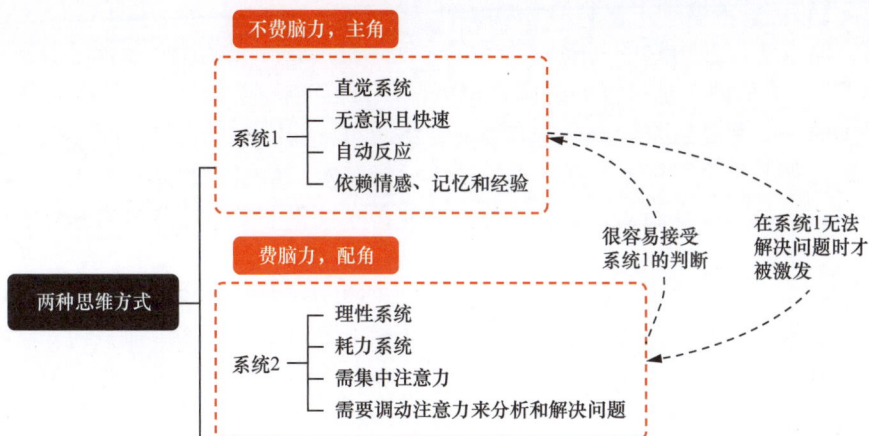

图 4-27

小红：那我们在日常生活中，是不是应该尽量多使用慢系统呢？我想这样应该能做出更理智的决策。

吴老师：这是一个好问题，两个系统各有其优势和适用场景。过度依赖慢系统可能会导致决策疲劳，影响我们的效率和幸福感。关键是要学会如何根据不同的情况平衡这两个系统的使用。这两个系统运行良好的时候是这样的（见图 4-28）。慢系统通过刻意练习把新的习惯注入快系统，这样快系统就可以在日常生活中完成大部分的工作，从而为慢系统节省出精力，这又让慢系统可以进一步通过刻意练习向快系统不断注入更多的新习惯，这就形成了良性循环。

小红：那运行得不好是什么样的呢？

吴老师：运行得不好的时候就是这样（见图 4-29），在需要使用慢系统进行深入思考的时候，快系统经常"跑"进来打扰，这就导致慢系统的思考深度不够，这样一来慢系统就无法刻意练习以养成新习惯并注入快系统，这又导致慢系统要经常反过来帮助快系统做日常决策，这就进一步造成了精力的消耗，无法建立更多的好习惯，形成了恶性循环。

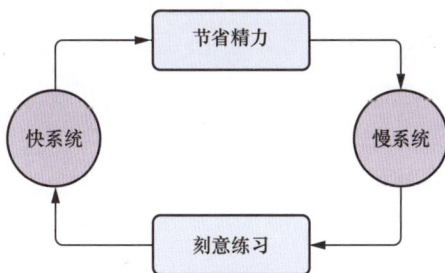

图 4-28

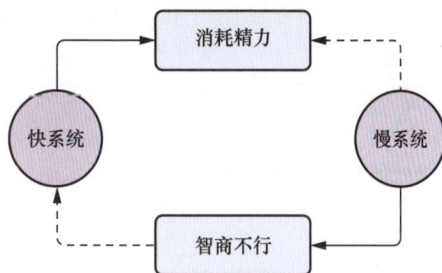

图 4-29

小红：我深有体会。我想改掉拖延的坏习惯。我看了不少书，但都是走马观花，没有深度阅读和刻意练习，所以没形成习惯，我现在甚至觉得自己啥都做不好。我知道光看书不行，可怎么改呢？

吴老师：你能意识到这点很好。想改掉拖延的坏习惯就要把学到的用于行动，刻意练习形成新习惯。可以从小事开始，比如设定简单目标。番茄工作法不错，挑一个任务，设一个 25 分钟的闹钟，其间专注于任务别分心，25 分钟后休息 5 分钟。从每天一个这样的"番茄钟"开始，逐渐增加，找到适合自己的节奏。

小红：原来就是25分钟的间隔+5分钟的中间休息，4个"番茄钟"后休息15～30分钟。

吴老师："番茄钟"是很好的时间管理方法，做好时间管理之后，你会发现有时候能挤出额外的时间。另外还有一个非常有效的方法叫第一性原理，它能帮助我们找到最关键的事情。就好像北极星指标就是那个能反映企业最基本、最核心的商业模式的指标，第一性原理可以让我们回归事物最基本的条件，将其拆分成各个要素进行解构分析，从而找到实现目标的最优路径。

吴老师：第一性原理是一种思考方式，要求我们回到问题最基本的事实，并从此处出发寻找解决方案。马斯克在特斯拉电动车的研发上也用到了第一性原理。当时，面临电池成本高的问题，他运用第一性原理的思维方法，分析电池的基本组成成分：碳、镍、铝及其他聚合物。通过直接采购这些金属原材料并让团队自行组装，成功将电池成本从 600 美元下降到 80 美元。

小红：哇，好厉害！

吴老师：马斯克在介绍 Space X 鹰隼发动机时说，"很显然，直接删除一些东西，总是比花时间去优化它更好。而我们那些最为最聪明的工程师可能会犯的一个最大错误就是，花费很大的力气去优化一个本不应该存在的东西。"这就是第一性原理的思维方式——去除不必要的复杂性，专注于核心问题。

小红：马斯克是第一性原理的创立者吗？

吴老师：其实，第一性原理由古希腊哲学家亚里士多德提出，他认为每个系统中都存在一个最基本的命题，就像公理一样，不需要证明。老子在《道德经》中也有类似的思想，"道生一，一生二，二生三，三生万物"，这个"道"就是第一性的存在。

小红：所以，马斯克将古老的智慧运用到现代商业和科技创新中，成功解决了很多难题。

吴老师：是的。当你遇到难题时，不妨先放下所有的假设和传统观点，回到问题的本质。比如，我们的产品为什么存在？用户真正的需求是什么？通过这种方式，你可能会找到一些意想不到的解决方案。

小红：确实很有启发性。

吴老师：如果你使用了"番茄钟"做时间管理，也用了第一性原理来找关键问题，却依旧不能高效工作，这时候，我们需要调动更有意义的东西，就是我们的精力。《精力管理》这本书用一个金字塔形象地描述了人类精力的层次，从下到上依次是体能、情绪、思维和精神。许多人似乎容易忽视体能和情绪在工作和生活中的影响，这两者实际上构成了整个金字塔的基础。体能不仅关乎我们的健康状态，也直接影响到我们能否有足够的精力去追求更高层次的目标。情绪则影响我们的心态和与人交往的方式，从而影响我们的社交关系和生活质量。

小红：那我们应该怎样去平衡这 4 个层级的精力呢？

吴老师：一个有效的方法是从体能和情绪这两个基础层级做起。维持体能的关键是运动、饮食、睡眠。保持规律的运动，可以增强体能，同时释放压力，改善情绪；均衡的饮食和充足的休息也有助于增强体能。至于情绪管理，要学会识别和表达自己的情绪，通过写日记、交流或是参加心理辅导等方式来处理负面情绪。

小红：我会开始关注时间管理和精力管理，自我成长是一个综合的过程，我要在各个层面保持平衡发展，通过不断的实践和改进，改掉拖延的坏习惯，实现自己的目标和理想！

第 **5** 章 大模型助你掌握 6 个常用的商业分析方法

商业分析方法是我们理解和解决商业问题的关键工具，能够帮助我们深入理解商业环境，挖掘潜在的商业机会，并制定有效的商业策略。通过运用不同的分析工具和技术，我们可以从海量的数据中提取有价值的信息，识别市场趋势和消费者行为，评估竞争对手的战略，以及预测未来的商业发展方向。

在求职过程中，掌握商业分析方法不仅能够增强你的市场洞察力和战略思维，还能展示你的分析能力和决策能力。在面试中，通过具体的案例展示你如何运用商业分析方法解决实际商业问题，将大大提升你的竞争力。

本章将通过实际案例和大模型的辅助，深入探讨如何运用商业分析方法来指导商业决策，提高业务效率和盈利能力。我们将学习如何选择合适的分析工具，如何解读分析结果，并将其应用于实际的商业场景中。

5.1 商业分析概述

吴老师：我们学完了常用的数据分析方法，之后来学一学常用的商业分析方法。我们可以把商业分析分成商业和分析。商业是一种有组织的提供消费者所需商品与服务的行为；分析是将研究对象分为各个部分、因素和层次，并分别加以考察和认识。你可以理解为既需要商业嗅觉，又需要数据分析。

小红：商业分析和数据分析除了目的、范围、工具和方法、结果输出有所不同，还有什么不同吗？

吴老师：首先，需求的来源不一样。做数据分析时，主要是业务人员给你提需求；商业分析的需求来源会往上转移，变成公司负责人或事业部负责人给你提需求。其次，分析对象不一样。数据分析更多的是解决现有产品的经营问题，对现有的业务进行优化；商业分析常常找的是行业和市场中的机会点，在竞争中求突破，尽早抢占行业机会。最后，落地所需的时间不一样。对业务进行数据分析，快则一两天就能看到效果，慢则需要一两个月；商业分析要看到成果常常需要几个月，甚至几年。

小红：这么说来，商业分析更偏宏观，通过对行业、竞争对手、企业自身的分析来发现当下和未来的机会，辅助战略决策。

吴老师：你理解得很准确。不过，为了解决问题，常常需要将商业分析和数据分析一起使用，所以，很多企业商业分析师的日常工作与数据分析师有很多重合之处，两者的界限有时也会比较模糊。

小红：商业分析一般都分析哪些问题呢？

吴老师：商业分析通常涉及行业研究、市场研究和竞争研究。行业研究主要是研究行业内部的角色和它们之间的相互作用，这样的研究包含对规模效应、范围效应的分析，以及STP分析、PEST分析等。市场研究则聚焦于消费者的需求和行为，比如4P分析等。竞争研究则关注企业之间的竞争关系，比如SWOT分析、波特五力模型等。

小红：能举个例子吗？

吴老师：当然可以。假设你是一家炒饭店的老板，首先你可能会关注行业趋势，比如餐饮业的整体规模是否在增长，炒饭这一细分市场在餐饮业中的占比是上升还是下降；你还会考虑一些影响因素，比如监管政策的变化、国民消费能力的增长、地区饮食习惯的演变，以及技术的进步等。

小红：原来行业研究是研究这些，那市场研究层面呢？

吴老师：市场研究关注的是消费者。你需要了解目标消费者的特征，预测未来几年内潜在用户的数量增长，以及他们选择炒饭的动机和场景。你还需要研究消费者是如何做出购买决策的，他们在何时何地选择炒饭，以及他们愿意为一顿炒饭支付多少钱。通过这些研究，你可以更好地理解消费者的需求，优化你的产品，提高消费者满意度，并找到潜在的市场机会。

小红：那竞争研究呢？

吴老师：竞争研究更侧重于微观层面，比如你作为炒饭店老板，需要分析原材料成本的变化趋势，如大米价格的波动，以及顾客的议价能力。利用波特五力模型，你可以评估供应商的议价能力、买家的议价能力、新进入者的威胁、替代品的威胁以及行业内的竞争程度。此外，你还可以研究市场上的领先品牌，了解它们的成功原因，考虑是否能够模仿它们的商业模式，或者在管理上进行创新以适应市场变化。

小红：我明白了，行业研究把握大方向，市场研究关注消费者，竞争研究注重微观层面，这 3 个方面对于企业经营都非常重要。

吴老师：下面，我们重点学习一下互联网时代，数据分析师常用的商业分析方法。

5.2　规模效应：商业世界的万有引力

吴老师：我们来聊聊规模效应。规模效应是商业世界里的"万有引力"。哪些生意能做大，哪些生意做不大，一个非常重要的因素是规模效应。规模效应的概念可以追溯到 18 世纪末期的工业革命，当时的技术进步和生产方式变革首次使得大规模生产成为可能。19 世纪的经济学家（如亚当·斯密和大卫·李嘉图）开始探讨规模扩大对成本和价格的影响。20 世纪，随着市场经济的全球化和企业规模的不断扩大，规模效应成为企业战略规划中的关键考量因素。

小红：我听说过规模效应，但具体是指什么呢？

吴老师：规模效应简单来说，就是当企业的生产或销售规模增大到一定程度时，单位成本会降低，从而带来成本优势和用户体验优势。这种效应在不同的行业和不同的商业模式中表现不同。规模效应的影响可以从两个方面来看。首先是成本优势。当企业规模扩大时，采购原材料、生产产品的成本会因为批量采购和规模生产而降低。其次是用户体验优势。比如在互联网行业，用户数量的增加可以带来网络效应，使得平台更有吸引力。

小红：我明白了，能举几个规模效应的例子吗？

吴老师：比如淘宝，它通过吸引大规模的用户和商家，使商品种类更加丰富、交易更加便捷，这就是规模效应的体现。

> **提问**：请举几个实际商业中规模效应的具体例子。

制造业：像丰田、大众等大型汽车制造商，由于生产规模大，可以通过大规模采购原材料获得更低的价格，降低生产成本。同时，大规模生产还能分摊研发成本和固定设备投资，使得单位产品成本降低，从而在价格上更具竞争力。

电商行业：随着业务规模的扩大，亚马逊的物流配送网络更加完善，能够实现更高效的仓储和配送，降低了每一件商品的物流成本。同时，大规模的用户基础使得其在广告投放和与供应商谈判时更有优势。

软件行业：操作系统 Windows 和办公软件 Office 由于被广泛使用，开发成本可以分摊到大量的用户身上。而且，平台规模越大，越能吸引更多的开发者为其开发应用程序，进一步增强其生态系统的竞争力。

快递行业：顺丰大规模的快递业务使得其能够优化运输路线，提高车辆满载率，降低运输成本。同时，大规模的网点布局能够提高配送效率，提升客户满意度。

餐饮连锁行业：麦当劳通过大规模采购食材、标准化的生产流程和广泛的门店分布，降低了单位产品的成本，提高了品牌知名度和市场占有率。

小红：大模型举的例子太生动了。刚才您说有的生意能做大，有的生意做不大，主要原因就是规模效应，能详细给我解释一下吗？

吴老师：好的，我给你画张曲线图（见图 5-1）。不同生意形态的规模效应有大有小，有些生意符合 A 曲线（指数增长），有的符合 B 曲线（线性增长），有的符合 C 曲线（对数增长）。

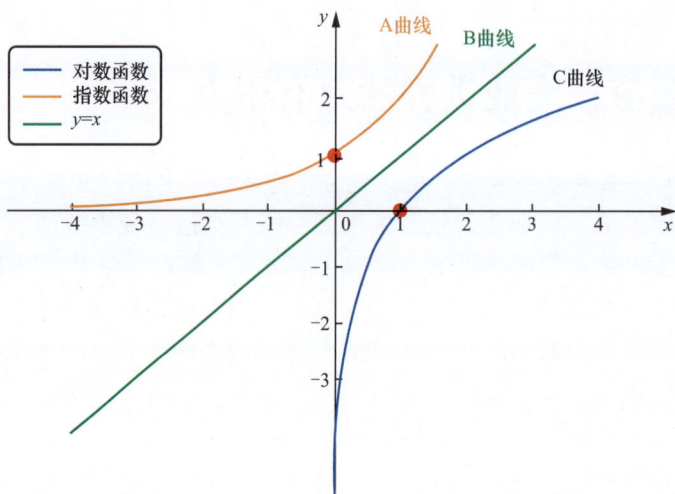

图 5-1

吴老师：我们先从 A 曲线说起。A 曲线最典型的是网络效应，互联网本身是一个具有网络效应的例子，其价值与节点数的平方成正比。例如微信，它是一个典型的具有网络效应的产品。随着用户数量的增加，微信的社交网络价值也随之增加，这使得它在社交网络市场中的竞争对手较少。在这种商业模式下，通常只会有一个主导者。

小红：这种生意最后是一家独大的局面吗？

吴老师点头：现在让我们谈谈 C 曲线。随着规模的扩大，到达一定水平后，规模效应的增长会放缓。C 曲线的生意一般具有"双边网络且同边负向竞争"特征。

小红：之前讲过双边市场，但什么是"同边负向竞争"？

吴老师：例如，淘宝和滴滴出行都是典型的双边网络。淘宝的商品供应量巨大，一个用户的购买行为不会影响另一个用户。但是，滴滴出行则不同，一个用户打车可能会影响附近其他人打车的等待时间，这就是同边负向竞争。

小红：那么外卖服务是否也存在"同边负向竞争"？

吴老师：是的，外卖服务也是一个典型的"同边负向竞争"的例子。因此，外卖服务的规模效应是有限的。即使周围有 1000 个骑手，送餐速度也不一定比只有 100 个骑手时快很多。消费者对外卖服务有一定的心理预期，一旦达到这个预期，速度再快也没有太大意义。当规模达到一定程度后，用户体验和成本不会有显著的改善，这就是 C 曲线的体现。尽管美团在外卖市场非常努力，但饿了么依然存在，这也说明了外卖服务的规模效应并不强。

小红：原来存在"同边负向竞争"，所以双边市场的规模效应是有限的。

吴老师点头：B 曲线描绘的是价值随着规模线性上升。例如，淘宝每增加一个用户，其价值就会相应增加，但用户之间没有直接联系。这就解释了为什么即使淘宝的规模已经非常庞大，仍然有新的竞争对手不断进入市场。这说明淘宝的规模效应并不足以在成本或用户体验上与后来者拉开差距。

　　小红：明白了，原来有 3 种不同的规模效应的变化曲线。我有一个问题，这是否与规模效应在多大范围内起作用有关？比如在某个特定地区。

　　吴老师：你的问题特别好，我们刚刚说的是曲线的形状，规模效应确实还涉及在多大范围内起作用。城市型的规模效应一般局限于特定城市或其他较小的地理区域。打个比方，你在北京有一家店和在上海有一家店没有多大关系。一个北京海淀区的用户可能会团购国贸商城的服务或打车去国贸商城消费，而不会经常跨城，这就是城市型规模效应的体现。

　　吴老师：全国型的规模效应典型的例子是淘宝。有了淘宝，四川的用户也可以轻松购买浙江的商品。因此，如果你想与淘宝竞争，仅仅在一个城市内是不够的，你需要在全国范围内竞争，这需要大量的资金投入，进入门槛很高。

　　吴老师：还有一些生意具有全球性的规模效应，比如 WhatsApp 和 Messenger。微信和 TikTok 也有全球规模效应，尽管语言和文化的差异可能会形成一些障碍。一些国家或地区试图限制微信和 TikTok 也证明了它们具有全球影响力。

　　小红：有没有在某个区域做得好，但在另一个区域做得不好的生意？

　　吴老师：你的观点非常敏锐。确实还有一种蜂窝型规模效应。比如，外卖业务的结构就是蜂窝型，在 A 地的占有率能达到 90%，和在 B 地的占有率没什么关系，这就是外卖业务的难点。在蜂窝型市场中，企业需要在每个区域建立强大的地位。这通常意味着在每个区域都要进行大量的投资和努力。这种市场的特点是，即使在一个区域取得了成功，也不能保证在其他区域同样成功。这就决定了这种生意的竞争周期很长。

　　小红：您讲的知识密度好大呀，从规模效应的定义、案例、曲线，讲到了不同的范围。那 GPT 大模型在分析规模效应的时候能帮我什么呢？

　　吴老师：GPT 能帮我们收集案例、发现市场趋势，对某个产业的规模效应进行分析。比如，规模效应在 AI 产业中表现得较为明显，我们可以让 GPT 作一个分析。

> **提问**：对 AI 产业中的规模效应进行详细分析。

　　规模效应在 AI 产业中表现得较为明显。大模型需要有足够大的信息量及数据量方能在一定程度上形成认知及判断力，且数据量、参数量与模型准确度或效率提升为非线性关系，存在门槛效应。

　　以 AI 大模型为例，当参数和数据规模大到一定程度时，会出现"智能涌现"，即大模型的智能表现将出现跃升。例如人脑里的连接是百万亿到千万亿级别，而一些 AI 大模型（如 GPT-4）的参数规模才到万亿级，这意味着仍然可以通过扩大 AI 大模型的参数规模来提高 AI 大模型的智能表现。

　　对于拥有大量数据的企业，AI 可以带来更大的价值，这种规模效应使得数据成为一种重要的竞争资源。企业需要收集和分析大量数据，以训练和优化他们的 AI 大模型，从而获得竞争优势。

　　然而，进一步扩大 AI 大模型的参数规模也面临着诸多挑战。例如，AI 的能耗问题较为突出，一个 GPU（图形处理单元，现常用于 AI 计算）的能耗一般为几十瓦到数百瓦之间，目前用于训练 AI 大模型的计算矩阵已经达到了"万卡"（即上万个 GPU），如果继续扩大规模，达到百万亿、千万亿参数级别的 AI 大模型将面临巨大的能源挑战，对城市或地区的能量消耗可能非常大。

另外，目前的 AI 大模型更擅长快思考，是很好的聊天工具，但要真正作为生产力工具，实现慢思考以及严谨的逻辑推理，还需要将以深度学习为基础的快思考"黑盒"模型，与慢思考、可以解释逻辑推理过程的"白盒"模型相结合，打造"灰盒"可信大模型。

在 AI 产业中，具有规模优势的赛道往往会带来头部企业长期的竞争优势，细分行业集中度可能提升。规模较大的企业通常能够承担高昂的研发成本，收集更多的数据，训练更强大的模型，从而提供更优质、更智能的 AI 产品和服务。同时，随着 AI 技术的发展和应用场景的拓展，其成本可能会逐渐降低，进而推动 AI 在更多领域的广泛应用和普及。

例如在一些行业中，AI 融入产业端的速度可能不会特别快，原因之一是产业使用 AI 首先需要互补性支出，涉及专用设备投资、人员培训支出等；原因之二是生产模式将随之变动，而 AI 融入生产环节需要时间。中国劳动者规模大，劳动形式多种多样，为 AI 提供了大量的应用场景，研发与应用迭代循环的可能性更大，成本下降更快，在具身智能领域也可能有较好的发展前景。

总体而言，规模效应促使 AI 产业中的企业不断追求更大的规模和更多的数据，以提升模型的性能和智能水平，但同时也需要应对诸如能耗、模型优化等方面的挑战。而在不同国家和地区，由于市场规模、数据资源、技术实力等因素的差异，AI 产业的发展也会有所不同。

小红：GPT 大模型分析得很有深度，不是干巴巴地列举一大堆条目，读 GPT 的分析往往能带给我很多思考，真是太好了。

吴老师：是的，随着模型的不断迭代，GPT 的分析深度在逐步加深，这正是规模效应的显著体现。关于规模效应所带来的涌现现象，我们已经探讨过多次。如今，大模型的成本大幅下降，预估 2025 年还会下降 80%，例如，GPT-4o mini 的成本不到 GPT-4 的 1/12，然而其回答质量却远远超过了 GPT-3.5。2025 年年初，DeepSeek 又引领了新一轮的降本增效。

小红：成本下降的速度好快呀。

吴老师：是的。技术变革比我们预想的更快。技术变革的历程告诉我们，第一次工业革命解决了规模化的可行性问题，第二次工业革命虽然解决了规模化的成本问题，却没有解决个性化高成本的问题，现在大模型正在解决个性化过程中高成本的问题。随着技术的进一步发展，AI 很可能会重塑我们所熟知的每一个产品，改变我们的生活方式。而且，随着生产力的提升，AI 将提升我们每个人都成为全能型人才的可能性。未来，个人与 AI 的协作将极大地激发我们的潜力。

5.3　范围效应：多元平台生态的助推器

吴老师：讲完了规模效应，我们再来聊一聊范围效应。哪些生意能够多元拓展，哪些生意难以实现多样化，一个关键的因素便是范围效应。范围效应这一概念最早可追溯至 20 世纪 80 年代初，由美国学者率先提出，随即引发了广泛的关注。此后，众多学者纷纷对其进行了深入且全面的研究。这一概念的形成源自对企业经营实际情况的细致观察：当企业同时生产多种相关产品时，其成本往往低于单独生产的总和。

小红： 原来范围效应依靠的是生产多种相关产品。

吴老师： 范围效应是当企业的生产经营范围扩大到一定程度时，能够实现资源共享和协同效应，从而带来成本的降低和竞争力的提升。早期，范围效应在制造业中较为常见，企业通过共享生产设备和技术来降低成本。随着时代的发展，其在服务业等诸多领域也有了显著的体现。例如，银行开展多元化业务，高校提供丰富多样的教育服务等。

小红： 所以，规模效应关注的是单一产品的优势，范围效应强调的是多样化发展下产品成本的节约吗？

吴老师： 不止如此。范围效应的影响可以从两个方面来看。首先是成本节约。当企业拓展经营范围时，原本为单一产品或服务投入的固定成本（如研发、营销、管理成本等）可以由多种产品或服务分摊，从而降低单位成本。其次是竞争力优势。比如在制造业中，一家原本只生产汽车零部件的企业，扩展到生产整车及相关售后服务后，能够利用其在零部件生产中的技术和经验优势，提升其整体竞争力。

吴老师继续： 范围效应的另一个典型案例就是苹果。苹果最初以个人计算机产品闻名，通过不断扩展产品线，如 iPad、Apple Watch、AirPods，以及 Apple Music、iCloud 等服务，成功实现了范围效应。这不仅增强了苹果的品牌效应，还通过交叉销售和生态系统的互联性，进一步巩固了用户忠诚度。

小红： 所以范围效应不仅可以增强品牌效应，还能巩固用户忠诚度。

吴老师： 是的，而且更为关键的是，在当前各行业普遍"内卷"的背景下，范围效应可以为企业提供突破的路径。因为范围效应能使企业通过构建"高维竞争力"来应对"低维竞争"。高维竞争力有两个主要方向：一是用户价值的提升，二是成本降低与多元化分摊。随着企业向高维进化，竞争力的来源变得更加丰富，企业不仅能够通过多品类分摊体系运作成本，还能提升用户价值，提供更丰富的产品和服务体验。从最初专注于单一品类产品的品质稳定，到发展多品类，通过多品类分摊成本。这样一来，企业就能构建一个更加多元、健康的平台生态，这就是范围效应的力量。

小红： 那么，如果我想通过 GPT 大模型分析范围效应的案例，是不是可以按照某个固定的模式来提问？

吴老师： 没错，你可以采取更具体的方式来提问。比如，你可以让大模型详细分析某个特定领域或行业中的范围效应，包括其定义、影响因素、具体表现，以及可能带来的好处和挑战。然后，根据大模型的回答，你可以进一步提问，深入探讨。例如，"范围效应如何在该领域中影响企业的竞争优势？"或者"针对这些影响因素，有没有具体的应对策略？"如果它的回答不够全面，你可以继续追问，直到得到完整的回答。

小红： 明白了，我会自己多练习的。

5.4 网络效应：数字世界的价值乘数

吴老师： 刚才我们说，规模效应是产品规模越大，成本越低；范围效应是产品品类越多，成本越低。下面我们来讲讲网络效应，网络效应是当一个网络的用户数量增加时，网络对于每个用户的价值也随之增加。也就是说，参与者数量越多，网络对于每个参与者的价值越大，网络运营成本分摊效应就越强。

　　小红：网络效应就是随着用户的增多，平台的价值呈指数级增长，微信、抖音、微博等都是典型代表。

> **提问**：请举几个实际商业中网络效应的具体例子，包括网络效应是如何体现的，以及其商业模式。

1．Facebook

- 网络效应的体现：Facebook 作为全球最大的社交网络平台之一，其价值在于庞大的用户基础和强大的网络效应。每增加一个用户，不仅平台的价值线性增加，新用户带来的更多互动和内容，还会提高所有用户的参与度。
- 商业模式：Facebook 通过精准的广告和内容推荐驱动收入，利用其庞大的用户数据进行广告定位，为广告客户提供高效的市场接触渠道。随着用户基数的增长，其数据分析和广告投放的精准度也随之提高，形成了强大的商业闭环。

2．亚马逊

- 网络效应的体现：亚马逊通过其电子商务平台连接了全球数百万的消费者和卖家，创建了一个庞大的在线购物网络。随着平台上商品种类和卖家数量的增加，消费者获得了更多的选择，同时卖家也获得了更大的市场，这种互惠互利的关系推动了平台的快速增长。
- 商业模式：亚马逊利用其先进的物流系统和大数据分析能力，不断优化用户体验和提高运营效率。通过收集用户购物行为数据，亚马逊能够提供个性化的商品推荐，增加销售额，同时其云计算服务（AWS）也为公司带来了巨大的收益。

3．Airbnb

- 网络效应的体现：Airbnb 通过其在线平台连接了全球的房东和旅行者，每增加一个房源或用户，都能增加平台的价值和吸引力。随着用户和房源数量的增加，平台的多样性和选择性也随之提高，吸引了更多的用户加入。
- 商业模式：Airbnb 不仅提供房源预订服务，还通过数据分析提供价格建议给房东，优化搜索和推荐算法提升用户体验。平台通过收取预订服务费用来盈利，同时不断扩展其服务范围，以增加收入来源。

　　吴老师：网络效应这一概念在 20 世纪 90 年代随着互联网的兴起而逐渐被广泛知晓。互联网技术的蓬勃发展与全面普及，让人们能够以前所未有的方式实现连接与交流，为基于网络的商业模式创造了极为有利的发展条件。

　　小红：那网络效应具体是怎样发挥作用的呢？

　　吴老师：网络效应的作用机制可以是直接的，也可以是间接的。直接网络效应指的是用户之间直接的互动与连接会提升网络的价值，比如社交平台，网络中用户之间的连接越密集，其网络效应就越显著。而间接网络效应是网络中一种类型的节点数量增加时，会使另一种类型的节点先获益，从而间接让同类节点获益。

　　小红：这是什么意思呢？

吴老师： 就拿打车平台来说，新司机的加入并不会直接让其他司机受益，事实上，新司机的加入还意味着其他司机面临的竞争将更为激烈，然而，由于司机数量增多，打车平台对乘客的吸引力会增强，所以最终还是间接地让其他司机受益了。

小红： 原来如此！新的连接有助于加强和强化其他节点之间的连接。

吴老师： 是的。网络效应还有一个特点，就是网络密度通常在网络内是分布不均的（见图 5-2）。网络的某些区域可能比其他区域密度更大，这导致了群聚现象，也就是人们在这些网络中形成的子群体。比如，在电商平台，美妆产品的讨论区可能因为美妆爱好者众多，用户频繁分享产品使用心得、推荐新品，形成了一个密度大、活跃的子群体。

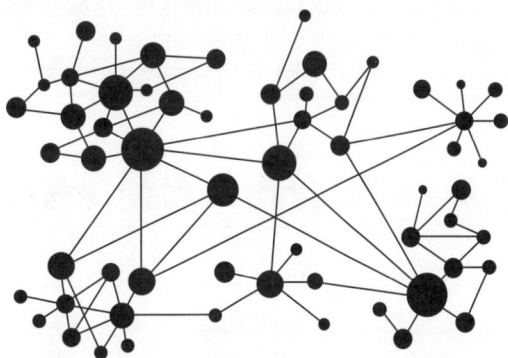

图 5-2

小红： 网络的大小可以通过网络中节点的总数来衡量，之前讲过网络效应相关的指标——网络密度，网络密度 = 连接数 / 可能的连接数。那群聚现象用什么指标衡量呢？

吴老师： 这是一个非常好的问题。一般我们用模块度（Modularity）来衡量，计算起来比较复杂，我们交给 GPT 来计算。你可以这么提问："衡量网络密度的模块度的计算公式是什么？"，然后继续提问："假如网络中有 10 个节点，其中群聚 A 有 6 个节点，实际连接数为 10；群聚 B 有 4 个节点，实际连接数为 4。那么网络的模块度是多少？请分步计算。要求给出计算公式、计算步骤，以及 Python 代码。"这里要记住，计算题对大模型来说是非常难的，一定要让 GPT 大模型分步计算，或者一步一步引导它进行计算。这里就先不赘述了。

小红： 好的。

吴老师： 网络效应还有一个特性，叫作方向性，也就是节点之间的连接可以是单向的或双向的（见图 5-3）。比如，知名人士与其粉丝间的信息流动往往是单向的。与此相反，微信这样的个人效用网络中的连接往往是相互的。例如你在微信上与某人进行对话，此时信息的流动是双向的。

小红： 确实微博更多的是有向连接，微信则是无向连接的代表。

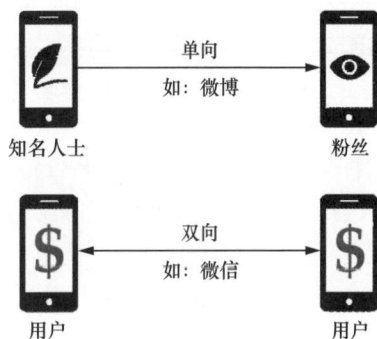

图 5-3

吴老师： 是的。另外，许多网络效应业务要求用户的个人资料可见，因为节点的真实身份能更有效地构建网络效应。2010 年，MySpace 的流量大于 Facebook。MySpace 与 Facebook 存在一个根本区别，MySpace 侧重于陌生人的社交关系，Facebook 着眼于熟人社交网络，尽管两者均具备网络效应，然而，陌生人社交的效果通常不佳，所以大多数人的陌生人社交尝试都以失败告终。

小红： 看来微信如此成功跟它起初定位为熟人社交平台有关。

吴老师点头： 最后我们再说说，除了刚才讲的模块度等指标的计算，GPT 还能如何帮助我们分析网络效应。可以为 GPT 提供各种不同行业中网络效应的成功和失败案例，提升其收集信息的效率。你可以让它帮你作初步的分析，比如问："拼多多这样的电商平台如何通过社交裂变的方式利用网络效应实现快速增长？"此外，基于对历史数据和当前市场动态的理解，GPT 大模型可以预测网络效应未来的发展趋势，比如根据数据模型计算趋势，或者根据市场动态预测发展等。

小红：那 GPT 大模型就帮我完成了最费时间的"收集信息"环节，以及最难搞定的"预测趋势"部分，真是帮了我大忙。

5.5　STP 分析：选择目标市场的利器

吴老师：我们刚刚讨论了规模效应、范围效应和网络效应。现在，我们来谈谈产品管理。你知道每种产品都有多个 SKU（库存单位）吗？

小红：SKU 是产品的唯一编号，对吧？比如说，一款产品有白色、黑色和红色 3 种颜色，那就有 3 个 SKU。如果这款产品还有 S、M、L 3 种尺码，那么这款产品就有 9 个 SKU。

吴老师：你理解得很正确。SKU 是 Stock Keeping Unit 的缩写，意思是库存单位，用来识别和管理产品的不同变体。以你刚才的例子为例，有 9 个 SKU，每个 SKU 我们都需要生产相同的数量吗？

小红：当然不是。我们需要先做市场调研，分析不同颜色和尺码的市场需求，再决定每个 SKU 的生产数量。在后续的生产中，根据市场反馈，我们还可能调整生产计划，以避免出现大量库存积压。

吴老师：非常好。那么，假如我们每一个 SKU 的设计和生产成本都非常高，或者管理难度太大，导致无法同时生产 9 个 SKU。此时如果只能生产 3 个 SKU，甚至是 1 个 SKU，你觉得应该怎么选择？

小红：我认为应该选择那些最有市场潜力、有可能卖得最好的 SKU。

吴老师：完全正确！我们今天要讲的 STP 模型正是帮助我们解决这个问题的。通过 STP 模型，我们可以更加精准地选择目标市场和产品定位，确保我们专注于那些能带来最大效益的产品。正如我们之前讨论的，规模效应对于降低成本至关重要。聚焦在少量的 SKU 上，可以集中对产品进行研发投入、营销投入，同时使分摊到每一个产品上的投入尽可能小，售后、库存等也更容易管理。我们让 GPT 介绍一下什么是 STP 模型。

> **提问**：你是市场分析师，介绍一下 STP 模型。

STP 是一种市场营销策略模型，用于帮助企业在市场中确定目标客户并制定相应的市场营销策略。STP 代表 3 个步骤：市场细分（Segmentation）、目标市场选择（Targeting）和市场定位（Positioning）。每个步骤都有其特定的作用，帮助企业在竞争激烈的市场中有效地开展营销活动。

1．市场细分

这是 STP 模型的第一步，涉及将整个市场划分为不同的子市场或细分市场。每个细分市场都由具有类似需求、兴趣或行为的消费者组成。细分市场的标准可以是人口特征（如年龄、性别、收入）、地理位置、心理特征（如生活方式、价值观）或行为特征（如购买习惯、使用频率）等。

2．目标市场选择

在识别了多个市场细分后，企业需要选择一个或多个细分市场作为其目标市场。选择目标市场时，应评估每个细分市场的吸引力（如市场规模、增长潜力、竞争状况）以及企业自身的资源和能力，最终决定在哪些市场投入资源进行营销。

3．市场定位

市场定位是企业在目标市场中为其产品或品牌确立独特位置的过程。通过定位，企业可以传达其产品的独特价值主张，使其在竞争中脱颖而出。定位的过程通常涉及确定核心竞争优势，制定品牌信息，并通过一系列的市场营销活动来强化这种定位。

通过 STP 模型，企业可以更精确地锁定其目标客户，并为他们量身定制营销策略，从而提升市场竞争力和客户满意度。

吴老师：深入一点讲，STP 模型中的 S 是指市场细分，也就是把整个市场划分为不同的子市场；T 是在这些细分市场中选择一个或几个作为目标市场；而 P 是指市场定位，它是产品与目标市场（供给端与需求端）之间的桥梁。

小红：这个理论听起来很简单呀。

吴老师：哈哈，不要被它的表象所迷惑。STP 模型的强大恰恰在于它的简单和实用性。一个看似简单的框架，往往能带来极大的商业价值。比如，理想汽车的理想 ONE 就是一个典型的案例。理想 ONE 是国产汽车中首款单月销量突破万台的售价在 30 万元以上的车型。这并不是偶然，而是精准应用了 STP 模型的结果。理想 ONE 针对二孩、三孩家庭提供了超大空间、六座设计和人性化配置。这些产品特性精确地匹配了目标市场的需求，从而实现了高销量和良好的口碑。

小红：原来理想汽车是通过 STP 模型精准地把市场定位在有二孩或三孩的家庭上的。

吴老师：没错！不过，选择合适的市场细分标准是 STP 模型的关键，也是最具挑战性的部分。找到正确的坐标系来划分市场是非常重要的，不然即使模型再好，也可能导致错误的决策。例如，在零售行业中，除了用户的收入水平外，另一个重要维度是用户的时间冗余度。对于忙碌的用户，他们需要快速找到所需产品，否则他们会感到沮丧；而对于时间充裕的用户，他们可能更享受慢慢挑选的过程。因此，细分市场时，只有考虑到这些独特的因素，才能真正抓住目标用户的需求，实现产品的成功定位。

小红：所以说，"逛淘宝""上京东"这些说法也是产品定位的一部分，对吧？

吴老师：你抓住了重点。这些说法正反映了不同平台的市场定位策略。我们再说说目标市场选择。实操中，不是完成 S 后再进入 T，T 阶段找不到目标市场，可能是 S 阶段维度没找好，或者颗粒度不对，要回过头来重新做 S。进行目标市场选择的时候，要清楚自己是在找某个切入点，还是市场空间。

小红：切入点和市场空间是什么意思呢？

吴老师：切入点指的是企业进入市场时选择的初始领域或方向。它通常是一个相对容易进入的市场区域。比如，亚马逊最初的愿景是成为一个"万货商店"（Everything Store），即涵盖所有商品的电商平台。但它选择了从卖书这个切入点开始。为什么呢？因为书籍是一个标准化程度高的品类，SKU 数量庞大，而且没有保质期的限制，不容易产生库存压力。这为亚马逊奠定了稳固的基础，随后亚马逊又逐步扩展其他商品类别。

小红：原来切入点就是确定从哪里开始做。那市场空间又是什么意思呢？

吴老师：市场空间指的是企业在进入市场后能够占据的份额，或者这个市场能容纳多少竞争者。市场空间不仅影响你的生意能做多大，还决定了市场竞争的激烈程度。举个例子，外卖行业的市场结构是蜂窝型的，也就是说，在一个区域内取得成功，并不意味着在其他区域也能轻松取胜。比如，美团在外卖领域取得了显著的成功，但饿了么依然在激烈的市场竞争中顽强地生存了下来。这说明市场空间的选择是一个复杂且关键的决策，不同的市场具有不同的规模、特点和竞争格局。有的市场可能由一家企业主导，而有的市场则可能允许多家企业并存。

小红：原来 T 阶段有这么多要判断和思考的事情。

吴老师点头：没错。最后的市场定位关乎用户如何看待你的产品，以及为什么他们会选择你的产品。市场定位和用户心智高度相关。比如，百达翡丽的广告词"没有人真正拥有百达翡丽，你只不过是在为后代保管它"，成功地将品牌定位为传家宝级别的产品。

小红：那 GPT 大模型如何帮我做 STP 分析呢？

吴老师：GPT 能在很多方面帮助你。在市场细分阶段，它能帮助你识别并定义细分市场，如基于人口特征、地理位置、心理特征、行为特征等维度进行划分。在目标市场选择阶段，它可以分析各细分市场的吸引力，帮助你选择最有潜力的目标市场。在市场定位阶段，它能协助你制定产品定位策略，确保产品在目标市场中具有独特价值和竞争优势。

小红：那该怎么设计提示词呢？

吴老师：比如"请详细描述在特定行业中可能存在的细分市场，包括其需求特点和行为模式""在细分市场 A、B 和 C 中，哪个市场更有潜力成为目标市场？请分析它们的规模、竞争状况和增长潜力""请提供一个定位陈述的框架，以清晰表达产品名称在目标市场中的核心价值"。

小红：GPT 能提供很多建议，帮助我拓宽思路，继续交互，它还可以给我一些更深层次的指导，确实很有帮助。

5.6 互联网时代 4P 分析：创新市场规则

吴老师：我们已经讲过了 STP 分析，现在让我们来谈谈 4P 分析。实际上，STP 分析和 4P 分析常常结合在一起使用。通常会先用 STP 分析来选择目标市场，再运用 4P 分析来制定具体的营销策略。那么，4P 具体指的是什么呢？我们让 GPT 来介绍一下。

> **提问**：你是市场分析师，介绍一下 4P 模型。

4P 模型是市场营销中的一个基础框架，由密西根大学的杰罗姆·麦卡锡（Jerome McCarthy）在 20 世纪 60 年代提出。它包括 4 个关键要素：产品（Product）、价格（Price）、渠道（Place）、促销（Promotion），这 4 个要素通常被称为"营销的 4 个 P"。下面我将详细介绍每个 P 的含义和应用。

1. 产品

- 产品是 4P 模型的核心，指的是公司提供给市场的商品或服务。
- 产品策略需要考虑产品的特征、设计、品质、品牌、包装等，以满足目标市场的需求。

2．价格

- 价格是指消费者为获得产品或服务所支付的金额。
- 定价策略包括成本加成、价值定价、竞争导向定价等，需要考虑成本、市场需求、竞争对手的价格以及消费者对价格的感知。

3．渠道

- 渠道涉及产品分销的策略，即产品如何到达消费者手中。
- 这包括选择合适的销售渠道（直销、零售、在线销售等）、物流、库存管理以及确保产品在适当的地点和时间可用。

4．推广

- 推广是指公司用来沟通和说服目标人群购买其产品的各种方法和活动。
- 推广策略包括广告、公关、个人销售和直接营销等，目的是提高产品知名度、吸引顾客、增加销量。

小红：原来4P模型指的是产品、价格、渠道、推广这4个关键要素，而且以4P模型作为基础，还可以进行扩展。

吴老师：没错。这是一个非常经典的营销模型。你有没有想过，这4个要素之间是否存在一个固定的顺序呢？如果有的话，你觉得应该如何排序？

小红挠了挠头：这……

吴老师：哈哈，这是一个值得思考的问题。事实上，这4个要素之间的顺序并不是固定不变的，但我个人认为，在很多情况下，价格应该是第一个要考虑的要素，因为价格往往直接影响产品的定位。价格不仅仅是一个数字，它代表了消费者对产品价值的预期。正如STP分析中，目标市场的选择会影响市场定位，价格则决定了产品进入哪个市场以及如何被感知。

吴老师：价格通常决定了产品的整体发展策略和设计。以iPhone为例，苹果公司并不是先设计出一款手机，再考虑它应该卖多少钱的，而是有了高端市场的定位，才定下高价。

小红：所以，我们应该先确定价格，再设计产品？

吴老师：你理解得很对。除了价格，4P中的"渠道"也非常关键。渠道不仅决定了产品如何到达消费者手中，还直接影响品牌形象和市场表现。比如，宝洁这样的大型公司有多种销售渠道，如果渠道管理不当，就容易出现商品和价格混乱的现象，从而损害品牌形象和影响消费者的信任度。

小红：线上的虚拟产品是不是就没有这样的问题了呢？

吴老师：这个问题提得非常好。这涉及4P理论在互联网时代的变化。我们可以通过数字信息和原子的区别来理解虚拟产品和实体产品的不同。首先是在传输速度上，数字信息的传输速度接近光速，而原子的传输速度远远低于数字信息。其次是复制成本，数字信息的复制成本极低，比如复制一个1GB的文件几乎是无成本的，但复制一个实体产品的成本要高得多，有时甚至无法做到精确复制。最后是可编程性，数字信息是可编程的，可以根据需求灵活调整，而原子则不具备这种特性。

小红：正因为这些差异，4P 理论在数字时代的应用也发生了变化，对吗？

吴老师：是的。比如，数字产品虽然在开发时可能投入巨大，比如开发一个操作系统，如 Windows，其投入的成本和资源并不比制造一辆宝马汽车少，但一旦开发完成，复制和分发的成本几乎为零。这与实体产品截然不同，宝马汽车的制造、运输和存储成本依然很高。因此，在数字时代，企业可以通过低定价甚至免费模式来快速占领市场，比如微软可以把 Windows 的售价压得很低，而一辆从德国运输到中国的宝马汽车则无法降低运输成本。

小红：那互联网时代，4P 理论有什么创新呢？

吴老师：我举个例子，当年 eBay 和淘宝竞争时，eBay 向卖家收取商品上架费用，而淘宝选择不收取上架费用，而是通过广告和排名服务来盈利。在淘宝上，商品展示和销售的渠道是免费的，但商家可以支付广告费用来获得更好的展示位置。这种模式将"渠道"和"推广"结合在一起，创造了新的收入来源，同时降低了卖家的进入门槛。通过这种方式，淘宝在竞争中占据了明显的优势。

小红：原来 4P 理论在数字时代依然有很大的适用性，而且也有了新的表现形式。

吴老师：没错。尽管市场环境发生了变化，但 4P 理论依然有效，特别是在某些成功的互联网商业模式中。企业往往通过将 4P 中的某一个要素的成本压到极低，达到在其他要素上获得不对称的竞争优势的目的。例如，通过大幅降低推广成本，企业能够以更低的价格吸引大量用户，而后通过其他手段获利。这种灵活运用 4P 理论的方式，正是许多互联网企业成功的秘诀之一。

小红：看来，商业逻辑基本不变，但商业模式却在不断演变。我们需要持续探索和创新，才能跟上时代的步伐。那么，在进行 4P 分析时，GPT 能帮我什么呢？

吴老师：GPT 可以帮助你分析产品的特性、优势、生命周期、目标市场等；就定价策略提出建议，比如成本加成定价、市场导向定价等；分析分销渠道、物流、市场覆盖率等；甚至提供促销策略方面的建议，比如广告、公关、促售活动等。

小红：那该怎么设计提示词呢？

吴老师：比如"我需要为一款 ××× 定价。你能提供一些定价策略，并解释它们如何影响消费者感知吗？""我正在分析一款 ×××。你能帮我列出一些关键的产品特性和潜在的市场优势吗？""我们即将推出一款 ×××。你能设计一些有效的促销活动来提高市场知名度吗？"

5.7 波士顿矩阵：产品组合的罗盘针

吴老师：产品组合管理，也就是我们常常听到的波士顿矩阵。在学习波士顿矩阵之前，我们先讲讲历史，波士顿矩阵从何而来？20 世纪 60 年代中后期，美国在经历了繁荣时期之后，进入了一个低速、缓慢增长的阶段，多数企业面临一系列的困境。为了让企业的产品结构适应市场需求的变化，更有效地分配有限的资源，保证企业收益，波士顿咨询公司对美国 57 家公司的 620 种产品进行了历时 3 年的调查，最终创造出了波士顿矩阵。

> **提问**：你是市场分析师，介绍一下波士顿矩阵模型。

波士顿矩阵（Boston Consulting Group Matrix），又称为 BCG 矩阵或产品－市场成长份额矩阵（Product-Market Growth-Share Matrix）。波士顿矩阵能通过市场增长率和相对市场份额两个维度，将企业产品或业务划分为"明星""现金牛""问题""瘦狗"4 类，以辅助企业进行产品组合管理、战略决策、资源分配优化和业绩评估。

两个维度

该矩阵主要基于两个维度对企业的产品或业务进行划分。

（1）市场增长率：反映产品或业务所在市场的增长潜力。高市场增长率意味着市场需求旺盛，有较大的发展空间；低市场增长率则表示市场相对成熟或趋于饱和。

（2）相对市场份额：指企业某一产品或业务的市场份额与最大竞争对手市场份额的比值。高相对市场份额表明企业在该产品或业务领域具有较强的竞争力；低相对市场份额则意味着企业面临较大的竞争压力。

4 个象限

根据这两个维度，波士顿矩阵将企业的产品或业务分为 4 个象限。

（1）明星产品：具有高市场增长率和高相对市场份额。这类产品或业务处于快速增长的市场中，并且企业在其中占据领先地位。它们通常需要大量的资金投入来支持其进一步增长，以巩固市场地位。例如，在智能手机市场发展初期，一些品牌的高端旗舰机型就属于明星产品，它们的销量和市场份额不断增长，同时需要持续的研发投入和营销推广。

（2）现金牛产品：拥有高相对市场份额，但市场增长率较低。这些产品或业务在成熟的市场中已经占据了较大的份额，能够为企业带来稳定的现金流。企业可以利用现金牛产品产生的利润来支持其他产品的发展或进行多元化投资。比如，一些传统的日用品品牌，市场份额稳定，虽然市场增长缓慢，但能够持续为企业创造可观的收入。

（3）问题产品：市场增长率高，但相对市场份额低。这类产品或业务处于有潜力的新兴市场中，但企业的竞争力相对较弱。企业需要对问题产品进行深入分析，决定是加大投入使其转化为明星产品，还是减少投入甚至放弃。例如，一些新兴的科技产品，市场前景广阔，但企业在市场中的份额较小，需要投入大量资源进行研发和市场推广，以提高竞争力。

（4）"瘦狗"产品：市场增长率和相对市场份额都较低。这些产品或业务通常处于衰退的市场中，盈利能力差，对企业的价值贡献较小。企业一般会考虑逐步淘汰瘦狗产品，以优化资源配置。例如，一些过时的电子产品，市场需求萎缩，企业的市场份额也不断下降，继续投入资源可能得不偿失。

吴老师：波士顿矩阵认为，"市场引力"和"企业实力"是产品结构中最重要的两个因素。市场引力中"市场增长率"是决定企业产品结构是否合理的外在因素，企业实力中"相对市场份额"是决定企业产品结构是否合理的内在要素。市场增长率与相对市场份额既相互影响，又互为条件，通过以上两个因素的相互作用，会出现 4 种不同性质的产品类型，对应不同的产品发展前景，所以波士顿矩阵又叫作四象限分析法（见图 5-4）。

小红：有什么实际的例子吗？

图 5-4

吴老师： 在实际应用中，我们更多的是利用散点图将分析的对象划分到 4 个象限中。比如，某商场各店铺的面积和坪效（单位面积产出）的组合，其中分割线对应平均值（见图 5-5）。

某商场各店铺的面积和坪效

Ⅱ象限：观察区。面积大、坪效低（问题产品）　　　Ⅰ象限：重点区。面积大、坪效高（明星产品）

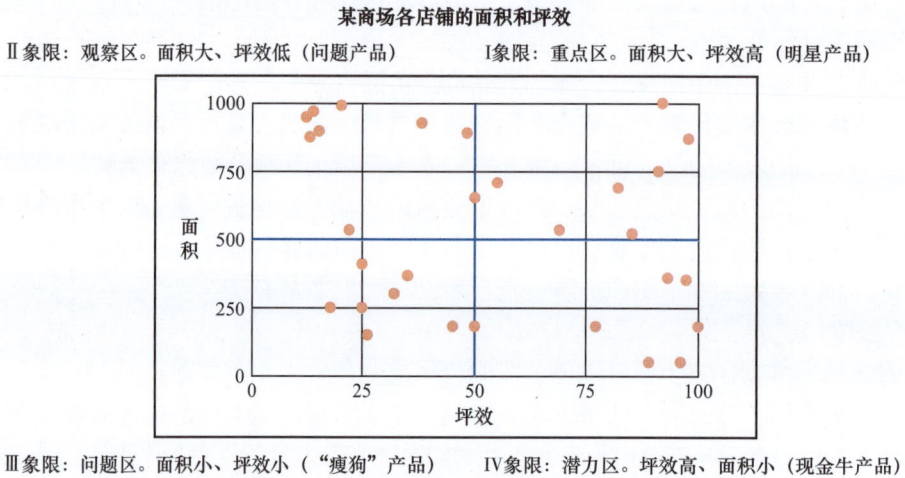

Ⅲ象限：问题区。面积小、坪效小（"瘦狗"产品）　　　Ⅳ象限：潜力区。坪效高、面积小（现金牛产品）

图 5-5

小红： 利用散点图进行分析确实很直观。通过将不同店铺的面积和坪效数据绘制成散点图，可以清晰地看到各个店铺在 4 个象限中的位置。

吴老师： 你说得非常正确。我们再举一个例子，比如，某内容网站将搜索关键词的客单价和话题性（流量）的组合绘制成了散点图（见图 5-6）。

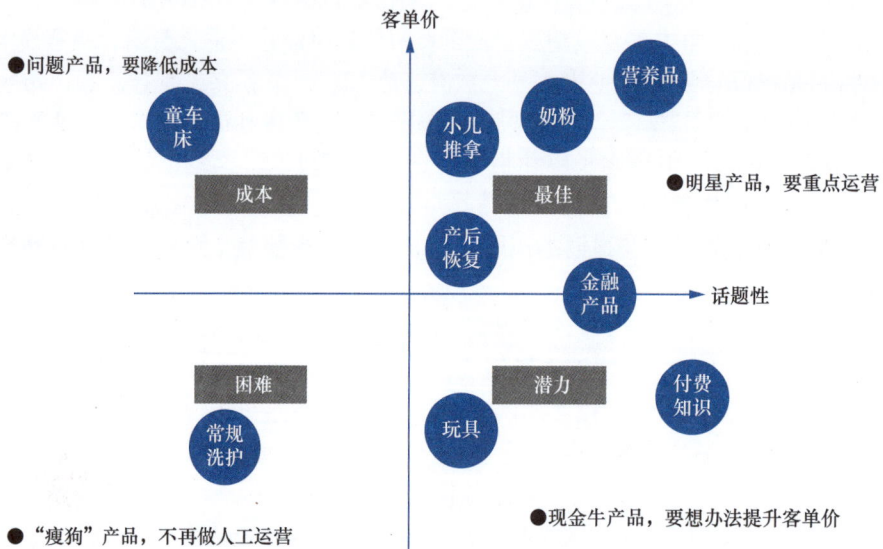

图 5-6

小红： 用图来表达就变得很清晰了，在波士顿矩阵的分析中，GPT 大模型能帮我做什么呢？

吴老师： 我们可以直接让 GPT 进行分析，不过要注意的是，GPT 仅能分析典型产品的典型场景，并不全面。

提问： 用波士顿矩阵模型分析中国手机行业的产品矩阵。

以下是用波士顿矩阵对中国手机行业一些品牌产品的大致分析（需要注意的是，手机市场动态变化很快，以下分析仅基于一般情况和部分典型产品）。

明星产品

（1）代表品牌及机型：苹果的 iPhone 高端系列（如 iPhone 14 Pro 等），华为的 Mate 系列和 P 系列的部分高端机型。

（2）高市场增长率：尽管智能手机市场整体增速有所放缓，但高端智能手机细分市场仍有一定的增长率。消费者对高品质、高性能、具有创新功能（如优秀的拍照能力、强大的处理器、先进的操作系统等）的高端手机有持续需求，而且这些产品在品牌影响力、技术实力等方面具有优势，能够吸引消费者购买和升级换机，从而推动市场增长。

（3）高相对市场份额：苹果凭借其独特的 iOS 生态、优秀的工业设计和强大的品牌号召力，拥有大量忠实用户；华为通过持续的技术研发投入，在芯片、影像等核心技术方面取得突破，如 Mate 系列的超强性能和 P 系列的拍照功能，使其在高端市场具备很强的竞争力，获得了较高的市场份额。

现金牛产品

（1）代表品牌及机型：小米的一些中低端畅销机型（如 Redmi Note 系列），OPPO 的 A 系列部分机型等。

（2）低市场增长率：该细分市场竞争激烈，产品同质化现象较为严重，且消费者对中低端手机的需求相对较为稳定，不像高端手机那样容易受到新技术和新功能的驱动而快速增长。

（3）高相对市场份额：这些产品经过市场的长期考验，拥有较大的用户群体。品牌在这个细分市场有较高的知名度和较好的口碑，通过大规模的生产和销售，可以实现成本优势，从而获得较高的利润。

问题产品

（1）代表品牌及机型：一些品牌推出的具有特色功能但市场份额还不高的产品，比如折叠屏手机中的部分机型。

（2）高市场增长率：折叠屏手机作为智能手机的一个新兴细分领域，代表着未来的发展趋势之一，市场增长率较高。随着技术的不断进步和成本的逐渐降低，消费者对折叠屏手机的关注度和兴趣不断增加，市场潜力较大。

（3）低相对市场份额：目前折叠屏手机价格较高、技术成熟度有待进一步提高、产品耐用性低等问题，导致其市场份额相对较低。虽然各大手机厂商都在积极布局折叠屏手机市场，但整体销量在智能手机市场中所占比例仍然较小。

"瘦狗"产品

（1）代表品牌及机型：一些过时的、市场份额极低的低端机型，以及部分在市场竞争中逐渐被边缘化的品牌的产品。

（2）低市场增长率：随着技术的快速进步和消费者需求的不断升级，这些低端机型的功能和性能已经无法满足大多数消费者的需求，市场逐渐萎缩，增长率很低。

（3）低相对市场份额：一些早期的功能手机或者配置较低的智能手机，已经逐渐被市场淘汰，销量极少，成为"瘦狗"产品。

小红：虽然只有一部分典型产品，不过，已经可以直接画出一张四象限图了。

5.8 数据思维：战略思维找到破局机会

吴老师：讲了这么多商业分析的模型，我们不妨换个话题，聊聊我的职业历程吧。我一直以来都专注于技术领域，从事了十几年的技术工作，直到最近一两年才逐渐参与到公司的战略规划中。随着我对战略规划的理解逐步深入，我才意识到，过去我专注于技术的思维方式其实是相对局限的。如果你想要脱颖而出，成为领导者，比如成为总经理，战略思维是必不可少的。

小红：这是为什么呢？数据分析是个技术岗位，我也需要培养战略思维吗？

吴老师：举个例子，如果公司在渠道拓展上遇到困难，该如何提升业绩和利润呢？战术型思维的人可能会想到减少人力成本、增加新的渠道、定期跟进进度、提升团队的效率等。这些方法固然重要，但往往着眼于短期问题。而战略型思维的人则会问自己：这个行业的市场空间到底有多大？我们的目标用户群体在哪里？目前的服务覆盖了多少潜在客户？我们的合作政策和产品相较于竞争对手有哪些优势和劣势？在这些竞争中，我如何逐步建立更高的壁垒？而这些壁垒的关键点又是什么？这些问题的答案将直接影响我们未来的战略决策和行动路径。

小红：怪不得老板们总是先讲行业大盘数据呢，原来这是从战略层面思考问题的结果。确实，有战略思维的人看问题会更长远。

吴老师：我们既要有复盘思维（从过去看现在），也要有战略思维（从现在看未来）（见图 5-7），这样才能突破资源的局限性，成为创造更多可能性的人。有一句话说得好：不要躲在数据后面。意思是不要总看自己的业务表现，而忽略了行业的变化，错过了最好的进入市场的时机。通过这两个场景可以看出，战略是在更高的维度上提高胜算的关键步骤，战略思考带来的好处就是让你更有方向感，也更能知道过程中会遇到什么难题，提前做好准备。所以，无论你在哪个行业或者岗位，如果能够运用一些战略思维去进行整体性思考，都会对你的人生更有益处。

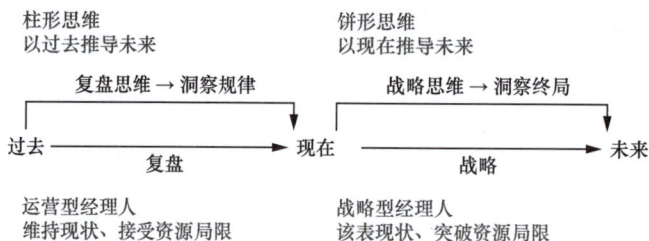

图 5-7

小红：我有一个问题，我听老板的汇报，除了讲行业大盘数据，也会讲宏观局势，以及预测未来，这有什么方法论支持吗？

吴老师：从行业去看长远的业务发展，要快速了解一个行业的整体情况，可以从三观、三时来分析。三观是什么？宏观、中观、微观。三时是什么？过去、现在、未来。我们让大模型通过三观和三时进行分析，比如对 AI 行业进行分析。

> **提问：** 我想判断我现在是加入 AI 公司还是加入金融公司，使用三观和三时分析，你能给我一些意见吗？

从三观的角度来看。

- **宏观：** 了解两个行业的整体发展趋势、政策环境和市场规模。AI 是当前的热门领域，具有巨大的发展潜力，但也面临着一些技术和伦理挑战。金融行业是一个传统而重要的行业，一直在不断创新和演变。关注行业的宏观动态可以帮助你把握发展机会。
- **中观：** 比较两个行业的产业链、竞争格局和应用场景。AI 行业包括算法研发、数据收集与处理、模型训练与优化等环节，竞争激烈，应用广泛。金融行业则涉及银行、保险、证券等多个领域，具有较为稳定的产业链和竞争格局。分析中观层面可以让你了解行业的运作模式和发展空间。
- **微观：** 考虑具体公司的发展情况、团队实力和个人兴趣匹配度。了解公司的产品、技术创新能力、市场地位等，以及团队的专业背景和发展潜力。同时，也要考虑自己的兴趣和技能是否与公司的需求相契合。

从三时的角度来看。

- **过去：** 回顾两个行业的发展历程，了解它们的发展趋势和关键事件。AI 在过去几年取得了显著的进展，金融行业也一直在经历数字化转型。
- **现在：** 关注当前行业的热点和挑战，了解 AI 和金融行业的最新应用和技术发展。例如，AI 在金融风险管理、客户服务等方面的应用，以及金融科技的兴起对传统金融行业的影响。
- **未来：** 预测行业的发展趋势，考虑 AI 和金融行业的未来发展方向。AI 可能会在智能投顾、自动化交易等领域有更广泛的应用，金融行业也可能会更加注重科技创新和数字化转型。

AI 是当前的热门领域，具有巨大的发展潜力。它在各个行业都有广泛的应用，如医疗、交通、金融等。加入 AI 公司可以让你接触到最先进的技术，并有机会参与到具有挑战性的项目中。然而，AI 行业竞争激烈，需要不断学习和更新知识以跟上技术的发展。

金融行业是一个传统而重要的行业，一直在不断创新和演变。金融行业包括银行、保险、证券等多个领域，具有较为稳定的产业链和竞争格局。加入金融公司可以让你了解金融市场的运作机制，并有机会在金融领域积累经验和建立人脉。

小红： GPT 说 AI 行业竞争激烈，需要不断学习和更新知识以跟上技术的发展；金融行业则相对稳定，产业链和竞争格局都比较稳定。看来，AI 行业未来的发展速度会更快。

吴老师点头： 没错。当我们选择进入一个新的行业时，无论是为了帮助老板作行业分析，还是为自己规划职业路径，都需要从宏观层面来看行业的"赛道"和"赛手"。赛道分析是指判断这个行业是否有前景，要考虑市场规模、增长趋势、行业壁垒等因素——这些我们之前都学过。赛手分析则需了解行业内的竞争格局，包括各个竞争者的核心竞争力是什么。这时候，波特五力模型就是一个很好的工具，它能帮助我们深入理解行业的竞争动态。

小红：战略和战术有什么本质上的区别呢？

吴老师：战略和战术的区别在于思考层次的不同。战略关注的是如何在更高的层面上找到达成目标的关键点，通常是长期的、大方向的规划。它强调我们在追求最终目标时，应该关注哪些关键因素。而战术则更侧重于现阶段的具体操作，关注如何在短期内解决问题。本质上，战略无法消除资源的稀缺性及其必然结果，正是因为资源具有稀缺性，才需要制定战略。所以说，战略是一种选择——它决定了什么事情值得我们投入精力，什么事情需要放弃或忽略。

小红：所以，战略就是在目标明确的情况下，决定做什么和不做什么。

吴老师：对的。战略分析中，我们通常会提到 A 点和 B 点，A 点代表当前的状态，B 点则是我们期望达到的目标状态。从 A 点到 B 点的过程，就是通过战略和战术的配合来实现目标的过程。但要注意，战略的制定只是开始，真正的挑战在于执行。很多公司在制定了很好的战略后，执行时却遇到问题，这往往是因为战略和战术之间缺乏有效衔接。可能是战术无法落地，或者执行过程中出现了新的变量，但我们却没能及时调整。

小红：那在执行战略时，如何避免这些问题呢？

吴老师：最关键的是确保战略的制定是基于充分的信息和深度分析的，这样可以减少偏差。同时，执行过程中必须保持灵活性。战略是方向性的指南，不是固定不变的，我们需要在执行中不断进行反思和复盘，观察实际情况是否符合预期，并根据实际反馈快速调整战术。这种灵活应对的能力，往往决定了战略执行的成败。

小红：复盘都要复盘什么呢？

吴老师：首先，我们要知道什么是复盘，复盘是从亲身经历的事件中进行总结学习，要做到实事求是，最后进行深度思考。这里面有几个关键词。①亲身经历：复盘是对自己的，是你要对自己负责，所以一定要向内归因。②总结学习：复盘是为了成长，通过复盘要有所收获。③实事求是：一定是事实，不是你的观点、不是你的感受，也不是他人的观点，事实不能有修饰。④深度思考：要静下心来并花一些时间思考，在想明白之前，这个思考的过程一定是痛苦的，这也是复盘的必经阶段。

小红：看来复盘的过程很痛苦。

吴老师：是的，不痛苦怎么成长呢？只有通过复盘找到差距、方法、机会，才能在之后的行动中有所改进。如果你要养成复盘的习惯，可以每天花 10 分钟问自己 3 个问题。

（1）今天做了哪些重要的事情？——有积累。

（2）遇到了什么问题？是第一次遇到吗？——有反思。

（3）对明天的自己说几句话？——去实践。

小红：好的，以后我每天对自己进行复盘。在工作中，OKR、项目重要阶段都要进行复盘，我应该如何进行复盘呢？

吴老师：复盘的方法论现在比较成熟，我们让 GPT 介绍一下。

> **提问**：面对项目重要阶段，如何进行复盘？

以下是对标准复盘四步法的详细讲解。

一、回顾目标

"以终为始，聚焦目标"强调了在复盘开始时，要明确当初设定目标的重要性。

1．明确当初的目标

- 仔细思考在开始一项任务或项目时，所设定的具体目标是什么。
- 目标应该是具体的、可衡量的、可实现的、相关联的和有时限的（SMART 原则），这样才能更好地进行回顾和评估。

2．确定里程碑

识别在实现目标的过程中设定的里程碑。里程碑可以是阶段性的成果或重要的时间节点。比如，在软件开发项目中，里程碑可能包括完成需求分析、完成代码编写、完成测试等。

二、评估结果

这一步是对实际结果与目标进行比较，以确定哪些方面做得好，哪些方面需要改进。

（1）超标情况：确定哪些方面的结果超过了预期目标。

（2）未达标情况：找出那些没有达到标准的方面。

三、分析原因

深入分析结果与目标之间有差异的原因是复盘的关键环节。

1．明确问题

- 将问题清晰地写下来，有助于更系统地思考和解决问题。
- 对问题进行分类，如市场因素、产品因素、团队因素等，以便更有针对性地进行分析。

2．成功的关键因素

对于超标的结果，分析其成功的关键因素。这些因素可能包括正确的市场定位、优秀的产品设计、高效的团队协作等。明确这些因素可以为未来的项目提供经验。

3．失败的根本原因

对于未达标的结果，深入挖掘失败的根本原因，可能是市场调研不充分、产品质量问题、营销策略不当等。通过分析根本原因，可以避免在未来的项目中重复犯错。

四、总结规律

根据复盘的结果，总结出可应用于未来的规律和经验。

（1）坚持的事情：确定在项目中哪些做法是有效的，应该继续坚持。

（2）避免的事情：明确哪些做法是不可取的，应该避免在未来的项目中再次出现。

（3）尝试的事情：根据复盘的结果，提出一些新的尝试和改进方向。

吴老师：提到的这 4 个步骤是复盘的标准流程，不仅适用于 OKR 复盘和项目复盘，更是我们在工作和生活中不断提升自己的重要手段。毛主席曾说："我是靠总结经验吃饭的。"可见复盘的重要性。复盘的核心在于让我们看清事物的本质，而不是被表象所迷惑。现象是事物呈现给我们的外部特征，而本质是事物内部的规律和构造。本质一定是简单、好理解的，它揭示了事物的根本属性和发展规律。比如，一个学生学习成绩不理想，表面现象可能是上课不认真或作业没完成，但深入分析后，你可能发现真正的原因是他基础知识薄弱或者学习方法不对。

小红：可是面对同样的事实，比如同一组数据，不同的人可能会有不同的解释，这让我常常感到困惑。

吴老师：你的困惑很有道理。事实上，数据是客观的，但解释数据的角度和立场却会影响我们的结论。事实有真假，我们需要尽可能接近事实的真相，而观点则没有绝对的对错，只是反映了不同的立场和视角。比如，支持环保的人可能会强调减少使用塑料袋，因为他们关注环境保护和生物多样性；而另一些人则可能关注经济效益或个人便利，认为减少塑料袋的使用会增加成本或带来不便。理解不同观点背后的立场，可以帮助我们更加全面地分析问题。

小红：看来，在分析问题时，理解背后的立场和观点真的很重要，这也让我意识到需要从不同角度去思考问题。

吴老师：正是如此。培养数据思维不仅是为了更好地理解数据，更是为了让我们从更高的维度进行思考，力求还原事实，找到事物发展的根本规律。只有看到本质，才能真正突破自我，实现更大的提升。最近听到一句话："老手谋定而后动，新手没事就乱动。"这句话送给你，希望你能够厚积薄发，在日常生活和工作中多花时间思考。当面对重要决策，尤其是战略决策时，不要急于行动，而是静下心来，运用你学到的思维工具，跳出惯性思维，做出明智的选择。

小红：好，我一定会加油的！

第 **6** 章 大模型助你掌握 5 个常用的统计学模型

统计学模型提供了一种量化的方式，帮助我们理解数据的本质。通过这些模型，我们可以了解数据的分布、变量之间的关系，以及这些关系如何受到随机性的影响，从而基于数据来评估不同决策方案的可能结果，做出更加科学和客观的选择。这一点对于描述过去、解读现状以及预测未来尤为关键。

统计学模型在面试中经常被问起，良好的统计学知识会是你的一大优势。面试官询问关于统计学模型的问题，不仅是在评估你的专业能力，更重要的是在看你是否具备用数据解决问题的思维方式。

很多人觉得统计学模型很难，但实际上，基础模型的原理并不复杂，关键在于正确地将模型应用于适当的场景。本章将通过理论联系实际的方式，用大模型进行概念查询和辅助编程，具体介绍如何有效运用统计学模型。

6.1 统计学模型与 AIGC 的联系

吴老师：小红，我们之后要学一学统计学模型，但是学统计学模型之前，我们要先理解 AI 的基本概念。这是为什么呢？因为统计学模型是建立在概率论和统计学基础上的数学工具，它可以描述数据之间的某种关系，并进行预测。AI 的核心技术是机器学习，而机器学习的数学基础是统计学。

小红：好的，那我们从哪里开始学呢？

吴老师：我们一直在用 GPT 大模型，GPT 属于生成式 AI，我们就先说说什么是生成式 AI。生成式 AI，英文是 Generative AI，是一种 AI 技术，它能够基于现有的数据或知识生成新的数据或内容。生成式 AI 更注重创造新的信息，它生成的内容就是 AIGC（AI Generated Content），如 DeepSeek、ChatGPT 生成的文章，Midjourney 生成的图片等。这个很好理解。但是，生成式 AI 和 AI、机器学习、监督学习、无监督学习、强化学习、深度学习、大语言模型等词之间又是什么关系呢？

小红：这……有一种剪不断理还乱的感觉……

吴老师：哈哈。确实，我们很难一言以蔽之，让我们来画张图（见图6-1），直观地理解它们之间的关系。AI 是计算机科学下的一个学科，旨在让计算机系统模拟人类的智能，从而解决问题和完成任务。你知道吗？早在 1956 年，AI 就已经被确定为一个学科领域了。

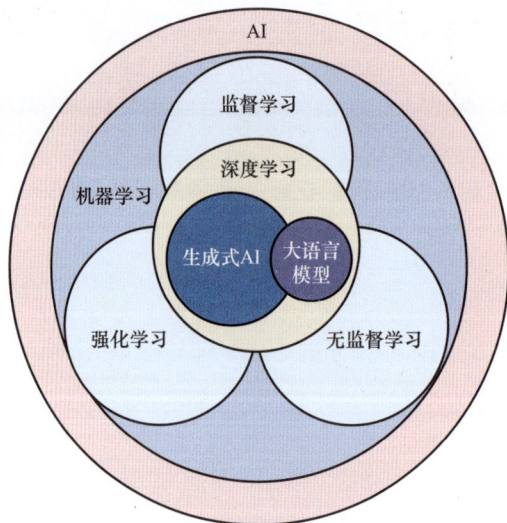

图 6-1

小红：那真的很久远了！

吴老师：没错。机器学习是 AI 的一个子集，它的核心在于不需要人类做显式编程，而是让计算机通过算法自行学习和改进，识别模式，做出预测和决策。举个例子，如果我们通过代码告诉计算机，图片里有红色就是玫瑰，有橙色就是向日葵，那么程序对花种类的判断就是通过人类直接编写的逻辑完成的，这不属于机器学习。但如果我们给计算机大量的玫瑰和向日葵图片，让它自己识别模式、总结规律，从而能够对没有见过的图片进行预测和判断，这就是机器学习了。

小红：原来这就是机器学习。

吴老师：机器学习有很多分支，比如监督学习、无监督学习和强化学习。在监督学习里，机器学习算法会接受有标签的训练，数据标签就是期望的输出值，所以每一个训练数据点都既包括输入特征，也包括期望的输出值。算法的目标是学习输入和输出之间的映射关系，以便在给定新的输入特征时，能够准确预测出相应的输出值。

小红：听着有点抽象，能举个例子吗？

吴老师：当然可以。经典的监督学习任务包括分类和回归，分类就是把数据划分为不同的类别，回归就是对数值进行预测。比如，我们可以用猫和狗的图片以及对应的标签来构建一个模型，然后让模型对没见过的图片进行预测，判断图片上的是猫还是狗，这就是分类。回归则涉及对数值进行预测，比如，我们可以用房子的特征（如面积、卧室数量、是否带阳台等）和相应的房价作为标签来进行训练，然后，让模型根据没见过的房子的特征来预测房价，这就是回归。

小红：原来如此。那无监督学习呢？

吴老师：无监督学习和监督学习不同的是，无监督学习的数据是没有标签的，所以算法的任务是自主发现数据里的模式和规律。经典的无监督学习任务包括聚类，也就是对数据进行分组。比如拿一堆新闻文章，让模型根据主题或内容的特征自动地把相似的文章组织在一起。

小红：那强化学习又是什么呢？

吴老师：我们之前（1.1 节）讲过，强化学习是让模型在环境里采取行动，获得结果反馈后，从反馈里学习，从而在给定情况下采取最佳行动来最大化奖励或是最小化损失。这个过程与训练小狗有些类似。

小红：那深度学习跟它们又是什么关系呢？

吴老师：深度学习不属于里面的任何一类。深度学习是机器学习的一个方法，核心在于使用人工神经网络，模仿人脑处理信息的方式，通过层次化的方法提取和表示数据的特征。神经网络是由基本的计算和存储单元组成的，这些单元被称为神经元，神经元通过层层连接来处理数据。由于深度学习模型通常有很多层，因此被称为"深度"学习。

小红：原来是这个原因。您能给我举个深度学习的例子吗？

吴老师：深度学习模型通常包含输入层、多个隐藏层、输出层（见图 6-2）。比如，要让计算机识别猫的图片。数据首先被传递到一个输入层，就像人类的眼睛看到图片一样；然后数据通过多个隐藏层，每一层都会对数据进行一些复杂的数学运算，以帮助计算机理解图片中的特征，如猫的耳朵、眼睛等；最后是输出层，计算机会输出一个答案，表明这是不是一张猫的图片。

小红：原来这个过程这么复杂。

吴老师：是的。神经网络可以用于监督学习、无监督学习、强化学习，所以深度学习并不是它们的子集。生成式 AI 是深度学习的一种应用，它利用神经网络来识别现有内容的模式和结构，学习生成新的内容，内容形式可以是文本、图片、音频等。

小红：我明白了，生成式 AI 都是通过深度学习训练而成的。

吴老师：大语言模型也是深度学习的一种应用，专门用于进行自然语言处理。大语言模型的"大"字说明模型的参数量非常大，可能有数十亿个甚至万亿个，而且训练过程中也需要海量数据，所以它能更好地理解自然语言，生成高质量的文本。大语言模型的例子非常多，比如我们用的大模型。

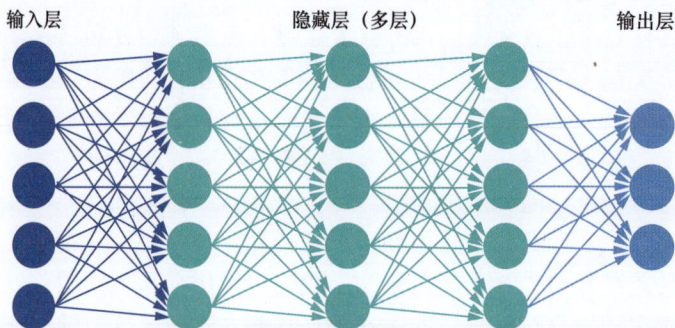

图6-2

小红：我有一个问题，所有的大语言模型都是生成式AI吗？我听说，有些大语言模型不是生成式AI。

吴老师：有些大语言模型不适合进行文本生成。谷歌的BERT模型就是一个例子，它的参数量和训练数据量很大，属于大语言模型。在应用方面，BERT理解上下文的能力很强，因此被谷歌用在搜索上，用来提高搜索排名和信息摘录的准确性。它也被用于情感分析、文本分类等任务。但同时，BERT不擅长文本生成，特别是连贯的长文本生成，所以，有些人才认为此类模型不属于生成式AI的范畴。

小红：我记得，BERT的Transfromer架构中只有编码器，没有解码器。我还有一个问题，您说统计学模型为AI提供数学和理论基础，能解释一下吗？

吴老师：统计学模型是一种数学工具，用于描述数据之间的关系。统计学模型提供了各种数据分析和处理方法，例如回归分析、聚类分析、时间序列分析等，这些方法可以用于提取数据中的特征和规律，为AI模型的训练和应用提供基础。基础的统计学模型是数据分析师非常重要的工具。

小红：统计学模型会不会很难学呀？

吴老师：你先查查，看看作为数据分析师需要掌握哪些统计学模型，这样脑海里才能建立起一个大概的框架。

> **提问：** 假如你是互联网的数据分析师，列出常见的统计学方法，并给这些模型分类。

常见的统计学方法可以分为以下几类。

1．描述性统计分析

- 平均数、中位数、众数：用于描述数据的集中趋势。
- 标准差、角度：用于描述数据的离散程度。
- 分布形态（偏度、峰度）：用于描述数据分布的形状。

2．相关性分析

- 皮尔逊相关系数（Pearson Correlation Coefficient）：用于分析最简单的两个连续变量之间的线性关系强度和方向。

- 斯皮尔曼等级相关系数（Spearman's Rank Correlation Coefficient）：用于分析两个变量之间的单调关系。

3．回归分析

- 线性回归（Linear Regression）：用于建立一个或多个自变量与因变量之间的线性关系模型。
- 逻辑回归（Logistic Regression）：用于处理因变量为二分类的情况。
- 多项式回归（Polynomial Regression）：用于建立自指标与因指标之间的非线性关系。

4．时间序列分析

- 自回归模型（AR Model）：用于描述当前值与历史值之间的关系。
- 移动平均模型（MA Model）：用于描述时间序列的随机波动。
- 自回归移动平均模型（ARMA Model）：结合了 AR 和 MA 模型的特点。
- 季节分解（Seasonal Decomposition）：用于分析时间序列的季节性变化。

5．聚类模型

- k-means：将数据分为 k 个类别，使得类间距离最小化而类间距离最大化。
- 层次聚类（Hierarchical Clustering）：通过阶梯合并或分割类别来形成层级树。

6．分类模型

- 决策树（Decision Tree）：通过构建树状结构来进行分类。
- 随机森林（Random Forest）：通过构建多个决策树进行投票决策的集成模型。
- 支持向量机（Support Vector Machine，SVM）：通过寻找最优边界来区分不同类别。

这些模型在互联网数据分析中广泛应用，可以根据具体的业务需求和数据特点选择合适的模型进行分析。

　　吴老师：其实，掌握这些模型并不像你想象的那么难。我们的目标不是从零开始造出一个模型，而是学会如何应用这些已有的模型解决问题，关键是要理解在哪些具体场景下使用合适的模型。是不是觉得有信心多了？

　　小红：是的。GPT 列出的这些模型我们都需要掌握吗？

　　吴老师：至少要掌握 2 种相关性分析、4 种回归分析、2 种时间序列分析模型、K-Means 聚类模型，以及决策树分类模型。等我们遇到业务场景再详细展开。

6.2　相关性分析：探索变量之间的联系

　　小红与业务人员刚讨论完数据，紧皱着眉头回到工位。

　　小红：刚才与业务人员讨论时，他问我广告收入是与用户在线时长更相关还是与播放视频数量更相关。我该如何判断呢？

吴老师： 这就要用到相关性分析了。

小红： 那我们现在就先从相关性分析开始学习吧。我先问问 GPT。

> **提问：** 介绍相关性分析的原理，在"广告收入是与用户在线时长更相关还是与播放视频数量更相关"场景上应用，说明计算过程，不需要给出具体的数据。

相关性分析是一种统计分析方法，用于评估两个或多个变量之间的关系强度和方向。在数据分析中，最常用的相关性分析方法包括皮尔逊相关系数和斯皮尔曼等级相关系数。这两种方法各有特点，适用于不同类型的数据分析场景。

皮尔逊相关系数

皮尔逊相关系数用于衡量两个变量之间的线性相关性。其取值范围从 −1 到 1，其中 1 表示完全正相关，−1 表示完全负相关，0 表示没有线性相关性。皮尔逊相关系数的计算公式为：

$$r = \frac{\sum(x_i - \bar{x})(y_i - \bar{y})}{\sqrt{\sum(x_i - \bar{x})^2 \sum(y_i - \bar{y})^2}}$$

其中，x_i 和 y_i 分别是两个变量的观测值，$\bar{x}$ 和 $\bar{y}$ 分别是这些观测值的平均值。

斯皮尔曼等级相关系数

斯皮尔曼等级相关系数用于衡量两个变量的等级（或排序）之间的相关性，适用于非线性关系或非正态分布的数据。其取值范围也是从 −1 到 1。斯皮尔曼等级相关系数的计算公式依赖于数据的排名而非实际值，公式为：

$$\rho = 1 - \frac{6\sum d_i^2}{n(n^2 - 1)}$$

其中，d_i 是两个变量的排名差异，n 是数据点的数量。

应用场景：广告收入与用户在线时长、播放视频数量的相关性分析

在分析"广告收入是与用户在线时长更相关还是与播放视频数量更相关"这一场景时，首先要收集相关的数据，包括广告收入、用户在线时长和播放视频数量。

（1）数据准备：整理数据，确保广告收入、用户在线时长和播放视频数量数据准确无误。

（2）选择相关性分析方法：根据数据的分布特性选择合适的相关性分析方法。如果数据近似正态分布且关心的是线性关系，可以选择皮尔逊相关系数。如果数据不满足正态分布或者关系可能是非线性的，可以选择斯皮尔曼等级相关系数。

（3）计算相关系数。

- 对于皮尔逊相关系数，直接应用公式计算广告收入与用户在线时长、播放视频数量之间的相关系数。
- 对于斯皮尔曼等级相关系数，先将每个变量的值转换为排名，然后根据排名差异计算相关系数。

（4）分析结果：根据计算得到的相关系数大小和符号，分析广告收入与用户在线时长、播放视频数量之间的关系。正相关系数表明正相关性强，负相关系数表明负相关性强。通过比较这两个相关系数，可以判断广告收入与哪个因素的相关性更强。

（5）做出结论：基于相关性分析的结果，得出关于哪个因素（用户在线时长或播放视频数量）与广告收入关系更密切的结论。

需要注意的是，相关性分析只能揭示变量之间的关联程度，并不能证明因果关系。此外，分析结果的可靠性还取决于数据的质量和分析方法的适用性。

小红：原来有两种相关性分析方法，皮尔逊相关分析、斯皮尔曼等级相关分析。相关系数是不是就是衡量相关度的呀？

吴老师：是的。我举个例子，摄入热量和体重呈正相关，即热量摄入得越多，体重也会随之增加得越多。外界温度与你穿衣服的厚度也存在着相关性，只是两者是负相关，即外界温度越低，衣服就会越厚。相关性描述的是两个变量之间相互关系的强弱和方向，它不仅说明两个变量之间相互影响的强弱，还能表示影响的方向（正负）。

吴老师接着说：你需要先理解一下原理，找找感觉。比如，我们在画数据分布图、散点图等时，都对数据有一个直观的"感觉"。我们可以画一张相关系数图（见图6-3），感受一下。

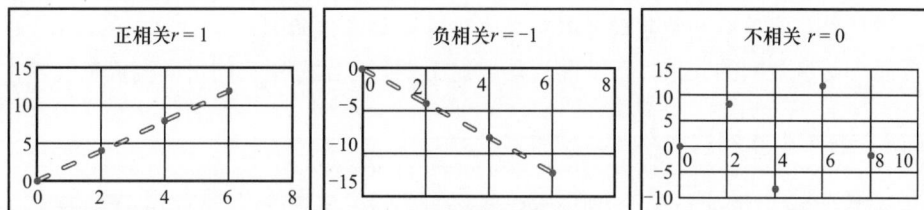

图6-3

说完吴老师在纸上画了一张图。

吴老师：我们以皮尔逊相关系数为例。

吴老师：相关系数 r 用于衡量两个连续变量之间的相关性，也就是相互影响的强弱。相关系数 r 的值在 -1 和 1 之间。

小红：原来如此，r 的绝对值越大，相关性越强，0 表示没有关系，r 是负数就是负相关。相关系数 $r=1$ 表示完美的正相关，随着一个变量的增加，另一个变量将成比例地增加。相关系数 $r=-1$ 表示完美的负相关，当一个变量增加时，另一个变量会按比例减少。相关系数 $r=0$ 意味着两个变量之间没有关系，数据点散布在整个图形上。

吴老师：是不是有点感觉了？

小红：是的。我还有一个问题，相关系数超过多少算是有相关性呢？

吴老师：界定相关性是有意义的，没有一刀切的规则，需要根据具体情况来判断。一般我们认为相关系数超过 0.3，就有了相关性，相关系数超过 0.5，就有较强的相关性，但是依旧需要结合专业知识和业务逻辑进行深入分析和判断。

小红：明白了。

吴老师：我们再来看几个图形分布及其相关系数 r（见图6-4）。

小红：很多图形的相关系数都不好判断。

吴老师：是的。皮尔逊相关系数只能表示两个变量之间的线性关系。对于更高阶的关系，皮尔逊相关分析并不能表示出来。

小红：那斯皮尔曼等级相关分析是不是可以表示出来呢？

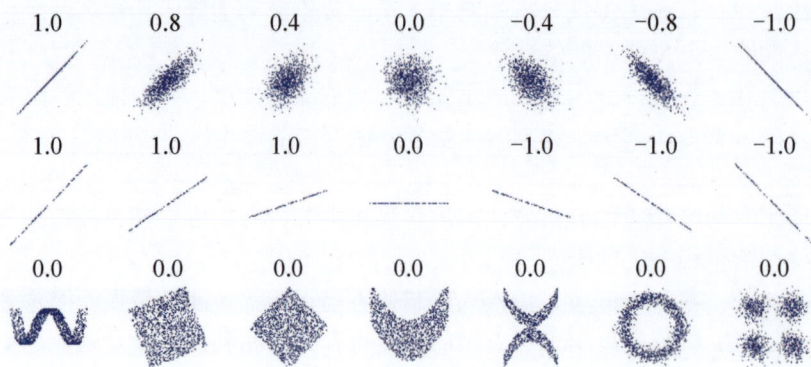

图6-4

吴老师: 正如 GPT 所说,斯皮尔曼等级相关系数用于衡量两个变量的等级(或排序)之间的相关性,适用于非线性关系或非正态分布的数据。其中一个变量需要有等级之分,比如学历(小学、初中、高中和本科)与收入之间的关系。如果数据中存在明显的离群点和异常值,应用斯皮尔曼等级相关系数可以有效减少这些异常值的影响。比如,在网站上的停留时间与页面浏览量之间的关系,在特殊活动或促销期间,部分用户的页面浏览量会异常大。

> **提问:** 详细解释斯皮尔曼等级相关分析的原理。

斯皮尔曼等级相关分析是一种非参数的统计方法,用于评估两个变量的等级(或排序)之间的单调关系。与皮尔逊相关系数评估线性关系不同,斯皮尔曼等级相关系数不假设数据服从正态分布,也不假设变量之间存在线性关系,因此它特别适合用于分析顺序变量或存在非线性关系的连续变量。

原理

斯皮尔曼等级相关系数(记为 ρ)的计算原理基于变量值的等级(排名)而非实际数值。具体步骤如下。

(1)排名。分别对两个变量的每一个观测值进行排名。如果两个或多个值相同(称为"并列"),则分配平均排名。

(2)计算差异。对于每一对观测值,计算它们在两个变量中排名的差异。

(3)求和。求所有观测值排名差异的平方和。

(4)计算斯皮尔曼等级相关系数。使用以下公式计算斯皮尔曼等级相关系数:

$$\rho = 1 - \frac{6\sum d_i^2}{n(n^2-1)}$$

其中,d_i 是第 i 对观测值的两个排名之间的差异,n 是观测值的总数。

特点

- 值域:斯皮尔曼等级相关系数的取值范围从 -1 到 1。1 表示完美的正单调关系,-1 表示完美的负单调关系,0 表示无单调关系。
- 适用性:特别适合用于分析顺序数据或不满足正态分布假设的连续数据。
- 鲁棒性:对离群值具有较好的鲁棒性,因为它基于排名而非实际值。

应用

斯皮尔曼等级相关分析在多个领域都有广泛的应用，尤其是在数据的分布未知或者不符合正态分布，以及处理等级或排名数据时。通过评估变量之间的单调关系，斯皮尔曼等级相关系数提供了一种有效的方法来探索和量化两个变量之间的关联程度，即使在面对非线性关系或离群点的挑战时也能保持稳健。

小红：我明白了，斯皮尔曼等级相关分析就是先排序再计算相关系数。那广告收入与用户在线时长和播放视频数量的相关性用斯皮尔曼等级相关分析是不是更合理呢？

吴老师：你的理解挺对的。要不要用斯皮尔曼等级相关分析，主要看离群值的影响。你可以先看看数据，分析之前可以先把散点图画出来，如果没有离群值，皮尔逊相关分析会更合适。不过我建议你两种分析方法都试试看。

小红：明白了，那我先把数据收集齐全，整理出广告收入、用户在线时长和播放视频数量的数据，然后用 Python 写一个程序来分析一下这些数据之间的关系。

吴老师：写 Python 程序的时候，也可以让 GPT 协助哦。

小红：好的，我再复习一下。皮尔逊相关系数是衡量两个变量之间线性相关强度的，适合两个连续变量都符合正态分布，而且关系大致呈线性的情况。它对离群值特别敏感，一不小心就可能影响到相关性的计算结果。而斯皮尔曼等级相关系数则是看两个变量之间的单调关系有多强，适合变量不是正态分布、数据是按序排列或者关系非线性的情况。它对离群值没那么敏感，因为它主要看的是数据的排名而不是实际值。

吴老师：还有一点要记住，就是有相关性不一定意味着有因果关系。比如，冰激凌的销量和啤酒的销量之间存在正相关，但这并不意味着它们之间有因果关系，可能只是因为它们都受气温的影响而已。

小红：明白了，谢谢老师。

6.3 回归预测：构建预测模型

6.3.1 简单线性回归：一元预测的起点

小红剔除异常值后，使用皮尔逊相关分析得出"广告收入"与"用户在线时长"的相关系数为 0.38，而"广告收入"与"视频播放数量"的相关系数为 0.52。这引发了她的思考：是否增加"视频播放数量"就能直接提升"广告收入"？她想找到一种方法，具体量化这两者之间的关系。尽管吴老师之前提醒过，指标间的相关性不意味着因果关系，但从业务逻辑上分析，用户行为与收益之间似乎存在因果关系。因此，她决定向吴老师寻求建议。

小红：我在想能不能用什么方法来具体量化两个变量之间的关系，比如多播放 10 个视频，广告收入就能增加 1 元。

吴老师：这个问题挺好的。你说的这种情况，我们可以考虑用回归分析来解决。其实，相关性分析主要用来看两个变量是否有一起变化的趋势，以及这种趋势有多紧密。但它并不能告诉我们具体的数值关系，比如一个变量变了，另一个变量会怎么变。这时候，回归分析就派上用场了。它可以帮我们建立一个数学模型,通过这个模型,我们就能预测出变量之间的具体关系,比如你说的播放视频数量和广告收入之间的关系。

小红:回归分析听起来挺厉害的,我先查查看。

> 提问:什么是回归分析?有哪些常见的回归类型?分别解决什么问题?举几个互联网常见的应用回归分析的例子。

回归分析是一种统计分析方法,用于分析一个或多个自变量(解释变量)和一个因变量(响应变量)之间的关系,进而预测或估计未来的结果。它在揭示变量之间的关系、进行预测、优化决策等方面具有广泛的应用。

常见的回归类型及解决的问题

1. 简单线性回归

用于分析一个自变量和一个因变量之间的线性关系。

解决问题:单一因素对结果的影响程度。

2. 多元线性回归

当涉及多个自变量时,用于分析它们与一个因变量之间的线性关系。

解决问题:多因素共同对结果的影响。

3. 多项式回归

分析自变量和因变量之间的非线性关系。

解决问题:复杂的非线性数据模式。

4. 逻辑回归

用于处理因变量是分类变量的情况,常用于二分类问题。

解决问题:预测某事件发生的概率。

5. 岭回归和 Lasso 回归

这两种都用于处理线性回归中的过拟合问题,通过引入正则化项来减少模型复杂度。

解决问题:变量选择和避免过拟合。

互联网常见的应用回归分析的例子

1. 用户行为预测

使用多元线性回归或逻辑回归分析用户的行为数据,如浏览历史、点击率等,来预测用户的未来行为,如是否会购买某产品。

2. 广告效果评估

通过回归分析来衡量不同广告投放策略(如广告展示次数、广告类型)对广告点击率或销售收入的影响。

3. 推荐系统优化

利用回归模型分析用户特征与产品特征之间的关系,预测用户对未看过的电影或产品的评分,从而提供个性化推荐。

4. 价格预测

对于在线市场和电商平台,使用回归分析根据产品特征(如品牌、类别、评价)和市场条件来预测产品的价格。

5. 需求预测

电商平台利用回归模型预测不同产品的需求量,基于季节性变化、促销活动和用户行为数据，以优化库存管理和定价策略。

　　小红：回归分析主要是用来预测和确定变量之间的具体关系的，对吧？比如哪些因素对结果有较大的影响，以及这种影响怎么量化。

　　吴老师：是的。我们来聊聊预测。所谓预测，其实就是根据过去和现在的数据来预测未来的情况。在数据分析里，预测可以分为两种。一种是连续型预测，比如预测销售额是3550 万元，或者预测客户数量是 15 万人，这种预测的结果无论是多少，都可以看作某个连续实数区间内的任意取值。另一种是分类预测，比如预测用户是接电话还是不接电话，或者预测新产品上市后的等级是 A 级、B 级还是 C 级，这种预测的结果是一个分类，不是连续的数字。

　　小红：那"广告收入"和"视频播放数量"的预测应该属于连续型预测吧。

　　吴老师：你说得对。我们先从简单的线性回归开始讲起吧。举个例子，公司在新品上市前会进行宣传，并进行预售。虽然最终上市以后，并非只有预售用户买，但是如果能通过预售数预测销售量，就能提前预判商品会不会受欢迎，从而把控库存情况。x 轴表示预售数，y 轴表示是销售量，把 x 和 y 用一个简单的方程式 $y=ax+b$ 来进行描述（见图 6-5）。

商品编号	预售数/万件	销售量/万元
商品1	2	58
商品2	6	105
商品3	8	88
商品4	8	118
商品5	12	117
商品6	16	137
商品7	20	157
商品8	20	169
商品9	22	149
商品10	26	202

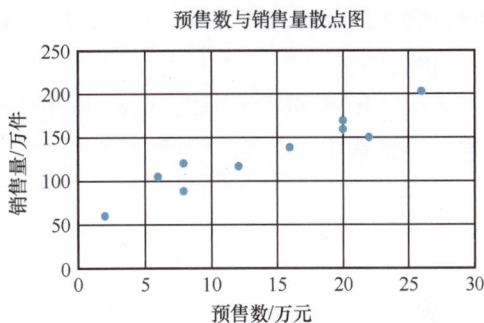

图 6-5

　　小红惊讶地说：这不就是初中学的一元一次方程吗？

　　吴老师：是的，只是统计学家们给它起了一个高大上的名字——一元线性回归方程，或者叫作简单线性回归方程。

　　提问：什么是一元线性回归模型？它在互联网领域有什么应用？

　　一元线性回归模型是统计学中的一种基本预测和分析方法，用于研究一个自变量（独立变量）和一个因变量（依赖变量）之间的线性关系。这种模型尝试通过一个线性方程来描述两个变量之间的关系。

　　模型表达式

　　一元线性回归模型可以表示为：

$$y = \beta_0 + \beta_1 x + \epsilon$$

其中：

- y 是因变量，即我们想要预测或解释的变量；

- x 是自变量，即预测因变量的变量；
- β_0 是截距（Intercept），代表当 $x = 0$ 时，y 的期望值；
- β_1 是斜率（Slope），表示 x 每变化一个单位，y 预期变化的量；
- ϵ 是误差项，反映了模型未能解释的因变量的变异。

一元线性回归模型在互联网领域的应用

一元线性回归模型在互联网领域有广泛的应用，包括但不限于以下几个方面。

1．广告效果评估

分析广告投放量（自变量）如何影响网站流量或销售额（因变量），帮助优化广告策略。

2．用户行为分析

研究用户在平台上的停留时间（自变量）对购买转化率（因变量）的影响，以提升用户体验和提高转化率。

3．内容推荐系统

分析用户对特定内容的浏览时间（自变量）与其表达喜好的程度（因变量，如评分），以优化推荐算法。

4．价格敏感度分析

探究产品价格（自变量）对销售量（因变量）的影响，帮助制定价格策略。

5．流量来源分析

评估不同营销渠道（自变量，如搜索引擎、社交媒体等，经过适当编码后）对网站访问量或应用下载量（因变量）的贡献。

通过这些应用，一元线性回归模型能够帮助互联网公司基于数据做出更加科学的决策，优化产品和服务，提高用户满意度和经营效率。尽管一元线性回归模型相对简单，但它在提供初步洞察和指导决策方面仍然非常有效。对于更复杂的关系和多个影响因素，可以考虑使用多元线性回归或其他更高级的统计和机器学习模型。

小红：GPT 给出了一个比较复杂的方程 $y = \beta_0 + \beta_1 x + \epsilon$，多了 ϵ 误差项。还是刚才说的 $y = ax + b$ 简单，容易理解。我还有个问题，是不是 x 和 y 需要符合线性关系，才能用线性回归分析呢？如何判断 x 和 y 的关系是不是线性的呢？

吴老师：我们之前学的皮尔逊相关系数不是正好派上了用场吗？另外，可以通过散点图来进行展示。

吴老师画了一组图。

吴老师：你看这组图（见图6-6），图1、图2和图3都有明显的线性关系。只不过图1、图2是直线，图3是曲线。而图4却杂乱无章，不具有线性关系。

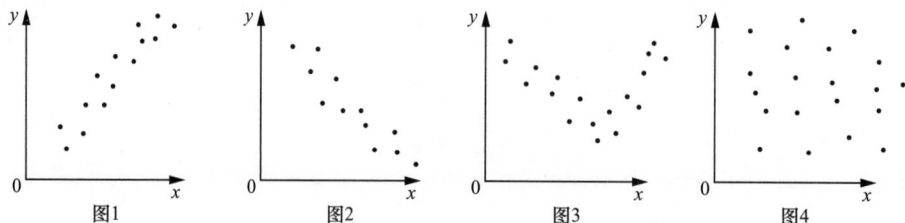

图6-6

吴老师接着说：从 $y = ax + b$ 这个方程来说，如果 $a > 0$，则 y 随着 x 的增大而增大，反映在散点图上，就是一条斜向上的直线，如图 1 所示；如果 $a < 0$，则 y 随着 x 的增大而减小，反映在散点图上，就是一条斜向下的直线，如图 2 所示。而 $|a|$ 越大，y 随 x 的变化越大，反映在散点图上就是直线越陡峭。

小红：只要推导出这个方程，根据一个特定的 x 值，就可以计算出一个特定的 y 值了。

吴老师：你可以让大模型来算，将刚才预售数和销售额的数据上传到大模型中。

> **提问**：表格数据符合简单线性回归，预售数是 x，销售额是 y，计算简单线性回归的方程。

附件：Excel 表格。

```
1  import pandas as pd
2
3  # 加载数据集
4  data_path = '/mnt/data/ 简单线性回归 .xlsx'
5  data = pd.read_excel(data_path)
6
7  # 显示数据集的前几行以了解其结构
8  data.head()
9
10  结果
11  商品编号    预售数（万）   销售额（万）
12  0   商品 1        2         58
13  1   商品 2        6        105
14  2   商品 3        8         88
15  3   商品 4        8        118
16  4   商品 5       12        117
17  ……
```

```
1  from sklearn.linear_model import LinearRegression
2  import numpy as np
3
4  # 准备数据
5  X = data[' 预售数（万）'].values.reshape(-1, 1)  # Independent variable
6  y = data[' 销售额（万）'].values  # Dependent variable
7
8  # 创建线性回归模型
9  model = LinearRegression()
10  model.fit(X, y)
11
12  intercept = model.intercept_
13  slope = model.coef_[0]
14
15  (intercept, slope)
16
17  结果
18  (60.0, 5.0)
```

根据简单线性回归分析，我们得到的回归方程为：$y = 60.0 + 5.0x$。

其中：

- y 代表销售额（万）；
- x 代表预售数（万）；
- 截距（β_0）为 60.0；

- 斜率（β_1）为 5.0。

这意味着销售额与预售人数呈正相关，每增加 1 万的预售数，销售额将增加 5 万。

小红：所以得到的方程是 $y = 5x + 60$。

吴老师：你试试看把"广告收入"与"视频播放数量"的回归方程也算一算。不过数据量比较大，GPT 可能处理不了，你可以复制代码到本地服务器上进行计算。

小红：好的吴老师。不过，我还有一个问题。你看这张图（见图 6-7），我们预测出来的线可能是那条红线，也可能是那条蓝线，到底是拟合成红线更好，还是蓝线更好呢？

吴老师：你是想问如何确保预测的准确率最高吧？

小红：是的。

吴老师：这里涉及一个概念，叫作"最小二乘法"，也就是误差的平方和最小。

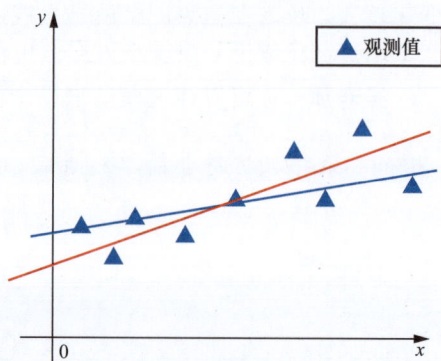

图 6-7

> **提问**：介绍最小二乘法原理，说明"最小二乘法"就是误差的平方和最小。

最小二乘法是一种数学优化技术，它用于在数据中找到最佳的函数匹配。这种方法通过最小化误差的平方和来寻找数据的最佳拟合直线或曲线。

在最小二乘法中，我们有一组观测值和一组预测值。观测值是实际测量的值，而预测值是通过我们的模型计算出来的。对于每个数据点，我们计算其观测值与预测值之间的差异，这个差异被称为"误差"或"残差"。

最小二乘法的目标是找到一条直线（或曲线），使得所有数据点的误差的平方和达到最小。换句话说，我们想要找到一组参数，使得模型对数据的拟合尽可能好，而误差尽可能小。

数学上，如果我们有一组数据点 (x_1, y_1), (x_2, y_2), $\cdots$, (x_n, y_n)，并且我们想要通过这些点拟合一条直线 $y = ax + b$，那么我们需要找到参数 a 和 b，使得下面的式子达到最小：

$$S = \sum_{i=1}^{n} (y_i - (ax_i + b))^2$$

这个式子就是所有数据点的误差的平方和，我们通过求解这个最小化问题来找到最佳的参数 a 和 b，从而得到最佳拟合直线。

最小二乘法不仅适用于线性回归，还可以用于多项式回归或其他类型的曲线拟合。总的来说，最小二乘法是一种非常强大的工具，被广泛应用于统计学、数据分析和工程领域中。

小红想了想：我理解最佳的拟合曲线就是，拟合曲线的 y_i 和实际曲线的 y_i 的差的平方和最小。

吴老师：是的。我们计算每个数据点的预测值与其实际值之间的差值（误差），然后对所有误差的平方求和。最小二乘法的目标就是调整模型参数，以使得这个误差的平方和尽可能小，从而确保模型对数据的拟合度最高。

6.3.2 多元线性回归：多变量的预测能力

小红：刚才我们讨论的回归模型的自变量都只有一个，可如果影响因素多于一个，怎么办？

吴老师：那就需要用多元线性回归了。多元线性回归分析就是研究一个因变量（这里是销售量）和多个自变量（这里是预售和首销）之间的关系。和一元线性回归方程差不多，多元线性回归方程只是增加了自变量而已：$y = ax_1 + bx_2 + c$。

> **提问**：什么是多元线性回归模型？它在互联网领域有什么应用？

多元线性回归模型是一种统计技术，用于分析两个或多个自变量（独立变量）与一个因变量（依赖变量）之间的线性关系。与一元线性回归模型不同，多元线性回归模型考虑了多个预测因子对结果变量的联合影响，使其能够处理更复杂的现实世界问题。

多元线性回归模型的方程

多元线性回归模型的一般形式可以表示为：

$$y = \beta_0 + \beta_1 x_1 + \beta_2 x_2 + \cdots + \beta_n x_n + \epsilon$$

其中：

- y 是因变量，即我们想要预测或解释的变量；
- $x_1, x_2, \cdots, x_n$ 是自变量，预测因变量的变量；
- β_0 是截距，代表所有自变量为零时因变量的期望值；
- $\beta_1, \beta, \cdots, \beta_n$ 是斜率系数，表示各自变量对因变量的影响程度；
- ϵ 是误差项，反映了模型未能解释的因变量的变异。

多元线性回归模型在互联网领域的应用

多元线性回归模型在互联网领域有着广泛的应用。

1．用户行为分析

分析多个因素（如页面浏览时间、点击次数、历史购买行为等）对用户购买决策的影响，从而优化用户体验和提高转化率。

2．广告效果评估

评估不同广告渠道、广告类型和用户互动行为对广告点击率或转化率的共同影响，以优化广告策略和预算分配。

3．产品推荐系统

利用用户的多种属性和行为数据（如年龄、性别、购买历史、浏览偏好等）来预测用户对产品的喜好，从而提供个性化的产品推荐。

4．定价策略

分析产品特征（如品牌、规格、评价）和市场条件（如竞争对手定价、市场需求）对销售价格的影响，帮助制定更有竞争力的定价策略。

5. 流量和收入预测

结合多个因素（如季节性变化、促销活动、市场趋势）来预测网站流量和电商平台的销售收入，为资源规划和库存管理提供依据。

通过考虑多个变量，多元线性回归能够提供更全面和精确的分析结果，为互联网公司在复杂的业务环境中做出数据驱动的决策提供支持。然而，使用多元线性回归时需要注意变量之间的多重共线性问题，以及确保模型的假设（如线性、独立性、同方差性）得到满足。

小红：对于方程 $y = \beta_0 + \beta_1 x_1 + \beta_2 x_2 + ... + \beta_n x_n + \epsilon$，是不是也要先判断 x_1、x_2 和 y 都符合线性关系，才能用于多元线性回归分析？

吴老师：是的。因为多元线性回归模型基于的假设之一就是变量间的关系是线性的。

小红思考了一下说：如果只有两个自变量，我还可以画散点图，如果有更多的变量，还是适合用皮尔逊相关系数。

吴老师：我们还用上面那个预售的例子，增加一组自变量——首销数，即上市第一天的销售量（见表 6-1）。如果我们想看销售额随预售数、首销数的变化，换句话说就是预售数和首销数哪个指标对销售额的影响更大，就要用到统计学中另一种重要的统计方法：多元线性回归。

表 6-1

商品编号	预售数（万）	首销数（万）	销售额（万元）
商品 1	2	4	58
商品 2	6	14	105
商品 3	8	19	88
商品 4	8	17	118
商品 5	12	23	117
商品 6	16	35	137
商品 7	20	43	157
商品 8	20	42	169
商品 9	22	47	149
商品 10	26	54	202

提问：表格数据符合多元线性回归，预售数是 x_1，首销数是 x_2，销售额是 y，计算多元线性回归的方程。

附件：Excel 表格。

```
1   # 重置后重新导入必要的库并重新加载数据集
2   import pandas as pd
3   from sklearn.linear_model import LinearRegression
4   from scipy.stats import pearsonr
5
6   # 再次加载数据集
7   data_path = '/mnt/data/ 多元线性回归 .xlsx'
8   data = pd.read_excel(data_path)
9
```

```
10   # 显示数据集的前几行以了解其结构
11   data.head()
12
13   结果
14     商品编号   预售数（万）  首销数（万）  销售额（万元）
15   0  商品 1       2         4         58
16   1  商品 2       6        14        105
17   2  商品 3       8        19         88
18   3  商品 4       8        17        118
19   4  商品 5      12        23        117
```

```
1    # 计算预售数（x1）与销售额（y），首销数（x2）与销售额（y）的皮尔逊相关系数
2    corr_x1_y = pearsonr(data['预售数（万）'], data['销售额（万元）'])
3    corr_x2_y = pearsonr(data['首销数（万）'], data['销售额（万元）'])
4
5    # 输出相关系数
6    (corr_x1_y, corr_x2_y)
7
8    结果
9    ((0.9501229552044078, 2.5488662852935633e-05),
10   (0.9436070138230993, 4.1322010986922664e-05))
```

预售数（万）与销售额（万元）的皮尔逊相关系数为 0.95，P 值为 2.55e-05，首销数（万）与销售额（万元）的皮尔逊相关系数为 0.94，P 值为 4.13e-05。这表明预售数和首销数与销售额之间都存在非常强的正相关关系，且这些关系在统计上是显著的。

接下来，我们将使用这些变量进行多元线性回归分析，以计算出销售额（y）的方程，并评估模型的拟合度。

```
1    # 准备数据
2    X = data[['预售数（万）', '首销数（万）']]   # 自变量
3    y = data['销售额（万元）']   # 因变量
4
5    # 创建多元线性回归模型并拟合
6    model = LinearRegression()
7    model.fit(X, y)
8
9    # 获取模型参数
10   intercept = model.intercept_
11   coefficients = model.coef_
12
13   # 计算模型的拟合度（R² 分数）
14   r_squared = model.score(X, y)
15
16   (intercept, coefficients, r_squared)
17
18   结果
19   (61.15237031773421, array([ 8.59963455, -1.72977363]), 0.905372826894
```

多元线性回归分析得出的销售额（y）的方程为：

$$y = 61.15 + 8.60 \times x_1 - 1.73 \times x_2$$

模型的拟合度（R^2 分数）为 0.91，表示模型解释了销售额变异的 91%。这表明模型拟合度较好，能够较准确地预测销售额。

小红：吴老师，为什么算出来还有负数呀？

吴老师：其实，预售数与销售额的皮尔逊相关系数为 0.95，首销数与销售额的皮尔逊相关系数为 0.94，都很高，使用一元线性回归就可以了。两个变量一起考虑，使用多元线

性回归，容易造成过拟合（Overfitting）。

小红：原来如此。遇到过拟合要如何处理呢？

吴老师：实际工作中，应对过拟合常用的两种方法是增加样本量和减少特征数量。在多元线性回归中，我们减少特征数量即可。

6.3.3 多项式回归：处理复杂关系的利器

吴老师：下面我们再说多项式回归。

> **提问**：什么是多项式回归模型？

多项式回归模型是一种回归分析形式，它模型化了因变量 y 与一个或多个自变量 x 之间的非线性关系。与简单的线性回归模型不同，多项式回归模型允许自变量的指数（或幂）大于 1，这使得模型能够捕捉到数据中的曲线关系。

多项式回归模型的方程

多项式回归模型可以表示为：

$$y = \beta_0 + \beta_1 x + \beta_2 x^2 + \ldots + \beta_n x^n + \epsilon$$

其中：

- y 是因变量，即我们想要预测或解释的变量；
- x 是自变量；
- $\beta_0, \beta_1, \ldots, \beta_n$ 是模型参数，表示每个项的系数；
- x^n 表示自变量的 n 次幂；
- ϵ 是误差项。

多项式回归模型通过提供灵活性来适应数据的实际分布，使得它在处理复杂数据关系时特别有用。然而，选择合适的多项式次数是关键，因为过高的次数可能会导致模型过拟合，而过低的次数则可能无法充分捕捉数据中的关系。因此，通常需要通过交叉验证等方法来确定最佳的多项式次数。

吴老师：在工作中，多项式回归也常出现过拟合的现象，为什么这么说呢？

吴老师随手画了一张图（见图 6-8）。

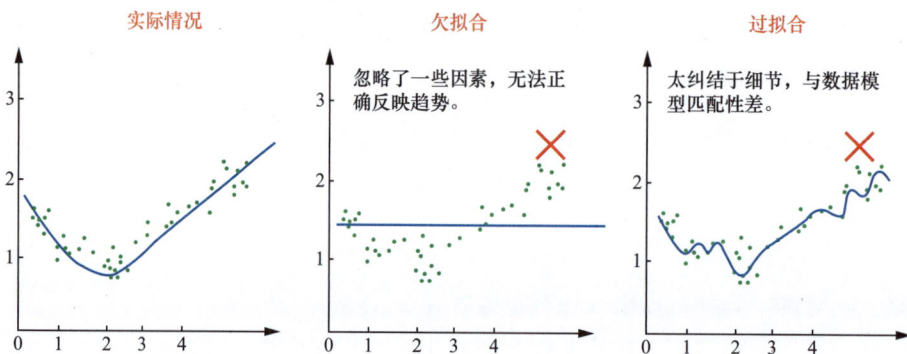

图 6-8

吴老师： 假如我们把数据画到散点图上，发现是一个对钩的形状，这个就是正常的数据模型。但是如果忽略一些因素，散点图上形成了一条直线，没有很好地把趋势反映出来，这就叫欠拟合；假如我们在拟合的过程中，太纠结于细节，导致散点图上形成了一条很曲折的线，和数据模型的匹配性差，这就是过拟合的结果。

小红： 原来如此。那"广告收入"与"视频播放数量"的关系，是不是也可以尝试用多项式回归来分析？

吴老师： 当然可以了。

小红： 我怎么判断哪种模型的效果更好呢？

吴老师： 可以通过 R^2（决定系数）来判断。

> **提问：** 详细解释一下回归分析中的决定系数。

R^2（R-squared），也称为决定系数，是回归分析中用来衡量模型拟合优度的一个统计指标。它表示模型所解释的变异占总变异的比例，其取值范围为从 0 到 1。

1．定义

对于一个回归模型，R^2 定义为：

$$R^2 = 1 - \frac{\text{SSR}}{\text{SST}}$$

2．解释

R^2 的值越接近 1，表示模型的解释能力越强，拟合优度越好。如果 R^2 的值为 0，则表示模型没有解释任何变异，等同于一个只包含截距的模型。在极端情况下，如果模型完美拟合所有数据点，R^2 的值将为 1。

3．注意事项

R^2 并不总是衡量模型好坏的最佳指标。在某些情况下，即使 R^2 较大，模型也可能存在问题。例如，如果数据中存在离群值，R^2 可能会被高估。

在多元线性回归中，随着模型中变量的增加，R^2 的值通常会增大，即使新增的变量对模型的实际解释能力没有贡献。因此，调整后的 R^2（Adjusted R-squared）被提出，用以惩罚过多的解释变量，从而提供一个更准确的拟合优度衡量方式。

4．调整后的 R^2

调整后的 R^2 通过考虑模型中解释变量的数量来调整 R^2，其计算公式为：

$$\text{Adjusted } R^2 = 1 - \frac{(1-R^2)(n-1)}{n-k-1}$$

其中，n 是样本大小，k 是模型中解释变量的数量。调整后的 R^2 在比较包含不同数量解释变量的模型时更为有用。

总的来说，R^2 是评估回归模型拟合优度的一个重要指标，但在使用时应注意其局限性，并结合其他统计量和模型诊断工具综合评估模型的性能。

小红： 我明白了。

吴老师： 我们还是用刚才那个例子吧，这样会更有感觉。

> **提问：** 上面表格中，"预售数（万）"是 x_1，"首销数（万）"是 x_2，"销售额（万元）"是 y。要求用一元线性回归、多元线性回归、二项式回归 3 种方法，给出模型的方程，评价模型的效果，并判断哪种模型更好。

附件：Excel 表格。

```
1   # 计算一元线性回归、多元线性回归和二项式回归的具体模型参数
2   # 一元线性回归模型参数
3   intercept_1 = model_1.intercept_
4   slope_1 = model_1.coef_[0]
5
6   # 多元线性回归模型参数
7   intercept_2 = model_2.intercept_
8   slopes_2 = model_2.coef_
9
10  # 二项式回归模型参数
11  intercept_3 = model_3.intercept_
12  coefficients_3 = model_3.coef_
13
14  # 输出模型方程
15  model_equation_1 = f" 一元线性回归方程: y = {intercept_1:.2f} + {slope_1:.2f}x1"
16  model_equation_2 = f" 多元线性回归方程: y = {intercept_2:.2f} + {slopes_2[0]:.2
    f}x1 + {slopes_2[1]:.2f}x2"# 注意: 二项式回归的系数包括 x1 的一次项和二次项
17  model_equation_3 = f" 二项式回归方程: y = {intercept_3:.2f} + {coefficients_3[1]:
    .2f}x1 + {coefficients_3[2]:.2f}x1^2"
18
19  (model_equation_1, model_equation_2, model_equation_3, r_squared_1, r_
    squared_2, r_squared_3)

20  结果
21  (' 一元线性回归方程: y = 60.00 + 5.00x1',
22   ' 多元线性回归方程: y = 61.15 + 8.60x1 + -1.73x2',
23   ' 二项式回归方程: y = 60.15 + 4.97x1 + 0.00x1^2',
24   0.9027336300063573,
25   0.9053728268944075,
26   0.9027352490078219)
```

根据分析结果，3 种回归方法得到的方程及其拟合度（R^2 值）如下。

1. 一元线性回归方程：

- $y = 60.00 + 5.00x_1$
- $R^2 = 0.903$

2. 多元线性回归方程：

- $y = 61.15 + 8.60x_1 - 1.73x_2$
- $R^2 = 0.905$

3. 二项式回归方程：

- $y = 60.15 + 4.97x_1 + 0.00x_1^2$
- $R^2 = 0.903$

模型效果评价

- 一元线性回归模型和二项式回归模型提供了相似的拟合度，表明单纯考虑预售数（x_1）时，即使加入二次项也没有显著提高模型的解释能力。
- 多元线性回归模型的 R^2 值略微增大，表明同时考虑预售数（x_1）和首销数（x_2）能够更好地解释销售额（y）的变异。

哪种模型更好的判断

- 在这个例子中，多元线性回归模型略优于其他两种模型，因为它提供了最大的 R^2 值，表示模型对销售额变异的解释能力最强。此外，多元线性回归模型通过考虑更多相关因素提供了更全面的视角。
- 尽管二项式回归模型考虑了非线性关系，但在本例中，预售数的二次项系数接近 0，表明销售额与预售数之间可能不存在显著的非线性关系。
- 最终选择哪种模型还需考虑模型的应用场景、预测准确性、解释性以及是否容易实施。在进行决策时，也应考虑模型的复杂度和过拟合的风险。

总的来说，多元线性回归模型在本例中表现最好，因为它在提供较高解释能力的同时考虑了更多可能影响销售额的因素。然而，选择最合适的模型还需要根据实际业务需求和数据特性进行综合评估。

小红：太方便了。我只需要把数据替换成用户在线时长、视频播放数量、广告收入的数据就行了。

6.3.4　逻辑回归：分类问题的解决方案

吴老师：说完用回归预测连续型数字，再说说用回归预测分类型变量。比如预测用户接电话/不接电话，用户是留存还是流失，病人是死亡还是生存。实际工作中，我们比较常用的是逻辑回归（Logistic Regression）。

> **提问**：什么是逻辑回归？它在互联网领域有什么应用？

逻辑回归是一种广泛使用的统计模型，主要用于处理二元分类问题（即目标变量有两个类别的情况）。它通过将线性回归的输出映射到一个概率上来预测一个事件发生的概率。

定义和原理

- 在逻辑回归中，我们使用一个称为 Sigmoid 函数或 Logistic 函数的特殊函数来将线性回归模型的输出转换为概率值：

$$P(Y=1) = \frac{1}{1 + e^{-(\beta_0 + \beta_1 X_1 + \beta_2 X_2 + \ldots + \beta_n X_n)}}$$

- 其中，$P(Y=1)$ 表示目标变量等于 1 的概率，$X_1, X_2, \ldots, X_n$ 是解释变量，$\beta_0, \beta_1, \ldots, \beta_n$ 是模型参数。
- 模型的目标是找到一组参数值，使得观测到的数据出现的概率最大，这个过程称为最大似然估计。

互联网领域的应用

逻辑回归在互联网领域有广泛的应用，主要体现在以下方面。

（1）广告点击率预测（CTR Prediction）：预测用户是否会点击某个广告，这对在线广告系统来说至关重要。

（2）用户行为预测：如预测用户是否会购买某个商品、是否会订阅服务等。

（3）情感分析：分析用户评论或社交媒体帖子的情感倾向，判断其是正面的还是负面的。

（4）欺诈检测：预测某个行为或交易是否具有欺诈性，例如在电子商务或在线支付中检测欺诈行为。

（5）推荐系统：根据用户的历史行为和偏好，预测用户对某个项目（如电影、书籍等）的喜好程度。

总的来说，逻辑回归由于其简单、高效和易于解释的特性，在互联网领域的各种分类和预测问题中得到了广泛的应用。

吴老师：其实逻辑回归的本质是，把离散的 Y 值变成一个连续值，然后再做回归分析。怎么把离散的 Y 值变成连续的 Y 值呢？这里我们用事件发生的概率除以事件不发生的概率，再取对数值，这样就把一个非连续的数据变成连续数据了。

小红思考了一下说：我明白了。逻辑回归的原理其实是把线性回归的结果应用到一个逻辑函数上，这样输出的结果就被映射到了 0 和 1 之间，代表了事件发生的概率。

然后吴老师画了 3 张图。

吴老师：看这 3 张图（见图 6-9），当我们把数据变成连续的之后，就可以用线性回归或者其他分类算法来找到变量之间的对应关系了。

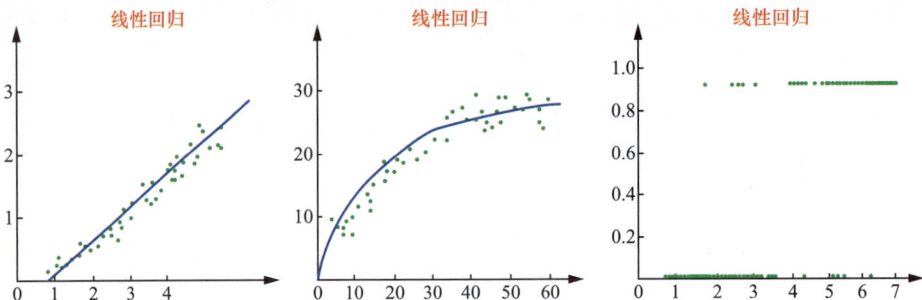

图6-9

小红：原来如此，但我还没找到"感觉"，先让 GPT 举个例子吧。

> **提问**：举一个逻辑回归在用户留存上的应用，要求简单易懂，有数字、有解释、有判断。

假设一个移动应用开发公司想要预测用户在下载应用后 7 天内是否仍会继续使用该应用，即 7 天留存。公司决定使用逻辑回归模型，基于用户的行为数据和个人特征来进行预测。

数据集示例

（1）因变量：用户 7 天后是否仍在使用应用（1 = 是，0 = 否）。

（2）自变量如下。

- 用户完成的教程数量（完成教程数）。
- 用户在应用中花费的总时间（分钟）。
- 用户年龄。
- 用户性别（0 = 女性，1 = 男性）。

模型构建与结果

通过分析 5000 个用户的数据，得到以下逻辑回归模型：

$$\log\left(\frac{p}{1-p}\right) = -3 + 0.2 \times 完成教程数 + 0.05 \times 总时间 + 0.01 \times 年龄 - 0.1 \times 性别$$

其中，p 表示用户 7 天后仍使用应用的概率。

模型解释

- 完成教程数：每完成一个教程，用户 7 天后留存的概率增加 20%。
- 总时间：在应用中每多花费一分钟，用户 7 天后留存的概率增加 5%。
- 年龄：年龄每增加一岁，留存的概率增加 1%。
- 性别：相较于女性用户，男性用户 7 天后留存的概率低 10%。

示例判断

假设有一个用户完成了 3 个教程，总共在应用中花费了 60 分钟，年龄为 25 岁，是男性。根据模型，我们可以估算这位用户 7 天后仍使用应用的概率：

$$p = \frac{e^{-3+0.2\times3+0.05\times60+0.01\times25-0.1\times1}}{1+e^{-3+0.2\times3+0.05\times60+0.01\times25-0.1\times1}} \approx 0.76$$

这意味着，根据模型预测，这位用户有 76% 的概率在 7 天后仍然会使用这款应用。

结论

逻辑回归模型通过分析用户的行为数据和个人特征，能有效预测用户的留存情况。这为移动应用开发公司提供了宝贵的信息，帮他们识别可能流失的用户群体，并针对这些用户实施更有效的用户留存策略，如发送推送通知、提供个性化内容或优惠等，以提高用户留存率。

小红认真看完了之后说：这个模型对我们的业务有很大的帮助，如果我们能预先判断这个用户会流失，就可以给她发一些推送内容，或者给她一些利益等，减缓流失。

吴老师：你说得非常正确。其实，我们现在就有类似的流失预警模型，不过线上场景比较复杂，会用神经网络算法进行计算。

小红：原来大家早就想到了。

吴老师：关于回归分析，我想给你补充一点知识，你有兴趣吗？

小红：您快说说。

吴老师：你知道回归分析的起源吗？回归分析的起源可追溯到 19 世纪，当时英国统计学家、生物学家高尔顿发现，虽然子女的身高倾向于遗传其父母，但身高极端（非常高或非常矮）的父母所生子女的身高往往会回归到人群的平均身高，这就是"回归现象"（Regression Phenomenon）。

小红：确实。如果身高高的人倾向于与同样身高高的人结婚生子，生的孩子也更高的话，理论上经过千百年的进化，人类应该早就分成"巨人族"和"矮人族"了。

吴老师：你说得没错。高尔顿的工作引起了他的好友数学家卡尔·皮尔逊的兴趣，皮尔逊及其学生对回归分析进行了进一步的数学化和系统化研究，才有了现代回归分析的基础。他们引入了相关系数来量化两个变量之间的线性关系强度，同时发展了最小二乘法作为估计回归方程参数的主要技术。

吴老师接着说：从回归现象中，我们会看到，身材高大的双亲，子女不一定高；身材矮小的双亲，孩子也不一定矮。最终孩子的身高其实趋向于平均身高。同样，高智商的家长，子女不一定依然是"学霸"；条件差一点的普通家庭的孩子，也完全可以通过努力学习改变命运。这就是"均值回归"。

小红：每个人都有自己的优势和机会，我要抓住机会努力提升自己。

6.4 时间序列预测：预测未来的波动

业务人员在做明年的规划，请小红帮忙预估一下到明年年底的 DAU、MAU 和收入。这可把小红难倒了。

小红：我用线性回归、多项式回归进行分析后得出的结果都不合理，问了一下 GPT，说可以使用"时间序列分析模型"，我试了一下，可是预测出来的数据感觉也不太合理。

吴老师：时间序列分析模型在我们的工作中使用得非常频繁。你认为时间序列与回归有什么区别？

小红：我的理解是，时间序列与时间有关，大多数时间序列会存在季节性趋势。比如，羽绒服冬天卖得多，冰激凌夏天卖得多。

吴老师：是的。时间序列数据中包含一些重要的组成部分，我们需要先理解这些组成部分。可以认为时间序列有 5 个影响因素（趋势、季节性、周期性、随机性、水平线）。

吴老师随手画了 4 张图。

吴老师：你看这张图（见图 6-10）。左上角的图中，数据围绕水平线波动；右上角的图中加入了趋势线，数据围绕趋势线波动；左下角的图表明数据具有季节性特征；右下角的图是趋势与季节性的叠加，数据点不仅随时间显示出周期性的波动，而且整体上也呈现出上升的趋势。趋势和季节性常常是叠加在一起的。

小红：我画一张图（见图 6-11），您看我说得对不对？中图显示了趋势，下图显示了季节性，累加在一起就是"趋势 + 季节性"。

吴老师：是这个意思。现实中的数据不会像模型数据这么"干净"，根据业务特点，一般需要具体问题具体分析，不能直接照搬套用模型。工作中比较常用的两种是 MA 模型和指数平滑法。我们至少要把这两种学会。

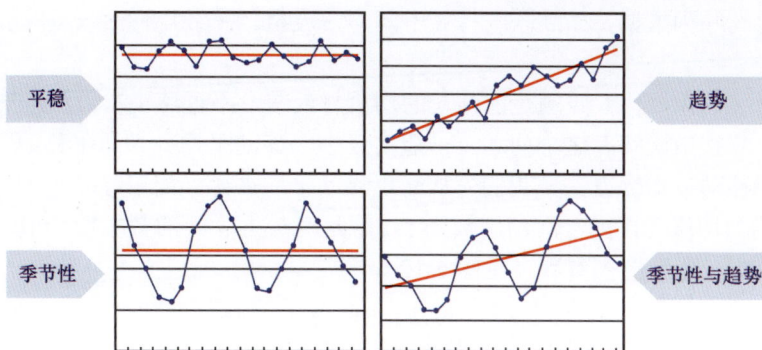

图 6-10

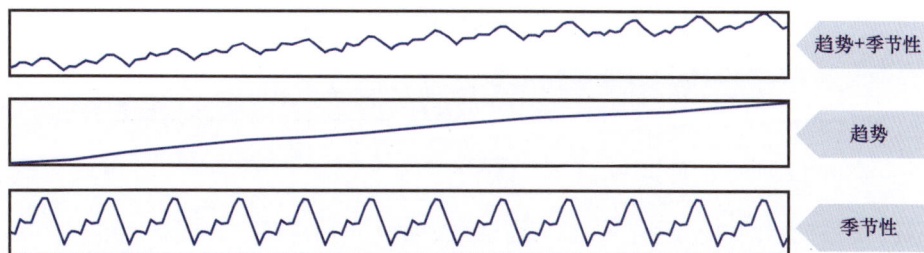

图 6-11

> **提问：** 介绍时间序列分析模型中的 MA 模型，并举一个它在互联网行业的应用场景。

MA 模型是时间序列分析中的一种基本模型，用于预测时间序列的未来值。它属于线性模型，主要思想是将时间序列的当前值表示为过去若干期噪声（随机误差项）的加权和。

定义

一个简单的 MA 模型可以表示为：

$$Y_t = \mu + \epsilon_t + \theta_1\epsilon_{t-1} + \theta_2\epsilon_{t-2} + \cdots + \theta_q\epsilon_{t-q}$$

其中，Y_t 是时间序列在时间点 t 的值，μ 是序列的均值，ϵ_t 是时间点 t 的随机误差项，$\theta_1, \theta_2, ..., \theta_q$ 是模型参数，q 是移动平均的阶数，即考虑的过去噪声的个数。

特点

- MA 模型主要用于捕捉时间序列的短期依赖性。
- 它假设时间序列的当前值主要受到近期噪声的影响。

互联网行业的应用场景

在互联网行业，MA 模型可以应用于网站流量的预测。例如，一个电商网站想要预测接下来一周每天的访问量，以便更好地安排服务器资源和广告投放。通过收集过去几个月的日访问量数据，可以使用 MA 模型来预测未来几天的流量趋势。

具体操作时，可以选择适当的阶数 q，根据过去 q 天的访问量和随机误差项来预测下一天的访问量。通过不断更新模型参数和考虑最近的数据，可以动态地调整预测结果，以适应流量的变化趋势。

总的来说，MA 模型是时间序列分析中的一种简单而有效的工具，适用于预测具有短期依赖性的时间序列数据，如互联网行业中的网站流量、在线用户活跃度等。

　　小红：后续的预测值参照的是前几天的均值与误差，不过感觉参数很难确定啊。

　　吴老师：实践中确实有这个问题。一般实践中，移动平均分为简单移动平均、加权移动平均、指数移动平均等方法。我们先从简单移动平均来说。简单移动平均是对时间序列直接求等权重的均值。比如，滑动周期为5，就是对最近5天的数据取均值。我们用一组简单的数据绘制一张示意图看看（见图6-12）。

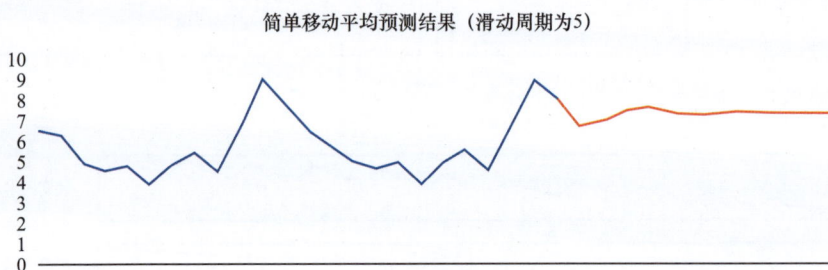

图 6-12

　　小红：感觉效果不好，完全不能体现周期波动。

　　吴老师：加权移动平均是在时间序列窗口内取均值，每个数据被赋予一定的权重，从当前数据到之前第 N 期的数据，权重依次线性递减。比如，滑动周期为5，那么每一天的权重就如表6-2所示。

表 6-2

前1天	前2天	前3天	前4天	前5天
5/15	4/15	3/15	2/15	1/15

　　小红：得到的图形（见图6-13）比简单移动平均的效果好一些，但是依旧不符合预期。

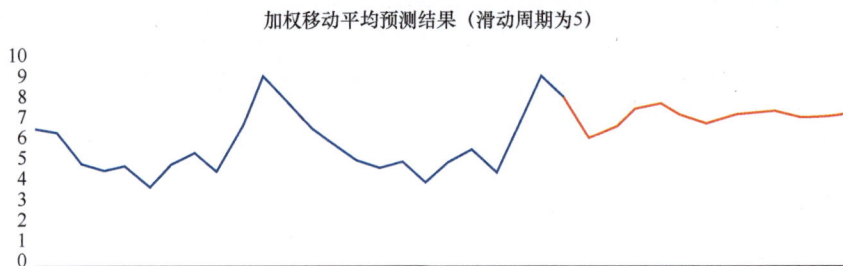

图 6-13

　　吴老师：是的。我们再看看指数移动平均。和加权移动平均类似，从当前数据到之前第 N 期的数据，权重依次递减，但不同之处是，在指数移动平均中，各数据的权重按指数递减，而非线性递减。此外，加权移动平均有滑动周期，指数移动平均则没有，所有的历史数据都会用到。无论往前看多远的数据，该期数据的系数都不会衰减到0，而仅仅是向0逼近。

　　吴老师继续说：每种预测的应用场景不同，比如大模型给出的"网站流量的短期预测"的例子，就非常合适使用移动平均的预测方法。

> **提问：** 介绍时间序列分析方法中的指数平滑法、指数平滑法的分类，并举一个它在互联网行业的应用场景。

指数平滑法是时间序列分析中常用的一种预测方法，特别适用于预测短期内的趋势。它通过给过去的数据以指数递减的权重，使得模型能够更加灵敏地反映时间序列的最新变化。

定义

指数平滑法的基本形式是一次指数平滑，表示为：

$$S_t = \alpha Y_t + (1 - \alpha)S_{t-1}$$

其中，S_t 是时间 t 的平滑值，Y_t 是时间 t 的实际观测值，α 是平滑常数（$0 < \alpha < 1$），S_{t-1} 是时间 $t-1$ 的平滑值。

常见的指数平滑法

1．简单指数平滑（Simple Exponential Smoothing）

适用于没有明显趋势和季节性的时间序列。

公式为：$S_t = \alpha Y_t + (1 - \alpha)S_{t-1}$。

其中，S_t 是时间 t 的平滑值，Y_t 是时间 t 的实际观测值，α 是平滑常数。

2．Holt 线性趋势方法（Holt's Linear Trend Method）

适用于具有线性趋势但没有季节性的时间序列。

在简单指数平滑的基础上增加了趋势项的平滑，分别对水平线和趋势进行指数平滑。

公式如下。

- 水平线公式：$L_t = \alpha Y_t + (1 - \alpha)(L_{t-1} + T_{t-1})$。
- 趋势公式：$T_t = \beta(L_t - L_{t-1}) + (1 - \beta)T_{t-1}$。

其中，L_t 是时间 t 的水平线值，T_t 是时间 t 的趋势值，α 和 β 是平滑常数。

3．Holt-Winters 季节性方法（Holt-Winters Seasonal Method）

适用于既有趋势又有季节性的时间序列。

在 Holt 的线性趋势方法的基础上增加了季节性成分的平滑。

公式如下。

- 水平线公式：$L_t = \alpha(Y_t - S_{t-s}) + (1 - \alpha)(L_{t-1} + T_{t-1})$。
- 趋势公式：$T_t = \beta(L_t - L_{t-1}) + (1 - \beta)T_{t-1}$。
- 季节性公式：$S_t = \gamma(Y_t - L_t) + (1 - \gamma)S_{t-s}$。

其中，S_t 是时间 t 的季节性值，γ 是季节性平滑常数，s 是季节周期的长度。

互联网行业的应用场景

在互联网行业，指数平滑模型可以应用于预测网站的日访问量。例如，一个内容平台希望根据过去的访问数据预测未来一周的用户访问趋势，以便更好地规划内容更新和服务器负载。

通过收集历史的日访问量数据，可以使用指数平滑模型对未来的访问量进行预测。模型可以根据最近的访问趋势进行调整，从而提供较为准确的预测。这有助于平台优化资源分配，改善用户体验，并为广告投放和营销活动提供数据支持。

总体来说，指数平滑模型是一个灵活且实用的工具，适用于预测互联网行业中的各种短期时间序列数据，如网站流量、在线销售额、广告点击率等。

吴老师：指数平滑的方法可以将季节性预测出来，我们用一组数据看看。

> **提问**：使用时间序列分析的指数平滑模型预测网站的日访问量。要求：编写一组数据，有趋势和季节性；分别用简单指数平滑、Holt 线性趋势方法、Holt-Winters 季节性方法预测，并给出结果和对应的图形。

```python
1   import numpy as np
2   import pandas as pd
3   from statsmodels.tsa.api import SimpleExpSmoothing, Holt, ExponentialSmoothing
4   import matplotlib.pyplot as plt
5
6   # 生成模拟的网站日访问量数据，具有趋势和季节性
7   np.random.seed(42)
8   time = np.arange(1, 100)
9   trend = time * 10
10  seasonality = 100 * np.sin(np.pi * time / 6)
11  data = trend + seasonality + np.random.normal(scale=50, size=len(time))
12
13  # 将数据转换为 pandas 序列
14  ts_data = pd.Series(data, index=pd.date_range(start='2022-01-01', periods
    =len(data), freq='D'))
15
16  # 简单指数平滑
17  ses_model = SimpleExpSmoothing(ts_data).fit(smoothing_level=0.2)
18
19  # Holt 线性趋势方法
20  holt_model = Holt(ts_data).fit(smoothing_level=0.2, smoothing_slope=0.2)
21
22  # Holt-Winters 季节性方法
23  holt_winters_model = ExponentialSmoothing(ts_data, trend='add', seasonal=
    'add', seasonal_periods=12).fit()
24
25  # 预测未来 10 天的数据
26  ses_forecast = ses_model.forecast(10)
27  holt_forecast = holt_model.forecast(10)
28  holt_winters_forecast = holt_winters_model.forecast(10)
29
30  # 绘图
31  plt.figure(figsize=(14, 7))
32
33  plt.plot(ts_data.index, ts_data, label=' 原始数据 ')
34  plt.plot(pd.date_range(start=ts_data.index[-1], periods=11, closed='right'),
        ses_forecast, label=' 简单指数平滑预测 ')
35  plt.plot(pd.date_range(start=ts_data.index[-1], periods=11, closed='right'),
        holt_forecast, label=' 线性趋势预测 ')
36  plt.plot(pd.date_range(start=ts_data.index[-1], periods=11, closed='right'),
        holt_winters_forecast, label='Holt-Winters 季节性预测 ')
37  plt.title(' 时间序列预测 ')
38  plt.legend()
39  plt.show()
40
41  # 输出模型预测结果
42  ses_forecast, holt_forecast, holt_winters_forecast
43
44  （结果略）
```

图 6-14

在上述预测中，我们使用了 3 种不同的指数平滑法来预测网站的日访问量。

（1）简单指数平滑的预测结果是一条直线，这是因为它不包含趋势或季节性信息，而是给出一个固定的预测值，适用于没有趋势和季节性的平稳时间序列。

（2）Holt 线性趋势方法的预测结果显示了一个上升趋势，适用于有趋势但没有季节性的时间序列。

（3）Holt-Winters 季节性方法的预测结果考虑了趋势和季节性，生成了一个波动的预测线，适用于同时具有趋势和季节性的时间序列。

在图 6-14 中，我们可以看到原始数据的趋势和季节性模式，以及 3 种方法的预测结果。Holt-Winters 季节性方法的预测与实际数据的模式最为接近，能够捕捉到数据的季节性波动。这表明，对于具有趋势和季节性的时间序列数据，Holt-Winters 季节性方法可能提供最准确的预测。

小红：那我们就可以直接使用指数平滑了！

吴老师：虽然指数平滑可以解决季节性的问题，但是，我们的数据季节性没有这么明显，不能直接应用。实际工作中，一般无法用单一预测方法实现目的。

小红：好的，那我就多试几种方法来预测 DAU、MAU 和收入。

吴老师：除了我上面给你讲的方法外，也可以根据活跃用户构成来预测收入。

小红：根据活跃用户构成来预测收入？这是什么意思呢？

吴老师：我们之前讲过留存矩阵。我们可以把 MAU 拆解。

- MAU ＝上月老用户 MAU ＋本月新增 MAU。
- 上月老用户 MAU ＝上月 MAU ×次月留存率。
- 公式：$MAU_m = MAU_{m-1} \times R_2 + MNU_m$。
- 其中，R_2 为月活跃用户次月留存率矩阵，MNU 为本月新激活用户，对这几个数据分别进行预测。

小红：R_2 是一个矩阵，怎么预测呢？

吴老师：每个月的用户构成不一样，所以，次月留存也是变化的。如果某个月的用户数量很多或者很少，R_2 会发生显著的变化。我们需要收集足够多的历史数据，包括每个月的 MAU 以及这些用户在次月的留存情况，使用计算机建立预测模型。最终计算出的是新用户注册后的留存曲线（见图 6-15）。

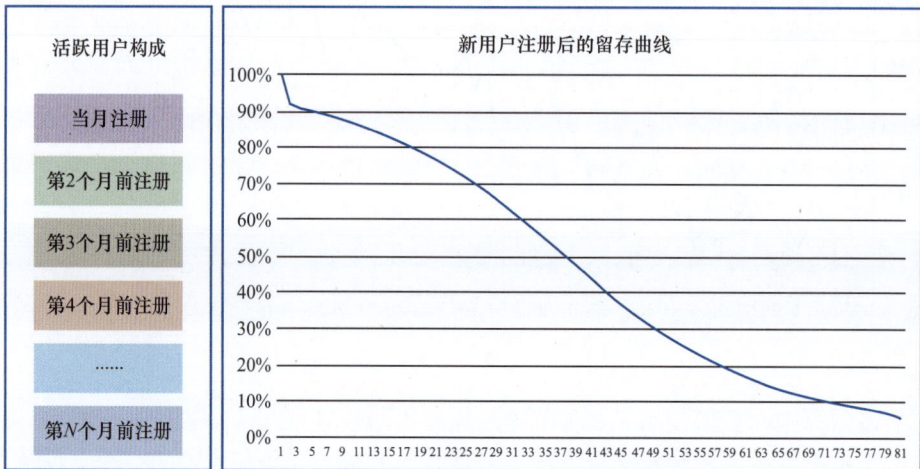

图 6-15

小红：明白了，那先算出新用户的月留存曲线，然后根据每个月的新激活用户数量，就可以算出后续的活跃用户数了。那每个月的新激活用户怎么预测呢？

吴老师：这个数据无法直接预测，跟业务的预算和规划也有关系，可以直接请业务人员提供。

小红：好。那 DAU 的趋势怎么算呢？

吴老师：DAU 的趋势可以根据 MAU 来算。计算 DAU/MAU 的值，然后综合考虑每周的周期性（平日和周末表现不同），再加入节假日因素（见图 6-16）。

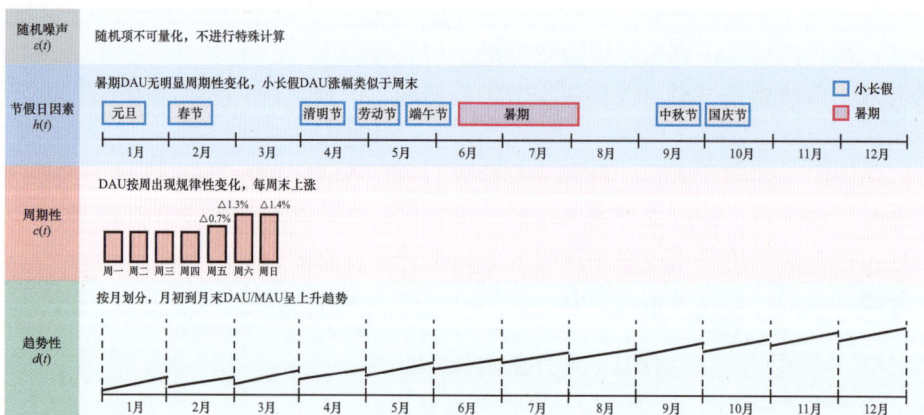

图 6-16

小红：这样就可以应用时间序列的模型了，太好了！不过，我还有个问题，节假日因素如何处理呢？

吴老师：可以先剔除节假日因素，最后再把节假日因素加上。比如，周末上涨10%，可以减去 10% 后再计算 DAU，最后加上 10%。

小红：明白了，那收入怎么计算呢？

吴老师：首先要作分析，看是否注册时间不同，所带来的收入不同。如果确实不同的话，分别计算出平均每用户的单月或单日收入（月 ARPU 或日 ARPU），再乘预测出来的用户数量即可。

小红：原来如此。感觉预测的工作量很大呀。

吴老师：确实有一定的工作量。不过，别忘了我们有 GPT 大模型，把规则说清楚，让它帮我们写程序。

小红：有大模型辅助真的是太好了。

6.5　k 均值聚类分析：发现数据的自然分组

小红：业务人员和我探讨了一个关于信息流用户分类的想法。我们在考虑，除了之前使用的 RFM 分类方法，是否可以利用统计模型来进行用户分群。具体来说，我们根据用户过去 15 天的使用时长、登录次数和登录天数来区分用户，对他们进行分类。

吴老师：你们打算用什么方法来实现这个分类呢？

小红：我问了一下 GPT 大模型，它第一个显示的是 k 均值（k-means）聚类。您之前也提到过这个方法，还说这是分析师必须掌握的统计学方法。我觉得这是一个很好的实践机会。

吴老师：你做得非常好，刚才说的业务场景非常适合用 k 均值聚类分析。首先说说什么是分类，什么是聚类。比如，我们会把动物按门、纲、目、科、属、种进行归类，一匹马无论是黑色还是白色，无论是什么品种，我们都会知道它是马，这就是分类，分类的目标是已知的。那什么是聚类？聚类的目的也是对数据进行分类，但是我们事先不知道如何分类，完全由算法自己来判断各数据之间的相似性，相似的就放在一起。

小红：原来这就是聚类。

吴老师：是的。再举个例子。花，你肯定很熟悉，无论是梅花、菊花，还是百合花、玫瑰花，我们都称之为花，而不是叫它叶子。因为尽管不同种类的花之间存在差异，它们却有共同的特征，如花瓣和花蕊，以及鲜艳的颜色，这些相似性让它们彼此靠近，这种现象称为内聚。而花和叶子相比，区别则非常明显，我们把这个特性叫作分离。聚类就是通过内聚和分离提升性能和结果的可解释性。

小红：原来这就是内聚和分离。

吴老师：是的。组内的对象彼此相似（内聚），而不同组中的对象是不同的（分离）。组内的相似性越大，组间的差别越大，聚类效果就越好。聚类的过程就是让这些数据自己聚集出组别来，所以聚类算法属于无监督学习。顾名思义，就是没有人告诉你最终正确答案是什么，你自己看着办。下面我再给你说说聚类算法的步骤。

说完吴老师在纸上画了几张图。

吴老师：例如右图（见图 6-17）中的点，我们一眼就能看出来这些点是可以分成两堆的。但是计算机怎么能学会把这些点分成两堆呢？

吴老师：计算机用的方法叫"选大哥"，什么意思呢？第一步，随意挑两个点作为开始的"大哥"（见图 6-18）。

吴老师：第二步，"拉帮结派"。计算其余每一个点和"大哥"的距离，这些点里谁离哪个"大哥"更近，就把它归到这个"大哥"的"团伙"里去。第一次"站队"的结果是这样的（见图6-19）。

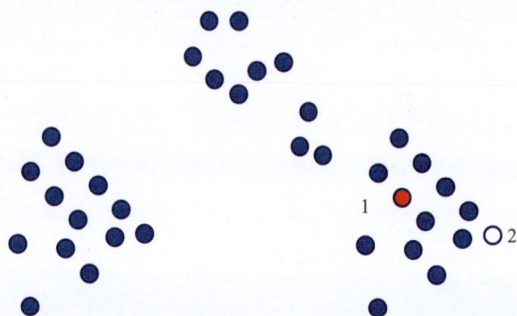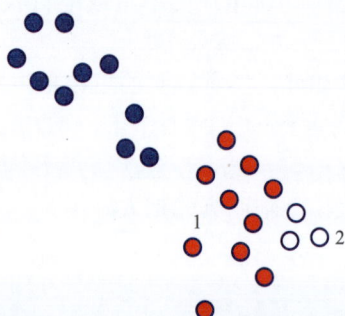

图 6-17　　　　　　　图 6-18　　　　　　　图 6-19

吴老师：第三步，开"民主投票大会"，重新选"大哥"。每个"团伙"里的"小弟"都算一下这个"团伙"的中心点（也就是 x 坐标和 y 坐标的平均值构成的坐标）在哪里，离中心点最近的那个点成为新"大哥"（见图6-20）。也就是"大哥"轮流做，谁离中心位置近，谁就当"大哥"。

吴老师：第四步，回到第二步，再进行一次"拉帮结派"，重新"站队"。这样重复下去，直到最后各"团伙"稳定下来（见图6-21）。

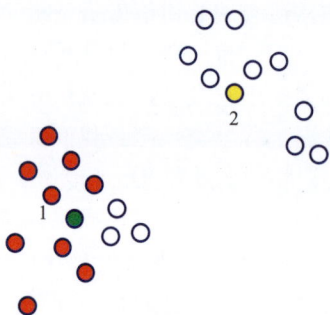

图 6-20　　　　　　　　　　　图 6-21

小红：一开始我怎么知道应该分成两类呢？

吴老师：确定要分几类就是选 k 值，依靠的是个人的经验。比如刚才给顾客分类，就需要分成 3 类。你也可以多尝试几次，看看聚成几类能更好地解释你的业务。

小红：从第四步回到第二步，我们会不会陷入死循环，一直在第二步和第三步中选"大哥"、找"小弟"，永远得不到最后的结果呢？

吴老师：放心，数学证明，我们的这种方法一定会收敛出结果。

小红：异常点会不会对结果有影响呢？

吴老师：这个问题非常好。使用聚类算法的时候要先尽可能剔除一些异常点，或者把它们单独聚成一类。否则一些很异常的数据就会影响聚类算法最终的准确性。

小红：那回到业务人员的需求，根据用户过去 15 天的使用时长、登录次数和登录天数来区分用户，我多分几类试一试。

> **提问**：使用 k 均值算法，根据用户过去 15 天的使用时长、登录次数和登录天数来区分用户，将他们归为 3 类。要求编写一组数据进行计算，给出聚类的结果和解读。

要使用 k 均值算法根据用户过去 15 天的使用时长、登录次数和登录天数来区分用户，并将他们归为 3 类，首先我们需要创建一个模拟的数据集。我们将随机生成一组数据来模拟这 3 个特征，然后应用 k 均值算法进行聚类分析。

我们将按以下步骤进行。

（1）生成模拟数据集。

（2）应用 k 均值算法进行聚类。

（3）分析聚类结果。

让我们开始这个过程。

1．生成模拟数据集

假设我们有 100 名用户的数据，我们将为这些用户随机生成使用时长、登录次数和登录天数的数据。数据将在一定范围内随机生成，以模拟真实场景中的差异。

2．应用 k 均值算法进行聚类

使用 k 均值算法对这些数据进行聚类，我们将指定聚类数为 3。

3．分析聚类结果

我们将分析每个类别的特征，了解不同类别代表的用户类型。

现在，让我们开始实际的编程实现。

```python
1   from sklearn.cluster import KMeans
2   import numpy as np
3   import pandas as pd
4
5   # 生成模拟数据集
6   np.random.seed(42)    # 确保生成的数据是可复现的
7   n_users = 100
8   # 使用时长（单位：小时），假设范围在 0 到 10 小时
9   usage_time = np.random.uniform(0, 10, n_users)
10  # 登录次数，假设范围在 1 到 20 次
11  login_counts = np.random.randint(1, 20, n_users)
12  # 登录天数，假设范围在 1 到 15 天
13  login_days = np.random.randint(1, 15, n_users)
14
15  # 创建数据框
16  data = pd.DataFrame({
17      'Usage Time': usage_time,
18      'Login Counts': login_counts,
19      'Login Days': login_days
20  })
21
22  # 应用 k 均值算法进行聚类，聚类数为 3
23  kmeans = KMeans(n_clusters=3, random_state=42)
24  data['Cluster'] = kmeans.fit_predict(data[['Usage Time', 'Login Counts',
    'Login Days']])
25
26  # 查看聚类结果
27  cluster_centers = kmeans.cluster_centers_
28  cluster_centers_df = pd.DataFrame(cluster_centers, columns=['Usage Time',
    'Login Counts', 'Login Days'])
29
30  data.groupby('Cluster').mean(), cluster_centers_df
```

```
31
32  # 结果
33  (              Usage Time   Login Counts   Login Days
34  Cluster
35  0              4.700963      15.457143     6.400000
36  1              4.435332       5.309524     3.833333
37  2              5.189700       5.782609    12.608696,
38       Usage Time   Login Counts   Login Days
39  0     4.700963      15.457143     6.400000
40  1     4.435332       5.309524     3.833333
41  2     5.189700       5.782609    12.608696)
```

根据 k 均值算法的聚类结果，我们将用户分成了 3 个不同的类别，下面是每个类别的平均特征以及聚类中心的解释。

聚类分析结果

- 聚类 0：这个类别的用户特征为较高的登录次数（平均约 15.46 次），使用时长（平均约 4.70 小时）和登录天数（平均约 6.40 天）适中。这表明这类用户频繁登录，但每次登录可能不会花费太多时间。
- 聚类 1：这个类别的用户有较低的登录次数（平均约 5.31 次）和较低的登录天数（平均约 3.83 天），使用时长也相对较低（平均约 4.44 小时）。这可能代表偶尔使用应用的用户。
- 聚类 2：这个类别的用户在登录天数上显著高于其他两类（平均约 12.61 天），而登录次数（平均约 5.78 次）和使用时长（平均约 5.19 小时）适中。这表明这类用户持续登录，但每天的活跃度不如聚类 0 的用户。

解读

通过对用户进行聚类，我们可以发现用户的 3 种不同行为模式。

- 高频低时用户（聚类 0）：这些用户频繁登录应用，但每次使用的时间不长，可能是快速检查更新或完成特定任务的用户。
- 低频低时用户（聚类 1）：这些用户偶尔登录应用，每次登录也不会花费太多时间，可能是不经常使用或对应用不太依赖的用户。
- 持续登录用户（聚类 2）：这些用户在 15 天内登录天数较多，表明他们持续使用应用，但每天的登录次数和使用时长适中，可能是将应用作为日常习惯的用户。

这样的聚类结果可以帮助应用开发者或市场营销人员更好地理解用户行为，从而设计更加个性化的产品，以满足不同用户群体的需求。

小红：按照 GPT 的步骤，将模拟数据替换为真实数据即可。我也去试试看。

过了两天，小红完成了分析。

小红：我已经完成了分析，并且同步给了业务人员，他们很认可。我对用户进行 k 均值聚类之后，又做了数据分析，观察不同的用户有什么特征。

- 根据用户过去 15 天的使用时长、登录次数和登录天数来区分用户，我分成了 3 类。
- 第一类用户使用产品的时长不算长，但是登录非常频繁，内容曝光量高，但是点击转化率一般，这是我们的高频用户。这些人都看了什么内容呢？主要看的是图文类的小笑话，以及整点新闻。

- 第二类用户使用时长比较长，但是登录次数不多，每次浏览的内容很多，且点击转化率高，这是我们的沉浸式用户。这些人都看了什么内容呢？看的主要是短视频，长视频的点击率也比较高。
- 第三类用户使用时长短，登录次数少，且内容的曝光量和点击率也都比较低，这就是我们的一般用户。这类用户都干了什么呢？他们主要是被推送通知等吸引来的，但是这些推送通知的落地页内容对他们并没有太大吸引力。再深入分析，有没有通过推送通知成功将他们转化为前两类用户的情况？分析发现，一二线城市的用户比较喜欢新闻类的文字内容，给他们推送这类内容，他们容易成为第一类和第二类用户；三四五线城市的用户比较喜欢短视频，给他们推送这类内容，他们容易成为第一类和第二类用户。

吴老师： 你做得很好，已经可以利用 GPT 大模型来独立解决复杂的业务问题了。

6.6　决策树分类分析：构建直观的决策路径

小红一大早到公司，分享了她遇到的一件趣事。

小红： 我住的小区有一个物业大爷，特别负责。每次我去楼下扔垃圾，他都得问我扔的是什么类型的垃圾。如果我分类错了，他马上就能纠正我。所以，我不得不好好学习垃圾分类，现在我觉得自己在这方面已经是满分水平了。

吴老师： 其实，这个过程很像我们在机器学习中使用的分类算法。和聚类算法不同，分类算法是有训练数据集的，在一开始就已经有一系列正确的数据，以及正确的分类结果，然后需要经过不断学习，找到其中的规律，再通过一些测试数据来验证，最终在生产环境里帮你进行分类。就像我让我家孩子做算术题，先告诉他怎么计算，让他学习其中的规则和方法，然后让他做作业练习，最后参加考试。所以，分类属于监督学习，就是有人指导你做。

小红： 分类算法最常见的就是决策树吧？

吴老师： 是的。决策树是最常见的分类算法之一。我们可以把分类器抽象成一棵倒着生长的树，比如，我们设计一棵树来区分鸡、鸭子、鹿和马。任何一个人或者机器拿到这棵树，都可以根据其规则把这些动物区分出来（见图 6-22）。通过从根到叶的逻辑路径来模拟决策过程的这棵树，就叫作决策树。顾名思义，根据这棵树，我们就可以做出决策了。这棵树就是这个分类算法最核心的部分。

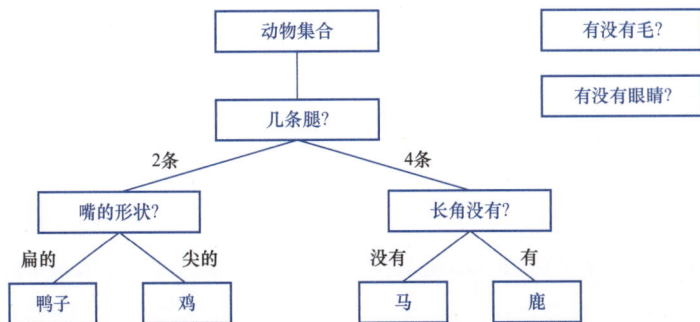

图 6-22

> **提问：** 介绍决策树的原理、算法步骤，并举一个其在互联网行业应用的例子。

决策树原理

决策树是一种常用的机器学习算法，属于监督学习算法，广泛应用于分类和回归任务。它通过从数据集中学习简单的决策规则来预测目标变量的值。决策树的核心思想是基于特征对数据集进行分层分割，每一次分割都旨在使得子集比上一层更加"纯净"（即所包含的目标变量的类别更加统一）。这一过程通过构建一个树形结构来实现，其中每个内部节点代表一个特征上的判断，每个分支代表一个判断结果，每个叶节点代表一个预测结果。

算法步骤

（1）选择最佳分割特征：决策树通过评估每个特征对数据集的分割效果来选择最佳分割特征。常用的评估指标包括信息增益（ID3算法）、信息增益比（C4.5算法）和基尼不纯度（CART算法）。

（2）分割数据集：根据选定的最佳分割特征和该特征上的一个或多个值，将数据集分割成更小的子集。这一过程在每个子集上递归重复，直到满足停止条件。

（3）停止条件：决定何时停止树的增长。常见的停止条件包括树达到最大深度、节点中的样本数量少于最小样本数或节点的纯度（即样本属于同一类别）达到一定阈值。

（4）生成叶节点：一旦达到停止条件，就会生成叶节点。叶节点表示最终的决策结果，它们包含数据集中最频繁出现的目标标签。

应用场景：个性化推荐系统

在互联网行业，决策树被广泛应用于个性化推荐系统中。这些系统通过分析用户的历史行为数据，如浏览历史、购买历史、点击率等，来预测用户可能感兴趣的新产品或内容。

（1）收集数据：收集用户的行为数据，包括用户对不同内容的点击、浏览、购买等行为。

（2）选择特征：基于收集的数据，选择有助于预测用户偏好的特征，如用户的地理位置、浏览时间、设备类型等。

（3）构建决策树模型：使用决策树算法对特征进行分析，构建模型。在每个节点，算法选择一个特征进行分割，以最大化子集的纯度。

（4）预测与推荐：当有新的用户行为时，使用构建好的决策树模型对用户的未来行为进行预测，根据预测结果推荐可能感兴趣的产品或内容。

示例

假设一个在线视频平台使用决策树模型来推荐视频。模型可能会考虑用户的年龄、观看时间、偏好的视频类型等特征。通过分析这些特征，决策树能够预测用户可能感兴趣的其他视频类型，并据此推荐相关视频内容，从而提高用户满意度和增加用户黏性。

这种方法使得推荐系统能够更准确地识别和满足用户的个性化需求，增强用户体验，并推动内容的消费。

小红： 评估指标有好多种呀，包括信息增益（ID3算法）、信息增益比（C4.5算法）和基尼不纯度（CART算法）。

吴老师：在我们的业务中，C4.5 算法使用频率更高。我简单给你讲一讲"C4.5 决策树"。C4.5 决策树算法也被称作"逐级找领导"算法。什么意思呢？这个分类算法的整体逻辑很简单。最开始计算机也不知道用哪个条件区分最好，于是让每个特征都当一次"领导"，也就是把所有条件全试一遍，能实现最明显区分的就当这一级的"领导"，然后逐级"找领导"，最后再"剪枝"。

第一步，把每一个特征当"领导"的情况全试一遍，也就是把各特征都用作分类条件测试一遍。

第二步，通过一个叫"信息熵"的指标计算各情况下分类结果的差异性。信息熵这个词在算法里会经常用到，熵越大表示越混乱，熵越小表示越有序，所以把工作做得井井有条的"领导"，其信息熵应最小。

第三步，选择信息熵最小的领导。对于区分鸡、鸭子、鹿和马的例子，我们发现，这些动物都长了毛，也全有眼睛，用这两个特征来当"领导"做决策完全没用，那这两个特征就不会被纳入决策树。同时，长几条腿这个"领导"的信息熵最小，我们就把它放在第一个节点的"大领导"位置上。

第四步，"大领导"有了，我们重复前面的第一、二、三步，继续找"小领导"。

第五步，精简领导班子，提升办事效率。这就是决策树算法里的"剪枝"，把一些没有用的节点去掉。经过剪枝，就得到了我们最终要的决策树。比如，在本例中，嘴的形状（第二个）就没什么用，可以直接去掉（见图 6-23）。

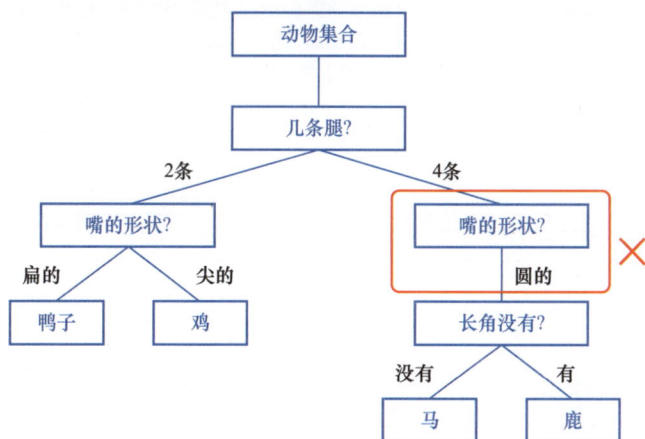

图 6-23

吴老师：以上我们就把决策树画完了。之后，我们用一组测试数据来验证这棵树分得好不好，衡量的标准是精确率和召回率。

小红：有这个例子就很容易懂了，我有"感觉"了。不过，什么是精确率和召回率呢？

吴老师：你想想准确率指标的公式。

小红想了想：准确率 = 预测正确的样本数量 / 预测的总样本数量，我知道了，这么评估不全面。比如，我准备了 100 张图片，里边有 1 张画的是猫，99 张画的是狗，让算法识别猫。假如这个算法把一只猫识别出来了，难道准确率是 1%？

吴老师：非常好，就以此为例，现在，我们要让算法来识别图片中的猫。

我们先把 4 种预测结果的情况都列出来（见表 6-3）。

- 本来是猫，预测对了，确实是猫。
- 本来是猫，却预测成了狗。
- 本来是狗，却预测成了猫。
- 本来是狗，预测对了，确实是狗。

表 6-3

	预测是猫	预测是狗
实际是猫	是猫，预测是猫 TP（True Positive）	是猫，预测是狗 FN（False Negative）
实际是狗	是狗，预测是猫 FP（False Positive）	是狗，预测是狗 TN（True Negative）

吴老师： 听着有点绕，我直接假设一些数据吧（见表 6-4）。假如 100 张图片中，有 60 张画的是猫，40 张画的是狗。根据大模型介绍的精确率公式：

$$精确率 = \frac{真正例（TP）数}{真正例（TP）数 + 假正例（FP）数}$$

这个例子里面，精确率 = 40/(40 + 10) = 80%。也就是说，在预测图中画的是猫的情况中，有 80% 是预测对了的。

表 6-4

	预测是猫（50 张）	预测是狗（50 张）
实际是猫（60 张）	40	20
实际是狗（40 张）	10	30

吴老师继续说： 再看召回率。

$$召回率 = \frac{真正例（TP）数}{真正例（TP）数 + 假负例（FN）数}$$

这个例子里面，召回率 = 40/(40 + 20) ≈ 66.7%。66.7% 就是图中画的是猫的情况中，我们预测正确的情况的占比。

我们再画一下表 6-3 所示的表格，精确率（见表 6-5）和召回率（见表 6-6）分别指的是"红色文字部分 / 红色底色部分"。

表 6-5

	预测是猫	预测是狗
实际是猫	**是猫，预测是猫** **TP（True Positive）**	是猫，预测是狗 FN（False Negative）
实际是狗	是狗，预测是猫 FP（False Positive）	是狗，预测是狗 TN（True Negative）

表 6-6

	预测是猫	预测是狗
实际是猫	是猫，预测是猫 TP（True Positive）	是猫，预测是狗 FN（False Negative）
实际是狗	是狗，预测是猫 FP（False Positive）	是狗，预测是狗 TN（True Negative）

吴老师总结：精确率和召回率（也叫查准率和查全率）是一对"孪生兄弟"，一般情况下它们是成对出现的，用来衡量一个算法模型到底好不好。

小红：我搞明白了。之前，大模型给的例子是个性化推荐系统，那精确率和召回率怎么运用到数据分析中呢？

吴老师：这个问题很好。我们之前说过，流失预警除了能采用逻辑回归、神经网络，还可以用决策树。另外，决策树可以用来判断特征的重要程度。比如，你想看过去 15 天的历史消费金额、加购率、点击率、在线时长、登录天数等指标中哪个对用户复购的影响最大。

> **提问：** 使用 C4.5 决策树，根据用户过去 15 天的历史消费金额、加购率、点击率、在线时长、登录天数，计算其中哪个指标对用户复购的影响最大。要求编写一组数据计算，给出分类的结果和数值，并进行解读。

```python
from sklearn.model_selection import train_test_split
from sklearn.tree import DecisionTreeClassifier
from sklearn.metrics import accuracy_score
import pandas as pd
import numpy as np
from sklearn.preprocessing import StandardScaler
from sklearn.tree import export_text

# 模拟数据生成
np.random.seed(0)
n_samples = 100
# 模拟数据：历史消费金额、加购率、点击率、在线时长、登录天数
X = np.random.rand(n_samples, 5) * [1000, 1, 1, 24, 15]  # 每个特征的范围不同
# 模拟目标：用户是否复购（0 为未复购，1 为复购）
y = np.random.randint(2, size=n_samples)
# 划分训练集和测试集
X_train, X_test, y_train, y_test = train_test_split(X, y, test_size=0.3, random_
state=42)
# 数据标准化
scaler = StandardScaler()
X_train_scaled = scaler.fit_transform(X_train)
X_test_scaled = scaler.transform(X_test)
# 使用决策树（DecisionTreeClassifier 默认使用的是 CART 算法，但为了演示，我们可以通过设置
# 参数模拟 C4.5 算法的效果）
clf = DecisionTreeClassifier(criterion='entropy', random_state=42)
# 使用 entropy 模拟 C4.5 算法
clf.fit(X_train_scaled, y_train)
# 预测和评估
y_pred = clf.predict(X_test_scaled)
accuracy = accuracy_score(y_test, y_pred)
# 获取特征重要性
feature_importances = clf.feature_importances_
# 将特征重要性与特征名进行映射
```

```
feature_names = ['历史消费金额', '加购率', '点击率', '在线时长', '登录天数']
feature_importance_dict = dict(zip(feature_names, feature_importances))
# 输出决策树规则
decision_tree_rules = export_text(clf, feature_names=feature_names)
accuracy, feature_importance_dict, decision_tree_rules

结果
0.4,
    {'历史消费金额': 0.10962113934315824,
     '加购率': 0.11449336245930805,
     '点击率': 0.27203812475403805,
     '在线时长': 0.1728168742718998,
     '登录天数': 0.3310304991715959},
```

通过 C4.5 决策树模型分析，我们得到了以下结果。

（1）模型精确率：40%。这表明模型在测试集上的精确率为 40%。考虑到这是一个简化的示例，数据都是随机生成的，实际应用中要提高精确率，应当准备更详细的数据，并进行参数调优。

（2）特征重要性。

- 历史消费金额：约 10.96%。
- 加购率：约 11.45%。
- 点击率：约 27.20%。
- 在线时长：约 17.28%。
- 登录天数：约 33.11%。

根据特征重要性可知，登录天数对用户复购的影响最大，其次是点击率。这可能意味着在过去 15 天内，用户活跃度（反映在登录天数和点击率上）对于预测他们是否会进行复购具有重要影响。

（3）决策树规则摘要（部分）：决策树的规则展示了如何基于给定的特征来预测用户是否会复购。例如，如果用户的登录天数小于等于阈值 1.22，则继续根据其他特征的条件（如历史消费金额、加购率等）对用户的复购情况进行更加精准的预测。

结果解读

这个分析示例说明在给定的数据集上，登录天数是影响用户复购行为的最重要因素，这强调了用户活跃度在促进复购中的重要性。决策树模型提供了一种直观的方式来帮助我们理解哪些因素最能预测用户的复购行为，并通过树形结构展示了如何基于这些因素做出预测。

值得注意的是，模型的精确率相对较低，这可能是由于数据是随机的，且示例比较简单。在实际应用中，模型的性能可以通过更细致的特征工程、数据清洗和模型调优来进一步提高。此外，决策树模型在面对复杂的数据关系时可能需要结合其他机器学习技术来提高预测准确度。

小红：那对于之前做的分析，我还可以转化成用户在线时长、播放视频数量中的哪个特征对广告收入影响大，计算特征权重都是多少。太方便了。

吴老师：我们讲了这么多的统计学模型，最后，我想跟你聊聊算法。其实，算法的本质就是一个函数，通常我们用 $y = f(x)$ 来表示，x 是输入的特征，也就是你从数据中提取的信息，f 是模型，y 则是输出的预测结果。模型 f 描述了特征 x 和预测结果 y 之间的关系。你可以理解为，特征越丰富，模型捕捉的关系就越多，预测的结果也会越准确。

小红：我理解这个基本原理了。对了，我经常听到训练（Training）和预测（Prediction），这两个过程有什么不同呢？

吴老师：这是个非常好的问题。训练是指我们利用已知的特征 x 和预测结果 y 来求解模型 f 的过程。通过训练，我们希望找到一个能准确反映 x 和 y 之间关系的模型，模型研究的核心问题就是如何选取合适的 f。理想情况下，我们想要一个既简单又精准的模型，以便用较少的数据和算力高效地描述这些关系。

小红：明白了，训练的目标就是找到一个最合适的模型 f，那预测呢？

吴老师：预测是在我们有了训练好的模型 f 之后，利用它根据新输入的特征 x 来计算预测结果 y。简单来说，训练是为了让模型具备预测的能力，而预测则是将这个能力应用到新的数据上，帮助我们做出决策。训练和预测共同构成了算法的核心部分，这两个过程是循环进行的。

小红：我明白了。我们通过不断训练和优化模型，使其具备更强的预测能力，最终在实际业务中发挥作用。

6.7　数据思维：DIKW模型通往智慧之路

吴老师：这些年，随着技术的发展和时代的变换，我也经常感叹，现在处理数据确实变得简单了许多，我们拥有强大的计算工具，掌握先进的分析算法，如机器学习、深度学习等；我们还可以利用各种模型，比如预测模型、分类模型等，来帮助我们分析数据。但是，我们拥有了这么多的工具和数据，要从中挖掘出真正有价值的信息，仍然是一项挑战。

小红：这是为什么呢？

吴老师：在我们的工作和生活中，其实单看数据没有什么意义，数据本身只是一些数字和符号的组合，重要的是对数据的解读和思考，通过对数据的深入挖掘和分析，我们往往能够发现一些意想不到的信息，从而产生新的思考和创意，这是数据思维的价值。

小红：明白，数据思维是一种创新的思维方式。

吴老师：我们之前了解了知识体系具有重要价值，要进行主题学习、刻意练习、深度思考，才能形成知识体系。有了知识体系，我们便可以拥有在复杂的情境中做出明智决策的能力。我再给你介绍一个模型——DIKW。DIKW是4个英文单词的首字母缩写：Data（数据）、Information（信息）、Knowledge（知识）、Wisdom（智慧）。学习DIKW模型可以帮助我们更好地理解知识、信息和数据之间的关系，提高信息素养，提升解决问题的能力，在学习、工作和生活中取得更大的成功。在讲之前，我先给你看一下这张图（见图6-24）。

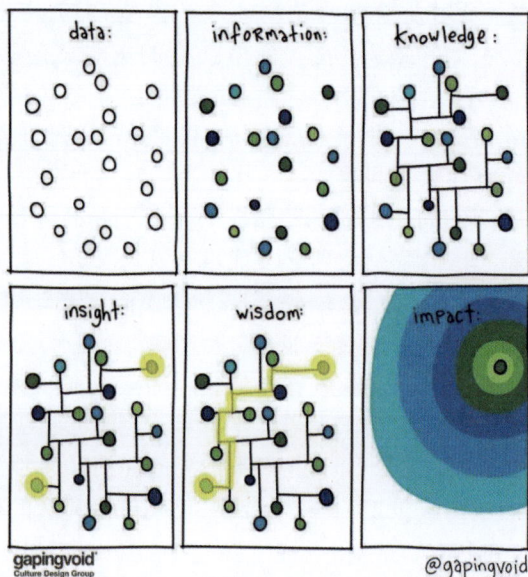

图 6-24

小红仔细看了这张图。

小红兴奋地说：这张图展示了从数据到信息的转化，再到知识的积累、智慧的应用。我们数据旅程的起点是原始数据，这些数据像宇宙中散布的恒星，孤立而无序。经过我们有目的的分类和筛选，它们便转化为信息。随着知识体系的构建，信息之间彼此连接，如同星星之间点亮了联结的光束。其中，洞察诞生于知识层面，它是知识的火花，是创造性思维的闪光，凭借这些闪光，我们能看见以往忽略的连接，提出前所未有的问题。智慧是对洞察的深度思考，解决问题的路径也诞生于此。最终，我们追求的是影响力，让我们的智慧可以影响到更多的人，让这个世界变得更美好。

吴老师：你说得很好。DIKW 模型将数据、信息、知识、智慧 4 个概念纳入一个金字塔形的层次体系中。DIKW 模型展示了数据是如何一步步转化为信息、知识，乃至智慧的（见图 6-25）。

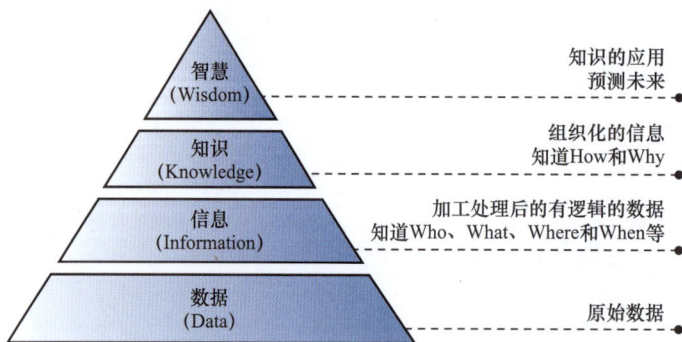

图 6-25

提问：什么是 DIKW 模型？请举一个应用 DIKW 模型解决实际生活中的问题的例子。

DIKW 模型简介

DIKW 模型是一个描述数据、信息、知识和智慧之间关系的模型。它将数据、信息、知识和智慧视为 4 个从低到高逐级递进的层次。

- 数据：是指未经加工和组织的事实和记录。
- 信息：是指经过处理和组织的数据，具有特定的意义和价值。
- 知识：是指由信息加工而成的，能够指导行动的理解和经验。
- 智慧：是指能够将知识应用于实践，解决问题和创造价值的能力。

DIKW 模型的应用案例

案例：一家超市想提升顾客的购物体验。

（1）数据收集：超市可以通过 POS 机、会员卡、监控摄像头等设备收集顾客的购物数据，包括顾客的购物时间、购物地点、购买商品、购物金额等。

（2）信息分析：超市可以使用数据分析工具对收集到的数据进行分析，例如分析顾客的购物偏好、购物频率、客单价等。

（3）知识提取：超市可以根据分析结果，总结出顾客购物行为的规律，例如哪些商品更受欢迎、顾客在哪些时间段购物更多等。

（4）智慧应用：超市可以根据知识，制定相应的策略来提升顾客的购物体验，例如优化商品陈列、提供个性化推荐、开展促销活动等。

应用效果：通过应用 DIKW 模型，超市可以更好地了解顾客的需求，从而提升顾客的购物体验，最终提升超市的竞争力。

吴老师： 应用 DIKW 模型，可以为我们的决策路径提效（见图 6-26）。要创造价值，关键不是你会用多高级的工具或者算法，分析逻辑、数据思维才是真正让数据分析师变得与众不同的东西。就如刚才 GPT 大模型给的例子，我们要向本质思考，解决真实的业务问题。我们可以从指标和指标体系入手，整个指标体系支撑了数据驱动的决策制定过程，量化不同层级的目标能帮助业务人员从日常工作到长期规划始终保持对目标的聚焦。

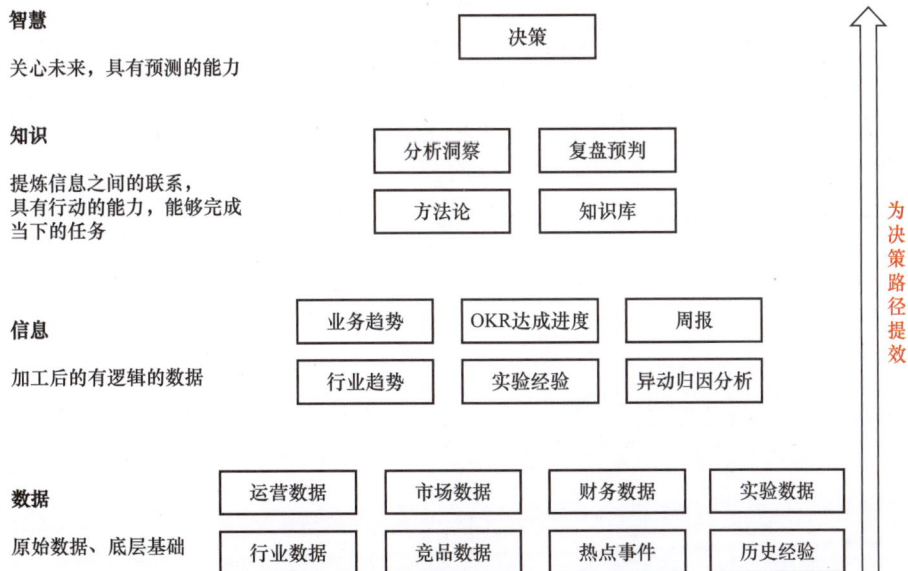

图 6-26

吴老师：AI 的时代正在到来，数据和信息有很多，如果它们没有成为你的知识，更关键的是没有成为智慧的话，那就很麻烦了。

小红：为什么这么说呢？

吴老师：以前我们拼的是谁懂得更多，知识量是优势，有了大模型之后，我们就像站在"巨人"的肩膀上，不是拼谁懂得更多，而是谁能够消化知识，将其内化成自己的智慧。内化的过程需要大量的深度思考，非常耗时，且这个过程可能让你很焦虑，因为很多知识你不懂，要一点点学习、消化。但是，在获取大量信息后，只有经过内化，这些信息才能成为我们的智慧。

小红：现在我在工作和生活中都离不开 GPT 大模型了，会不会太依赖它了？

吴老师：我们要正确看待大模型。第一，不要把大模型"神化"，它只是帮我们提效的工具。第二，不要把大模型"妖魔化"，好像有了大模型，人类的很多能力都会被削弱。第三，也是最重要的，不要把大模型拟人化，虽然我们说大模型就像一位良师益友，可以随时回答你的问题，但是，大模型不是人，不可能拥有完整的人类智慧。而且，我们要建设的是以人为本的人性的社会，这是人类社会的基础。所以，不论如何，在形成智慧的这条路上，大模型可能无法陪你到最后。

小红：那为什么我会觉得大模型生成的内容很有意思，有的回答也很有深度，好像它也能帮我延展智慧？

吴老师：那是因为我们人类的思考是有迹可循的，遵循一定的认知模式。我举个例子，美国的神话学家坎贝尔通过探索、搜索世界上的神话传说，总结了故事的模板，写成了《千面英雄》，而《星球大战》的导演参考这个模板大获成功。概括来说，很多故事遵循的是这样的模式。其实，写作背后是一套复杂的思维能力，需要敏锐的观察和提问能力、资料搜集与消化能力、分析与论证能力、化无形为有形的整合能力、以读者为中心的共情和沟通能力，这些能力都是大模型所不具备的。大模型只是基于已有数据不断地进行重组，不能真正创新。

小红：不过，有了大模型这个"良师益友"之后，我获取知识、形成智慧的速度会更快。

吴老师：大模型的第一步是将知识全学一遍，仿佛盲人摸象，但是它几乎能摸到大象的每一个角落，不会过早陷入本地最优解。这有什么好处呢？首先，弥补了你的知识盲区，大大提升了你获取信息的速度；其次，我们说过观点是有立场的，也就是说，观点必然带有个人的主观意向，而使用大模型，可以迅速地找到事实，以及不同维度的观点，根据这些信息，你可以产出你的观点，形成你的智慧。

小红：我明白了，最终形成智慧还是要靠自己的思考和实践。我会努力吸收知识，通过自己的理解和分析，将其逐步转化为个人的智慧。

第 **7** 章　大模型助你做科学的 A/B 实验

　　A/B 实验，又称为随机实验，源于医疗领域，在药物监管方面得到广泛运用。如今，它已广泛应用至各行各业，尤其是在互联网公司中，常作为决定功能是否上线的关键工具。

　　在数据分析面试中，A/B 实验频繁出现，其重要性自不必多言。然而，一提到 A/B 实验，许多人便困惑不已，大家可能知道 A/B 实验的概念，但对其统计学原理、样本量与试验周期的计算、实施步骤及效果验证等深感困惑，更不用说在面试中应对了。

　　本章将以理论结合实际的案例，外加大模型的辅助，详细、系统地剖析 A/B 实验的相关知识。我们的目标只有一个：解答关于 A/B 实验的疑问，确保你对其了如指掌。你将发现，掌握 A/B 实验并不困难，不要被复杂的统计学原理吓到，让我们一起迈出这一步吧！

7.1 大模型助你搞清什么时候做 A/B 实验

小红刚参加完早会，困惑地走向吴老师，分享了她与业务人员的对话。

小红：业务人员问我，深色背景的图片、浅色背景的图片，两者谁的点击率更高？他还想知道点击率的具体数值。我分析了点击率最高的 100 张图片，发现 60 张是深色背景，40 张是浅色背景，于是我告诉业务人员，深色背景图片的点击率更高。但他认为我的统计方法不靠谱。这是为什么呢？

吴老师：确实，你的统计方法不正确，因为每张图片的曝光时间、受众和展示位置都不同，你不能用同一个标准来评判。

见小红忧心忡忡，吴老师打开计算机，展示了两张图片。

吴老师：让我们以这两张图片为例（见图 7-1）。仅凭观察，我们无法判断哪张图片的点击率更高。这时，A/B 实验就派上用场了。我们可以将这两张图片同时在线上展示，随机选择让 50% 的用户看到 A 组图片，让另外 50% 的用户看到 B 组图片。这样，真实的用户数据会告诉我们哪张图片的点击率更高。

小红：我以前确实听过 A/B 实验，也阅读过一些相关文章，但在实际工作中完全没想到可以把这些知识应用起来。

吴老师：A/B 实验不仅能帮我们确定哪个选项更优，还能准确计算出点击率的具体提升值。这对我们极其重要，因为每一轮产品迭代，我们都面临这样的

图 7-1

问题：更新或优化是否真的带来了改进？只有确保每次更新都朝着更好的方向发展，我们的用户体验和用户黏性才能得到真正的提升。

小红：A/B 实验是不是每个数据分析师都必需掌握的技能呀？

吴老师：掌握 A/B 实验的原理，对数据分析师至关重要，不仅可以让我们更深入地参与到业务中去，还能让我们更好地进行数据监督。其实，学习 A/B 实验并没有想象中那么难，每个知识点都不难理解，我们只要了解其原理，并将其应用于实际项目，就能让数据在业务中发挥最大的价值。

小红：太好了，快教教我与 A/B 实验相关的理论知识吧。

7.1.1 理解 A/B 实验的优势

吴老师：我们说的 A/B 实验，一般指基于贝叶斯统计理论的 A/B 实验，工作中使用 A/B 实验的核心原因是 A/B 实验有两大优势，一个是"准确"，另一个是"快速"。为什么这么说呢？让我先问问大模型。

> **提问**：贝叶斯 A/B 实验在"准确"和"快速"两个方面的优势是什么？

在贝叶斯 A/B 实验的诸多优势中，准确和快速确实值得强调，表现如下。

1．准确

- 概率性解释的准确性：贝叶斯 A/B 实验提供了基于概率的结论，比如"版本 A 比版本 B 效果更好的概率是 80%"，这种概率性的结果直观且易于理解，减少了传统频率主义方法中结果解释的歧义。
- 先验知识的融合：贝叶斯 A/B 实验能够将先验知识（例如历史数据或专家经验）整合到分析中，这种信息的整合能够提高结果的准确性，尤其是在数据量较小或者条件复杂时。
- 全面的不确定性评估：与仅提供估计点和置信区间的传统方法不同，贝叶斯 A/B 实验提供了参数的完整后验分布，这使得对不确定性的评估更为全面和准确。

2．快速

- 连续监测的能力：贝叶斯 A/B 实验允许在任何时间点检查结果，而不会破坏实验的统计性质。这意味着可以在数据收集过程中进行实时分析，及时做出决策。
- 资源优化：贝叶斯 A/B 实验在确定实验结果（比如一个版本优于另一个版本）所需的样本量方面往往更加高效，尤其是在先验信息被合理利用时。这可以缩短实验周期，使得资源投入更加合理，加快决策过程。
- 适应性强：贝叶斯 A/B 实验的灵活性允许在实验中根据累积数据调整或提前终止实验，这样的适应性使得实验过程不仅反应迅速，而且能够更快地得出结论。

吴老师：首先，谈到准确性，A/B 实验能够为我们提供量化的不确定性评估。比如，分支 A 比分支 B 好的概率是 95%，也就是说有 5% 的概率 A 不比 B 好。我们可以通过这个概率评估风险，综合考虑如何制定迭代策略。其次，A/B 实验达到某个阈值时，就可以结束，有效避免了"待数值稳定后"这种模糊的做法。实验既不会过早结束，也不会浪费我们太多时间进行无意义的等待，保证快速、科学地得出结果。

小红：原来如此，我还担心单纯增加样本量会不会导致资源的浪费，看来 A/B 实验完全不会有这种问题。

7.1.2　做 A/B 实验的流程

吴老师：就是因为又准又快，在实际工作中我们才离不开 A/B 实验。A/B 实验不是一次性的任务，而是一个持续的迭代过程，就像这张图（见图 7-2）展示的那样。

吴老师：宏观来讲，从数据分析入手，我们通过挖掘数据深层次的含义和规律，形成初步的假设和理解，然后基于这些洞察设计实验方案并实施。进行实验不仅是为了验证我们的假设，更重要的是，它提供了一个机会，让我们可以在实际环境中测试我们的理论，并通过实验结果收集新的数据。

小红：这就好像"挖宝藏"一样，要深挖规律。

吴老师：你的比喻很形象。实验完成后，我们再次进行数据的收集和解析，这一步不只是简单的数据分析，而是深入理解用户行为和产品性能。通过这种方式，我们可以获得新的见解，这些新的见解可能会引导我们调整原有的假设，或是设计新的实验，从而形成一个持续迭代和优化的循环。

（1）分析数据
广告、文案内容 —————— 拉新
推送、内容营销 —————— 促活
布局交互、用户运营 —————— 留存
推荐算法、促销活动 —————— 转化
转推效果 —— 裂变

A/B实验的
完整工作流

（4）解读实验
关键指标的统计对比
辅助指标的关联分析
置信区间的科学解读
下钻分析和实验调整
根据实验结果选择最优方案

（2）制定优化方案
明确价值主张、提高紧迫性
提高相关性、提高清晰度
降低焦虑感、减少注意力的分散

（3）A/B 实验
分流服务、指标管理
实验管理、多维分析
灰度发布、业务集成

图 7-2

小红：每一轮实验都是建立在之前学习成果之上的，这样我们就可以不断提升产品的性能和用户体验了。

吴老师：完全正确！A/B 实验其实不只是一种技术手段，它更是一种思考方式，讲究的是基于数据来驱动决策，倡导的是不断地学习和进步。我们让大模型帮我们总结一下A/B 实验的步骤。

> **提问：** 请根据 A/B 实验的流程图，总结 A/B 实验的步骤。

A/B 实验的步骤如下。

（1）数据分析：从现有的数据开始进行深入的分析，以揭示关键的洞察和趋势。这一步是整个过程的基础，它帮助我们识别可能的改进领域和实验的潜在机会。

（2）设计实验方案：基于数据分析阶段得到的洞察设计实验方案，包括确定实验的目标、选择实验的变量（比如改变网页的布局或功能）、定义实验的目标群体，以及确定如何分配用户到实验组和对照组。

（3）实施上线：将实验方案在实际环境中实施，确保实验的正确执行和数据的准确收集。这一步可能涉及技术设置、用户分组和实验内容的部署。

（4）收集和解析数据：实验完成后，收集实验数据并进行深度分析。这一步是理解实验结果、评估实验假设的有效性，以及得出可靠结论的关键。

（5）迭代和优化：根据实验结果做出相应的调整和优化。如果实验成功，可以将改进应用到更广泛的用户群体中。如果实验结果不明确或未达到预期效果，可以根据收集到的数据和分析结果调整实验方案，然后重复实验过程。

整个 A/B 实验流程是一个循环的、迭代的过程，每一轮实验都是基于前一轮的学习和洞察来进行的。通过持续的实验和优化，可以逐步改进产品，为用户提供更好的体验，实现更高的业务目标。

小红：如果做完 A/B 实验后发现整体结果显示实验是负向的，但对于某些特定的用户群体是正向的，该怎么办呢？

吴老师：这个问题特别好。A/B 实验中一个非常重要的方面就是细分市场的分析。当整体实验结果不尽如人意时，通过对数据进行更细致的分析，我们有时会发现某些特定群体对变化反应更积极。这就是所谓的"亚群效应"（Subgroup Effect）。

> **提问**：假如你正在做 A/B 实验，解释一下"亚群效应"，并给出一个例子。

"亚群效应"是指在进行实验或分析时，虽然整体结果不是特别理想，但当我们把数据细分到更小的群体时，发现某些特定的群体对于变化有着积极的反应。这种现象说明，虽然对整体来说可能效果平平，但对特定的子群体来说，变化可能是有效的或者效果更明显。

举个例子，假设你在做一个新产品的市场测试，整体来看，产品的接受度并不高，但当你深入分析数据时，发现年轻用户群体对这款产品非常感兴趣。这种在特定群体中观察到的积极效应就是亚群效应。

亚群效应的发现对于制定更精准的市场策略和产品优化有着重要意义。它可以帮助我们识别出哪些特定的用户群体或细分市场更有可能对我们的产品产生积极反应，从而使我们能够有针对性地调整策略，更有效地满足这些群体的需求。

吴老师：针对这个特定群体再次进行 A/B 实验即可。这也反映了 A/B 实验的核心优势——灵活性和深度。通过不断地迭代和深入，A/B 实验不仅可以帮助我们验证假设，还能揭示潜在的市场机会和用户需求。

小红点头：流程我明白了，那如果拆解到每一步，我应该做什么呢？

吴老师：这张流程图为我们提供了一个清晰的 A/B 实验操作框架（见图 7-3）。我们可以将 A/B 实验分为 3 个主要阶段进行操作：需求阶段、开发/实验阶段和结论阶段。在需求阶段，我们的任务是把初步的想法转化为具体的实验需求。接下来的开发/实验阶段，研发团队会根据这些需求进行具体的开发和实验。最后，在结论阶段，我们需要根据实验结果做出决策，比如决定是全面推广实验方案，还是终止实验，或者针对特定的用户群体设计进一步的实验。

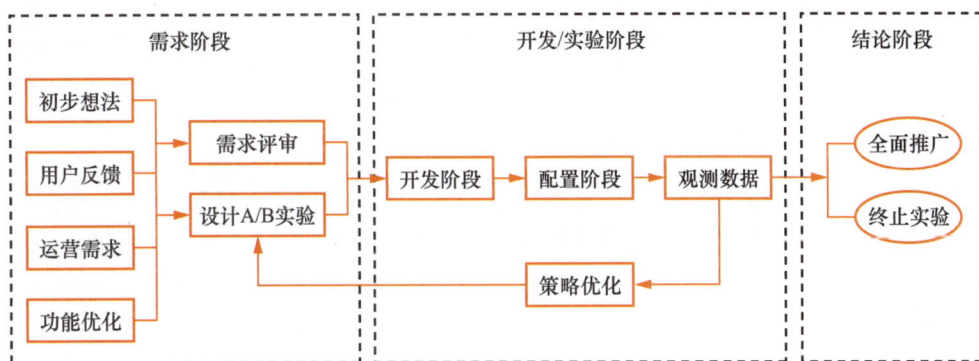

图 7-3

小红：那这是不是也意味着即使某次实验的结果并不理想，我们也不应该就此放弃，而是应该继续迭代实验，因为每次实验都能带给我们新的数据和学习机会？

吴老师：没错。A/B 实验的妙处就在于，不论结果如何，都有其价值。正面的结果可以帮助我们验证想法和改进产品，而看似负面的结果也可以提供有价值的信息，指导我们进行更深入的分析。

7.1.3 哪些情况不能做实验

吴老师：上面说了这么多 A/B 实验的好处，但是，做 A/B 实验其实是有前提的，即现有产品已经满足了用户的某种需求。实验的目的是验证新方案是否能带来改进。所以，有些情况不适合做 A/B 实验。

> **提问：**假如你正在做 A/B 实验，解释一下不建议做 A/B 实验的典型情况。

以下是一些不建议进行 A/B 实验的典型情况。

（1）样本量过小：如果用户基数或事件发生频率低，可能无法收集到足够的数据，无法得出统计学上显著的结果。在这种情况下，进行 A/B 实验可能不太可靠。

（2）长期影响难以衡量：如果你关心的是长期效果（如用户留存率或品牌知名度），短期的 A/B 实验可能无法准确反映变动的长期影响。

（3）技术实施成本过高：在一些情况下，进行 A/B 实验的技术实施成本可能过高，尤其是当实验涉及复杂的系统更改时。

（4）存在道德或合规问题：如果实验设计涉及用户隐私、数据保护或可能影响用户权益，应谨慎考虑。在某些行业，如医疗或金融，还需要考虑更严格的合规要求。

（5）市场环境或用户行为快速变化：如果市场环境或用户行为快速变化，实验结果可能很快就会过时或失去指导意义，这时进行 A/B 实验可能不是最佳选择。

（6）结果易受外部因素影响：如果实验期间可能受到外部事件（如重大新闻事件、节假日等）的显著影响，则实验结果可能会扭曲。

（7）产品或功能尚未成熟：如果产品或功能尚在早期开发阶段，可能还不稳定或不足以承受实验过程中的各种情况，此时进行 A/B 实验可能不太合适。

（8）实验结果难以解释或执行：如果实验有统计学上的显著结果，但对结果的解释或实施过程过于复杂、成本高昂，或需要更多的资源和时间，进行 A/B 实验可能不是最佳选择。

在这些情况下，可能需要考虑其他方法，如定性研究、用户访谈、专家评估或其他类型的定量研究。

吴老师：除了上述大模型所说的情况之外，实际工作中还有一些情况不合适进行 A/B 实验，而且很多人都会犯错，一定要格外注意。

吴老师继续说：首先，新产品和功能不适合做 A/B 实验。比如，对于新开发的"图集"功能，想通过实验获取用户使用图集的转化率。这是一个 "n vs 0" 的实验，新分支必然会赢，做 A/B 实验是没有意义的。这里我们需要的是测试，而不是实验。其次，多个改动点不适合做 A/B 实验。比如，某个按钮的颜色和形状都改变了，那么如何判断到底是颜色还是形状带来了点击率的变化呢？A/B 实验遵循"单一因素原则"，即每一个实验的评估因素都是单一因素，一次实验不能加入多个影响因素，否则会导致实验效果出错。

小红：我记下了，还有吗？

吴老师：还有一种情况。若实验分支必然好于对照分支，也不适合做 A/B 实验。举个例子，把一个按钮从第五层菜单换到第一层菜单，然后观察这个按钮的转化。严格来讲，这里不建议观察该按钮的转化，因为这也是一种接近 "n vs 0" 的实验。在这种实验里，需要看更"长线"的指标，如用户有没有通过这组菜单更新某类信息。再举个例子，更换老用户的界面设计，然后观察点击率等。一开始，用户感到新鲜，点击率一定会很高，但是界面修改是否成功，要看中长期使用数据，如用户的中长期留存率、使用时长等。

小红：我明白了。这些情况确实不适合做 A/B 实验。通过精心设计的实验，我们的用户增长率肯定会大大提升。

吴老师：哈哈，实现增长可没那么简单哦。有人说："即使是经验丰富的产品经理，做 A/B 实验的成功率也可能只有五成。"这并不是说他们不够优秀，而是因为即便是经验丰富的产品经理，也难以完全预测到用户复杂的心理和喜好。

小红：确实，用户的喜好和行为总是充满了不确定性。

吴老师：这也正是进行 A/B 实验的价值所在，不依赖直觉或主观判断，而是通过实际的 A/B 实验得出确切的答案。

7.2   大模型助你进行 A/B 实验的用户分组

7.2.1   轻松搞定用户分组

小红：研发负责人问我该如何进行 A/B 实验的用户分组，我回答说随机分组。接着，他又问我是否考虑先进行 A/A 实验，还问到了流量是分流还是分层。我有点不知所措，A/B 实验的用户分组有什么要重点注意的？

吴老师：分组非常讲究。分组的基本原则是公平，英文为 Apple-to-Apple。这个非常好理解，但实际操作中很容易被忽略。为确保公平，需要满足两个基本条件：随机分组和同步执行。随机分组的目标是保证每个实验组的用户保持独立且均衡，确保实验结果的有效性。但在实践中，"特定用户群体"与"从全体用户中随机选取"的区别往往会引发问题。

小红：这是什么意思呢？

吴老师：你看，如果我们只对现有会员或高端用户群体进行策略调整的实验，并尝试将结果推广到所有用户，就会存在一个潜在的风险。这些特定用户群体具有其特殊属性，当我们试图将基于他们得到的策略推广到全体用户时，结果可能会大相径庭，有时甚至可能对业务造成不可逆转的负面影响。

然后，吴老师在纸上画了一个表格（见表 7-1），继续向小红解释。

表 7-1

	男			女		
	录取	申请	录取率	录取	申请	录取率
商学院	100	1000	0.1	900	10000	0.09
法学院	800	10000	0.08	70	1000	0.07
总计	900	11000	0.082	970	11000	0.088

吴老师：你看这个表格，某个大学里，商学院和法学院的女生都认为"男生的录取率高于女生，存在性别偏见"。但当学校统计了整体的录取率后，结果却显示女生的总体录取率实际上高于男生。

小红再次仔细核对了数据，确实如吴老师所述，她感到十分惊讶。

吴老师：这就是所谓的"辛普森悖论"（Simpson's Paradox），数据在某种条件下符合某个结论，但是一旦扩展或合并来看，就会出现相反的结论。刚才特定用户群体的选择就是这个悖论的一个实例。类似的情形在实际工作中还有很多，比如会员与非会员、高端用户与低端用户、大城市居民与小镇居民、有特定行为习惯的用户与没有这种习惯的用户等，涉及的情境极其广泛。在分析时，你一定要特别留意这一点。

提问：介绍一下辛普森悖论，并举一个例子，例子以表格的形式输出。

辛普森悖论是一个统计学现象，它描述了在分组数据中可能出现的一种悖论：当数据被分成几个组时，每个组内的趋势和整体数据的趋势可能会完全相反。

例子

假设有一个大学在两个专业中招生，分别是计算机科学专业和历史专业。我们想比较男性和女性在这两个专业中的录取率。

计算机科学专业：

性别	申请人数	录取人数	录取率
男性	100	60	60%
女性	10	8	80%

历史专业：

性别	申请人数	录取人数	录取率
男性	20	18	90%
女性	200	160	80%

如果我们单独看每个专业，可知在计算机科学专业，女性的录取率高于男性；在历史专业，女性的录取率低于男性。如果我们合并两个专业的数据，结果如下。

总体：

性别	申请人数	录取人数	录取率
男性	120	78	65%
女性	210	168	80%

在总体数据中，男性的录取率低于女性。这就是辛普森悖论的一个例子：当我们按专业分组时，女性的录取率可能会低于男性；但当我们合并数据时，总体趋势则不同。

这个悖论揭示了在分析数据时需要小心考虑分组和汇总数据的差异，以避免得出错误的结论。

小红：我会牢记这一点，数据分析真的很有意思。随机分组我都搞懂了，同时进行是不是就是同时开始每个分组的实验？

吴老师：你说得非常正确，不过在实际操作中，我们容易犯一些错误。第一种，同类用户在相同时间体验不同的内容。比如，A组用户先接触版本1再接触版本2，而B组则相反。实验结果可能会显示"先体验版本1再体验版本2"和"先体验版本2再体验版本1"哪种顺序的转化率更高，但这并不能直接告诉我们哪个版本本身更优。第二种，不同用户在不同时间进入实验。比如，在一个注册流程的实验中，一个常见的错误是把晚上6～8

点在线的用户分配到 A 组，而将晚上 9 ～ 11 点在线的用户分配到 B 组。两组用户可能会有很大差异，造成实验的不公平性。

小红：搞懂了原理，我们是不是就不会犯错了呀？

吴老师：这些问题往往不是在实验初始阶段就出现的。我们可能会在实验开始后的几天里，根据产品经理的建议，对 A 组进行流量调整，或新增 C 组。如果改变实验分组，对于一次性的实验，我们需要放弃调整前的数据。比如，在注册流程实验中，改变 A 组的颜色，需要放弃之前的数据，从修改之后重新开始统计。对于涉及老用户"重复参与"的实验，则需要打乱所有用户并重新启动实验，因为如果在实验中途进行调整，排除了那些在实验前几天就已经参与的老用户的数据，会改变用户构成，引发辛普森悖论，从而导致实验结论不准确。

小红：那最佳的实验流程是什么样的呢？

吴老师：最佳的实验流程应该是分组→等待→收集数据→分析→进行下一个实验。

小红：明白了。您刚才说，实际工作中产品经理会对流量进行调整，流量调整有什么特别的规则吗？

吴老师：在实验启动时，等比例分配流量（如 10% 对 10%、30% 对 30%、50% 对 50%）可以确保实验组和对照组在初始设置上是均衡的，从而使实验结果更加可靠。如果对某个策略已经有明确的预期，或者对某个实验组很有信心，可以选择不等比例分配流量。例如，可能会将较小的流量分配给对照组（如 5% 给对照组，10% 给实验组），以降低潜在的风险。但这种情况下，需要特别注意确保实验的统计功效仍然足够，以便成功检测到效果差异。统计功效这个概念我们回头再讲。

小红：好的。

吴老师：如果实验已经开始，需要调整 A/B 实验组的流量，等比例调整流量通常被认为是一种可行的方法（如从 10% 对 10% 增加到 50% 对 50%），这有助于保持实验条件的一致性，但是，即便是等比例调整，也应该慎重进行。特别要注意的是，避免频繁或突然进行大幅度调整，以免影响用户行为和实验结果的准确性。

小红：还有什么要注意的吗？

吴老师：对于实验扩量，还有一点非常重要，实验组的流量只能增加，不能减少，已经被实验"污染"的流量不能重复使用，我们应该始终使用全新的、未触及的流量。这是因为减少流量可能会干扰正在进行的实验。一旦一个用户已经被纳入了某个实验组，比如实验组 A，他就不能被纳入这个实验的其他组了。

小红：我已经全搞明白了。我们这次实验的目的是比较深色背景图片和浅色背景图片对用户点击率的影响。分组上我确保 A/B 两个实验组的用户是随机分配、等比例分组的，且保证用户在相同的时间进行体验。

7.2.2　什么是 A/A 实验

小红：技术负责人问我是否考虑先进行 A/A 实验，我们要先进行 A/A 实验吗？

> **提问**：什么是 A/A 实验？假如我需要做贝叶斯 A/B 实验，在开始 A/B 实验之前，是否需要先进行 A/A 实验？

A/A 实验是一种特殊的实验设计，其将用户随机分成两组，但两组都接受相同的处理或不进行任何改变。换句话说，它是一种对照测试，用于检验实验系统的稳定性和数据收集的准确性。如果两组的结果有显著差异，则可能表明实验系统存在问题，如分组不均、数据收集有误等。

贝叶斯 A/B 实验是一种基于贝叶斯统计方法的 A/B 实验。与传统的频率学 A/B 实验相比，贝叶斯 A/B 实验具有以下优势。

- 可以直接计算两个版本中哪个更好的概率，以及潜在的收益或损失。
- 可以结合先验知识，提高实验的效率。
- 可以更灵活地处理复杂的情况，例如多版本实验或连续变量的实验。

在开始贝叶斯 A/B 实验之前，是否需要先进行 A/A 实验取决于以下几个因素。

- 实验的复杂度。如果实验比较简单，则可以直接进行贝叶斯 A/B 实验。
- 实验的预算。A/A 实验需要额外的资源，因此需要考虑预算是否充足。
- 如果对实验结果非常敏感，则先进行 A/A 实验以降低风险。

如果决定进行 A/A 实验，则需要考虑以下几点。

- A/A 实验的样本量需要足够大，才能保证结果的可靠性。
- A/A 实验的指标需要与贝叶斯 A/B 实验的指标一致。
- A/A 实验的结果需要合并到贝叶斯 A/B 实验的分析中。

以下是一些进行 A/A 实验的建议。

- 使用随机分配工具可以将用户分配到不同的版本。
- 可以利用统计分析工具来分析 A/A 实验的结果。
- 可以参考相关的文献或教程来设计 A/A 实验。

具体到你的问题，如果你的实验比较简单，准备充足，并且对实验结果不是很敏感，则可以直接进行贝叶斯 A/B 实验。如果你的实验比较复杂，准备有限，或者对实验结果非常敏感，则建议先进行 A/A 实验。

吴老师： 正如大模型所述，A/A 实验不是必需的，但是 A/A 实验可以帮助你确认实验设计和执行的各个环节是否都已准备就绪，以及是否存在任何可能影响实验准确性的问题。如果在 A/A 实验中发现问题，你可以在投入大量资源进行 A/B 实验之前先行解决。这对那些将实验结果作为重要决策依据的情况来说非常重要。

小红： 了解了，先进行 A/A 实验可以避免到 A/B 实验时才发现问题，浪费时间和资源。

吴老师： 在 A/A 实验中，由于两组实际上是相同的，所以我们希望不会发现任何显著差异。然而，由于统计测试的随机性，我们有一定的概率（通常设定为 5%）错误地认为两组之间存在显著差异，即发生"第一类错误"。后面（7.4 节）介绍相关的统计学原理时，我们再介绍"第一类错误"这个概念。

小红： 原来 95% 的置信水平是这样来的啊！

吴老师： 5% 这个概率为我们在 A/B 实验中判断差异是否显著提供了一个基准。换句话说，我们希望在 A/B 实验中观察到的差异超出 A/A 实验中随机波动导致的差异（即超过 5% 的概率阈值）时才认为差异显著。这样可以帮助我们更加准确地区分真正的效果和随机波动。

7.2.3 流量的使用

小红：除了 A/A 实验，研发负责人还问到了 A/B 实验的流量是分流还是分层的问题。那我也先问问大模型。

> **提问**：假如你在做 A/B 实验，流量是分流还是分层？两者有什么区别？

在进行 A/B 实验时，实验的流量可以通过分流（Traffic Splitting）或分层（Layering）来管理。这两种方法各有特点和适用场景，理解它们之间的区别对于设计有效的实验至关重要。

分流

分流是将用户或请求随机分配到不同的实验组中的过程。这种方法的目的是确保每个组接收到的流量是随机的，从而使得实验组和对照组之间在统计上是可比的。分流通常用于相对简单的实验设计，其中实验变量是独立的，不需要考虑用户的历史行为或其他分层变量。

优点如下。

- 简单易实施，适合大多数基本的 A/B 实验。
- 保证了实验的随机性，有助于减小偏差。

缺点如下。

- 不考虑用户的先前行为或其他特征，可能忽略潜在的混杂变量。
- 多个并行实验可能相互干扰，尤其是当用户能同时参与多个实验时。

分层

分层是一种更为复杂的流量管理方法，它根据用户的特定属性或行为将流量划分到不同的层中。在每一层内部，流量再随机分配到不同的实验组。分层允许实验者考虑用户的历史行为、人口统计信息或其他相关因素，从而可以更准确地测试实验效果，并减小由于混杂变量引起的偏差。

优点如下。

- 允许针对特定用户群体或行为进行定制化实验，提高实验结果的相关性和准确性。
- 减少了不同实验之间的相互干扰，特别是在多个实验同时进行时。

缺点如下。

- 实施起来更复杂，需要更多的计划和分析工作。
- 需要充分的先验知识来确定合适的分层标准。

总结

选择分流还是分层取决于实验的具体目标、实验设计的复杂性，以及可用的资源。分流适用于简单的实验，这类实验主要关注整体效果，而分层则更适合需要考虑用户特征或行为差异的复杂实验。在设计实验时，理解这两种方法的优缺点有助于制定出更有效的实验策略。

吴老师：GPT 讲得非常清晰。在分流中，每个实验的流量是互斥的，流量之间完全没有交集；在分层中，不同实验复用同一份流量，两个实验之间不会互相影响，实验与实验是正交的。

小红：什么是正交呀？

吴老师："正交"就是实验之间不会相互影响，实验流量可以复用。

吴老师在纸上画了一张图（见图 7-4）。

小红拿起图说：吴老师，一看到您画的这张图，我就理解"正交"了。

吴老师：其实，我们上面讲的实验要公平分组、完全随机、同时进行，就是流量分层的原则。

小红：如果用分流方法，一个用户只能出现在一个组中，那每组实验的流量就算只有 10%，整体的流量也只能同时开展 10 个实验，效率好低呀。那我们还是用分层方法吧。

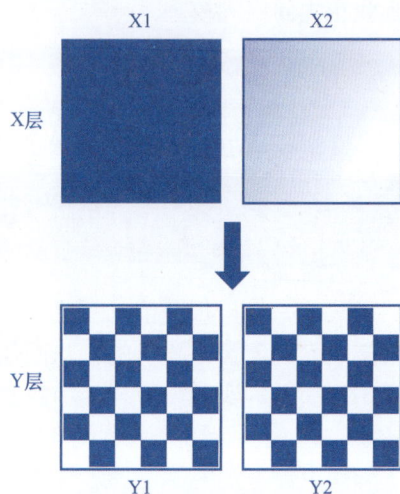

图 7-4

吴老师：是的，工作中常用的是分层方法，多个实验同时在线上进行。但同时，我们也会使用"分流分层模型"。

小红：什么叫分流分层模型呢？

吴老师又画了一张图（见图 7-5）。

吴老师：在分流方法中，各组之间没有流量的交集，组 1、组 2 采用分流方法，所以组 1 流量 + 组 2 流量 = 实验总流量。在分层方法中，不同实验复用同一份流量，因此，组 2 中 B1 层、B2 层、B3 层的流量都与组 2 的流量相等，即 B1 层流量 =B2 层流量 =B3 层流量 = 组 2 流量。我们又对 B1 层进行分流，分为 B1-1、B1-2、B1-3 层，那么 B1-1 层流量 +B1-2 层流量 +B1-3 层流量 =B1 层流量。

小红：可以嵌套使用呢。我们会在什么工作场景中应用分流分层模型，又会如何应用呢？

吴老师：这种模型特别适合用于那些涉及多

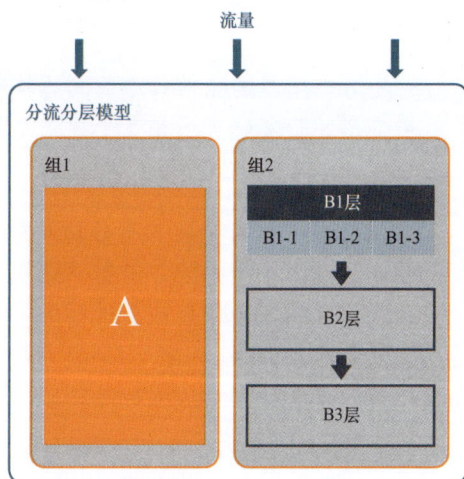

图 7-5

个功能模块的大型运营活动。比如春节的红包活动，用户界面、推荐策略、内容模块等都会配合活动的整体要求修改，因此，评估春节红包活动的时候会使用组 1 来评估。而剩余的组 2 的流量则会划分为多个层，如用户界面层、推荐策略层、内容模块层等，这些层在业务上相互独立，即使它们共享相同的流量，由于流量正交，也不会相互影响，从而能够确保实验结果的准确性。

小红：明白了。

吴老师：进一步举例，我们在开展算法策略实验之前，通常会预留大约 3% 的流量作为一个长期的对照组，这部分流量不接受任何新的策略变动，我们称这个对照组为 holdout 组。它的作用在于提供一个基准线，帮助我们评估算法策略的整体效果。通过长期观察 holdout 组的表现，我们可以判断实施的策略是否真的带来了改进。这是一种重要的长期策略效果监控手段，它确保我们不仅能看到短期内的波动，而且能够捕捉到长期的趋势和变化。

小红点头说：A/B 实验真的是太有意思了。

吴老师：科学的分组是 A/B 实验正确的前提，掌握了如何科学地进行实验分组，就相当于顺利通过了 A/B 实验的起跑线。

小红：我这就去优化我写的实验需求文档，把学到的知识落实到实验设计中去。

7.3　大模型助你选择 A/B 实验的评估指标

7.3.1　如何选择指标

小红优化后的实验需求文档顺利通过了需求评审，小红开开心心地回到工位，得意地向吴老师报告。

小红：我的实验需求文档在评审会上一举通过了，请您帮我复查一下文档有没有可以改进的地方。

小红随即把文档发给了吴老师。吴老师看过后，表情变得严肃。小红选取的指标如下。

- 主要指标：点击率、用户转化率（有点赞、回复、分享等任意行为）。
- 次要指标：当日 App 使用时长、页面停留时间、用户次日留存率。
- 观察指标：有效用户的点击率、有效用户的转化率、用户 7 日留存率、点赞率、回复率、分享率。

吴老师：在实际工作中，评估实验结果时，通常会根据主要指标、次要指标和观察指标 3 种统计指标进行综合评估。首先说说主要指标。主要指标是实验中最重要的指标，也是核心指标，这个指标用来衡量实验是否成功。你写的是正确的，主要指标只有 1 个，最多 2 个。

小红：为什么主要指标只能有 1 ～ 2 个呢？

吴老师：主要原因是实验成功是有概率的，假设每个主要指标胜出的概率都是 95%，那么一个主要指标成功的概率便是 95%，但如果有两个主要指标，整体成功的概率就降到了约 90%，如果超过两个，成功率会进一步降低。此外，我们的实验设计应该针对特定的假设或功能改进点，期望通过一个实验同时改善多个方面是不切实际的。我们测试是深色背景还是浅色背景的图片的点击率高，只要选择点击率作为主要指标即可。

小红：明白了，我会专注于最关键的指标。

吴老师：另外，如果选择了多个指标，有的指标涨了，有的指标跌了，你该如何决策呢？

小红：确实如此，我没想到。

吴老师：下面就说说次要指标。次要指标可以有很多个，用于辅助判断。比如，我们要增加 App 的使用时长，也可以看看用户互动的变化情况，以及页面浏览、视频播放等情况。在这个实验中，用户转化率、页面停留时间是两个非常重要的次要指标。可以进一步分析用户转化率，将其细分为用户点赞率、回复率和分享率等。

小红：好的，我再拆解一下次要指标。

吴老师：最后说说观察指标，观察指标也叫红线指标，这个指标是实验中不能跌的指标，即使主要指标上涨，如果观察指标下跌了，实验也是不成功的。观察指标一般是顶层的指标，比如留存率、收入等。举个例子，假如我们要增加 App 的使用时长，但是用户留存率下跌了，说明我们的实验给用户体验造成了很大的影响，因此即便实验在其他方面看似成功，也不能认为是全面成功，实验结论更不应该被推广。

小红：原来是这样，看来我理解错了。

吴老师：这个实验里，你提到的当日 App 使用时长（对当日的影响）、用户次日留存率（对次日的影响）、用户 7 日留存率（对中长期的影响），都属于观察指标。我建议更关注当日和次日的影响指标，因为你只是对某个位置的图片进行 A/B 实验，并不涉及功能改版这种会对用户体验造成长久影响的改动。

小红：好的，我改成这两个。总结一下，这个实验我们至少需要以下指标。

- 主要指标：点击率。
- 次要指标：用户转化率（点赞率、回复率、分享率）、页面停留时间。
- 观察指标：当日 App 使用时长、用户次日留存率。

7.3.2 如何定义指标

吴老师：小红，之后你要定义指标的统计口径和时间范围。我们以点击率为例。

小红：点击率的计算不就是点击用户数 / 曝光用户数吗？至于时间范围，我打算每天统计，然后累计一周的数据。

吴老师：我们确实习惯于日常观察实验数据，但这种方法有个问题。如果实验数据日复一日地波动，今天实验组的表现优于对照组，明天又逆转，最终如何评定实验效果？若在一周内实验组有 3 天优于对照组，而对照组在其他 4 天表现更好，我们该如何处理？是延长实验周期，还是简单计算平均值？

小红：计算整体的平均值，或者基于用户数量做加权平均？

吴老师：实际上，不管是延长实验周期还是简单地计算平均值，都不是科学的做法。在 A/B 实验中，重要的是确保观察对象作为独立随机变量的一致性，即我们观察的事件应保持不变。因此，A/B 实验通常将指标定义为：从用户进入实验开始，在一定的固定时间窗口内，用户是否完成了转化或达到了某个具体实值。

小红：有点抽象，我怎么理解这个概念呢？

吴老师：首先，如果我们不设定一个固定的观察时间窗口，就会把不同的随机变量纳入考虑，这种统计方法是没有意义的。比如，在一个为期 7 天的实验中，最后一天收集数据时，对于第一天加入实验的用户，观察到的是其 7 天内是否转化，对于第七天才加入的用户，观察到的是其一天内是否转化，这涉及两个不同的随机变量，无法套用 A/B 实验的方法论。

小红：确实如此。

吴老师：实际情况可能是，第一天加入实验的用户每天登录后都能看到图片，看得多了，到了第七天终于点击了图片。因此，仅仅观察每天的转化量，或者到某个特定时间点的累积转化量，都是不科学的。正确的方法是，将所有用户的实验开始时间对齐，然后观察他们从加入实验开始的"N 天内转化率"。拿 7 日转化率来说，对于第一天加入实验的用户，在第七天进行观察；对于第二天加入的用户，则在第八天进行观察，依此类推。最后我们计算 7 日转化率，累计所有加入实验满 7 天用户的数据，对每个用户而言，计算的都是 7 日转化率，所以不存在重复计算，每个用户只计算一次。

吴老师画了一张图（见图 7-6）。

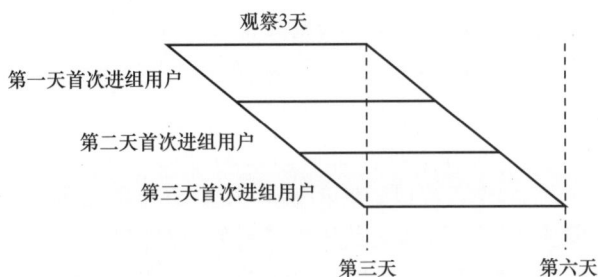

图 7-6

吴老师：我们对照图片来看，这样更加直观。如果想看 3 天内的转化情况，应该观察 6 天（平行四边形）。如果只观察 3 天（左上三角形）就开始回收数据，那将是错误的。

小红：我明白了。下面我问问 GPT 应该如何统计"点击率"指标。

> **提问**：假如你正在通过 A/B 实验看是深色背景图片的用户点击率高，还是浅色背景图片的点击率高，"点击率"指标作为实验的主要指标，应该如何统计？分子、分母分别应该是什么？统计的时间周期是什么？

在通过 A/B 实验比较深色背景图片与浅色背景图片对用户点击率的影响时，正确地统计"点击率"指标至关重要。以下是如何统计"点击率"指标的详细说明。

分子和分母的定义

- 分子（点击数）：指标的分子应该是在实验期间，点击了深色或浅色背景图片的用户数量。这表示实际发生的点击行为次数。
- 分母（曝光数）：分母则是在实验期间，被展示了深色或浅色背景图片的总用户数。这反映了图片有多少次机会被用户看到，即曝光量。

通过这样的定义，点击率可以计算为：点击率 = 点击深色或浅色背景图片的用户数 / 被展示深色或浅色背景图片的总用户数 × 100%。

统计的时间周期

- 时间周期：选择合适的时间周期对于确保实验结果的准确性和可靠性至关重要。时间周期应该足够长，以便收集到有统计意义的数据，同时又要考虑到实验的效率和及时性。
- 常见的时间周期：一般而言，实验的时间周期可以是一周或两周。这样的周期通常能够平衡实验的需要和实际操作的可行性，同时能够捕捉足够多的用户行为的变化。然而，具体周期的选择还应基于实验前的假设检验、以往经验，以及实验的具体目标。

- 时间窗口的一致性：对于实验中的每个用户，应保持统计时间窗口的一致性。例如，如果选择了一周作为时间周期，那么无论用户何时进入实验，都应该在其首次进入后的一周时计算其点击率。

综上所述，统计"点击率"时，需要明确点击数和曝光数的定义，并选择适当的时间周期，以确保数据的准确性和实验结果的可靠性。

小红：回答好专业啊。原来我之前不但重复计算了某些用户，而且选择的时间窗口也不一致。

吴老师表示同意。

吴老师：接下来，让我们讨论时间窗口长度的确定，即决定是使用 1 天、3 天还是 7 天作为我们观察点击率的时间窗口。时间窗口长度的确定，主要基于我们对功能的预期——我们认为用户需要多长时间来完成转化。另外，时间窗口越小，就越容易收敛；时间窗口越大，各种不确定的随机因素也越多，收敛需要的时间越久。

小红：所以，正确的点击率计算方法，分母应该是参与实验的用户总数，而分子则是那些在第一天看到图片并点击的用户数。

吴老师点点头。

小红：如果我们不确定用户需要多长时间才能转化，或者对此没有具体预期，该怎么办？

吴老师：在对窗口没有准确的预期时，我们可以设置多个观察窗口期，比如，30 分钟、2 小时、1 天、3 天等。但是这里有一个陷阱，就是为了证明实验组好，从中特意选择了一个转化好的时间窗口期。我们可以设置多个观察窗口期，但一定要避免为了"证明"一个结论而去找一个"合适"的窗口期。

小红：明白了。我还有一个问题，您刚才说，通常我们会将 A/B 实验的指标定义为"从用户进入实验开始，在一定的固定时间窗口内，用户是否完成了转化或达到了某个具体实值"。用户点击率指标是一个转化的指标，这一点我已经理解。但是"达到了某个具体实值"是什么意思呢？

吴老师：实验指标一般分成两类，即转化类指标和实值类指标。转化类指标关注的是时间窗口内是否有至少一次（或 n 次）某种行为发生，一般指各种转化率指标，比如按钮点击率、页面访问率、填写率、留存率等。实值类指标，也就是实数值，记录的是窗口期内用户产生的某种实数值，比如浏览时间、充值金额等。

> **提问**：通常我们会将 A/B 实验的指标定义为"从用户进入实验开始，在一定的固定时间窗口内，用户是否完成了转化或达到了某个具体实值"。转化类指标和实值类指标有什么区别？分别应该如何进行统计？

在 A/B 实验中，指标被分为两大类：转化类指标和实值类指标。这两种指标在定义、统计方法以及如何用它们衡量实验效果方面有所不同。

转化类指标

定义：转化类指标关注的是在特定时间窗口内，用户是否完成了某个预定义的行为，比如购买商品、完成注册、点击一个按钮等。它是二元的，即用户要么完成了转化（1），要么没有完成转化（0）。

统计方法如下。

- 分子：完成特定转化行为的用户数。
- 分母：参与实验的总用户数。
- 计算方法：转化率＝完成特定转化行为的用户数 / 参与实验的总用户数 × 100%。

实值类指标

定义：实值类指标衡量的是在特定时间窗口内，用户产生的具体数值，如页面浏览时间、用户花费金额、游戏内分数等。与转化类指标不同，实值类指标是连续的，并且可以有一个范围。

统计方法如下。

- 数据收集：记录每个用户在实验期间产生的具体数值。
- 分析方法：可以通过计算平均值、中位数等统计量来分析实值数据的变化。

区别

- 二元与连续：转化类指标是二元的，反映的是是否发生了某个事件；而实值类指标是连续的，代表了量的多少。
- 统计方法：转化类指标通常通过计算转化率来统计，而实值类指标需要通过计算平均值、中位数等来描述数据的中心趋势和分布情况。
- 应用场景：转化类指标适用于明确的目标行为分析，如广告点击、产品购买等；实值类指标适用于需要量化用户行为深度或强度的场景，如用户在网站的停留时间、游戏玩家的得分等。

如何选择

选择哪种类型的指标取决于实验的目的和需要回答的问题。通常，一个完整的 A/B 实验会结合使用这两种指标，以全面评估实验变量对用户行为的影响。

吴老师：GPT 的解释非常清晰。通常来讲，由于实数值波动范围大，所以在某些情况下，实值类指标可以被转换为转化类指标来分析。比如，对于浏览时长这一指标，我们不直接计算平均浏览时长，而是将超过特定时长阈值的浏览定义为一次转化，如计算浏览时长超过 5 秒的用户比例；同理，人均页面访问次数也可以转换为访问次数超过 5 次的用户比例。

小红：把实值类指标转换成转化类指标，确实更易于理解和分析。

7.3.3　高效拆解指标

小红：您曾提到，为了深入了解用户行为，需要进行数据分析，但我可能需要等上几天才能看到实验的结果。有没有可以提前做好的工作呢？

吴老师：我们可以在实验开始之前就对指标进行详细的拆解。这是因为在指标拆解过程中容易出现一些错误，而科学地拆解指标是确保数据分析准确性和有效性的关键一步。

小红：明白了。那您详细给我讲讲，怎样才能科学地拆解指标呢？

吴老师：首先，拆解指标要基于用户属性或者进入实验前的行为，绝不能是用户进入实验后的行为。我们之前讨论过用户画像，用户属性一般是静态标签，包括性别、地区、使用的设备机型等。用户在实验前的行为类似于动态标签，可能包括是否每天登录、昨天是否访问了某模块等。

小红：为什么不能是用户进入实验后的行为呢？

吴老师：举个例子，在比较支付宝（A组）和微信（B组）支付流程的实验中，我们观察到 A 组用户从打开付款页面到点击付款的转化率低于 B 组，但从点击付款到付款成功的转化率却高于 B 组。因此，我们可能会得出一个结论：支付宝的尝试率较低，但成功率较高。然而，这个结论可能是不准确的。因为两组计算成功率的分母并不相同。很可能实际上每个人的付款成功率并没有变化，但实验设计中的一些因素（如引入了支付宝余额显示模块）导致余额不足的用户不去尝试付款，从而影响了实验结果。

小红：进入实验后的行为确实有这个问题。

吴老师：再比如，在某电商平台的实验中，初始页面提供了红色和黑色两个按钮，结果显示点击红色按钮的用户倾向于购买化妆品，点击黑色按钮的用户倾向于购买数码产品。其实这背后的逻辑可能是，女性用户更喜欢红色，于是点击了红色按钮，然后去买了化妆品；男性用户更喜欢黑色，于是点击了黑色按钮，之后去买了数码产品。这表明，用户在点击按钮时就已经被过滤，基于过滤后的用户群体来分析后续行为是不科学的。所以，实验中每一个观察数据的"分母"，都应该是进入实验的总人数，也就是说，是见到支付宝和微信的总人数，是看到了红色和黑色不同按钮的总人数，这样的统计才是科学和合理的。

小红：明白，只要我们在实验开始前就确保用户被正确分组，我们就能避免这类错误了。

吴老师点头：还有一点要注意，在进行人群拆解时，要确保各组内拆解出的人群基数和比例保持一致。我们曾经讨论过辛普森悖论。如果各组的人群比例不一致，就可能触发这一悖论，从而影响实验的科学性。一般情况下，通过随机分组，我们可以确保各组人群的比例大体相同或接近。因此，在没有进行指标拆解的情况下，我们通常不需要对此进行特别检查。

小红：那什么样的情况需要进行特别检查呢？

吴老师：在实际工作中，有时会遇到指标过度设计的问题。比如，访问了某一页面又付费了的用户是一个较小的群体，导致实验组 A 的成员多来自大城市，对照组 B 的成员多来自小城市。所以，拆解时最好先检查各组的基数和比例是否相同。

小红：好的，如果分析中要细拆到小群体，就需要先检查各组的基数和比例是否相同。

7.4 大模型助你理解 A/B 实验相关的统计学知识

面对大量统计学知识，小红有些不知所措，于是她决定先问问大模型做 A/B 实验需要了解哪些统计学知识。

> **提问：** 做 A/B 实验需要了解哪些统计学知识？

进行 A/B 实验时，了解以下统计学知识是非常重要的，这些知识有助于设计实验、分析数据、得出可靠的结论。

1．假设检验

假设检验是 A/B 实验的核心，用于决定实验数据是否支持某一特定假设。它包括零假设（H0）和备择假设（H1）。零假设通常表示为实验组和对照组之间没有差异，而备择假设表示两组之间存在差异。通过计算得到的统计量（如 t 值），结合相应的 P 值，可以帮助研究者决定是否拒绝零假设。

2．P 值（P-value）

P 值表示在零假设为真的条件下，观察到的数据（或更极端的数据）出现的概率。它帮助研究者判断观察到的数据是否与零假设相矛盾，从而决定是否拒绝零假设。理解 P 值的意义以及如何根据 P 值来判断实验结果的显著性是必要的。

3．样本量计算（Sample Size Calculation）

样本量计算是实验设计的关键步骤，能够确保实验具有足够的统计功效，并检测预期效应。样本量取决于多个因素，包括预期的效应大小、显著性水平（α）、统计功效（$1-\beta$），以及实验设计的特点。一个过小的样本量可能导致实验没有足够的功效来检测真实的效应，而一个过大的样本量则可能导致资源的浪费。

4．置信区间

置信区间是一个估计范围，表示某一置信水平下，总体参数（如平均值、比例等）的可能取值范围。例如，95% 的置信区间表示如果我们重复实验多次，大约 95% 的置信区间将包含真实的总体参数。置信区间为实验结果提供了量化的不确定性度量，并且可以用来评估效应大小的可靠性。

5．第一类错误和第二类错误

第一类错误（α 错误）：在零假设是正确的情况下，错误地拒绝零假设（即"假阳性"）。显著性水平 α 是研究者在实验前设定的，表示愿意接受的犯第一类错误的最大概率。

第二类错误（β 错误）：在备择假设是正确的情况下，错误地接受零假设（即"假阴性"）。统计功效（$1-\beta$）表示正确拒绝零假设（即检测到实际存在的效应）的概率。提高实验的功效可以减少犯第二类错误的风险。

6．功效分析（Power Analysis）

功效分析用于计算实验能够检测到效应的概率（$1-\beta$，β 为犯第二类错误的概率）。进行功效分析可以帮助研究者确定所需的样本量，以确保实验具有足够的敏感性来检测到实际存在的效应。

7．随机化

了解随机化的重要性，以及它如何帮助研究者控制实验中的偏差和混杂变量，确保实验组和对照组之间的可比性。

8．中心极限定理

使用正态分布的参数统计方法（如 t 检验）来分析 A/B 实验的结果。这是因为我们关心的是样本均值（比如转化率）的分布，而不是单个观测值的分布。

9．回归分析

在某些复杂的实验设计中，了解如何使用回归分析来控制混杂变量，以及如何解读回归模型的输出。

10．辛普森悖论

理解辛普森悖论，即在分组数据中观察到的趋势在合并后的数据中可能会逆转的现象，以及如何避免这种现象。

掌握这些统计学知识对于设计有效的 A/B 实验、准确解读数据以及做出基于数据的决策至关重要。

小红细致地审视每个概念，她意识到自己已经掌握了随机化、回归分析、辛普森悖论等基础知识，只需对假设检验、第一类错误和第二类错误、样本量计算等知识有一个清晰的理解。这让小红感到安心，她对即将掌握的新知识充满了期待和自信，准备好了进一步扩充她的统计学知识库，她决定先从假设检验学起。

7.4.1 假设检验概述

小红：我对假设检验的概念还不是很明确，能给我讲讲假设检验吗？

吴老师：当然可以。不过，假设检验的概念比较抽象，我们先让大模型解释一下。

> **提问**：详细介绍一下假设检验的原理。

假设检验是一种统计方法，用于根据样本数据判断总体参数是否符合某种假设。其核心步骤如下。

1．建立假设

- 零假设（H0）：假设没有差异或效果，例如，在 A/B 实验中，假设两组的平均值相等。
- 备择假设（H1）：假设存在差异或效果，例如，在 A/B 实验中，假设两组的平均值不等。

2．选择统计检验方法

根据数据类型和分布特征选择合适的统计检验方法，如 t 检验、卡方检验等。

3．计算统计量

根据样本数据计算统计量，如 t 值、卡方值等。

4．确定显著性水平

设置显著性水平 α，常用的值有 0.05、0.01 等。这个值表示接受第一类错误的概率。

5．做出决策

根据统计量和显著性水平，确定是否拒绝零假设。如果统计量对应的 P 值小于显著性水平，则拒绝零假设，认为结果具有统计学意义。

小红：果然挺抽象的，这里面有好多专业概念，P 值、t 检验、显著性水平、第一类错误。

吴老师：哈哈。别担心，慢慢讲，都能学明白。我们让大模型举一个具体的例子。

> **提问**：举一个 A/B 实验中应用假设检验的例子，要求有具体的数值，且通俗易懂。

假设我们在网站上进行了一个 A/B 实验，比较红色按钮（A 组）和蓝色按钮（B 组）对用户点击率的影响。我们随机选择了 1000 名用户，其中 500 名看到了红色按钮，另外 500 名看到了蓝色按钮。一周后，我们收集了以下数据。

- 红色按钮（A 组）：500 名用户中有 75 名点击了按钮，点击率为 75/500 = 15%。
- 蓝色按钮（B 组）：500 名用户中有 50 名点击了按钮，点击率为 50/500 = 10%。

现在，我们按照步骤进行分析。

1．建立假设

- H0：红色按钮和蓝色按钮的点击率相同（$\mu_A = \mu_B$）。
- H1：红色按钮和蓝色按钮的点击率不同（$\mu_A \neq \mu_B$）。

2．选择统计检验方法

我们选择 t 检验来比较两组的点击率。t 检验会计算一个 t 值，这个值反映了两组点击率之间的差异相对于它们内部差异的大小。

3．计算统计量

使用 t 检验计算出的 t 值为 2.5（假设值）。

4．确定显著性水平

我们设置 $\alpha = 0.05$，表示我们接受 5% 的错误率。

5．做出决策

- 根据 t 值，我们查找对应的 P 值，假设 P 值为 0.013（假设值）。P 值告诉我们，在零假设为真的情况下，观察到的差异或更极端差异出现的概率。
- 因为 P 值 0.013 小于 0.05，所以我们拒绝零假设 H0，接受备择假设 H1，认为红色按钮和蓝色按钮的点击率存在显著差异。

通过这个例子，我们可以看到，使用 A/B 实验和假设检验，我们能够确定红色按钮比蓝色按钮有更高的点击率，这个差异在统计学上是显著的。

小红：有了例子确实直观多了。

吴老师：我们先了解一下什么是 t 检验。t 检验是一种假设检验的方法，用来比较两组数据的平均值是否存在显著差异，计算后会得到一个 t 值和一个 P 值。t 检验适用于样本量较小（通常小于 30）且数据呈正态分布的情况，我们再让大模型举一个例子，梳理一下 t 检验的流程。

> **提问**：A/B 实验中用到了 t 检验，举一个应用 t 检验的具体例子，并给出计算过程。

假设我们要测试两种广告策略（A 和 B）对用户点击率的影响。我们随机选择了 10 名用户查看广告 A，另外 10 名用户查看广告 B，记录了他们的点击率。

- 广告 A 的点击率（%）：5, 7, 6, 4, 9, 8, 7, 6, 5, 8
- 广告 B 的点击率（%）：6, 5, 7, 8, 6, 7, 5, 6, 7, 8

1．广告 A 的数据

- 样本大小（n_A）：10

- 平均值（μ_A）：$(5+7+6+4+9+8+7+6+5+8)/10 = 6.5$
- 样本方差（$s_A{}^2$）：$[(5-6.5)^2 + (7-6.5)^2 + \cdots + (8-6.5)^2]/(10-1) \approx 2.28$

2．广告 B 的数据

- 样本大小（n_B）：10
- 平均值（μ_B）：$(6+5+7+8+6+7+5+6+7+8)/10 = 6.5$
- 样本方差（$s_B{}^2$）：$[(6-6.5)^2 + (5-6.5)^2 + \cdots + (8-6.5)^2]/(10-1) \approx 1.17$

3．计算 t 值

$$t\frac{\mu_A - \mu_B}{\sqrt{\dfrac{s_A^2}{n_A} + \dfrac{s_B^2}{n_B}}} = \frac{6.5 - 6.5}{\sqrt{\dfrac{2.28}{10} + \dfrac{1.17}{10}}} = 0$$

4．查找 P 值

对于 t 值为 0，自由度为 18（$n_A + n_B - 2 = 10 + 10 - 2$），我们可以查找 t 分布表或使用统计软件得出 P 值接近 1（因为没有差异）。

5．做出决策

因为 P 值接近 1，远大于显著性水平 0.05，所以我们无法拒绝零假设，认为广告 A 和广告 B 的点击率均值没有显著差异。

通过这个具体的计算过程，我们可以看到在这个例子中，两种广告策略对用户点击率的影响没有显著差异。当然，实际应用中通常会使用统计软件来进行这些计算，以提高效率和准确性。

吴老师：再看 P 值和显著性水平 α。P 值衡量实验结果在零假设下出现的概率。P 值越小，反对零假设的证据越有力，这意味着支持备择假设的证据就越有力。显著性水平是判断结果显著性的阈值，常设为 0.05，代表接受 5% 犯第一类错误的风险。如果 P 值低于显著性水平（$\alpha = 0.05$），那么可以拒绝零假设，认为结果具有统计显著性，即有足够的证据支持备择假设。

小红：我都明白了。

7.4.2 第一类错误和第二类错误的定义

吴老师：接下来就轮到第一类错误和第二类错误了。在 A/B 实验的过程中，存在两种常见的错误，即第一类错误和第二类错误（见表7-2）。

表 7-2

		总体情况	
		H0 为真	**H0 为假**
检验结论	拒绝 H0	第一类错误（α）	结论正确（$1-\beta$）
	接受 H0	结论正确（$1-\alpha$）	第二类错误（β）

- 第一类错误：零假设为真，却拒绝了零假设，因此又称弃真错误。实际上两组间无差异，但我们错误地判定为有差异，这种错误的概率通常控制在 5% 以内。我

们把没有犯第一类错误的概率 $1-\alpha$ 称为置信水平，即置信水平在 95% 左右。

- 第二类错误：零假设为假，却接受了零假设，因此又称取伪错误。实际上两组间存在差异，但我们没有检测出这种差异，这种错误的概率通常控制在 20% 以内。我们把统计功效定义为 $1-\beta$，即统计功效为 80% 左右。

小红：具体哪些错误是第一类错误，哪些是第二类错误呢？

> **提问**：第一类错误和第二类错误在 A/B 实验中如何应用？请给出示例，要求有具体数字。

假设我们正在进行一个 A/B 实验，比较两种不同颜色的按钮（A 为红色，B 为蓝色）对用户点击率的影响。我们设定显著性水平 α 为 0.05，表示我们愿意接受 5% 的概率犯第一类错误。我们的目标是检测到至少 5% 的点击率差异，假设我们的实验有 80% 的统计功效（$1-\beta=0.8$）。

1．第一类错误

假设实际上红色按钮和蓝色按钮的点击率相同（都是 10%），但实验结果显示红色按钮的点击率为 12%，蓝色按钮的点击率为 10%，且 P 值为 0.04（小于 0.05）。

在这种情况下，我们错误地拒绝了零假设（即认为两种颜色的点击率有显著差异），犯了第一类错误。我们的实验错误地表明红色按钮比蓝色按钮更有效，尽管实际上它们的效果相同。

2．第二类错误

假设实际上红色按钮的点击率为 15%，蓝色按钮的点击率为 10%，但由于样本量不足或其他原因，实验结果显示两种按钮的点击率没有显著差异，且 P 值为 0.08（大于 0.05）。

在这种情况下，我们错误地接受了零假设（即认为两种颜色的点击率没有显著差异），犯了第二类错误。我们的实验未能检测到红色按钮实际上比蓝色按钮更有效的效果。

通过这个例子，我们可以看到第一类错误和第二类错误是如何影响 A/B 实验的结果和解释的。为了减少这些错误，我们需要仔细设计实验，包括选择合适的显著性水平、确保足够的统计功效和合理的样本量。

吴老师：大模型讲得很清楚。

小红：根据例子，再看表 7-2 就能理解了。

吴老师：通过观察第一类错误和第二类错误的容忍度，我们可以发现，对于将可能不理想的实验结果上线的风险，我们的容忍度仅为 5%；而对于放弃可能有效的实验结果上线，我们的容忍度是 20%。

吴老师：这种思维方式在我们的业务决策中是合理的，因为推出新版本或改动老版本涉及各种业务成本和风险。基本上，我们的原则是宁可错过，也不要做出错误的选择，以确保我们每一步都是正确的。

吴老师又说：我问你一个问题，如果两组实际上完全相同，即不存在真实差异，连续观察用户 7 天，一旦某一天观察到显著差异就决定上线，这时出现第一类错误的概率有多大？

小红：让我想一想。我们设定显著性水平为 0.05，意味着犯第一类错误的概率为 5%。

在没有差异的情况下，我们仍有 5% 的概率错误地认为两组之间存在显著差异。

吴老师点点头，鼓励小红继续往下说。

小红：如果我们连续观察 7 天，每天都进行一次假设检验，实际上每天都有犯第一类错误的机会。那整体犯第一类错误的概率为：

$$P_{总} = 1 - (1-\alpha)^n = 1 - (1-0.05)^7 \approx 30.17\%$$

吴老师：非常正确。你还可以让大模型帮你算。

> 提问：在两组完全无差异的场景下，连续观察用户 7 天，一旦出现显著差异就上线，那么这时出现第一类错误的概率有多大？

```
1  # 给定值
2  alpha = 0.05 # 单次检验的显著性水平
3  n = 7 # 检验天数 / 次数
4
5  # 计算 7 天的检验中至少发生一次第一类错误的概率
6  P_total = 1 - (1 - alpha)**n
7
8  P_total
```

```
1  结果
2  0.3016627039062503
```

在两个完全无差异的组中，如果连续观察用户 7 天，并且一旦任何一天出现显著差异就决定上线，那么这时出现至少一次第一类错误（错误地拒绝真正正确的零假设）的总概率大约为 30.17%。这意味着在 100 次这样的实验中，大约有 30 次我们会错误地认为两个实际相同的组之间存在显著差异，并决定上线。

小红：大模型连 Python 代码都帮我写好了，太方便了！如果每天都看检验数据会放大第一类错误，那我们什么时候来看数据呢？

吴老师：正确的实验方法是，实验前确定好实验时间，只依据实验结束时的结论做决策。此时，实验平台能够保证将第一类错误的概率控制在 5%，即 95% 的置信度。如果实验者每天查看实验结论，一出现显著差异就停止实验，并做出相应决策，那么会放大犯第一类错误的概率。

小红：如果不让我每天看实验数据，我也会很好奇呀。

吴老师：当然，如果你只是出于好奇每天查看数据，同时确保不会因中途观察到的结果而提前终止实验，那么查看数据本身是没有问题的——关键是不要仅基于这些中途观察做出最终决策。这也有助于我们及时发现并解决可能出现的问题，比如实验的 Bug 等。

吴老师：另外，我们的实验评估指标最后往往是收敛的，这是什么意思呢？指标收敛是指随着时间的推移或样本量的增加，统计指标趋于稳定，统计结果趋近于某个值，实验结果具有一致性和可靠性。这种收敛性是通过连续观察实验指标的变化来评估的，是判断实验是否可以结束、结果是否可信的重要依据。我们让大模型举个例子，通过实例可以更好地理解。

> 提问：假如你在做 A/B 实验，举一个例子说明指标的收敛性。

让我举一个例子来说明指标收敛的概念。

假设我们正在进行一个 A/B 实验，测试两种不同的电子邮件营销策略（A 和 B）对用户点击率的影响。我们计划每天发送一定数量的电子邮件，并记录用户的点击情况。

实验开始阶段

- 在实验的前几天，我们可能会观察到点击率有较大的波动。比如，第一天 A 策略的点击率是 5%，B 策略的点击率是 7%，第二天 A 策略的点击率涨到了 8%，B 策略的点击率降到了 6%。
- 这种波动可能是样本量较小或其他随机因素造成的。

实验进行中

- 随着实验的进行，我们继续收集更多的数据。假设到了第十天，A 策略的点击率稳定在 6.5% 左右，B 策略的点击率稳定在 6.8% 左右。
- 此时，我们可以观察到点击率的波动减小，指标开始趋于稳定。

实验结束

- 假设我们计划进行两周的实验。到了第十四天，A 策略和 B 策略的点击率分别稳定在 6.5% 和 6.8%，与第十天相比没有显著变化。
- 此时，我们可以认为指标已经收敛，实验结果达到了一致性和可靠性。我们可以根据收敛后的数据做出决策，比如选择点击率略高的 B 策略作为未来的营销策略。

通过这个例子，我们可以看到，在实验开始阶段，指标可能会有较大的波动，但随着时间的推移和样本量的增加，指标会逐渐趋于稳定，即收敛。当指标收敛时，我们可以更有信心地根据实验结果做出决策。

小红：原来这就是指标收敛性，随着时间的推移指标越来越稳定。

7.4.3　计算 A/B 实验的最小样本量

吴老师：之前我们讨论过，A/B 实验最重要的两大优势是准确和快速。其中，快速是指 A/B 实验达到某个阈值时就可以结束，有效避免了经验判断。了解最小样本量，能够帮助我们以较少的资源投入，获取最准确、最可靠的实验结果。计算样本量确实需要一些统计学基础，让我们来逐步理解。我先给你画一张图，你就容易懂了。

说完吴老师画了一张图（见图 7-7）。

吴老师：在这张图中，红色曲线表示对照组，绿色曲线表示实验组。红色区域的面积代表显著性水平（α），而绿色区域的面积代表统计功效（$1-\beta$），临界值在横坐标上的位置为 MDE（大概为 1.8）。只有当红色区域的面积小于 5%，同时绿色区域的面积大于 80% 时，我们才能自信地断言实验组与对照组之间的差异值为 MDE（1.8）。

小红：哇！把复杂的概念用图表示出来，就容易理解多了。MDE 是什么意思？

吴老师：MDE（Minimum Detectable Effect）指最小可检测效应，又叫预期效应值 δ。简单点说，MDE 为两组数值的最小差异。在实际工作中，我们经常将其视为业务上期望看到的最小改进幅度。例如，当前的点击率为 1%，如果业务目标是将其提升至 1.5%，那么我们设定的 MDE=0.5%。如果实验结果未能达到这一增长幅度，那么从业务角度来看，我们就认为该实验没有达到预期。最小样本量就是在 $\alpha=0.05$，$1-\beta=0.8$，且满足业务预期提升值 MDE（δ）的情况下需要的样本量。

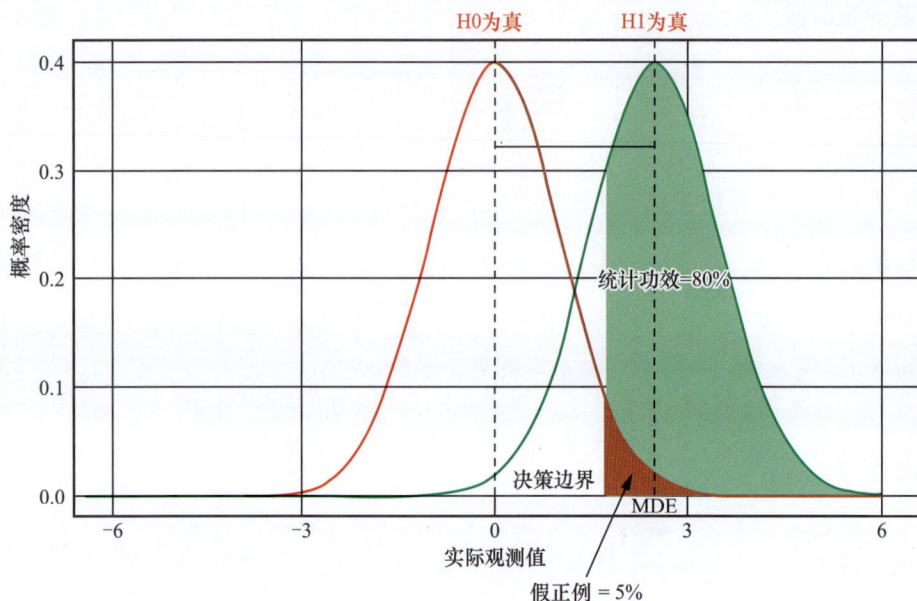

图 7-7

小红：这么解释我清楚多了！再让大模型给我讲讲在 A/B 实验中怎么计算最小样本量。

> **提问**：假如你在做 A/B 实验，详细介绍一下样本量计算的原理，并举一个例子。

样本量计算是在进行 A/B 实验前的关键步骤之一，它涉及确定实验所需的最小样本量，以确保实验具有足够的统计功效来检测预期中的效应。这一过程的目的是平衡资源的使用和实验的可靠性，避免因样本量过小而无法检测到实际存在的效应，或因样本量过大而浪费资源。

样本量计算的原理

样本量计算基于以下几个关键参数。

（1）效应量（Effect Size）：预期效应的大小，即你希望能够检测到的最小差异。效应量越大，所需的样本量越小。

（2）显著性水平：接受第一类错误的概率，通常设置为 0.05。第一类错误是指错误地拒绝真正正确的零假设（即发现了本不存在的效应）。

（3）统计功效：正确检测到效应时不犯第二类错误的概率。第二类错误是指错误地接受一个错误的零假设（即没有检测到实际存在的效应）。功效通常在 80% ～ 90%。

（4）方差：数据的变异程度，影响样本量的计算。变异程度越大，通常用来检测相同大小的效应的样本量越大。

示例

假设我们正在进行一个 A/B 实验，比较两种网页设计（A 和 B）对用户点击率的影响。我们希望检测到至少 5% 的点击率差异，统计功效设定为 80%，显著性水平设定为 0.05。

（1）确定效应量：假设当前点击率为 10%，我们希望检测到至少 15% 的点击率，效应量为 0.05（15%-10%）。

（2）使用样本量计算公式或在线工具：根据效应量、统计功效和显著性水平，我们可以使用样本量计算公式或在线工具来计算所需的最小样本量。假设计算结果为每组需要1000个样本。

（3）实施实验：我们需要确保每个设计（A 和 B）至少有 1000 个用户参与，以确保实验具有足够的统计功效。

通过这个例子，我们可以看到样本量计算在 A/B 实验设计中的重要性，它帮助我们确保实验结果的准确性和可靠性。在实际操作中，通常会使用专业的统计软件或在线工具来进行样本量的计算。

吴老师： 现在的统计软件都非常方便，大模型也推荐用专业的统计软件或在线工具来进行样本量的计算。不过，为了搞清楚原理，我们还是让大模型解释一下最小样本量是如何计算的。

> **提问：** 详细介绍最小样本量是如何计算的，其公式是什么？

最小样本量计算是根据实验设计和统计目标确定所需样本量的过程。下面是一个常用的最小样本量计算公式，适用于比较两个独立样本均值的情况（如 A/B 实验）：

$$n = 2\left(\frac{Z_{1-\alpha/2} + Z_{1-\beta}}{\delta}\right)^2 \sigma^2$$

- n 是每组所需的样本量。
- 显著性水平 α：显著性水平定义了拒绝零假设时犯错误的最大概率。常用的显著性水平是 0.05，意味着有 5% 的概率犯第一类错误。
- $Z_{1-\alpha/2}$ 是正态分布的 Z 值，对应显著性水平 α 的两侧临界值。例如，如果 $\alpha = 0.05$，则 $Z_{1-\alpha/2} = Z_{0.975} = 1.96$。
- 统计功效（$1-\beta$）：统计功效是指实验正确检测到预定效应的概率。通常希望功效至少为 80%，这意味着有不超过 20% 的概率犯第二类错误。
- $Z_{1-\beta}$ 是正态分布中使右侧尾部面积为 β 的 Z 值，对应于 1 减去统计功效（$1-\beta$），即犯第二类错误的概率。对于 80% 的功效，$\beta = 0.2$，$Z_{1-\beta} = Z_{0.8} = 0.84$。
- δ 是预期的效应大小，通常表示为两个均值之差（$\mu_1 - \mu_2$）。效应大小是实验设计中的一个关键参数，它基于研究的具体目标来定义。效应大小越大，所需的样本量越小；效应大小越小，所需样本量越大。
- σ^2 是总体方差的估计值。方差影响样本量的计算，因为它反映了数据的波动性。波动性越大，检测到同样大小效应所需的样本量就越大。在实践中，如果不知道总体方差，可以使用样本方差作为替代。

这个公式提供了一个理论框架来估计所需样本量，但实际应用中，研究者通常使用软件工具，如 G*Power 或在线计算器，来进行更精确的计算，这些工具能够考虑具体实验设计的复杂性，如配对样本设计、多组比较等。

> **提问：** 根据最小样本量的公式，给出一个详细的例子。

假设我们要进行一个 A/B 实验，比较两种广告策略对点击率的影响。我们希望能够检测到至少 2% 的点击率差异，假设两组的点击率方差为 0.01（即标准差为 0.1），显著性水平设为 0.05，希望实验具有 80% 的统计功效。

1. 确定参数值

- $\alpha = 0.05$，因此 $Z_{1-\alpha/2} = Z_{0.975} = 1.96$（查正态分布表）。
- $1-\beta = 0.8$，因此 $Z_{1-\beta} = Z_{0.8} = 0.84$（查正态分布表）。
- 期望检测到的最小效应量 $\delta = 0.02$（点击率差异为 2%）。
- $\sigma^2 = 0.01$（方差为 0.01）。

2. 代入公式计算

$$n = 2\left(\frac{Z_{1-\alpha/2} + Z_{1-\beta}}{\delta}\right)^2 \sigma^2$$

$$n = 2 \times [(1.96 + 0.84)/0.02]^2 \times 0.01 = 2 \times (137)^2 \times 0.01 = 376.98$$

3. 结果

每组需要大约 377 个样本（向上取整）以确保实验具有足够的统计功效来检测至少 2% 的点击率差异。

通过这个例子，我们可以看到如何根据实验目标和统计要求计算所需的样本量。在实际操作中，可以使用统计软件或在线计算器来简化这个过程。

小红：按照公式拆解下来，简单了好多！$Z_{1-\alpha/2} = Z_{0.975} = 1.96$ 是个固定值，$Z_{1-\beta} = Z_{0.8} = 0.84$ 也是一个固定值，预期效应 δ 是自己定义的，把方差 σ^2 代入就可以了！我也来算一遍。

小红按照大模型给的过程计算了一遍，发现不太对，她算出来是 392。

吴老师看了看小红的计算：大模型的计算结果确实错了，你能够认真地去验证和理解，这样的学习态度很好，非常值得表扬。之前我们也讲过，大模型确实容易算错，如果涉及复杂的计算，我们可以让大模型写 Python 程序，验证其输出的内容。

提问：根据最小样本量的公式，写一个 Python 程序，重新计算。

```
1   import scipy.stats as stats
2
3   # 设定参数
4   alpha = 0.05
5   beta = 0.2
6   delta = 0.02
7   sigma = 0.1
8
9   # 计算z值
10  Z_alpha_2 = stats.norm.ppf(1 - alpha / 2)
11  Z_beta = stats.norm.ppf(1 - beta)
12
13  # 计算样本量
14  n = 2 * ((Z_alpha_2 + Z_beta) / delta)**2 * sigma**2
15  n_rounded = int(round(n))
16
17  n_rounded
```

```
1   结果
2   392
```

根据计算，每组需要大约 392 个样本以确保实验具有足够的统计功效来检测至少 2% 的点击率差异。

小红：确实，写一段程序进行验证，计算准确率就高多了。

吴老师：最后我们来说说方差 σ^2，这是唯一一个需要我们来计算的数据。这里的方差一般是实验组和对照组总体的方差，如果两组方差不一致，我们需要合并方差来计算。

> **提问**：最小样本量公式中的方差是实验组的方差，还是实验组与对照组总体的方差？如何进行计算？

在最小样本量公式中，方差（σ^2）通常指的是实验组和对照组总体的方差。如果我们假设两组的方差相等（即方差齐性），那么我们可以使用两组合并的方差作为公式中的方差。这种假设简化了计算过程，因为我们只需要估计一个方差。

具体来说，如果我们有两组数据，每组的样本方差分别为 s_A^2 和 s_B^2，样本大小分别为 n_A 和 n_B，那么合并的方差可以通过下面的公式计算：

$$\sigma^2 = \frac{(n_A - 1)s_A^2 + (n_B - 1)s_B^2}{n_A + n_B - 2}$$

在实际应用中，我们通常使用这个合并的方差来计算最小样本量，以确保实验具有足够的统计功效。当然，如果两组的方差显著不同，那么我们需要使用更复杂的方法来处理方差不齐的情况。

吴老师：以上，我们就把所有涉及最小样本量计算的参数都讲完了，是不是也没有想象中这么难呢？其实还有更简单的算法，如果我们把 $Z_{1-\alpha/2} = Z_{0.975} = 1.96$、$Z_{1-\beta} = Z_{0.8} = 0.84$ 代入公式，则可以近似理解为如下估算公式（见图 7-8）。

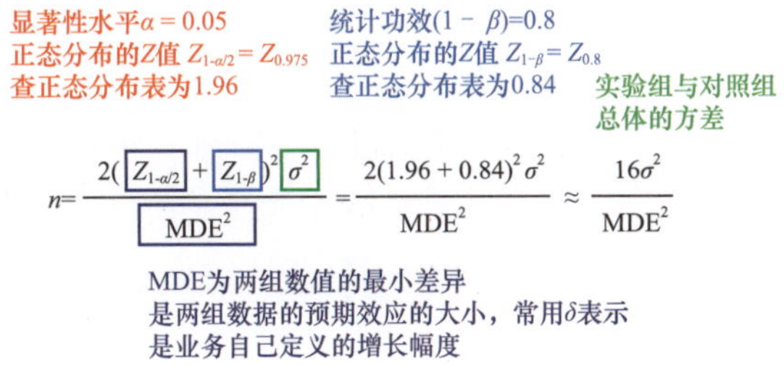

显著性水平 $\alpha = 0.05$　　统计功效 $(1 - \beta) = 0.8$
正态分布的Z值 $Z_{1-\alpha/2} = Z_{0.975}$　　正态分布的Z值 $Z_{1-\beta} = Z_{0.8}$
查正态分布表为1.96　　查正态分布表为0.84　　实验组与对照组总体的方差

$$n = \frac{2(\boxed{Z_{1-\alpha/2}} + \boxed{Z_{1-\beta}})^2 \boxed{\sigma^2}}{\boxed{MDE^2}} = \frac{2(1.96 + 0.84)^2 \sigma^2}{MDE^2} \approx \frac{16\sigma^2}{MDE^2}$$

MDE为两组数值的最小差异
是两组数据的预期效应的大小，常用 δ 表示
是业务自己定义的增长幅度

图 7-8

小红：这个公式让计算变得好简单呀！不妨思考一下，在深色背景图片和浅色背景图片的实验里运用这个公式，期待两组的点击率相差超过 0.2%，现在点击率是 1%，那么 A/B 实验需要多少样本量？先算点击率的方差。因为是二项分布，所以方差为 $\sigma^2 = p(1-p) = 1\% \times (1-1\%) = 0.0099$。那么至少需要的样本为 $16 \times 0.0099 / (0.2\% \times 0.2\%) = 39600$。

吴老师：你可以用大模型验证你的估算。不过一般情况下，A/B 实验需要经过一个统计周期，因为白天和晚上的用户构成可能不一样，平日和周末的用户构成也可能不一样，一般我们实验上线至少需要超过一天或者一周。同时，要保证样本量超过我们估算的最小样本量。

小红：好的。

7.5 大模型助你写一份专业的A/B实验报告

7.5.1 高效解读实验结果

通过之前的学习，小红已经能够将统计学的各个知识点联系起来，但对于如何在实际工作中有效应用这些知识，她还缺乏信心。

小红带着些许担忧：如果A/B实验的结果和我预期的不一致该怎么办？比如，如果MDE小于预期，但结果已经统计显著，我应该推广到全量吗？

吴老师：让我们先看看A/B实验可能的几种结果（见表7-3）。其实除了"实验组好于对照组"（正向）与"实验组差于对照组"（负向）之外，还有3种可能的结果。

- 正向待观察：主要指标显著正向，观察指标有负向。
- 无效果（没有统计学差异）：主要指标不显著，且MDE小于最小业务提升。
- 无法下结论：主要指标不显著，且MDE大于最小业务提升，需继续累积样本。

表7-3

实验结果	指标解读
正向	主要指标显著正向，观察指标无显著负向
正向待观察	主要指标显著正向，观察指标有负向
负向	主要指标显著负向
无效果	主要指标不显著，且MDE小于最小业务提升
无法下结论	主要指标不显著，且MDE大于最小业务提升，需继续累积样本

小红：原来A/B实验竟然有5种不同的结果！

吴老师：是的。如果MDE非常小，比如仅为0.01%，意味着实验未能产生明显效果，甚至可能带来了负面影响。这是为什么呢？让我们先来了解一下"置信区间"这个概念。

> **提问**：假如你正在做A/B实验，详细介绍一下"置信区间"的原理，以及其在A/B实验中的应用。

置信区间的原理

置信区间（Confidence Interval，CI）是一个用于估计总体参数的区间范围，它表示我们对某个统计量（如均值、比例等）的估计具有一定的可信度。置信区间通常以"点估计 ± 边际误差"（如均值 ± 边际误差）的形式表示。

- 置信水平：置信区间的可信度通常用置信水平表示，常见的置信水平有95%、99%等。例如，95%的置信区间表示如果我们从总体中重复抽样多次，大约95%的样本会得到包含真实总体参数的区间。
- 边际误差：边际误差反映了置信区间的宽度，它受样本量和数据变异性的影响。样本量越大或数据变异性越小，边际误差越小，置信区间越窄。

在 A/B 实验中的应用

假设我们正在进行一个 A/B 实验，比较两种网页设计（A 和 B）对用户点击率的影响。

1．计算点击率的置信区间

假设网页 A 的样本点击率为 10%，样本大小为 1000，我们可以计算 95% 的置信区间来估计总体点击率。

使用标准公式，我们可能得到一个置信区间 [9.3%, 10.7%]，表示我们有 95% 的信心认为总体点击率在这个区间内。

2．比较两个置信区间

同样，我们也可以为网页 B 计算 95% 的置信区间，假设为 [11.2%, 12.8%]。

如果两个置信区间没有重叠，我们可以认为两种设计的点击率存在显著差异。在这个例子中，网页 B 的点击率显著高于网页 A。

通过计算和比较置信区间，我们可以对 A/B 实验的结果进行更精确的估计和解释，从而做出更有信心的决策。在实际操作中，通常会使用统计软件来计算置信区间。

吴老师：置信区间是一个非常重要的统计学概念，置信区间提供了一个数值范围，反映了估计的精确度。简单来说，置信区间是一个范围，我们相信这个范围内包含某个未知参数的真实值；这个范围的大小反映了估计的不确定性，区间越大不确定性越大，区间越小不确定性越小。

小红：我明白什么是置信区间了，大模型说置信区间的可信度通常用置信水平表示，这又是什么意思呢？

吴老师：置信水平通常用于构建置信区间，表示如果我们多次从总体中抽样并计算置信区间，区间中有多少比例会包含总体参数的真实值。这个概念确实比较抽象，我给你举个直观的例子（见图 7-9）。高考结束，你不知道自己考了多少分，于是找人帮你预测一下高考成绩。一个人告诉你，我有 100% 的把握，你的分数在 0 到 750 分之间。另一个人说，我有 95% 的把握，你的分数在 550 到 580 分之间。为了解释两人的识别能力范围，我们会使用置信区间和置信水平这两个概念。

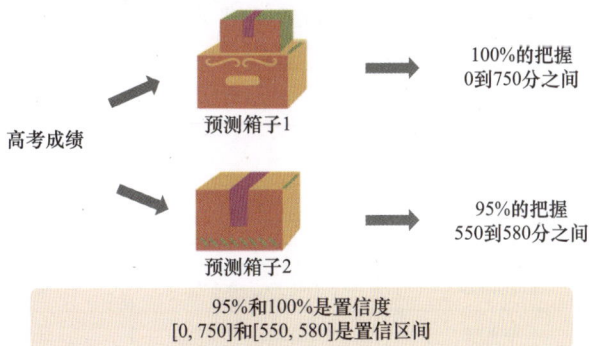

图 7-9

小红：我明白了，95% 的概率就是置信水平，550 到 580 分就是置信区间。

吴老师点头：置信区间这个概念很重要。为什么呢？假如，我们认为点击率提升均值是 0.5%，在 95% 置信水平下的置信区间为 [0.2%, 0.8%]，真实情况下不见得会获得 0.5% 的提升，95% 的概率提升数值会介于 [0.2%, 0.8%] 之间。

小红：啊？那岂不是我期待点击率能提升 0.2%，实际上点击率还有可能负增长！

吴老师：有这种可能，这取决于你的置信区间。首先，我们应该区分两个不同的概念：统计显著和效果显著。统计显著不等于真实效果显著，它只说明在当前的统计功效下检测出了实验版本和对照版本的差异，但是这个差异有可能非常小，在实际应用中微不足道，比如刚才说的 0.01%。这也就是我们之前说的没有统计学差异、无效果。

小红：这和置信区间有什么关系呢？

吴老师：我给你画一张图，你就懂了。

说完吴老师在纸上画了一张图（见图 7-10）。

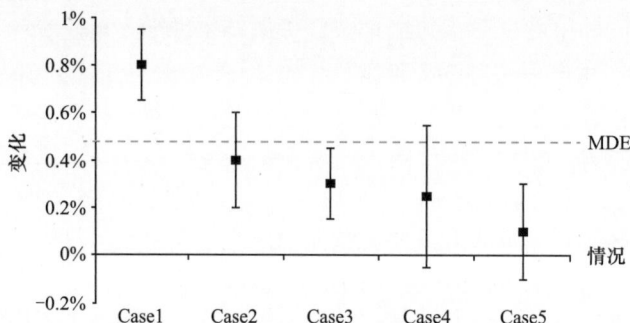

图 7-10

吴老师：你看这张图，用 5 种情况（Case1 到 Case5）展示了不同的置信区间。竖线表示"实验组点击率"相对于"对照组点击率"的置信区间，中间点的位置表示"实验组点击率"的均值。假如我们设定的 MDE = 0.5%，那么应该如何解读这些结果呢？

吴老师：如果置信区间完全位于零点之上，即置信区间的最低值大于 0，那么表明我们的结果是统计显著的。如果置信区间的最低值还大于 MDE，那么表示不仅统计显著，同时效果显著。

小红：原来是这个意思。也就是说，统计显著意味着实验组和对照组一定有差异。图中的 Case1、Case2、Case3 的置信区间 > 0，说明其统计显著。效果显著则指实验组不仅比对照组表现得更好，而且提升的幅度达到或超过了我们的预期，即超过了 MDE。如果置信区间的最低值大于 MDE，一定是效果显著的，所以图中只有 Case1 是效果显著的（见表 7-4）。

表 7-4

	均值（变化）	95% 置信区间	结果解读
Case1	0.80%	[+0.64%, +0.96%]	统计显著，效果显著
Case2	0.40%	[+0.2%, +0.6%]	统计显著，效果不确定
Case3	0.30%	[+0.15%, +0.45%]	统计显著，效果不确定
Case4	0.25%	[-0.06%, +0.56%]	非统计显著，效果不确定
Case5	0.09%	[-0.1%, +0.3%]	非统计显著，效果不确定

吴老师：正确。

小红：我想想，如果改成 MDE = 0.2%（见图 7-11），图中的 Case1 和 Case2 就都是效果显著的了（见表 7-5）。

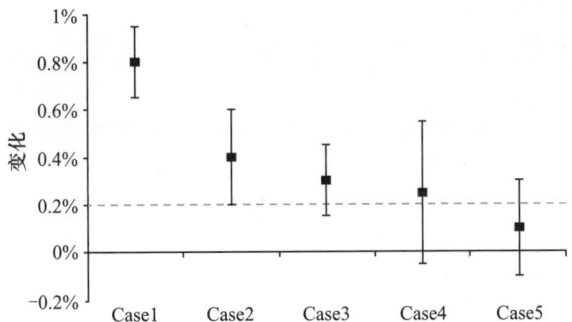

图 7-11

表 7-5

	均值（变化）	95% 置信区间	结果解读
Case1	0.80%	[+0.64%, +0.96%]	统计显著，效果显著
Case2	0.40%	[+0.2%, +0.6%]	统计显著，效果显著
Case3	0.30%	[+0.15%, +0.45%]	统计显著，效果不确定
Case4	0.25%	[-0.06%, +0.56%]	非统计显著，效果不确定
Case5	0.09%	[-0.1%, +0.3%]	非统计显著，效果不确定

小红：达到效果显著真不容易。

吴老师：是的。我之前也说过，即便是经验丰富的产品经理，实验成功率也不一定能超过一半。根据我的经验，只有大约20%的实验能得出"实验组明显优于对照组"的结论。因此，如果我们将50%以上实验的结果推广到全体用户，可能超过一半会导致决策失误。我们必须谨慎分析每一次实验的结果，避免过于乐观的预期导致错误的决策。

小红：好的，我记下了。

吴老师：对了，告诉你一个好消息。你不用自己统计数据，我们有专门的 A/B 实验平台，你在平台上勾选出你的实验指标，A/B 实验平台就能直接给你实验结果。

小红：这么方便！

吴老师：现在互联网公司大多有专门的实验平台，从接入实验平台，到展开实验配置，再到获取实验结果，全流程自动化。A/B 实验平台不但提供统一的框架和流程，确保了实验设计的一致性和可复制性，便于跨团队共享最佳实践，而且会自动计算实验的关键指标，减少人为判断误差，提高评估结果的准确性。

小红：那我岂不是根本不用学习 A/B 实验相关知识，也可以直接使用？

吴老师：虽然自动化的 A/B 实验平台可以极大地简化实验的设置、执行和分析过程，提高实验的效率和准确性，但这并不意味着统计学知识变得不重要了。首先，尽管平台可以自动计算出各种统计指标，如 P 值、最小样本量等，但如果你不了解这些指标背后的统计原理，可能无法准确解读结果。其次，统计学知识能帮助你在实验设计阶段避免常见问题，如样本量不足、数据收集偏差等。最后，作为数据工作者，掌握统计学知识可以帮你更有效地与团队成员沟通，无论是讨论实验设计、解释结果还是制订后续行动计划，都能让你更有影响力和竞争力。

7.5.2 实验报告的写法

吴老师：统计完结果之后，我们就该写实验报告了，我们先让大模型列出实验报告的框架。

> **提问**：写一份 A/B 实验报告，有哪些内容是必须有的？请列出一个框架。

一份完整的 A/B 实验报告通常包含以下内容。

实验背景和目标

- 简要介绍实验的背景信息和研究领域。
- 明确实验的具体目标和预期成果。

实验假设

- 描述实验的主要假设，包括对照组和实验组的预期差异。

评估指标

- 列出用于评估实验效果的关键指标，如点击率、转化率等。
- 定义每个指标的计算方法和成功标准。

实验设计和实施计划

- 说明实验的设计方案，包括实验组和对照组的设置。
- 描述实验的实施步骤，包括样本选择、随机分配和数据收集方法。
- 提供实验的时间表和关键里程碑。

实验结果详细分析

- 展示实验组和对照组的指标结果，包括数值和置信区间。
- 使用图表和统计分析来展示实验数据的差异和趋势。
- 对实验结果进行详细的分析和解释。

结论和建议

- 根据实验结果得出结论，判断实验假设是否得到验证。
- 提出基于实验结果的建议，包括对产品或策略的改进方案。
- 讨论实验的局限性和未来的研究方向。

请根据实验的具体情况和需求调整和补充这个框架，以确保报告的完整性和准确性。

吴老师：在撰写报告时，需要注意的是保持语言清晰和准确，避免在报告中使用过于复杂的术语或进行无根据的推断。报告的目的是让读者理解实验的过程和结果，让读者了解实验结果对业务或研究的意义。

小红：好的，我避免使用过于专业的术语。

下面是小红写的实验报告。

实验背景和目标

随着移动应用的用户基础不断扩大，提高用户的点击率成为提升用户活跃度和业务收入的关键。近期，团队提出了一个假设，即改变应用内图片的背景色可能会影响用户的点击率。基于此，我们设计了一个 A/B 实验，旨在比较深色背景图片与浅色背景图片对用户点击率的影响，进而找出能够提高点击率的最佳背景色。

实验假设

零假设（H0）：深色背景图片和浅色背景图片对用户点击率没有差异。

备择假设（H1）：深色背景图片的用户点击率比浅色背景图片高 0.2%。

评估指标

- 主要指标：点击率（深色背景图片的点击率与浅色背景图片的点击率比较）。
- 次要指标：用户转化率、页面停留时间。
- 观察指标：当日 App 使用时长、用户次日留存率。

实验设计和实施计划

- 样本选择：选择两组用户，一组查看深色背景图片，另一组查看浅色背景图片。每组样本量至少为 2 万个用户。
- 时间框架：实验将持续运行一周，以收集足够的数据进行分析。
- 数据收集：通过 A/B 实验平台自动收集实验组和对照组的点击率、用户转化率、页面停留时间、当日 App 使用时长和用户次日留存率等数据。
- 分析方法：使用 A/B 实验平台自动计算主要指标和次要指标的 P 值、置信区间等统计数据，以评估实验的统计显著性和业务影响。

实验结果详细分析

1. 主要指标（点击率）结果

- 对照组（浅色背景图片）：点击率为 1.0%，置信区间为 [0.98%，1.02%]，表明大多数情况下点击率在这个范围内波动。
- 实验组（深色背景图片）：点击率为 1.2%，置信区间为 [1.18%，1.22%]，显著高于对照组，超出了我们设定的目标差异 0.2%。
- 分析：实验组的点击率显著超过了对照组，且差异超过了我们的预期目标，这表明深色背景图片对提高用户点击率具有显著正面效果。

2. 次要指标结果

（1）用户转化率。

- 对照组转化率为 2.5%，置信区间为 [2.45%，2.55%]。
- 实验组转化率为 2.7%，置信区间为 [2.65%，2.75%]。
- 实验组的用户转化率略有提高，这可能表明深色背景不仅提高了点击率，还促进了用户的进一步行动。

（2）页面停留时间。

- 对照组页面停留时间平均为 120 秒，置信区间为 [118 秒, 122 秒]。
- 实验组页面停留时间平均为 130 秒，置信区间为 [128 秒, 132 秒]。
- 实验组用户在页面上的停留时间比对照组长，这表明深色背景图片可能增加了用户的页面参与度。

3．观察指标结果

（1）当日 App 使用时长。

- 对照组的平均使用时长为 1780 秒，置信区间为 [1758 秒, 1802 秒]。
- 实验组的平均使用时长为 1811 秒，置信区间为 [1788 秒, 1834 秒]。
- 实验组的用户在 App 上的总体使用时长有增加，这对于提升用户黏性和应用的整体活跃度是有益的。

（2）用户次日留存。

- 对照组的次日留存率为 40%，置信区间为 [39.5%, 40.5%]。
- 实验组的次日留存率为 42%，置信区间为 [41.5%, 42.5%]。
- 次日留存率的提高意味着深色背景图片可能有助于改善用户的长期参与度。

4．综合结果分析

综上所述，实验结果表明，深色背景图片在各项关键指标上均表现出了正面效果：不仅显著提高了点击率，还略微提高了用户转化率，增加了面停留时间，同时对用户的当日 App 使用时长和次日留存率也产生了积极影响。这些指标的改善表明深色背景图片能够提升用户的参与度和使用 App 的体验。

结论和建议

实验结果支持了我们的备择假设，即深色背景图片能够显著提高用户的点击率。鉴于此，我们建议将深色背景图片推广到更广泛的用户群体中。同时，建议继续监测实验上线后的长期效果，特别是对用户留存率和活跃度的影响，以确保实验效果的持续性和稳定性。

小红：我写完之后，又用大模型优化了报告，感觉特别有"大模型味儿"，就是结构很好，语言很通顺，但是有点机械，少了点"灵气"。

吴老师：你说得非常对，大模型是机器，有出错的时候，也有刻板的时候，所以大模型给出的结果也需要你进行加工，相互配合才能获得最大的收益。你可以尝试一些方法，比如使用生动的例子，增添独特的视角和有深度的内容，或者加入适当的故事元素，人们往往更容易被故事吸引，并通过故事来理解复杂的信息。

小红：我应该利用自己的创造性和理解力，对大模型给出的结果进行加工，让报告既准确又生动。

7.6　数据思维：实验思维实现复利效应

吴老师：A/B 实验背后的统计学知识，不仅是让我们找到规律简化复杂问题，还涉及我们工作和生活中的方方面面。我再补充一些知识，一方面可以提升你的数据思维能力，另一方面也希望帮助你少走弯路。

小红：您快讲讲。

吴老师：之前我们谈到了辛普森悖论。如果我们开发一款 App，分别开发了 Android 和 iOS 版本，每个版本下又细分为手机版和平板电脑版，通过分析，发现 Android 用户的付费率高于 iOS 用户，那么投入更多精力优化 Android 版本的思路对吗？

小红思考了一下说：不好说。虽然从整体上看，Android 用户的付费率高于 iOS 用户，但聚焦到手机版或平板电脑版，可能会存在 iOS 用户的表现优于 Android 用户的情况。

吴老师点头：是的。表面的数据分析可能会误导我们的决策，细分后的数据才能揭示真正的趋势。回想一下我们小时候玩的猜硬币的游戏。你觉得，如果抛 10 次、100 次，甚至 1000 次硬币，正反面各会出现几次呢？

小红：抛硬币不就是正反各占一半，50% 正面，50% 反面吗？

吴老师：我给你讲个故事。丹麦有个概率学专家叫克里特，他闲着没事，就玩起了抛硬币，也可以说是在做实验。他抛了 10000 次，认真地记录下每一次的结果，想看看硬币正反面出现的真实概率。结果他发现，前 1000 次的结果一直在波动，甚至抛到几千次，结果还在波动，直到接近 10000 次时，比例才渐渐接近 50% 对 50%（见图 7-12）。这就是大名鼎鼎的大数定律。

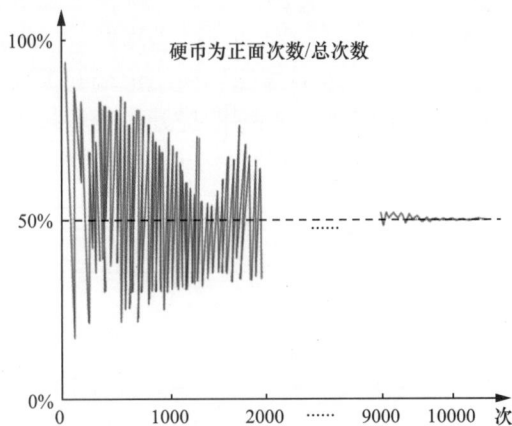

图 7-12

吴老师继续解释：大数定律告诉了我们什么？只有当事件发生的次数足够多时，发生的概率才会真正趋近于它的理论概率。也就是说，你如果只抛几次、十次、百次，都不够，你得到的比例很可能是 7：3，甚至更极端。

小红连忙问：这跟我们做 A/B 实验有什么关联呢？

吴老师：大数定律告诉我们，在做 A/B 实验时，样本量必须够大。有个抽奖游戏，抽奖箱里有红、蓝两种颜色的球，数量一样多，每次抽奖后将球放回并重新打乱。如果前面连续几次抽出来的都是红球，那下一次你觉得抽到蓝球的可能性会更大吗？

小红心虚地说：感觉应该更大吧？

吴老师：这个就是我们说的小数陷阱。从理论上来说，随着抽奖次数不断增加，抽到红球和蓝球的概率整体上会趋近于各 50%。如果前面连续抽到红球，可能有人就觉得接下来抽到蓝球的概率会增大，甚至会加大对蓝球的"赌注"。但实际上，每一次抽奖都是独立的随机事件，每一次抽到蓝球的概率始终都是 50%，并不会因为前面几次抽到了红球，后面抽到蓝球的概率就会增加。

小红思考了一下：我们在做 A/B 实验，甚至在做任何决策时，都得意识到这个问题。不要只看到眼前的小波动，要从长期和大量数据来看问题。

吴老师：其实，大数定律和小数陷阱在生活中也能给我们很多启示。首先，大数定律告诉我们，只有经历足够多的尝试，结果才会趋于稳定。这意味着，一时的成功并不能代表长期的趋势。同理，遇到很多不好的事情时也无须气馁，只不过是这个时候你正好遭遇了许多不好的事，接着努力去做，最后就能得到好的结果。

小红认真地点了点头，表示理解。

吴老师：其次，小数陷阱告诉我们，即使失败了，我们也要保持一颗平常心。生活中绝大多数事情的"数"都不够大，所以偶然可能真的只是偶然。当你坚持不住，想完全放弃时，不妨想一想，我们是否已经努力得足够久了？要学会把一件事情放在足够长的时间轴上去评判，尤其是当这件事对你特别重要时。

小红：要持续投入，坚持下去，才能获得成功。

吴老师：未来，每一个领域的人才有了 AI 的辅助，个人能力会被大大地放大，对 AI 一无所知的人则可能失去许多提升的机会。在加速线上化和加速自动化的时代，越来越多的职业领域会呈现指数分布的特征，只有小部分能力出众的人能做出耀眼的成绩。

小红：那我们该怎么办呢？

吴老师：之前我们总说，要选择自己"可做""想做""能做"的事情的交集（见图 7-13），特别是应该考虑"可做"，追寻那些确实能带来回报的路径。但是现在进入了 AI 的时代，每个人的能力都有可能实现大幅度的提升。不妨把心之所向和才之所长放在首位，追求那些既"想做"又"能做"的事情，这正是我们潜力圈的所在。

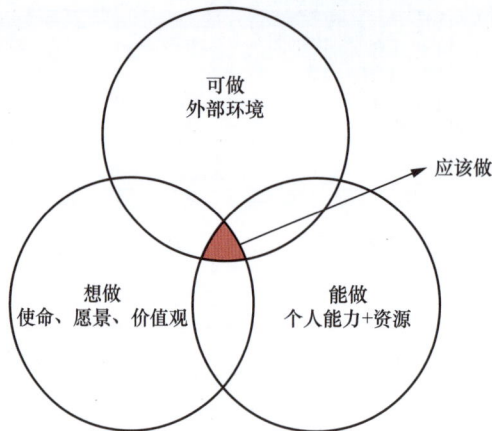

图 7-13

吴老师：我想把《左传》中的"慎始而敬终，终以不困"这句话送给你。这是什么意思呢？如果你要做一件事，不要着急开始，要真的想好了再去做；一旦你开始做了，就要坚持下去。现在你可能遇到了各种挫折和失败，但这就像一直抛到背面朝上的硬币，只要保持好心态，多努力一段时间，多抛几次硬币，相信你终会改变结果。

第 **8** 章　大模型助你写出优秀的数据分析报告

优秀的数据分析报告是数据分析师展示工作成果的重要工具。一份好的报告不仅需要展现出深入的数据分析，还需以明晰、简洁的语言传达给读者，让他们可以快速领会分析的意义与结论。

在职场中，能否撰写出优秀的数据分析报告，是衡量一个数据分析师专业水平的重要标准。在面试中，向面试官展示你的报告样本，可以直观地证明你的分析能力和沟通技巧。

本章将指导你如何构思和撰写一份优秀的数据分析报告。我们将从报告的目的出发，详细介绍分析课题的选择、数据报告的结构设计、内容撰写、数据可视化和报告优化等技巧。通过本章的学习，你将掌握如何有效地呈现数据分析结果，使你的报告更加专业、更具影响力。

8.1 大模型助你确定分析课题

吴老师：我们已经讲完了数据分析的方法和工具，接下来就该进入写分析报告的环节了。写分析报告的首要任务是明确你所要分析的课题，并深入思考数据分析最终能为业务带来怎样的价值。如果这个价值无法确切衡量，数据分析工作就很难顺利开展。

小红：但是，有时候业务人员给我的分析问题本身就不够明确，那这种情况我该怎么办呢？

吴老师：随着需求方层级的提升，我们所接收的分析课题确实会变得越来越不明确。在这种情况下，如果一开始你没能很好地界定问题，就贸然开始行动，很可能会耗费大量时间，结果却发现自己与目标偏离甚远，最终的结果也可能答非所问、脱离实际，导致你的分析无法有效落地实施。

小红：有些分析课题我刚开始觉得问题挺明确的，但做着做着问题又变得模糊不清了，这是什么原因呢？

吴老师：可能是需求方没给具体标准，或目标不切实际。比如领导说"我觉得 ×× 业务表现不好，你分析一下原因。"这种既不知道分析什么，也没好坏标准，就是问题不清晰，常见于老板提出的宽泛、不具体问题。得探究老板提需求的深层逻辑，因为老板可能默认我们懂他的意图。要站在老板的立场了解其想法，这样，就能更好地满足其需求，这需要我们自己去观察和体会。

小红一脸委屈：那我怎么去观察和体会呀？

吴老师：第一，你需要站在他的立场去了解他的想法；第二，有时候老板自己可能也不是特别清楚，需要有人从其他角度来辅助他进行判断。通常老板心里已经有了一个预期的答案，如果我们能够摸索出老板期望的回答，就能更有针对性地满足他的需求，甚至还能超出他的预期。要做到这一点，需要你用心积累行业经验，提升自己的认知高度。

小红：以我现在的能力，还没办法站在老板的视角来思考问题，有没有更具体的方法呢，能让我快速上手的那种？

吴老师：那我推荐一个工具——SMART 原则，我们可以用 SMART 原则来具体界定问题。SMART 的 5 个字母分别代表 Specific、Measurable、Attainable、Relevant、Time-bound。我们可以用 SMART 原则来重新定义上面提到的问题，将"我觉得 ×× 业务表现不好，你分析一下原因。"转化为"×× 业务的 A 指标最近一个月下降了 ×%，你找一下下滑的原因。"这样问题就变得明确、简单多了。

小红：确实如此，这样我就可以使用归因分析了。

吴老师：分析过程中，我们很多时候都需要用 SMART 原则来加以指导。比如说，在定义指标时，尤其要符合 SMART 原则，特别是在定义"北极星指标"这类关键指标时，如果不符合的话，很有可能会把北极星指标制定成虚荣指标，这对后续的分析和决策都会产生极大的误导。

小红：我一定会先把问题界定清楚，之后再开始进行分析工作。

吴老师：当你终于把需要分析的问题界定得足够清晰之后，接下来要做的是确保分析师和需求方对问题的理解一致。比如，老板认为 ×× 业务表现不佳，那 ×× 业务团队的负责人是否也持有同样的看法？而且，两个人对"不佳"的认知是否一致？

小红：那当多方的理解出现不一致的情况时，我应该怎么做呢？

吴老师：首先你要把角色分类，一类是决策者，另一类是业务相关方。所谓决策者，就是有权定义成功标准的人，或者有权定义当前问题是什么的人。他们的意见是最为关键的。再有就是业务相关方，他们往往不是一两个人，而是一群人，是决策者拍板之后，具体执行这件事情的人。如果你没有和他们达成一致，那么很有可能你的分析最终无法顺利落地实施。实际工作中情况往往很复杂，比如除了总经理，还有多个业务负责人，有时候财务部门、管理部门等也会参与进来。当你要对相关问题进行分析时，你会发现每个人所讲述的内容各不相同。

小红一脸迷茫：面对这种复杂情况，我究竟该如何应对呢？

吴老师：首先，要让需求方给你指定一个接口人，你要与接口人对分析进行深入探讨，与接口人完全达成一致。通过这样一个接口人，能够有效提高沟通效率，确保信息的一致性，加快决策的过程；这么做还能促进信任的建立，简化解决问题的流程，提升相关人员的满意度。

小红：有了接口人之后，我接下来又该做什么呢？

吴老师：接下来需要对分析课题进行拆解，输出最终的分析框架。这个过程大致分为3个部分：第一，对相关方进行访谈，尽可能收集各方的观点和事实，并确保内容符合SMART原则；第二，抽象出逻辑关系图，可以借助我们曾经学过的工具，对全部可以深入分析的问题点进行梳理；第三，与需求方或者接口人再次沟通，明确哪些是分析重点，哪些不是，并输出最终的分析框架。

小红：听起来作分析是可以有标准流程的。

吴老师：是的，分析过程确实可以形成一套标准流程，也就是我们说的SOP（标准操作程序）。基于此，你在做完一个步骤的动作时，就能清晰地知道下一步应该做什么，从而更有掌控感。要知道流程就是业务最佳路径的总结。在定义SOP的时候，一定要清晰地定义好角色，除了分析师与需求方、接口人、相关方的沟通之外，分析师团队的内部沟通也是极为重要的，特别是当分析项目比较大，需要几个人组成的小团队共同来承接的时候，如果几个人各做各的，再把结果拼在一起，很难形成一份逻辑清晰的完整报告。

> **提问**：假如你是数据分析师，带着几个人一起做分析项目，你除了要跟需求方、接口人沟通，还需要在分析师内部统一目标。你现在需要制定一套SOP，先讲一讲什么是SOP，SOP的好处是什么，要求简洁易懂。

什么是SOP？

SOP，即标准操作程序（Standard Operating Procedure），是一套详细说明如何执行特定任务或流程的文档。它规定了完成某项工作的正确和一致的方法，以确保质量、效率和安全性。

SOP的好处

（1）确保一致性：SOP可以确保所有团队成员按照相同的步骤执行任务，减少偏差。

（2）提高效率：通过标准化流程，SOP可以帮助团队成员避免重复劳动，提升工作效率。

（3）降低错误率：明确的指导减少了执行过程中的错误和遗漏。

（4）简化培训：新团队成员可以快速通过 SOP 了解其职责和工作流程。

（5）促进协作：SOP 作为共同的工作语言，可以帮助不同背景的团队成员进行有效沟通和协作。

吴老师：公司的业务不同，组织结构不同，SOP 也不一样。我们以业务方老板提出的需求为例，将每一个步骤涉及的角色补充进来，形成的 SOP 如下（见图 8-1）。

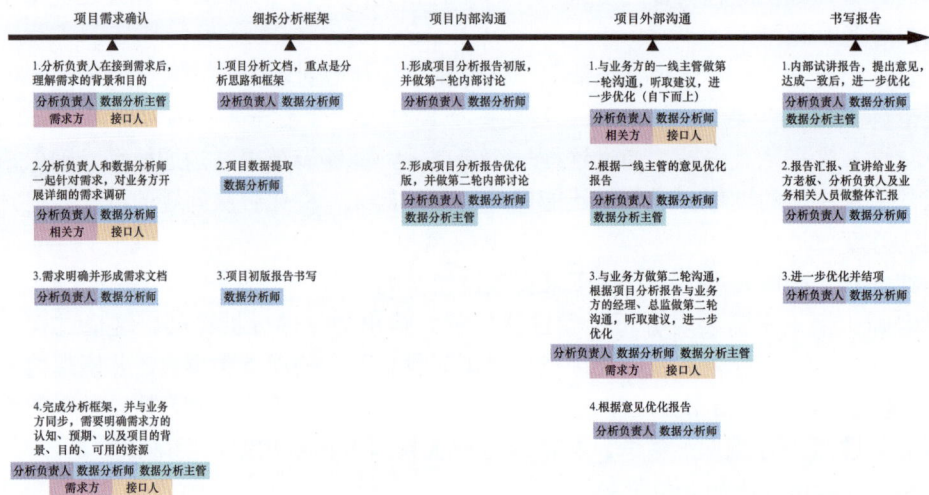

图 8-1

吴老师：不过，如果项目不同，就不能刻板地按以上 SOP 操作。比如，如果分析负责人就是数据分析主管，就没有必要进行两次内部沟通。但是，大体流程一定要保证执行到位。

小红：我有一个问题，我们一般花多长时间来界定问题呢？

吴老师：时间长短取决于双方的配合程度，以及分析师对业务的了解程度，如果你已经在这条业务线上做了好几年，可能谈几句就知道要做什么。但是，作商业分析，大约会花 30% 的时间去界定问题，这个过程涉及多次沟通，所以一定要把 SOP 中"项目需求确认"的 4 个小步骤做到位。前期留下的模糊问题，到了后期会放大，甚至可能导致整个项目被推翻。

小红：会不会有这样的情况，做完框架，需求方又说，这个项目花费的资源太多了，于是不做了？

吴老师：这个问题特别好，一定会有这样的问题，所以才要达成共识。什么叫需求？需求就是我想要某个东西，且愿意为它付钱。与此相对的是欲望，欲望就是我想要某个东西，但是如果要付钱，我就不要了。只有用户愿意为之付钱的需求才是真需求。我们做数据分析时，不要去解决欲望，而是要解决需求，否则费大力气做完，却没有人愿意为你的付出买单。

小红：是不是只要按照流程做，分析就不会跑偏，至少可以形成一份不错的报告呀？

吴老师：按照流程做，确实能在很大程度上保证分析的方向不出现大的偏差，但分析是否会跑偏，取决于你对"为什么要作这个分析"的理解，理解得有多深刻，分析就能做得多深入。在这方面，有一个非常好用的思维模式，叫作"黄金圈法则"。

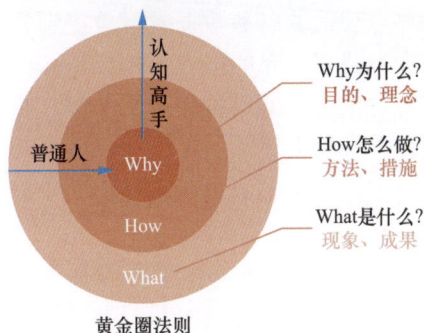

图 8-2

吴老师继续：黄金圈法则把对问题的思考和认识分成 3 个层面。最内层是 Why，即为什么要做这件事，做这件事的目的和动机是什么；中间层是 How，即怎么做，通过什么方式和途径实现目标；最外层是 What，即做什么，具体的行动和成果（见图 8-2）。当我们运用黄金圈法则时，先从 Why 层面深入探究分析的根源和意义，再思考 How 层面的具体方法和策略，最后落实到 What 层面的具体行动和成果。

小红：我不太明白如何应用黄金圈法则来解决问题。

吴老师：首先，我们先想 Why，做每一个数据的时候，都想一想为什么要做这个数据，这个数据能解决什么问题；紧接着，我们再考虑 How，也就是如何达成这个目标，通过什么样的方式去实现。然而很多时候，我们常常一开始就直接关注 What，导致最终得出的数据缺乏实际价值，无法真正发挥作用。

小红：为什么我们一开始就会关注 What 呢？

吴老师：因为很多时候，我们错把手段当成了目的，我给你举几个例子。比如，很多人买奢侈品牌的包，不是为了用它装东西，而是为了它的品牌价值；但如果你买一个塑料袋，主要买的就是它装东西的功能。又比如，你买一把锁，不是为了买这把锁，而是为了保护家里的财物。

小红：那要解决具体问题，我们应该怎么做呢？

吴老师：要问自己这个问题为什么会存在，我们解决这个问题的最终目的是什么。比如，如果一个产品销量不佳，我们首先要问的是，为什么消费者不选择我们的产品？他们真正的需求是什么？

小红：原来如此，一开始就要先思考 Why。不过我还听说过 What、Why、How 的分析顺序，它们分别在什么情况下应用呢？

吴老师：这是个非常好的问题。当主题确定时，使用 WYH（What、Why、How）的顺序；当主题不确定时，使用 YHW（Why、How、What）的顺序。

小红：原来如此，我明白了。

8.2 大模型助你快速了解一个业务

8.2.1 了解业务的小技巧

吴老师：当你明确了分析课题，并且完成了对分析课题的拆解之后，接下来至关重要的便是迅速且深入地了解你所要分析的业务。要知道你在一个领域里能回答多少问题，一定程度上代表着你在行业内的竞争力。我们此前已然介绍过诸多商业分析的方式与思路，也对不同行业应关注的重点指标进行过深入的探讨。下面我对快速了解行业和市场，以及快速了解公司内业务的技巧作一些介绍。

小红：太好了，这正是我所需要的。

吴老师：那我们先来讲讲了解行业和市场的 3 个小技巧。了解行业和市场的技巧一是善于运用他人已分析好的资料。之前我们探讨如何获取重点公司的财务数据时，曾提到要多阅览一些相关机构的行业解读文章，比如咨询公司或券商公司发布的报告，抑或是标杆企业的招股说明书。如果有预算的话，还可以购买一些付费报告，其质量往往很不错。善于利用 AI 搜索，可以获取到高质量的内容，AI 搜索中会提供网页链接，可以点开网页了解细节。

小红：第二个技巧是什么呢？

吴老师：了解行业和市场的技巧二是通过日常行业信息来增强对这个行业的基本感知，具体来说就是试着判断你所看到的信息对行业的影响是正向的还是负向的。倘若你发现你逐渐能够做出判断，且判断还较为准确，那就意味着你已经具备了对这个行业的一些基本感知，这种感知是极其重要的。之前我们学习商业分析方法都是为了逐渐培养这种感知能力。如果刚开始特别困难，可以自己先判断，然后使用 GPT 大模型和 AI 搜索进行辅助。

小红：我明白了，平时就要注意积累行业的相关知识。

吴老师：了解行业和市场的技巧三是与行业内的资深专家或者投资人进行沟通。虽然我们可能没有机会见到资深专家和投资人，但是，为了扩大自身的影响力，很多业内"大佬"都会进行直播，你可以在直播间提问，这是一个非常直接且低成本的沟通渠道。

小红：明白了。那如果我换了岗位，或者刚来公司，如何快速了解公司的业务呢？

吴老师：了解公司内部的任何一个业务都有 7 个技巧。了解公司业务的技巧一是了解业务的发展历程。回答 3 个问题：①这个业务是哪年成立的？②成立至今，经历了哪几个发展阶段？③每年发生的最重要的 3 件事是什么？这种结构化的业务分析框架，可以帮助你快速理解公司或者业务的战略方向，这个技巧对于行业分析同样有效。

> **提问**：了解任何一个业务，首先都需要回答 3 个问题：①这个业务是哪年成立的？②成立至今，经历了哪几个发展阶段？③每年发生的最重要的事是什么？请以苹果公司为例进行分析。

以苹果公司为例，我可以提供一个简化的分析。

1. 成立年份

   苹果公司成立于 1976 年。

2. 发展阶段

- 创立与早期发展（1976—1980）：由史蒂夫·乔布斯、史蒂夫·沃兹尼亚克和罗纳德·韦恩创立，推出 Apple I 和 Apple II 个人计算机。
- 快速增长（1981—1990）：推出 Macintosh，引入图形用户界面，公司迅速扩张。
- 挑战与重组（1991—1997）：面临市场挑战，乔布斯离开后公司经历重组。
- 乔布斯回归与复兴（1997—2007）：乔布斯重返苹果，推出 iMac、iPod，公司复兴。
- 后乔布斯时代的创新（2007—2011）：乔布斯去世后，公司继续推出 iPhone、iPad 等革命性产品。
- 多元化与全球扩张（2012 至今）：服务业务增长，产品线多元化，全球市场扩张。

3. 每年发生的最重要的事（选取几个关键年份作为示例）

- 1976 年：苹果公司成立；开始销售 Apple I。

- 1984 年：推出 Macintosh，这是首款面向大众市场的图形用户界面个人计算机。
- 2001 年：推出 iPod，改变了音乐产业。
- 2007 年：推出 iPhone，重新定义了智能手机。
- 2010 年：推出 iPad，开创了平板电脑市场。
- 2014 年：苹果支付（Apple Pay）推出，进入移动支付领域。
- 2018 年：市值首次达到 1 万亿美元，成为全球最有价值的公司之一。
- 2020 年：服务业务增长，尤其是在新冠疫情期间，硬件销售受挫但服务业务表现强劲。

吴老师：了解了业务发展历程之后，我们需要用到技巧二——了解业务的全流程，画出用户旅程图（可以使用泳道图）。图 8-3 是一个典型的泳道图，清晰地展示了不同角色和部门在业务流程中的职责和相互关系，有助于理解整个业务流程的运作和优化。这个过程我们可以同业务人员一起进行梳理，最终形成一版大家都认可的用户旅程图。随着业务深入，也要注意用户旅程图的迭代。

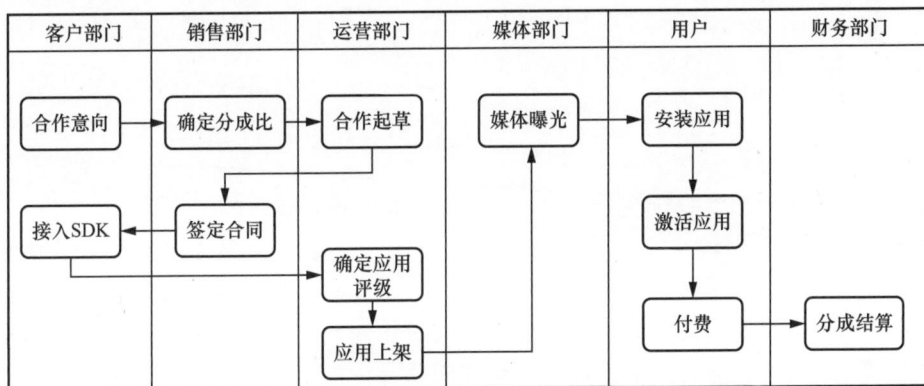

图 8-3

吴老师：流程梳理完之后，可以用技巧三——流程中的任何一个节点都会有输入和输出，用指标衡量全部节点的输入与输出，形成指标体系，通过梳理指标体系，找到关键指标，即北极星指标。这是一个典型的梳理业务指标的小节点（见图 8-4）。

小红：也就是说梳理完流程后，我们要用指标衡量流程的每一个节点，然后评估出其中最关键的指标。

吴老师：是的。这是我们了解公司内部业务最关键的 3 个基本技巧。在实际工作中，还有 4 个进阶技巧。进阶技巧一是主动打破边界，先付出，让业务人员感受到我们是真的在帮忙，而不是给业务添麻烦。要打破边界，我们需要主动做信息收集、信息拆解、信息提取。我们先说信息收集，信息收集一般通过 3 种方法进行：蹭会听、跟业务人员沟通、看业务文档。我们分别来聊一聊。

小红：蹭会听有什么技巧吗？

吴老师：进阶技巧二是蹭会听要形成洞察。你觉得听完一场会议，最大的发现是什么？一般来说，听完会议我们会对业务产生新的理解，或者得到新的启发。洞察分为两种，一种是跨业务线的闭环式全局视角。比如，我们发现电商平台的用户数据可以帮助物流业务优化配送路线，减少成本，同时，金融业务可以为电商和物流业务提供资金流和支付解决方案。这种洞察要求我们具备全局视野，能够识别不同业务间的内在联系，并设计出整合方案来提升整体的运营效率。另一种是新增量，即以前没有想到的全新视角。比如，业务人员要尝试之前没有做过的事，过程中出现了没有思考过的风险，这种都是新增量。

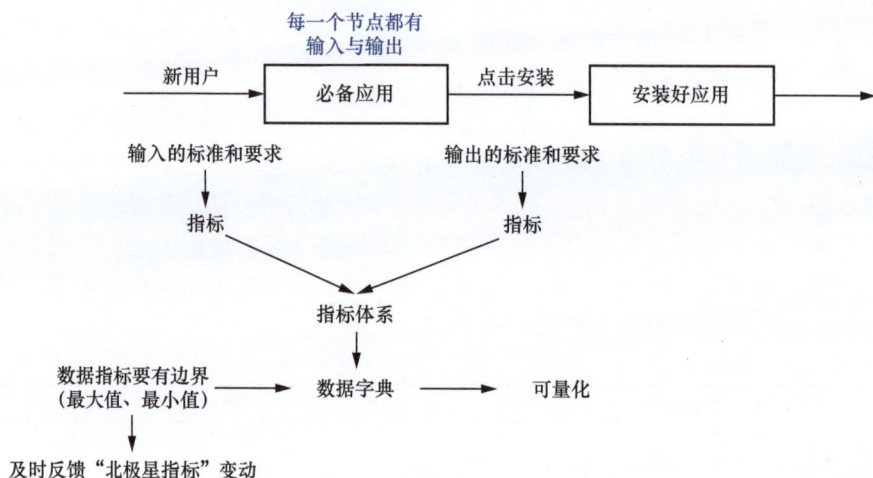

图 8-4

小红： 一般我们都要听什么会议？

吴老师： 有两个会议，我建议你一定要去听，一个是业务周会，另一个是项目汇报会，这两个会议能让你了解业务现在的发展情况，以及什么是当前最重要的事情。

小红： 蹭会听收集到的信息，最终我们都要转化为洞察吗？

吴老师： 我们蹭会听，一般可以收集到 3 种信息，即基本信息、老板点评、洞察。基本信息方面一般要记录下重点数据和下一步动作，比如完成率、市场占有率，从哪里拓展渠道，从哪个方面优化产品；老板点评涉及下一步的大方向和大动作，一定要重点记录；洞察，正如我们刚才说的，一种是全局视角的洞察，另一种是全新视角的洞察，这需要我们反复思考。

小红： 原来蹭会听要求这么高呢。那"跟业务人员沟通"有什么技巧呢？

吴老师： 进阶技巧三是以 OKR 为切入点跟业务人员沟通。从 OKR 入手，你不但可以清晰地知道业务重点是什么，还能帮助各方理解彼此的工作重点和相互关系，便于更好地协调合作。要记住，任何时候都不要把自己定位为"第三方"，假设自己就是业务人员，你应该怎么开展工作、与哪些部门合作，这样你便能快速取得业务人员的信任。

小红： 我具体该找谁沟通呢？

吴老师： 这是一个好问题，不要找"一把手"，要找"一把手"以下一到两级的核心骨干，他们更懂业务细节，且工作时间比较可控，你也能约得到。跟相关业务人员进行沟通非常重要，可以避免"信息茧房"。但是沟通之前一定要准备好问题，有目的地去沟通，才能最大限度地获取有效信息。

小红： 我明白了，要找可以平等对话，或者稍微高一级的同事沟通。那"看业务文档"有什么技巧呢？

吴老师： 业务文档一般是经过一轮筛选后留下的精华，你可以从中快速、高质量地吸收有益的信息。这里要注意的是，不是所有业务文档都要认真去看。进阶技巧四是挑选精华文档反复阅读，业务介绍文档、项目启动会文档、项目汇报文档是我们浏览的重点。

小红： 我明白了。除此之外还有什么要注意的吗？

吴老师： 除了我们说的技巧之外，一定要多做推演。首先，对于业务的战略计划和目标，务必亲自进行全面而深入的推导，被动地接收信息无法形成深刻的认知。其次，指标体系也需要自己率先进行研究和整合，认真地思考其内在的逻辑和关联。有疑问就去听相关会议、与业务人员沟通，这样效率才会高，也才能有所发现。大多数时候，我们不是信息不够多，而是对信息的理解和发掘不够，越接近本质的事情，越值得反复理解和发掘，一旦形成洞察，要主动分享，建立影响力。一旦你获得了一个好的结果（典型案例），并且你宣传出去了，就会有很多人来找你。这里要注意的是，分享要分层级，听众不同，分享的内容也要不同。

小红： 这样是不是花了太多时间进行消化和思考，没有时间做分析了呀？

吴老师： 这是一个好问题。多把时间放在思考上，能让你后面做得更快、更好。充分利用各种信息渠道，带着自己的假设和问题进行独立思考，可以不断验证和纠正你对业务的理解，后续才能得到深刻的洞察。另外，与业务人员沟通还有一个小技巧，即用 10%的时间交朋友，但不强求。交朋友可以打破边界，但是，要是想要交到朋友，需要先付出，并且你的高度要足以跟他对话。

小红： 交朋友的要求都好高呀。

吴老师： 别忘了我们是数据分析师，通过数据理解业务是我们的看家本领，好的业务能力就是你与别人平等对话的基础。要知道，业务的全貌本身就反映在数据上，认真梳理指标体系及关键指标，能帮我们快速与业务人员建立连接。

小红： 好的，我学到了好多知识，得反复消化和总结您说的这些经验，多思考，让业务人员对我产生信任感。

8.2.2　善用共创会达成共识

小红： 了解完业务后，需要大家一起来分析，才能就分析框架和内容达成共识。但这个过程中可能会反复地沟通，有什么办法能够实现高效地共创共识呢？

吴老师： 这个问题可以通过开"共创会"来解决。会议主要分为两种，一种是"共识会"，另一种是"共创会"。共识会，例如统一思想的员工大会、报告进展的"通气会"、晨会，这些会议都是为了达成共识。而共创会则是为了促成共同创造，例如一起研究客户方案的研讨会、高管闭门讨论的明年规划的战略会、技术部和市场部思考下一个产品形态的头脑风暴会，都是典型的共创会。著名商业顾问刘润说过一句话：开会是一个用时间换结论的商业模式。所以，用有效的会议，可以创造出比时间成本更大的结论价值。会议价值 = 结论价值 – 时间成本。因此，会议的两大课题是增加结论价值，减少时间成本。

小红： 有什么方法能够增加结论价值，减少时间成本呢？

吴老师： 不论是共识会还是共创会，都需要在会前、会中和会后下足功夫。会前，要充分准备达成结论所需的资料，多花时间在准备阶段；会中，以达成结论为导向，专注议题、合理分配时间；会后，发出 3W（Who do What by When）会议纪要，即谁在什么时间之前完成什么任务。另外，要注意限制参会人数，确保会议只包括相关人员；缩短会议时间，要求大家在会前读完文档资料。这样既能提高结论价值，又能有效减少时间成本。GPT 大模型可以助你更高效开会，会前协助制定议程，会中记录会议中的重要观点、讨论结果，会后给出会议纪要、评估会议的效果。

8.2.3　快速上手数据分析的 4 个套路

小红：前面讲的那些，往往都需要一定时间的积累才会有显著提升，然而在实际工作中，尤其是业务分析方面，老板常常要求迅速定位原因，或者快速得出分析结果，那有没有什么办法呢？

吴老师：若想快速获取结果，我这里有 4 个颇为实用的套路，我们来探讨一下。套路一是寻找魔法数字。魔法数字往往是一个拐点，一旦达到这个临界值，便会发生质变，抑或增长速度产生变化。例如，当用户使用 App 的时长达至某一特定数字时，留存率会有明显的变动。假如用户平均每日使用时长超出 30 分钟，留存率将会显著提升，原因可能是用户更易于深度体验 App 的各类功能及互动环节，进而对 App 产生更强的依赖感。

小红：找魔法数字确实是一个好办法。

吴老师：套路二是对北极星指标进行拆解。我们之前详细讨论了北极星指标的重要性。比如，在分析一个电商平台的数据时，仅关注订单量、客单价、用户增长率等零散指标，难以找到提升业务的关键路径。然而，如果将"用户年度消费总金额"作为北极星指标，并重点提升其关键因素——用户复购率和活跃用户数，就能通过精准营销提高复购率，优化用户体验并增加活跃用户数，这样整体的分析思路就会变得清晰起来。

小红：您之前也多次强调，要对重点指标进行拆解，做好指标体系，通过指标体系便能快速定位原因。

吴老师：套路三是从阻碍点和问题点入手。仅关注各种用户行为数据和功能使用数据，可能难以找到提升用户活跃度和留存率的有效方法。仔细梳理阻碍点和问题点，可能会发现新功能的使用给用户带来了较大的阻碍，很多用户不了解新功能的价值和使用方法，这是一个大的阻碍点；也可能会发现应用内的信息推送不精准，导致用户被过多无关信息干扰，这是一个问题点。

小红：分析师确实不能"躲"在数据后面，而需要了解业务、梳理业务流程。

吴老师点头：套路四是从负向指标入手。我们往往关注如何提升正向指标，却忽略了降低负向指标的重要性。比如，我们重视分析新增注册用户数，但也需要关注注销用户数。同样，在分析在线教育平台的数据时，可以从退费率方面入手。退费率较高可能是因为部分课程的难度设置不合理，导致许多用户无法跟上进度而选择退费。这时，我们就找到了关键的切入点，可以重新评估课程难度体系，并加强对用户的学习指导和支持力度。

小红：这 4 个套路都需要从数据出发，非常简单且容易上手，下次遇到问题的时候，我就试试看。我也问问 GPT 还有什么好用的套路。

> **提问**：假如你是互联网高级数据分析师，对某个业务并不熟悉，但是老板要求迅速定位业务核心数据的变动原因，或者快速得出某个方向的分析结果，你有没有什么套路可以提供？比如，寻找魔法数字，对北极星指标进行拆解，从阻碍点和问题点入手，从负向指标入手，都是有用的套路。

以下是一些其他可能的套路。

关联指标分析套路：找出与核心数据紧密相关的其他指标，通过分析这些关联指标的变动情况来推断核心数据变动的原因。例如，如果核心数据是网站流量，那么可以同时分析搜索引擎排名、社交媒体热度等关联指标。

时间序列分析套路：观察核心数据在不同时间段的变化趋势，结合同期发生的事件、活动等进行综合考量，看是否存在时间上的关联导致数据变动。

用户分群分析套路：将用户按照某些特征进行分群，然后分别分析不同群的核心数据表现，可能会发现某些特定群体的异常情况，从而找到原因。

流程环节分析套路：针对业务涉及的各个环节，依次检查每个环节的数据表现，看是否在某个环节出现堵塞或异常，导致整体数据变动。

外部因素排查套路：考虑外部的一些因素，如行业趋势、宏观经济环境、技术变革等对业务的可能影响。

对比标杆分析套路：找到行业内的标杆企业或类似业务的优秀案例，对比自身与标杆之间的差异，从中寻找改进和分析的方向。

假设验证分析套路：基于经验和初步观察提出多个可能的原因假设，然后通过数据逐一进行验证和排除，最终确定关键原因。

小红：太好了，这些方法我之前都学过，遇到分析瓶颈时，都可以试一试。以后遇到解决不了的问题，我会先问问 GPT 大模型，看看它能给我什么启发。

8.3　大模型助你设计、撰写和呈现分析报告

8.3.1　数据分析报告万能模板

吴老师：前面我们讲了很多方法，比如使用 SMART 原则定义目标，遵循 SOP 进行数据分析项目的重点动作，应用黄金圈法则深刻理解 Why，通过 5W1H 来拆解问题，利用 5Why 来发现问题本质。然而，即使有这么多的方法，分析报告也不一定能写好。

小红：我听很多人说写分析报告特别重要，不过我已经能给出结论，并说清楚理由，为什么还要花大量的时间写分析报告呢？

吴老师：我先给你举个例子。现代遗传学之父孟德尔的豌豆遗传统计学实验非常有名。我印象很深，小时候有一部动画片讲的就是这个实验。他在修道院种了几十年的豌豆，但是因为他写的分析报告大家看不懂，所以在他去世几十年后，才有人搞明白他做的数据分析有多么厉害。所以，写不好数据分析报告，就算你的数据价值很高，也可能被埋没，就像孟德尔一样。你离职几年后，老板可能会说："那个 ×× 当年写的东西很有道理，怎么就没有重用他呢？"通过分析报告清晰地表达自己的洞见，让不同背景和专业的人都能快速抓住重点，是一种非常重要的能力。

小红：原来如此。写好分析报告不仅仅是为了展示结论，关键是让不同背景和专业的人都能理解和接受我的分析，提升我的工作价值。

吴老师：还记得我们之前说过"人类的思考是有迹可循的，遵循一定的认知模式"吗？如果你写的分析报告更符合人脑的思考模式，就会更容易被他人理解和接受。我把

之前的一些分析报告输入 GPT，让它帮我总结了一份数据分析报告模板。这份模板可以帮助你快速构建结构清晰、逻辑严谨的分析报告，提高你的报告质量和影响力。

提问：根据附件总结一份数据分析报告模板。

附件：多份数据分析报告。

标题

（1）主标题：一个好的标题可以让读者不带偏见地理解分析的主要目的。

（2）副标题（如有必要）：提供额外的上下文或强调关键结论。

一、背景介绍

（1）研究背景：简明扼要地介绍研究的背景，帮助读者理解分析的起因和重要性。

（2）业务理解：阐述分析的业务背景，说明为何进行此项分析。

二、研究目标

（1）目的阐述：明确分析的目标和预期成果，确保读者了解报告的价值所在。

（2）问题定义：具体描述分析旨在解决的问题或疑问。

三、核心结论与建议

（1）结论总结：提炼出核心结论，高亮标出。

（2）行动建议：提出基于结论的具体策略或建议。

四、分析方法

（1）分析框架：提前规划并描述将采用的分析框架和方法论。

（2）预期结果：与业务方沟通，预设可能的分析结果。

五、分析过程与结果

（1）分析步骤：详细描述分析的具体步骤和逻辑。

- 以回答业务问题的方式，一个问题对应相关的数据验证；适合"强业务耦合类"的分析项目。
- 以指标拆解的分析方式，一个指标对应相关的探索分析；适合"探索类"的分析项目。

（2）数据展示：图文展示。

- 通过图表和图形清晰展示数据分析的结果。
- 每个模块中都要有小的核心结论，并高亮标出。

六、附录

（1）数据附录：提供关键数据的直接展示，对于大量数据，可以提供链接或附录。

（2）致谢：对参与分析的团队成员和个人表示感谢，并明确其贡献。

（3）引用说明：列出报告中引用的所有数据源和文献。

（4）数据口径与指标定义。

- 概念界定：清晰定义分析中使用的关键概念和指标。
- 数据说明：提供数据收集、处理和分析的方法论说明，包括使用的 SQL 等技术细节。

吴老师：我们刚开始学习的时候，可以按照这个模板来书写数据分析报告。写文章最重要的就是结构，逻辑结构清晰，不但有助于我们理顺思路，还有助于读者快速把握报告的主旨和细节。

8.3.2 画图表的4个小技巧

小红：老师，我已经可以应用好数据分析框架了。但是，我画的图表总被业务人员"吐槽"表达不清晰，如何能画出好看的图表呢？

吴老师：数据分析师不需要绘制复杂的图表，而是要绘制出能够清晰、直观地传达数据信息的专业图表。所以，好看的图表都是极简的，要删除多余元素；一张图表尽量只表达一个观点，多个观点分开阐述。可以通过设置图表细节，如引导线、参考线（值线）、误差线、分区线、趋势线、标签等，来引导读者的视线和思考。

小红：所以说，好的图表好懂、好看、好做又好用。

吴老师：你总结得非常到位。常见的图表只有几种，饼状图适用于成分、排序、序列和关联成分分析，条形图（及柱状图）适用于序列、排列分析和比大小，折线图适用于序列分析，散点图适用于关联性分析。这里我们讲讲这几种常见图表的制作技巧。第一个技巧，对于常用的柱状图，柱形的间隔可以设置为柱形宽度的1/2（见图8-5），这样可以避免柱形过于稀疏，同时使数据更清晰可读，减少视觉上的混淆。

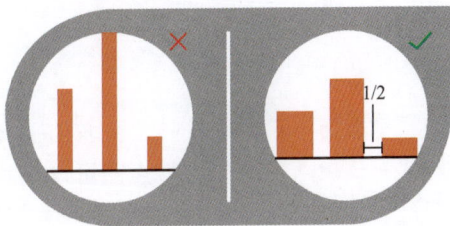

图 8-5

小红：把间隔调小，柱状图确定变得好看很多。

吴老师：第二个技巧，折线图可以不必从0开始。通常我们会说，折线图最好从0开始，这样能更准确地显示数据的比例关系和变化范围，避免放大或缩小数据变化范围，给人造成错误的印象。但是，如果你的数据集在一个特定的范围内，强行从0开始画图，图表中主要数据的细节和变化看起来可能会不够清晰。这种情况下，就可以不从0开始画图（见图8-6）。注意，纵坐标不从0开始，需要做好标注，要不图里画上纵坐标，要不标注上数据标签。

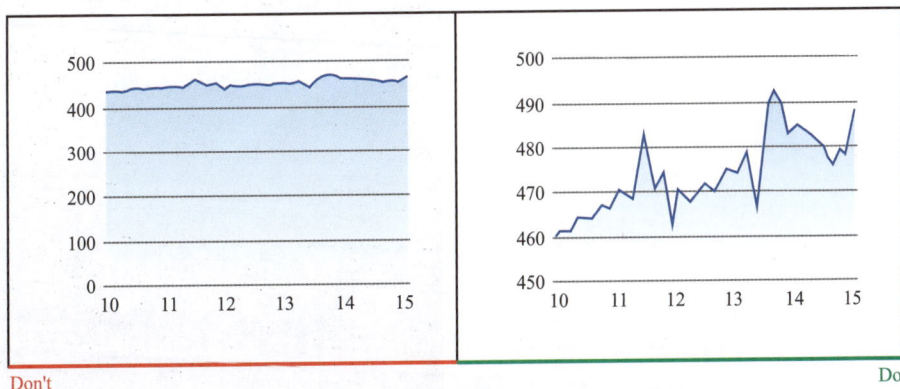

图 8-6

小红：明白了，是否从 0 开始，要看了数据后再做决定。

吴老师：第三个技巧，饼图要从 12 点方向开始，数字从大到小顺时针排列，分区最多不要超过 6 个，多于 6 个，放到"其他"中（见图 8-7）。布局符合大多数人的阅读习惯，可使图表更加直观易懂。

细项合并

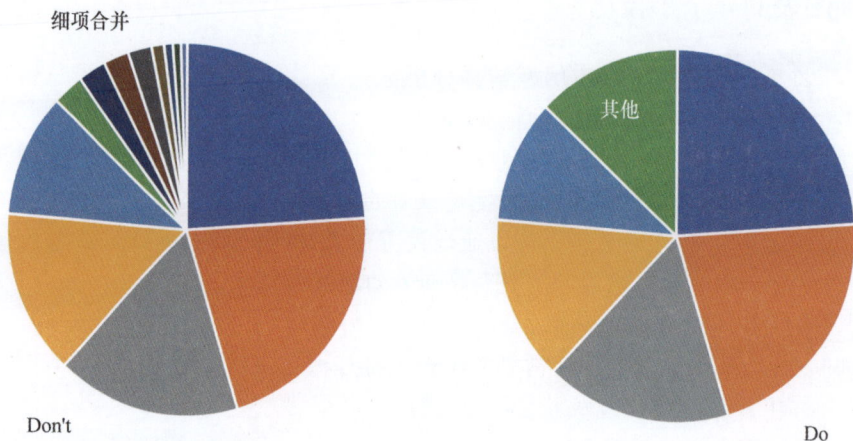

Don't   Do

图 8-7

吴老师：第四个技巧，当我们手上有一堆数据，不知道如何发现规律或者表达时，不妨试一试散点图。使用散点图可以找到数据之间的关系，关键是要选好横、纵坐标轴，特别是，如果数据呈现非线性关系，可以使用对数坐标轴或其他合适的坐标轴。散点图是非常重要的图表，可以说是"万图之王"。

小红：为什么说散点图是"万图之王"呢？

吴老师：这是个很好的问题。散点图有着强大的表达能力，我举个例子来说明它的"威力"。在 1913 年，美国天文学家亨利·诺里斯·罗素（Henry Norris Russell）使用散点图揭示了宇宙的趋势。具体来说，罗素将 2200 颗恒星的光谱和亮度两个参数绘制在一张图上。纵轴代表恒星的光度，横轴代表恒星的光谱类型，也就是表面温度（见图 8-8）。这张图叫赫罗图（Hertzsprung-Russell Diagram，HRD）。

吴老师：通过这张图，罗素发现了一些明显的趋势。图上的恒星并不是随机分布的，而是形成了几个特定的区域。这些区域揭示了恒星的生命周期，从红巨星到白矮星，甚至到黑矮星的演变过程。

小红：哇，原来散点图还有这么大的作用！

吴老师：这还没有完，天文学家哈勃（哈勃望远镜就是以他命名的）也用散点图展示了星系的退行速度和它们与地球距离之间的关系。哈勃的散点图中，横轴代

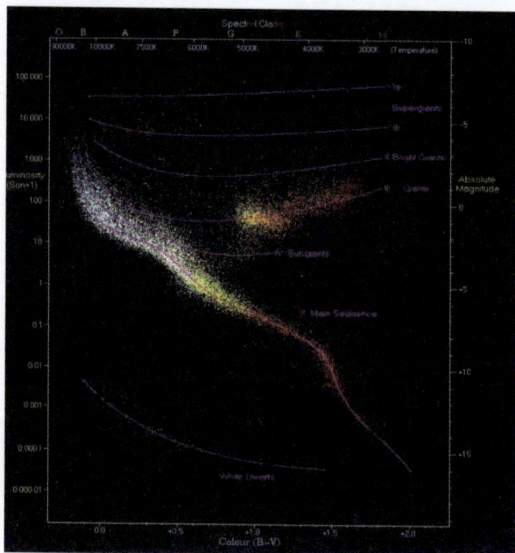

图 8-8

表星系与地球的距离，纵轴代表星系的退行速度，图上的每个点都代表一个星系（见图 8-9）。通过这张图，哈勃发现了一个重要规律：与地球距离越远的星系，其退行速度越快。这就是著名的哈勃定律。这一发现不仅是天文学史上的重要突破，也提供了宇宙大爆炸和宇宙膨胀的关键证据。

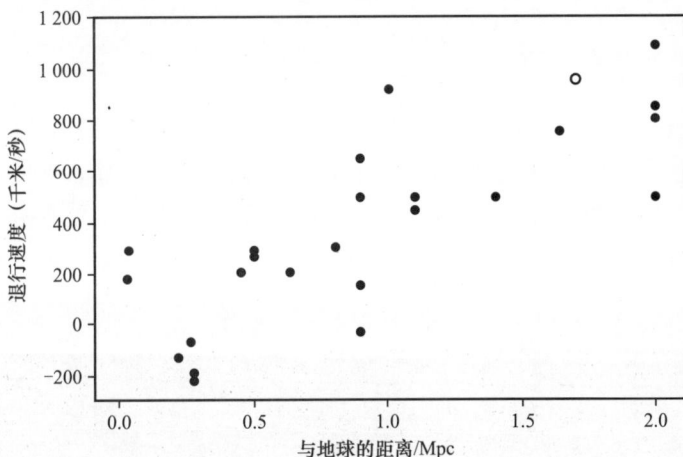

图 8-9

小红：太神奇了！没想到看似简单的图表也能揭示这么深奥的科学原理。

吴老师：是的，这就是数据分析的魅力所在。有时候看似高深的科学发现，其实背后用的工具并不复杂。关键在于我们如何观察数据、选择合适的横纵坐标轴，以及从中总结出什么样的规律。通过这些简单的图形和直观的分析，我们能揭示出世界级别甚至宇宙级别的深奥真理。

小红：我记住了。看来找不到头绪的时候，我要尝试多用一用散点图，以便找到规律。

8.3.3 做出高质量 PPT 的四大基本原则

小红：之前您讲过可以用 AI PPT 来做 PPT，可是 AI PPT 的表达不够细致，我想提升自己做 PPT 的能力，有没有做 PPT 的小技巧呀？

吴老师：很多人都有做 PPT 的困惑，我先推荐一本书《写给大家看的设计书》，建议你看一下前面的 1 ～ 8 章。这本书通俗易懂，2 ～ 3 个小时就能看完。书中讲了设计的四大基本原则：亲密性、对齐、重复、对比，另外还有颜色和字体的运用，很实用。我根据上面的总结，对每一项都具体展开讲一讲。首先说亲密性，通过物理位置上的接近来表现元素之间的关联性。物理位置上的接近意味着存在关联，可以增强页面的组织性，减少混乱，帮助读者更快地理解页面内容和结构。我们可以通过调整文本的大小或字体粗细、改变图片的大小或位置，实现亲密的效果。比如，将相似的内容放在一起，将不相关的内容离得远一些（见图 8-10）。

小红：明白了，亲密性就是让相关内容靠得更近，从而让人一眼就能看出它们之间的关系。

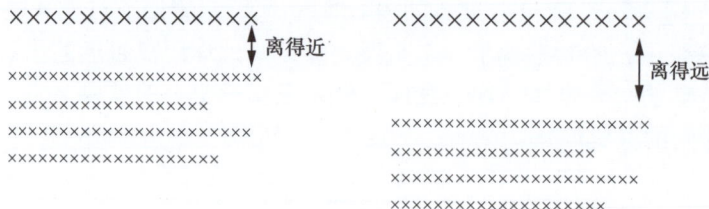

图 8-10

　　吴老师：其次是对齐，创建视觉上的路径和边界。对齐用于告诉读者，即使这些内容并不靠近，它们也属于同一组。对齐能提供统一性和清晰的方向感，帮助读者理解元素之间的关系，增强页面的整体美感。我们可以沿着基线、左边界或右边界对齐元素。如果不知道选择哪种对齐方式，选择左对齐一般不会错。你看，对齐元素之后，右边的内容变得整洁多了（见图 8-11）。

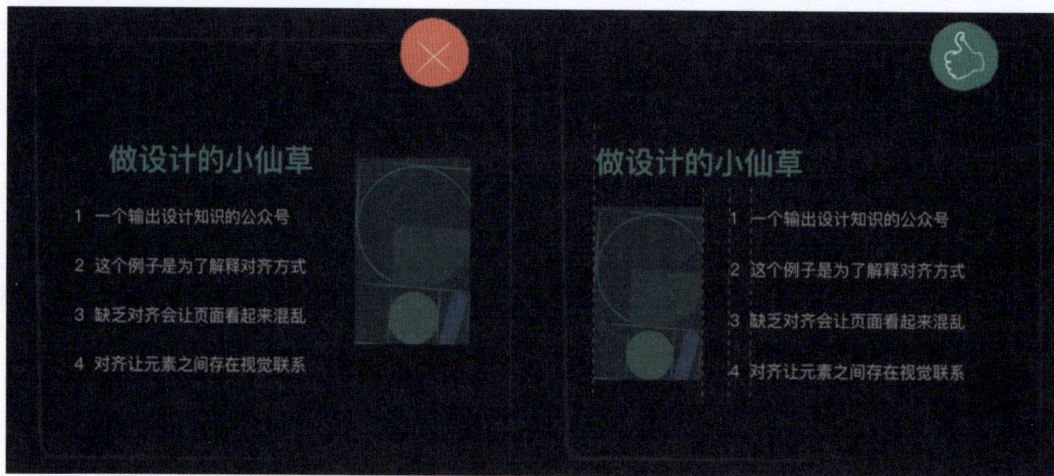

图 8-11

　　小红：对齐不仅仅是为了美观，也是为了让人更容易理解内容之间的关系。

　　吴老师：再次是重复，在设计中有意地使用某些元素或设计手法，重复使用某些设计元素，可以提升品牌识别度，并保证一致性。重复可以帮助读者识别和记住设计，同时在视觉上将页面的各个部分统一起来，增强其整体性。我们可以重复使用颜色、形状、材质、空间关系等元素，确保它们在页面中以一致的方式出现。比如，每一页 PPT 都使用公司 Logo。

　　小红：也就是说，只要一个元素的出现次数足够多，用户就更容易记住它。这样不仅可以提升品牌识别度，还能让设计更加连贯。

　　吴老师：是的。最后是对比，使用不同的视觉元素来创建差异，突出重点和组织信息层级。对比的效果有两个：一个是增强页面的视觉效果、吸引视线；另一个是有助于组织信息、区分层级、指引读者，并制造焦点。我们可以通过字体、线宽、颜色、形状、大小、空间等来增加对比。你看下面这两幅图，左边的图底色和字体颜色对比度不高，右边的图对比效果更明显，则显得清晰多了（见图 8-12）。

图 8-12

小红：我有一个疑问，"重复"和"对比"不是矛盾的吗？什么时候用重复，什么时候用对比呢？

吴老师：这是一个好问题。在设计中，可以通过重复某些元素来建立基础的一致性，然后通过对比来突出特定的部分或信息。例如，你可以在 PPT 中重复使用相同的颜色方案和字体样式（重复），但每页 PPT 的焦点或标题可以使用不同的尺寸或颜色来突出（对比）。重复有助于表现整体设计的和谐感，对比则用于在和谐中创造焦点和视觉层次。

小红：明白了。除了四大基本原则，配色上有什么要注意的吗？

吴老师：那我们先讲一下色轮（见图 8-13）。色轮中的基础色是黄色、红色和蓝色（三原色）。分别将色轮上相邻的颜色等量地混合，就会得到三间色。空白两边的颜色等量混合，得到的颜色称为第三色。色轮上相对（即完全对立）的颜色为互补色。由于它们彼此对立，所以最佳搭配是一种作为主色，另一种作为强调色。之后是三色组。红色、黄色和蓝色是基色三色组，绿色、橙色和紫色是间色三色组，我们可以在需要创造和谐且平衡的视觉效果时使用。

图 8-13

小红：原来可以有这么多颜色组合。那亮色和暗色是什么意思呢？

吴老师：为一种颜色增加黑色就能形成暗色，增加白色就能形成亮色（见图 8-14）。最亮部分（白色）亮度是最暗部分（黑色）的 21 倍。我们一般通过"RGB 颜色模式"和"十六进制颜色码"对颜色进行描述，在此基础上可以直接用大模型来计算颜色对比度，如果对比度低于 7，就无法形成清晰的对比。

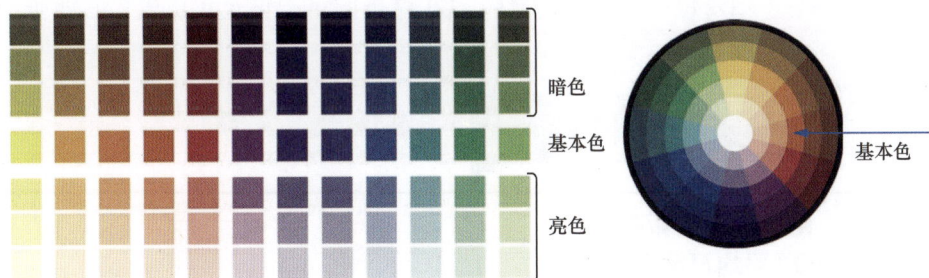

图 8-14

提问：计算 #FFA500 与 #0000FF 的对比度数值。

结果
4.351085682185731

小红：量化颜色，这可以用数据说话。

吴老师一笑：是的。配色的时候也要特别注意，不要使用奇怪的颜色，要保证整体的协调感。最后讲一讲字体。中文的字体通常分成两种，即"衬线字体"和"无衬线字体"。所谓衬线字体，就是笔画末端有额外的装饰性线条或形状的字体，这些装饰被称为"衬线"。无衬线字体的笔画末端没有装饰性的衬线（见图 8-15）。

图 8-15

小红：那 PPT 中使用哪种字体呢？

吴老师：其实哪种字体都可以，不过对于初学者，使用无衬线字体通常不会错，比如微软雅黑、苹方，如果公司有自己的字体库，也可以使用公司内部的标准字体库。

小红：还有什么要注意的吗？

吴老师：最后，不要害怕留白，留白能让读者的眼睛稍作休息，使整个 PPT 更有"呼吸感"，重点也会更突出。比如，在一个内容块中，一般字体间隔在 0.7 磅，不同内容块的间距在 1.5 ～ 2 倍行距，甚至更宽。

小红：好的。我在下次制作 PPT 时会注意这些细节。我还有一个顾虑，就算我知道这么多技巧，一时之间还是不能把 PPT 做得很好看，有什么办法可以持续提升自己的审美吗？

吴老师：我们就从模仿入手。一般来说，大公司的财报 PPT、发布会 PPT，代表着该公司的 PPT 最高水平。另外，大咨询公司出品的 PPT 质量也相对较高，我们可以从这些 PPT 中学习。你看，这是快手发布的 2023 年 Q1 财报的第一页，我截成左右两张图（见图 8-16）。

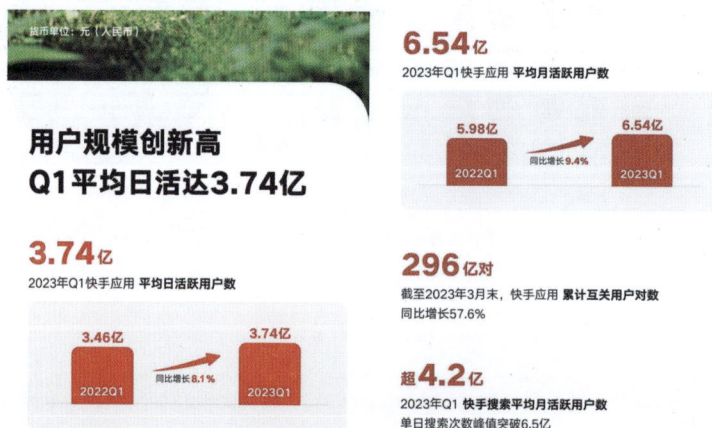

图 8-16

吴老师：你看是不是非常符合我们说的 4 个基本设计原则？

（1）每一个小内容块根据"亲密性"放在一起，甚至图下面还加了底色，表示这是一个内容区域。

（2）所有内容全部"左对齐"。

（3）多采用快手 Logo 的颜色，符合"重复"原则。

（4）黑色的大标题概括重点，关键数字用大字号突出，应用了"对比"原则。

小红：确实如此，怪不得看着这么清楚呢。

吴老师：我也找了一些咨询公司出品的 PPT，这是埃森哲出品的 2024 年生活趋势报告，我截取了其中几张 PPT（见图 8-17）。生活趋势报告的内容非常丰富，如果做成 PPT，需要大量的文字说明。但你看，这个 PPT 在用大量文字陈述事实的同时，依旧运用了 4 个基本设计原则，让你感觉阅读起来没有那么枯燥，而且记住了重点。

图 8-17

小红：原来这些设计原则这么重要。

吴老师：封面是整份 PPT 的"门面"，是表达主题的页面。你可以适当强化其设计感，使其更加吸引眼球。例如，埃森哲使用了一张室内的图片来表达生活感，这样的设计能够迅速传达报告的核心主题。内容部分是整份 PPT 的核心，观众主要通过这一部分获取信息，这部分要弱化形式，突出内容。注意保持设计的简洁和清晰，避免过多的装饰元素干扰观众对内容的理解。埃森哲对内容部分的设计就很克制，通过简洁的排版和清晰的文字来传达信息。封底是整份 PPT 的结尾，应起到前后呼应、增强整体氛围的作用。封底的设计可以稍微突出一点，但要与封面和内容部分保持一致。例如，埃森哲把文字的颜色和底色颠倒，用紫色作为背景色，这样的设计使整个报告有统一的基调和氛围感。

小红：深入理解和应用这些原则，不仅能制作出美观的 PPT，还能有效地传达信息。我得持续模仿和实践，不断获取反馈和改进，PPT 设计水平一定会逐步提升！

8.4　大模型助你让分析价值被看到

8.4.1　让你的数据分析有效落地

小红：有时候我花了很多时间写分析报告，但大家看完后就没下文了，感觉就像把石头"咚"一声扔进湖里，没有什么后续反应。我觉得这些分析有价值，应该得到业务人员的重视，该怎么办呢？

吴老师：这是一个很好的问题。其实，这种情况在数据分析领域并不少见。你可能已经做出了一个非常有价值的分析，但如果没有合适的宣传和推广，它的价值就可能被埋没。大家都很忙，如果你不主动宣传你的成果，就很难得到应有的认可。你需要明确分析报告的核心价值，并分享给利益相关者。这里有个很好用的模型，叫"创新扩散模型"，可以帮助你理解如何让创新的想法更快地被接受和采用。

提问：介绍一下什么是创新扩散模型。假如你是数据分析师，如何通过创新扩散模型让更多人了解你写的分析报告的价值？

创新扩散模型是由 E. M. 罗杰斯（E. M. Rogers）提出的一种理论，用来解释创新（无论是产品、理念还是技术）如何在社会系统中传播和被接受。该模型根据人们对创新的接受速度和态度，将人群分为 5 类。

（1）创新者（Innovators）：乐于尝试新事物的先驱者，占总人口的 2.5%。

（2）早期采用者（Early Adopters）：对新事物持积极态度的意见领袖，占总人口的 13.5%。

（3）早期大众（Early Majority）：经过一段时间考虑后接受新事物，占总人口的 34%。

（4）晚期大众（Late Majority）：较为保守，需要看到多数人使用后才会接受，占总人口的 34%。

（5）落后者（Laggards）：最晚接受新事物的人，占总人口的 16%。

如何通过创新扩散模型推广分析报告的价值？

1．识别目标人群

- 创新者：找出乐于尝试新事物的技术爱好者和数据专家。
- 早期采用者：找出公司中的意见领袖。
- 早期大众和晚期大众：重点关注需要更多证明和实际案例的人群。
- 落后者：最后再进行推广。

2．定制推广策略

- 对创新者：提供详细报告和技术细节，组织小规模分享会。
- 对早期采用者：强调核心价值，邀请他们参加讨论会并推广报告。
- 对早期大众：提供成功案例和简明摘要，利用内部通信工具进行宣传。
- 对晚期大众：强调普遍认可度和成功率，减少其顾虑。
- 对落后者：在大多数人接受后，用数据和事实说服他们。

3．持续跟进与反馈

- 定期反馈：跟踪使用情况，收集反馈进行优化。
- 持续支持：提供培训和支持，确保人们对报告内容的正确理解和应用。
- 传播成功案例：分享成功案例，提升信任度和接受度。

4．利用社交影响

- 创建支持网络：组建跨部门支持小组，分享经验和成功案例。
- 激励机制：奖励积极使用报告并取得成果的员工。

吴老师：从介绍中我们能看到，新事物的接受一般是从创新者开始的（见图 8-18）。在推广新事物时，要得到公司内部的广泛支持。在数据分析报告中提出了一些新的理念和想法时，如果你仔细观察和沟通，总会在公司中发现一些创新者。这些创新者会认同你的想法，他们是你在公司内部进行推广的"种子"。你可以先在创新者的部门实践，看到效果之后再进行后期的推广。

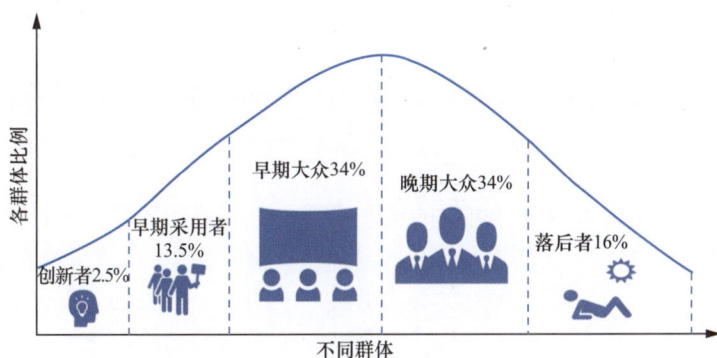

图 8-18

小红：如果我一个创新者都没有发现呢？

吴老师：哈哈，你也太悲观了。如果你一个都没有发现，说明你的数据分析报告和数据思维宣传还不够到位。还有一种可能是你的期待值过高了，要明白，无论多小的进展，都是你走出的第一步。当你获得了一些信任，方案得到初步采纳后，再去其他部门推广，让他们成为你的早期采用者，之后逐步让早期大众、晚期大众和落后者接受你的方案。特别是对于晚期大众和落后者，形成规范之后，他们才会接受。

小红：看来，我得做大量的沟通，了解相关同事的认知和态度，才能够让我的分析落地。

吴老师：沟通的时候要注意方式方法，用深入浅出的方法去传达你的理念，不要因为掌握别人不了解的知识而倨傲。别人对你的尊重，也是通过你对别人的尊重得来的。要足够坚定，坚信用数据分析可以帮助公司经营提效；也要足够谦卑，倾听别人的需求和担忧，用这些信息来调整你的分析报告。

小红：明白了，沟通不仅是我去宣传，还包括倾听他人需求，与愿意尝试新想法的同事深入交流，了解他们的需求和反馈。

8.4.2 做一次精彩的数据分析汇报

小红：我最近做了几次汇报，但是我总是不能讲得非常吸引人，有什么办法能够讲得更有吸引力呢？

吴老师：这是很多数据分析师常遇到的问题。明明掌握了很多知识，但一到讲的时候，就发挥不好。我先举个例子，你记得《丑小鸭》的故事吗？你一定记得。但是，你还记得老舍先生的《济南的冬天》里都写了什么吗？当年老师可是要求背诵的呀。其实，这是因为人们天然更容易记住故事，而不是文字细节。所以，好的演讲是把数据分析设计成一个故事。有了故事线，大家才能记得住，也才能传播开。通过讲故事的方式，能让你的分析更生动、更有感染力，让听众不仅听得懂，还能记得住，并且产生共鸣。如果你能把它变成一篇散文，哪怕让别人背下来，没多久也就记不住了。所以有人说，最成功的分析师，就是那些会"用数据讲故事的分析师"。相比干巴巴地听数据，听故事是一种更让人愉悦的体验。

小红：通过一个完整的故事线，把分析报告讲给那些没有参与这项数据研究的人，同时还要给他们留下深刻的印象。

吴老师：我们要让对方在分析报告汇报结束的一天、一周甚至一个月之后，还可以简要地把我们数据分析的主要内容重复给相关人士。如果只是罗列事实，不能够通过通俗易懂、容易记忆的方式让大家理解你的观点，你的观点很可能没有办法推广，可见设计故事线是多么重要。

小红：那如何讲数据分析的故事呢？

吴老师：依旧要遵循人脑有迹可循的认知模式——经典的故事三段论结构，也就是开场（陈述）—起伏（惊喜）—结尾（结论），那些广泛传播的寓言故事就受益于这个结构。在讲我们的数据分析时，要陈述我们发现的事实，中间讲一些我们发现但其他人还没有发现的知识，然后给出具体实施措施，最终快速给一个明确的结论，这样才能让整个分析报告掷地有声，传播较广。

小红：具体怎么做呢？有什么方法吗？

吴老师：每一页都用一句话来概括中心思想，做到即使把所有正文内容去掉，只是把标题串起来，也能把整个故事完全讲明白。我们刚才说到，故事的三段论结构是开场、起伏、结尾。开场用30秒的时间快速介绍问题背景，提出一个引人思考的问题，比如"为什么我们的客户获取成本如此之高"。起伏通过具体案例展示问题，分析原因，提出解决方案，并讨论如果不采取行动会带来哪些可能的后果。结尾使用强有力的语言结束报告，提供一个简洁的总结，让听众能够轻松地记住并传达给他人。我们让大模型举一个例子，帮助我们理解。

提问： 假如你是数据分析师，你要做一次分享汇报，要求讲得生动、有感染力，听众不仅听得懂，还能记得住，并且产生共鸣，汇报结束的一个月后，还可以记住主要内容。举一个虚构的案例来展示如何进行一次有感染力的数据分享汇报。

假设你是一家公司的数据分析师，你的任务是向公司高层和团队成员展示如何通过数据分析来提高客户留存率。

开场：吸引注意力

（1）问题引入："想象一下，如果我们能够预测并防止客户流失，我们的业务会有多大的提升？"

（2）背景陈述："目前，我们面临一个严峻的问题：客户留存率正在下降，这直接影响了我们的收入和品牌声誉。"

起伏：深入分析

（1）问题举例：展示一个客户流失的具体案例，分析其背后的原因。

（2）数据分析：使用图表展示客户流失的模式和趋势，比如季节性波动、客户反馈等。

（3）解决方案：提出基于数据的策略，如个性化推荐、客户忠诚度计划等。

（4）行动后果：如果不采取行动，展示预测模型中客户流失率进一步下降。

互动环节

（1）提问："你们认为哪些因素可能导致客户流失？"

（2）小测验：让听众猜测某个数据点背后的原因，然后揭晓答案。

结论：强有力的收尾

（1）总结关键点："通过今天的分析，我们了解到客户留存率下降的原因，并提出了有效的解决方案。"

（2）行动号召："让我们携手合作，将这些策略付诸实践，共同提升我们的客户留存率。"

（3）金句："数据不仅仅是数字，还是我们业务成功的关键。"

记忆点提供

关键点列表：在演讲的最后，提供一个简短的列表，概述分析的主要发现和建议的行动。

演讲技巧

（1）故事化：通过讲述一个具体的客户故事来展示数据的影响。

（2）视觉辅助：使用图表和动画来展示数据，使信息更加生动和易于理解。

（3）简洁明了：避免使用复杂的术语，确保每个人都能理解分析的内容。

（4）重复关键点：在演讲的不同部分重复关键点，加强记忆。

通过这样的演讲，你不仅能够让听众理解数据分析的重要性，还能够激发他们的兴趣，让他们记住并传达你的分析要点。

小红：GPT 讲得很有意思，不仅用到了开场、起伏、结尾的结构，还有金句和互动，我可以模仿学习。

吴老师：除了把故事线梳理清楚，讲出来，我们还需要使用表达金字塔——塔尖是核心观点，中间层是支撑核心观点的关键理由或论据，底层是更为具体的细节、事实、数据。你先记住，不论是分析报告，还是宣讲汇报，都要使用金字塔形的表达结构，这种结构更容易理解和记忆。后续讲"结构思考力"的时候，我再详细展开。比如，用我们之前讲的 2W1H 来讲数据，我们可以按照 What → Why → How 的思路来讲，然后对每一项再往下拆解（见图 8-19）。

小红：好，我先记下来。

吴老师：另外，分享的时候要注意，如果对方不认识你，那么在第一次分享时要作自我介绍，自我介绍可以让听众快速了解你是谁、你在做什么，以及你能提供什么价值。自我介绍也有小技巧，叫作"MTV 自我介绍公式"。MTV 自我介绍公式的优势在于它结构清晰、易于记忆，适用于各种场合。

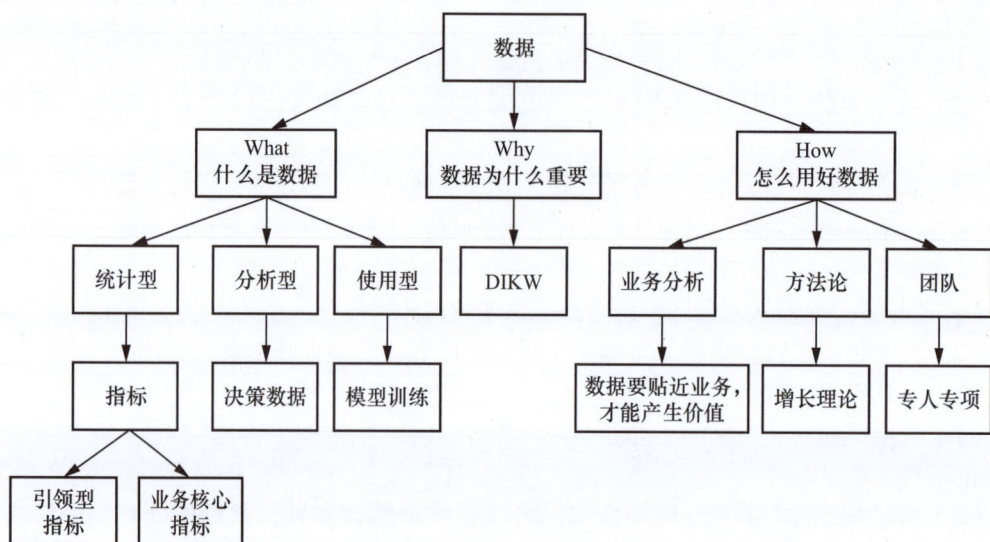

图 8-19

> **提问**：说明什么是 MTV 自我介绍公式，并举一个例子。

MTV 自我介绍公式是一种简单、有效的自我介绍方法，它可以帮助个人在不同的场合下快速、清晰地介绍自己。M、T、V 分别是以下 3 个英文单词的首字母。

（1）Me（我）：介绍你是谁，包括你的名字、职业、角色等基本信息。

（2）Task（任务）：阐述你正在做的事情或者你的专业领域，包括你的工作内容、项目、目标等。

（3）Value（价值）：说明你能为他人或团队带来的价值，包括你的技能、优势、贡献等。

下面举一个使用 MTV 自我介绍公式进行自我介绍的例子。

- **Me**：大家好，我是张三，一名数据分析师。
- **Task**：我目前专注于市场趋势分析和消费者行为研究，帮助我们的团队理解客户需求并优化产品策略。
- **Value**：通过我的分析，我们能够更准确地预测市场动向，提升公司的投资回报率和客户满意度。

小红：只用几句话就把自己介绍清楚了，真不错。

吴老师：还有一点要记住，人脑接受图形要比接受文字快得多，因此，我们做分享和汇报时，不要罗列大段描述，要尽量只提出要点，并用图形化的方式将数据和结论展现出来。

小红：明白了，我会注意尽量用图形化的方式展示数据和结论。

吴老师：虽然我们最后呈现出来的分析报告可能看起来非常简明扼要，但其背后需要大量的调研、梳理和思考。为了将这些内容有的放矢地串联起来，用以说明观点，最终还得寻找一个好的故事线。所以"写好故事线"这件事不是那么简单的，充分的定量分析和创见性思维缺一不可。

小红：希望通过我的努力，可以让数据更有温度和力量。

8.5　数据思维：金字塔原理提升结构思考力

吴老师：之前我们讨论了很多关于写文档、做汇报的方法和技巧，我有两本书特别推荐，一本是芭芭拉·明拓的《金字塔原理》，另一本是李忠秋的《结构思考力》。这两本书都能让沟通变得特别有效率，不管是写还是说，都能让别人一下就抓住重点。这两本书在商业等诸多领域广泛适用，能帮助职场人士高效工作，提高职场竞争力。同时，这两本书具有很强的实操性，书里的办法马上就能用到实际中，帮我们厘清思路、分析问题，还能准确传达我们的想法。

小红：那太实用了，简直就是提升表达和思维能力的利器呀。

吴老师：可不是。首先，说说芭芭拉·明拓的《金字塔原理》。芭芭拉·明拓是哈佛商学院的第一批女学员之一，也是麦肯锡公司有史以来的第一位女性顾问。她在麦肯锡公司工作期间，需要与客户和团队成员进行有效的沟通，她发现，清晰的思维和结构化的表达对解决问题和达成共识至关重要，而员工在写作方面遇到的困难主要源于思维不清晰，而非语言运用不当，这促使她致力于探索清晰思维的结构，并最终总结出了金字塔原理。

小红：《金字塔原理》十分有名，是麦肯锡公司的必修课，也是许多世界 500 强公司的员工的必修课之一。

吴老师：是的。一个金字塔结构包含两个子结构——横向结构、纵向结构。其中，将问题分成不同方面的思考结构是横向结构，为每个方面思考不同解决方案的思考结构则属于纵向结构。有的人习惯横向的思考结构，而有的人习惯纵向的思考结构（见图 8-20）。举个例子，假设我们要探讨"如何提高公司业绩"这个主题，横向思考的人会将提高业绩的途径分为不同方面，比如增加销售渠道、提升产品质量、优化客户服务等；纵向思考的人会在某一个方面深入研究，探究各种具体细节。

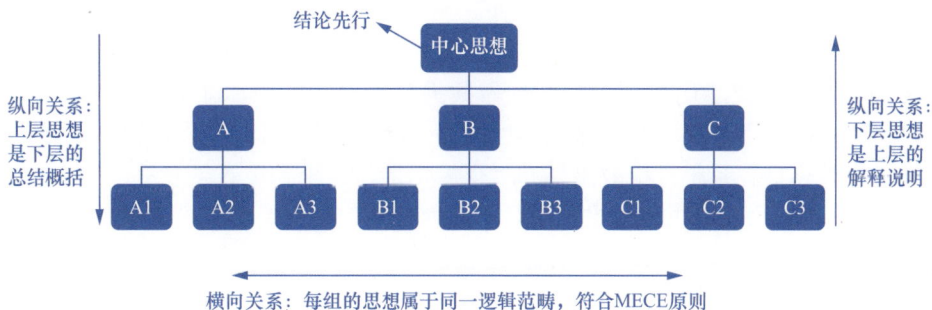

图 8-20

小红：所以，表达既需要横向结构，又需要纵向结构。

吴老师：你说得很对。不管是只习惯横向思考还是只习惯纵向思考，都可以理解为一种简单的线性思维。金字塔结构强调先总后分的立体化思考，横向上既要看清、看全，纵向上又可以分层次进行探讨。当一个人习惯了这样的思考方式以后，他看待事物就会既清晰又全面，找到重点以后又可以分层次来探讨。一个人的职位越高，就越需要掌握结构思考能力，因为他更需要看清全局、看清关系、看清细节。

小红：明白了，我现在就要开始培养结构思考的习惯。

吴老师：你听过"电梯法则"或者"电梯30秒"吗？这个法则也源于麦肯锡。麦肯锡的一次项目会议上，客户方总裁接了一个电话后，说自己有急事，得马上离开，然后对麦肯锡的项目负责人说："你跟我一起坐电梯，在电梯里简单介绍一下项目情况。"你想象一下，电梯从楼上到楼下用得了多长时间？就算楼层很高，也用不到一分钟。结果项目负责人就没说清楚这个项目到底是怎么回事。客户方总裁特别不满意，不但投诉了他，而且后续就没再跟他们合作了。那之后，麦肯锡吸取教训，要求员工和顾问，无论手头的工作有多复杂、项目有多大，都必须能在30秒之内把它说清楚。

小红：30秒好短呀，要求太高了。

吴老师：30秒不是具体的指标，它表示要用最短的时间把一个观点说清楚。如果给你30秒，你说不清楚，那给你30分钟你也未必能说清楚。就像我们一直在说的，"万事皆有套路"，能够做到30秒内把一件特别复杂的事情说清楚，就得将语言结构化。麦肯锡提出了3个原则：第一，以假设为前提；第二，以事实为依据；第三，严格地遵循结构化。可见，结构化在思考问题、表述问题和解决问题的过程中非常重要。

小红：那我们怎么才能做好结构化呢？

吴老师：用金字塔原理的16字概括就是结论先行、以上统下、归类分组、逻辑递进。首先，结论先行可以高效地向对方传递有效信息。按照影响面从大到小，陈述结论和观点，要给出关键数字和观点，最好能对应落地方案或者收获用户洞察，比如，××类型的用户更倾向于消费××类型的内容，能消费多少××内容，可以达到××分钟。这样的结论就非常清晰，业务人员可以尝试据此对用户做一些实验，验证其是否成立。

小红：为什么结论先行呢？结论是最后才推理出来的，直接说结论，听众会不会难以理解？

吴老师：大家的时间和精力很宝贵，没时间看这么多数据，所以一定要突出重点，用几秒便抓住大家的注意力，帮大家快速获取有效信息。如果大家看不懂结论，往往不是因为缺少中间的推理过程，而是背景没有说清楚。

小红：明白了，所以要先把背景和结论说清楚，后面才是详细的分析过程。

吴老师：是的。我还记得自己刚开始做数据分析时，标题往往会用一个短语，比如"现状分析""App使用情况"等，这是不可取的。标题应该是你要表达的观点或结论。你对比一下"个性化推荐系统升级效果"和"个性化推荐系统升级效果显著，用户点击率大幅提高"，明显后者比前者更好。报纸或者新闻网站中，很少有类似"关于××情况的分析"的标题，标题一般是结论，这种标题的点击率和留存率都比较高。正如麦肯锡出报告后会这么对客户说：如果你有时间，把报告详细看一遍；你要是没时间，把所有标题读一遍就可以了。

小红：确实，我看咨询公司的报告，发现它们的标题都是结论。

吴老师：另外，核心结论不要太多。核心结论最好是3条，并按照重要性排列。人脑短期内能较为准确记住的知识点通常在3到7个之间。7是一个临界值，当知识点超过7个以后，就会对对方的记忆造成负担。看看下面的例子，相信你会有直观的体会。3条核心结论既要涵盖关键要点，又不会让读者感到过于繁杂而难以记忆和消化。

3 条结论	没有提炼 3 条结论
（1）设定清晰目标：团队需要明确的目标来统一方向。 （2）开放沟通：团队成员之间需要开放的沟通来促进理解和协作。 （3）建立信任：团队成员之间的信任是提高效率和创新的关键。	• 团队应该有共同的目标。 • 定期开会很重要。 • 使用软件来管理任务。 • 领导应该鼓励表达意见。 • 团队建设可以增强关系。 • 提供培训和发展机会。 • 确保有足够资源。 • 根据反馈进行调整。

小红：这么一说，大家真的习惯说 TOP3，比如 TOP3 畅销品、TOP3 影响力品牌、TOP3 热门趋势，比赛获奖也设置的是金、银、铜 3 个奖项。

吴老师：以上统下是为了支撑结论，让结论更加有说服力。这里有一个小技巧，即使用自问自答的形式，先抛出一个问题，引起对方的注意。要明确提出问题，让读者知道你在做什么研究，将问题摆在显眼的位置，同时做好渲染工作，让读者意识到这个问题的重要性。比如，为什么你的电商平台节假日期间的销售额总是下滑？这样的问题就很能引起别人的兴趣，之后你再给出回答。用这种自问自答的形式引导读者读下去。让我们直观对比一下自问自答的形式和直接描述的形式有何差异。

自问自答的形式	直接描述的形式
为什么我们总是感到时间不够用，而效率却始终提不上去呢？这个问题可能让很多人感到共鸣。其实，时间管理并不是简单地把事情列出来然后去做，而是需要我们深入了解自己的工作习惯和时间使用模式……	在我们的生活中，时间管理是一个经常被讨论的话题。很多人感到时间不够用，但事实上，通过一些实用的技巧，我们可以更有效地利用每一分钟。

小红：确实，自问自答的形式让人更愿意往下读。

吴老师：陈述论据还有一个小技巧，那就是类比和引用。类比是运用形象或行为做比喻，引用则引用广告、歌曲或名言等。这样可以加深记忆。比如，"团队合作就像一支乐队的演奏，每个成员都使用一种独特的乐器，只有协调一致，才能奏出和谐的乐章。"再比如电影《阿甘正传》里的一句话："生活就像一盒巧克力，你永远不知道下一颗是什么味道。"同样，我们的项目也充满了未知，但正是这些未知让我们的探索充满了乐趣和挑战。

小红：有类比和引用就变得好生动呀。做类比、引用需要知识面够广，这时候大模型就可以发挥作用了，我把分析报告上传给大模型，让它帮我做一下类比和引用。

吴老师：第三点是归类分组，使内容更容易被人们记忆。使用 MECE 法则，使涉及的观点相互独立、完全穷尽，是做好归类分组的核心。

小红：原来我们写分析报告一直用的是金字塔原理。

吴老师：是的。逻辑递进指按照一定的逻辑顺序展开，让信息接收者更容易清晰地记住你的观点。一般会按照从已知到未知、从熟悉到不熟悉、从简单到复杂、从共识到争议、从普通到特殊、从过去到现在的顺序依次介绍。日常使用中，主要采用这3种顺序：时间顺序、结构顺序、重要性顺序。时间顺序很好理解，比如过去—现在—未来、步骤1—步骤2—步骤3、阶段1—阶段2—阶段3。结构顺序是整体和部分的关系，比如从内到外、从上到下，分成各个部分介绍。重要性顺序可以使用"首先""其次""再次"等来表达。这里要注意的是，一个小论点只能用一种顺序说明，不能交叉使用。你可以看着这张图（见图8-21）来理解，并应用到工作中去。

吴老师： 如果说《金字塔原理》更偏重文档的表达，那李忠秋老师写的《结构思考力》则偏重思考能力，能够使我们的思维更具整体性和条理性。俞敏洪、罗振宇、刘润等都曾极力推荐过这本书。我们重点讲一讲书中介绍的"结构化接收信息的3个步骤"，这3个步骤非常实用，可以快速应用到实战中去。你先看一下概览图（见图8-22）。

吴老师： 这里特别介绍第三步：一句话概括所有内容。换句话说，你给我3秒的时间，我就只说中心思想，再多给10秒，我就说到一级目录，以此类推。在最短时间内表达的一定是最核心的内容。万能公式：在_____的基础上，从_____、_____N个方面，说明了_____。

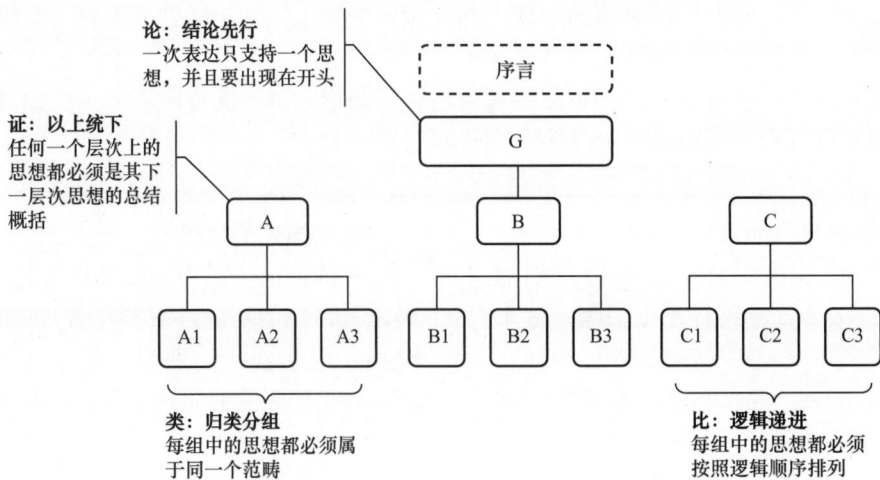

图 8-21

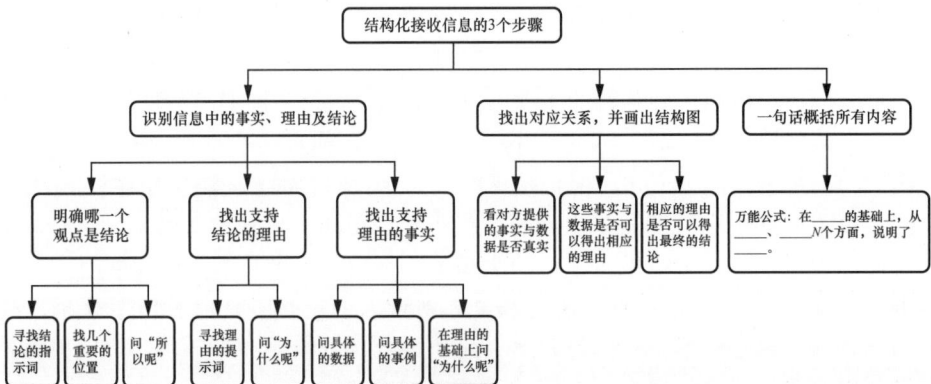

图 8-22

> **提问：** 万能公式：在 _____ 的基础上，从 _____、_____ N个方面，说明了 _____。
> 对这个万能公式进行讲解，并举几个例子。

"在 _____ 的基础上"：强调了概括的前提或整体背景，是后续分析和概括的出发点。这让概括具有针对性和关联性，明确了信息是在特定的条件或情境下得出的。

"从 _____"：这里指出了进行分类或划分的维度，通过特定的角度对内容进行梳理和归类，使复杂的信息变得有条理，有助于更清晰地呈现结构。

"说明了 _____"：则是对所有内容的高度凝练和核心提炼，将前面的分类内容综合起来，用简洁的语言概括出整体的核心要点或主旨，让人能快速抓住关键信息。

以下是几个例子。

例1：在市场调研数据的基础上，从消费者需求、市场竞争、行业趋势3个方面，说明了当前企业应采取的营销策略。

例2：在对历史事件分析的基础上，从政治、经济、文化3个方面，说明了该事件对社会发展的重要影响。

例3：在对产品特性了解的基础上，从功能、质量、外观3个方面，说明了这款产品的优势所在。

例4：在对员工表现评估的基础上，从工作业绩、工作态度、团队协作3个方面，说明了员工的综合能力情况。

吴老师： 概括一下，这3句话实际上分别代表序言、依据、结论。序言是"在 _____ 的基础上"，依据是"从 _____、_____ N个方面"，结论是"说明了 _____"。结构思考力除了是重要信息的传递过程，更是一个人职业化程度的体现。我建议你把万能公式写到显眼的地方，然后有意识地套用，多多练习。

小红： 太好了，以后就可以利用这个万能公式，用一句话轻松概括出一个结构的所有内容了。

第 9 章 大模型助力数据分析师持续成长

在当今这个迅速变化的时代，数据分析师面临着日益激烈的竞争和不断演变的技术挑战。因此，持续成长和学习是数据分析师职业生涯中不可或缺的一部分。

本章首先讨论如何利用 GPT 大模型等 AI 工具帮助数据分析师在选择公司和职位时做出明智的决策。通过分析行业趋势、公司文化和职业发展机会，数据分析师能够找到与自身职业目标相契合的工作，从而提高工作满意度。接下来，将重点介绍如何准备笔试和面试。借助 GPT 大模型提供的学习资源和模拟练习，数据分析师可以系统性地提升自己的技术能力和面试技巧，增强自信心，从而在求职过程中脱颖而出。

此外，本章还将讨论在 AI 时代如何塑造自我。个人品牌的建立和职业形象的塑造是职业成长的重要组成部分。本章将提供实用的建议，帮助数据分析师在职业生涯中不断学习与进步，最终实现个人的职业目标。通过本章的学习，读者将能够更加自信地应对未来的挑战，制订有效的职业发展计划。

9.1 大模型助你选择公司和职位

小红：有很多学弟学妹羡慕我找到了一份不错的工作，希望我能分享一下如何选择公司和职位。我当时是因为认同我们公司的价值观，而且发现公司的财务数据比较"健康"，是一个充满"正能量"的公司，所以才决定入职的。不过，我对如何选择合适的公司并没有很深的认识，感觉自己无法给学弟学妹们指导。

吴老师：哈哈，你的选择很明智，其实，公司的价值观就是一个重要的判断标准。在讲怎么选择公司之前，我先给你介绍一下"点线面体"的概念，希望能帮你提升认知。我们都能感受到，努力工作换来的工资收益，与 2013 年以前购买腾讯公司的股票或 2010 年购买"北上广"的房子所带来的回报，差距是非常大的。这是为什么呢？因为无论你多么努力，所获得的工资都只能视作一个点，代表的是短期的努力成果。而腾讯公司的股票和"北上广"的房子之所以能带来丰厚收益，是因为这些点连接在一个正在快速崛起的经济体上，这就是线性周期的作用。单独的点很难产生显著的放大效应。

小红：我明白了，也就是说，要选择那些在增长中的线、面、体。您能告诉我如何做出更正确的选择吗？

吴老师：当然，就是从投资和国家政策两个角度来分析哪个选择更明智。就投资而言，首先需要选择一个正在蓬勃兴起的大型经济体，接着找一个领域，投资处于成长期的行业。这就是为什么很多投资者会在一个赛道上进行广泛投资，因为他们追求的是整个周期带来的收益。比如，现在热门的投资领域就是与 AI 相关的产业。如果不知道选择什么公司，可以观察资金流向。再者，关注国家政策，看看哪些行业是被鼓励的，比如与"新质生产力"紧密相关的行业。选择这些行业中的代表性公司是比较稳妥和可靠的（见图 9-1）。

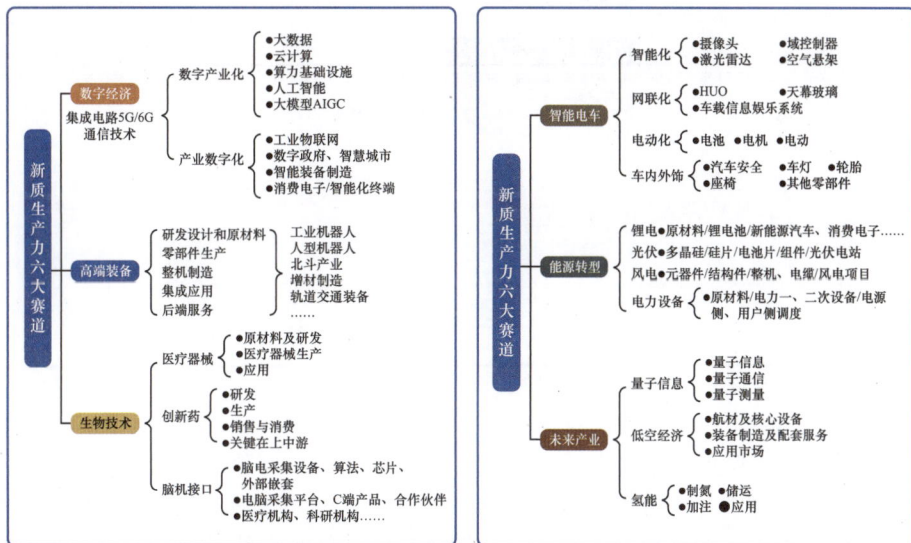

图 9-1

小红：原来要这么做选择。

吴老师：没错。在做选择时，你必须清楚你所选择的点处在什么样的线上，这条线又位于怎样的面上，最后这个面又处于一个怎样的体中。同时，要明确竞争的性质，是与对手的竞争还是与趋势的竞争。如果是与对手的竞争，你可能通过努力胜出；但如果是与趋势的竞争，那就难以凭一己之力获得胜利。因此，"点线面体"的战略选择非常重要。

小红：突然觉得选择的压力好大呀。

吴老师：哈哈，选择的压力确实很大。不过，好消息是，数字化是未来十年较大的"势"。你作为数据分析师，做与数据相关的事情，正处在上升的面上。这张图（见图9-2）是2024福布斯中国50强创新企业所属领域2022—2024年的变化趋势图，可以看出什么行业入选的企业多，什么行业变化得快。

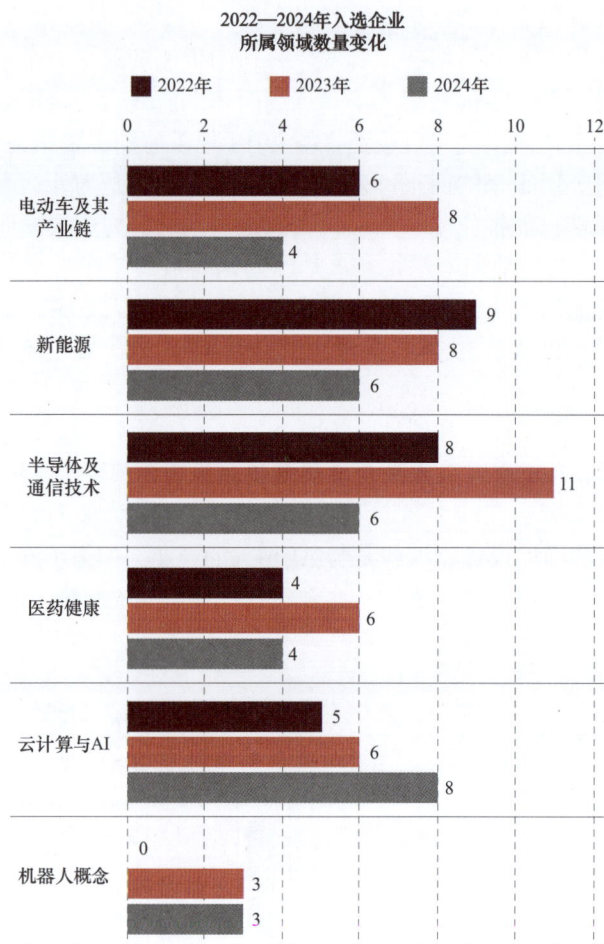

图9-2

小红：那大模型能帮我分析不同公司的前景吗？

吴老师：大模型可以帮助你分析不同公司的发展潜力和行业趋势。你可以询问大模型当前哪些行业在蓬勃发展，哪些公司在这些行业中表现突出。除了行业趋势，大模型还能提供公司的文化、价值观和员工反馈等信息。这些信息可以帮助你判断这家公司是否适合自己，是否与你的价值观相契合。比如，了解员工对公司氛围的看法，有助于你判断自己在那里的工作体验。推荐使用"AI搜索"，以防信息滞后。

提问：数字经济中，哪些行业在蓬勃发展？

电子商务：线上购物成为主流，社交电商、直播电商等新模式快速发展，电商平台不断创新，市场规模持续扩大。

金融科技：移动支付、保险科技、智能投顾等领域发展迅速，金融机构数字化转型加速，为用户提供了便捷、高效、个性化的金融服务。

云计算与大数据：企业数字化转型需求增长，推动云计算和大数据服务发展。云计算提供了大量的计算和存储资源，大数据技术则可以帮助企业挖掘数据价值。

人工智能：机器学习、自然语言处理、计算机视觉等技术不断突破，在智能客服、安防、自动驾驶、医疗诊断、智能家居等领域广泛应用。

物联网：通过传感器、通信技术实现万物互联，在工业、农业、家居、物流、交通等领域应用前景广阔。

智能制造：利用数字技术升级改造制造业，实现生产过程的智能化、自动化和柔性化，工业机器人、3D打印、智能传感器等技术和设备发挥了重要作用。

数字娱乐：包括游戏、视频、音乐、在线阅读等领域。游戏行业中移动端游戏、电子竞技发展迅速；视频领域短视频平台崛起，长视频平台不断推出优质内容；音乐和在线阅读等领域也通过数字化技术提供更便捷、个性化的娱乐体验。

智慧医疗：远程医疗、医疗大数据分析、智能医疗设备等发展迅速，缓解了医疗资源分布不均的问题，提高了医疗效率和质量。

智能交通：通过信息技术、通信技术优化交通系统，智能交通信号灯、智能公交等应用提高了交通效率、安全性和便捷性。

在线教育：打破了时间和空间的限制，在线课程、教育直播、智能学习系统等应用不断涌现，满足了不同人群的学习需求。

吴老师：你可以追问，比如，在线教育行业中哪些公司表现突出？这些公司的财务状况如何？公司愿景是什么？等等。

小红：通过这种方式，我就可以跟学弟学妹们说如何选择行业和公司了。那如何选择工作职位呢？

吴老师：我们分别从公司视角和个人视角看。从公司视角看，可以问自己：你能不能做这个工作？从个人视角看，可以问自己：我有没有意愿做这个工作？我适不适合做这个工作？所以，"想做""可做""能做"这3个圈的重叠之处就是你的正确选择（见图9-3）。

小红：在选择行业和公司时，我们应关注其发展趋势；在选择职位时，要寻找"想做、可做、能做"这3个要素的交集，找到自己心之所向、才之所长。

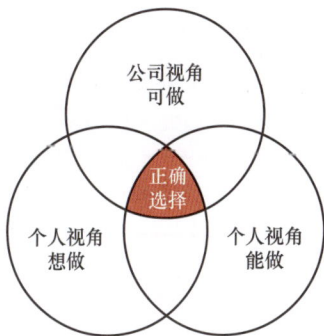

图9-3

9.2 大模型助你准备笔试和面试

小红：找到合适的公司之后，还要准备笔试和面试，应该如何准备呢？我也想给学弟学妹们讲一讲这方面的内容，这样他们应对笔试、面试的时候，更容易过关。

吴老师：每个业务考查的重点都不一样，准备笔试和面试时，首先要根据职位描述了解具体要求。大部分职位都要求掌握数据分析师的通用技能，数据分析师的通用技能一般包括 5 个方面：数据处理能力、数据分析工具运用能力、统计分析知识、业务理解能力、沟通与协作能力。笔试通常考查前 3 个能力，而面试则更加注重后两个能力。

小红：那么，笔试一般会考哪些内容呢？

> 提问：数据分析职位的笔试都会考什么内容？

一、统计学基础

1．基本概念题

解释平均值、中位数、众数的含义及适用场景。

描述方差、标准差的意义及计算方法。

说明概率的定义及计算条件概率的方法。

2．统计推断题

给定一个假设检验场景，要求判断使用哪种检验方法（如 t 检验、方差分析等），并说明理由。

计算置信区间，解释其含义及在实际数据分析中的作用。

二、数据库与 SQL

1．SQL 代码编写

从给定的数据库表中查询满足特定条件的数据，如查询销售额大于某一值的产品信息。

进行多表连接查询，如通过订单表和用户表查询购买了特定产品的用户信息。

使用聚合函数（如 SUM、AVG、COUNT 等）进行数据统计，如计算某一产品的总销售额、平均售价等。

2．数据库优化问题

提出一些数据库性能问题，如查询速度慢、数据冗余等，要求给出优化建议。

三、数据分析工具与编程语言

1．Excel 操作题

根据给定的数据表，使用数据透视表进行数据汇总和分析。

利用函数（如 VLOOKUP、IF 等）进行数据处理和计算。

制作图表（如柱状图、折线图、饼图等）展示数据，并对图表进行适当的标注和解释。

2．Python 或 R 编程题

给定一组数据和具体的分析任务，要求使用相应的编程语言和数据分析库进行数据处理和分析。例如，计算数据的平均值、中位数、标准差等统计指标，或者进行数据可视化。

考查对数据结构（如列表、字典、数据框等）的操作和使用。

小红：这些都是基础知识，笔试还有什么需要特别注意的吗？

吴老师：需要特别注意的是，编写 SQL 代码是数据分析师笔试中必考的。通常会考查 3 个关键知识点。首先是 LEFT JOIN，它在数据分析中非常常用，特别是需要保留一个表中的所有记录并连接另一个表的数据时。例如，有销售人员和销售记录两个表，分析每个销售人员的销售情况，即使某些销售人员在某段时间内没有任何销售记录。其次是窗口函数，它在复杂的数据分析和报告生成中非常有用，能够实现滚动聚合、排名和移动平均等功能。例如，找出每个省销售额的前 3 名。最后，日期函数也很重要，许多业务场景都涉及日期（如交易时间、员工入职日期和订单生成日期等）的处理。掌握这些知识点会对你的笔试有很大的帮助。

小红：我都记下了。那么面试有什么需要特别注意的地方吗？

吴老师：面试时，通常会让候选人讲述一个自己做过的项目，可以是在上一段实习中做的，也可以是学校的专题项目。这里要特别注意，因为面试官可能对你这个项目的背景不太了解，所以一定要先讲清楚项目的背景和目的，再阐述你用了什么方法，确保沟通顺畅。我特别推荐使用 STAR 法则。

> **提问**：在面试中，可以使用 STAR 法则介绍项目。什么是 STAR 法则？举一个例子。

STAR 法则是一种结构化的面试回答方法，用于清晰地描述过去的经历和成就。STAR 代表 4 个部分。

Situation（情境）：描述你所面临的具体情境或背景。

Task（任务）：阐明你在这个情境中需要完成的任务或目标。

Action（行动）：详细说明你采取的具体行动和措施。

Result（结果）：总结你行动的结果，包括所取得的成就和学到的经验。

示例如下。

Situation：在我担任数据分析师的公司里，我们发现客户的注册转化率低于预期，导致业绩下滑。

Task：我的任务是分析注册流程，以识别并解决转化率低的问题。

Action：我使用 SQL 提取了注册数据，分析了用户在各个环节的流失情况，发现了注册页面加载时间过长的问题。于是，我与开发团队合作，优化了页面加载速度，并简化了注册流程。

Result：经过改进后，注册转化率提高了 30%，公司在一个季度内新增了 2000 名用户，显著提升了业绩。

小红：用 STAR 法则进行表达真的非常直观。

吴老师：除了讲项目，面试时很可能会被问到与指标相关的问题，包括如何选择指标和构建指标体系，以及归因分析的相关内容。如果职位更偏向数据产品，可能会被问到埋点和数据仓库架构的问题。如果职位偏向数据科学，面试官可能会问一些有关 A/B 实验的基础知识，以及如何做预测等问题。我列出了一些可能的面试问题，你可以参考。

指标体系与归因分析

如何思考指标体系的设计？

归因分析可以应用于什么场景？举一个例子。比如，DAU 下降了 30%，请分析原因。

埋点与数据治理

如何进行埋点设计？

如何进行埋点验收？

数据仓库

数据仓库的分层是什么？每一层的区别是什么？一般面向哪些使用者？

数据缺失值如何处理？

业务是不停迭代变化的，如何做数据平台的维护？

A/B 实验

A/B 实验的结果在统计上来说是显著的，但是在实际中却不显著，这是为什么？

A/B 实验的统计指标都不显著，就不会对产品产生影响了吗？

A/B 实验的统计指标都不显著，你该怎么判断这个实验的收益？

数据预测

假如你能拿到各维度的所有历史指标数据，现在需要预估下个月的 MAU，如何预估？

如何预测你的产品的 DAU "天花板"？

吴老师：此外，面试官也会问一些业务上的问题，这些问题没有标准答案，面试官主要看的是你如何思考这些问题。我举几个例子。

- 如果我们的电商平台近期销售额下降了，你会从哪些方面进行分析？
- 如果你认为产品中的某个功能需要改进，你会如何收集和分析数据以支持你的建议？你会使用哪些指标？
- 你如何分析一个产品的用户留存率？如果发现留存率下降，你会采取哪些步骤来找出原因并提出解决方案？
- 假如年底你的公司需要一份 PPT 形式的年度盘点报告，你的思路是什么？

小红：面试官还会考查沟通与协作能力，这方面通常会问什么问题呢？

吴老师：一般来说，面试官不会专门问关于沟通与协作能力的问题，而是通过你回答其他问题时的表现来判断你的能力。不过，有时也会问有关团队合作和冲突问题如何解决的具体例子，以评估你在团队中的融入能力和处理问题的方式。我举几个例子。

- 团队合作经验：请描述你的一次团队项目经历。你在其中扮演了什么角色？你遇到了什么挑战？你是如何与团队成员合作解决的？
- 跨部门协作：你是否曾与其他部门（如产品、市场或工程部门）合作过？请分享一段相关经历，并说明你是如何确保有效沟通的。
- 冲突解决：当你与同事意见不合时，你通常采取什么方法来解决冲突？能否分享一个具体的例子？

小红：面试中还有什么要注意的呀？

吴老师：有些面试官会采用压力面试的方式，目的是看你面临压力时的临场反应。良好的临场反应不仅能展示出你的抗压能力，还能体现你在不确定条件下的快速应变能力和问题解决能力。所以，在这种情况下，一定要保持冷静。遇到棘手的问题时，可以一边说一边整理思路，千万不要轻易放弃，更不要表现出明显的情绪波动。即使时间紧迫，你也要尽量条理分明地阐述自己的观点。这样不仅能展示你对问题的深度理解，还能让面试官看到你在压力下依然能保持冷静和具有清晰的思维。这是一个非常重要的能力。

小红：这还真的是对心理素质和思维反应能力的综合考验。

吴老师：是的，面试本质上考查的是人岗匹配度。我们刚才提到了"想做""可做""能做" 3 个圈。面试考查的也是 3 个圈，不过是专业力、思维认知、工具使用这 3 个圈（见图 9-4）。专业力主要是你对行业和职位的理解及相关技能；思维认知则是你分析和解决问题的能力；而工具使用不仅涉及传统的数据分析工具，还要考虑 AI 工具的应用。面试官会评估你在这些方面的能力，以判断你是否适合这个职位。

小红：我记住了。笔试一般考查数据处理能力、数据分析工具运用能力、统计分析知识，面试一般考查业务理解能力、沟通与协作能力。编写 SQL 代码是必考题，指标和归因分析是常考题，介绍项目要用 STAR 法则。面试中千万不能慌张，尽量条理清晰地阐述自己的观点。

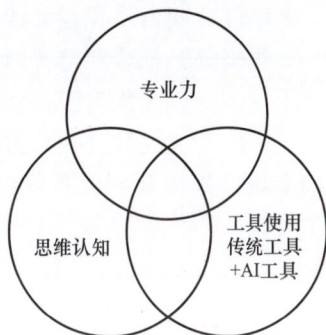

专业力

思维认知

工具使用
传统工具
+AI工具

图 9-4

9.3　大模型助你持续成长

小红：在这个快速变化的 AI 时代，我该如何持续成长呢？

吴老师：首先你要意识到成长不是线性的。成长的规律可以概括为 3 条曲线（见图 9-5）。第一条成长曲线是技能成长曲线，通过不断积累知识，成为某个领域的专家，你现在正处于这一阶段；第二条是系统思维成长曲线，它涉及构建系统的知识框架，并基于对世界和商业的理解，制定自己的职场竞争策略，我们讲的数据思维就是在为这条成长曲线打基础；第三条是心灵成长曲线，它贯穿你的一生，决定了你的视野和深度，这要求你建立长期信念和自我激励的机制，增强心理韧性，快速适应变化，这样才能承担更大的责任。

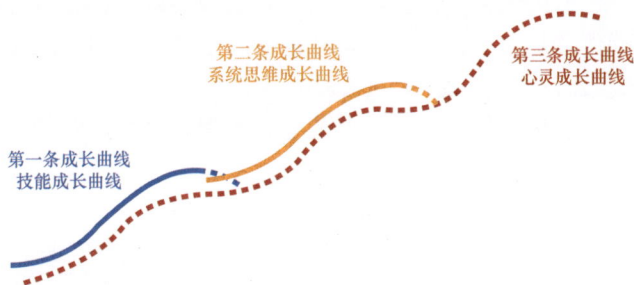

第二条成长曲线
系统思维成长曲线

第三条成长曲线
心灵成长曲线

第一条成长曲线
技能成长曲线

图 9-5

小红：那么我怎么才能持续成长呢？

吴老师：我们可以借助成长公式，即持续成长 = 能力 × 效率 × 杠杆。

小红：能详细解释一下这个成长公式吗？

吴老师：当然可以。我们先从"能力"谈起。能力指的是一个人获取和提升自身素质的本领，包括学习能力、专业技能、分析能力、阅读能力、写作能力和沟通能力等。通过 SWOT 分析，你可以识别自己的优势和劣势，制订更有针对性的学习计划。同时，SMART 原则可以帮助你设定具体、可衡量的目标，以便更好地追踪进展。在学习过程中，运用费曼学习法，通过教别人来巩固自己的知识，这是一种非常有效的方法。

小红：这些方法我都学过呢。

吴老师：很好！在这些能力中，学习能力尤为重要。此外，面对复杂问题时，能够将来自不同领域的知识结合起来，往往能产生创新的想法和解决方案。例如，你可以将数据分析与心理学结合，深入理解用户行为，制定更有效的市场策略。与此同时，勤奋是不可或缺的，勤奋也是一种能力。比如，如果你能在一年内掌握别人三年才能学会的技能，那就是一种强大的能力。这表明你不仅有热情，还有高效的学习方法和极强的自我驱动力，这些都是在职场中取得成功的重要因素。

小红：明白，我要坚持终身学习。

吴老师：效率指选择对你来说最重要的事情，并运用合适的方法和工具高效完成它。这不仅涉及判断优先级，还包括如何有效地利用方法论和工具来解决问题。例如，我们掌握了 GPT 大模型这样的工具，它不仅可以提升 10% 的效率，更重要的是，它可以帮助我们实现自我提升，从而节省大量时间，将精力投入更有价值的任务中。《高效能人士的 7 个习惯》的作者史蒂芬·柯维说过一句话："想法产生行动，行动养成习惯，习惯变成性格，性格决定命运。"首先，把时间管理变成一种习惯很关键。你可以将一天划分为多个时间块，在不同时间块专注于特定的任务。其次，要做正确的事情，你需要时刻评估哪些任务对你的长期目标最有意义，优先处理这些任务，可以用第一性原理进行思考与分析。最后是学会取舍，并不是所有任务都值得全力以赴，决定不做什么也很重要，那些不做损失也不大的事情就是不重要的事情。

小红：我记下了。成长公式中的杠杆指的是什么呢？

吴老师：杠杆是指能有效地放大个人能力和效率的事物，为此，我们需要找到合适的"放大器"。比如，团队就是一个非常好的杠杆。在团队中，不同成员的专长和视角可以形成协同效应，促进创新和高效执行。例如，一个项目团队中，有人擅长技术，有人擅长市场分析，这种多样化能让团队在复杂的环境中更具竞争力。所以有一句话"不可能有完美的个人，但可能有完美的团队。"影响力也是重要的杠杆。通过演讲、协作以及建立人际关系，你可以扩大自己的影响力。例如，一次成功的演讲可以让你树立权威，从而获得更多的机会。影响力的建立是一个长期的过程，你需要通过持续的贡献和诚信来积累，也就是说要做一个稳定靠谱的人。

吴老师继续：此外，良好的信任关系也是一种长期的杠杆，能在关键时刻为你赢得支持与资源。信任也有一个公式，即信任 = 可信度 + 可靠度 + 亲密度。首先，可信度代表他人对你能力和专业性的认同，我们可以通过持续学习和展示专业技能来提升它。其次，可靠度则涉及你是否能在承诺的时间内完成任务，履行自己的承诺，通过一致的行为和及时的反馈，可以增强他人对你的信任。最后，亲密度反映了你与他人之间的情感联系，提高亲密度需要真诚的互动和开放的沟通，以增进彼此的理解，当人们信任你时，他们更愿意与你合作，分享信息和资源。

小红：看来建立信任可以在职场中为我提供持久的支持。

吴老师：是的。单凭个人的力量难以走远，真正的成功在于将个人能力与他人的力量相结合，形成合力。在这个过程中，平台也是一种重要的杠杆。公司本身就是一个优秀的平台，通过利用其多元化的资源，可以更高效地完成任务。同时，借助社交媒体或专业平台发布成果和观点，有助于迅速提升你在行业中的知名度。因此，善于寻找和利用这些杠杆，将使你在职业生涯中实现更大的成就。

小红：我记下来了，团队、影响力、信任、平台都是杠杆。

吴老师：我们再总结一下成长公式（见图 9-6），即持续成长 = 能力 × 效率 × 杠杆。如果你在其中某一个方面遇到了具体问题，可以向大模型提问，它会给你一些思路。

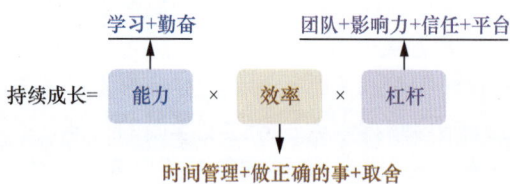

小红：我要不断提升能力、效率，寻找合适的杠杆，同时，借助大模型这个强大的工具，更快速地获取信息、强化技能、拓宽自己的思维边界，让自己在职场中持续成长。

学习+勤奋　　　　团队+影响力+信任+平台

持续成长＝ 能力 × 效率 × 杠杆

时间管理+做正确的事+取舍

图 9-6

9.4　数据思维：AI 时代下如何塑造自我

小红：在 AI 时代下，我想在职场中脱颖而出，如何让自己成为不可替代的那个人呢？

吴老师：短期看，要学会使用 GPT 这个工具。比如说，你可以用它来写文档、绘图、做视频等，有时候，它写的报告可能比我们平时见到的还要好，这样你的工作效率就会大大提升。长期看，需要对自己进行自我设计。所谓自我设计，就是把自己塑造成一个有个性、不可复制的独特个体。这不仅关乎你的专业技能，还包括你的个性、思维方式和感知方式。这些都应该是独一无二的，能够让你在职场中脱颖而出。

小红：我可以理解为构建个人品牌吗？

吴老师：可以这么理解。

小红：这听起来很有趣，那我该如何进行自我设计呢？

吴老师：具体来说，首先，要不断思考自己的特点和优势在哪里。要勇于自我探索，敢于尝试新事物，通过不同的经历发现自己的潜力和兴趣。每个人都有自己的优势，但有时候这些优势并不是一眼就能看出来的，要通过实践和探索才能发现。同时，也要学会倾听他人的反馈，有时别人能从外部的角度看到我们自己没发现的优势。其次，在学习和工作中，要激发自己的想象力。想象力是创造新东西的关键，也是我们与 AI 的不同之处。培养想象力不需要大幅度调整日程，可以利用午休时间发散思维，也可以利用通勤时间阅读非专业书籍，拓宽知识领域，还可以进行团队讨论。

小红：我觉得自己在生活中总是忙于完成任务，很少有机会停下来深入思考，看来我需要利用好碎片时间。

吴老师：再次，培养自己的直觉很重要。很多人可能会误解，以为直觉就是随意决定事情，其实不是这样的。直觉是我们根据过去的经验、知识和对事物本质的深刻理解形成的一种判断。在很多领域，直觉都发挥着重要的作用。比如，一个音乐家可能凭借直觉创作出美妙的乐曲，一个诗人可能凭借直觉写出动人的诗歌，一个科学家也可能凭借直觉做出创新的研究。

小红：那对我们数据分析师来说，直觉有什么用呢？

吴老师：我们常常说数据分析师要有"数据 sense"，"数据 sense"就是一种直觉。敏锐的直觉能从细微信号中感知所处的情况和他人的意图，给出超预期的结果。直觉在人际交往中也很重要，如果没有直觉，就无法有效地与人沟通，而在 AI 时代，提升情商和人际交往能力尤为重要，因为虽然 AI 可以模拟人类的很多行为，但情感交流和人际关系的复杂性，仍然是 AI 无法完全替代的。

小红：所以通过提升想象力和直觉，我可以更好地进行数据分析和人际沟通。

吴老师：是的。最后，要培养自己的批判性思维。这不仅是一种怀疑的态度，更是独立思考的能力。我们不能轻易接受任何信息，即便它来自权威平台，我们必须勇于问"为什么"，并形成自己的见解。这要求我们具备敏锐的洞察力，能够区分事实与观点、主观臆断与客观真相。此外，我们还需定期自省，审视自己的思维方式，认识到潜在的偏见，并努力克服其影响。在信息爆炸的时代，我们面对海量的数据和观点，更需要深刻的分析和判断。

小红：有没有什么具体的方法呀？

吴老师：一个很好的方法就是阅读经典著作。在阅读的过程中，要深入地思考和琢磨书中的观点和论述，反复地体会其中的深意，这样可以锻炼你的思维能力，让你更加敏锐地发现问题和解决问题。除了阅读之外，还可以通过写作来锻炼。写作是一个思考的过程，要求我们清晰地表达自己的观点，这会促使我们进行深入思考。你可以尝试写论文或是日记，在写作时尝试反驳某些观点，这样会大大提高你的批判性思维能力。

小红：学到了。我总结成公式（见图9-7），即自我塑造＝自身优势＋想象力＋直觉＋人际交往＋批判性思维。

图 9-7

吴老师：人生如一场漫长的旅程，充满挑战与未知。自律是解决人生中许多问题的关键。对刚毕业的大学生而言，新的人生阶段充满抉择与困惑，此时自律是你最有力的"武器"。

小红：那在工作中怎么做到自律呢？

吴老师：自律包含4个原则。其一，延迟满足。不急于享受当下的安逸，而是先承受问题带来的痛苦，再去收获成功的喜悦。比如准备考试时，先刻苦学习，再尽情放松。其二，承担责任。勇敢面对生活中的问题，不逃避、不推诿。工作中出现失误时，主动承担并积极解决。其三，尊重事实。保持客观与理性，不被固有观念束缚，依据不断变化的实际情况更新认知。在数据分析中，尊重数据的动态变化才能得出准确结论。其四，保持平衡。比如，工作与生活之间需要平衡，不能因一方面而忽略另一方面（见图9-8）。

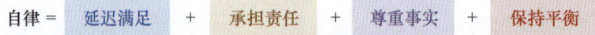

图 9-8

小红：看来我原来理解的自律太狭隘了，我以为制订并严格执行计划就是自律了。原来自律的内涵远不止于此，承担责任、尊重事实及保持平衡，都是自律的重要组成部分。我有时候会发现自己工作效率低，是不是就是没有保持好平衡的缘故？

吴老师：当你发现自己工作效率低的时候，原因往往是睡眠不够或者运动不足。其实，娱乐可以给我们积蓄能量，比如，在经历了一天的紧张工作后，听一首自己喜欢的歌可以帮助我们缓解压力，恢复状态。人生的平衡是我们一辈子的课题。通过自律，我们不仅能够在工作上取得成功，还能在生活的各个方面实现和谐。人生的每一部分都值得我们去珍惜和投入，只有这样，我们才能真正体会到生活的丰富与美好。

吴老师继续：在本书的最后，我们让 DeepSeek 深度思考，来回答这个有关未来发展的问题——我是互联网业务数据分析师，AI 时代我应该如何塑造自我，才能在职场中持续成长（见图9-9）。

在 AI 技术快速渗透各行业的背景下，互联网数据分析师需要构建"技术＋业务＋软技能"三位一体的复合能力体系，才能在职场中实现持续成长。以下是具体建议。

一、强化 AI 时代的核心竞争优势

1．业务洞察升维

- 深耕行业 know-how（特定行业内的实际知识、经验和技能，通常指那些不容易通过正式教育或书面资料获得的隐性知识），建立"数据-业务-商业"的闭环认知框架。

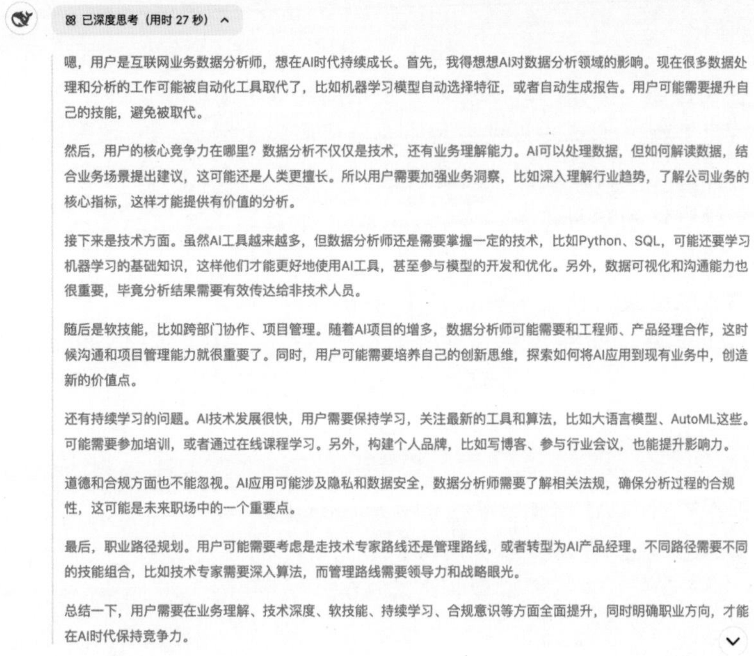

嗯，用户是互联网业务数据分析师，想在AI时代持续成长。首先，我得想想AI对数据分析领域的影响。现在很多数据处理和分析的工作可能被自动化工具取代了，比如机器学习模型自动选择特征，或者自动生成报告。用户可能需要提升自己的技能，避免被取代。

然后，用户的核心竞争力在哪里？数据分析不仅仅是技术，还有业务理解能力。AI可以处理数据，但如何解读它，结合业务场景提出建议，这可能还是人类更擅长。所以用户需要加强业务洞察，比如深入理解行业趋势，了解公司业务的核心指标，这样才能提供有价值的分析。

接下来是技术方面。虽然AI工具越来越多，但数据分析师还是需要掌握一定的技术，比如Python、SQL，可能还要学习机器学习的基础知识，这样他们才能更好地使用AI工具，甚至参与模型的开发和优化。另外，数据可视化和沟通能力也很重要，毕竟分析结果需要有效传达给非技术人员。

随后是软技能，比如跨部门协作、项目管理。随着AI项目的增多，数据分析师可能需要和工程师、产品经理合作，这时候沟通和项目管理能力就很重要了。同时，用户可能需要培养自己的创新思维，探索如何将AI应用到现有业务中，创造新的价值点。

还有持续学习的问题。AI技术发展很快，用户需要保持学习，关注最新的工具和算法，比如大语言模型、AutoML这些。可能需要参加培训，或者通过在线课程学习。另外，构建个人品牌，比如写博客、参与行业会议，也能提升影响力。

道德和合规方面也不能忽视。AI应用可能涉及隐私和数据安全，数据分析师需要了解相关法规，确保分析过程的合规性，这可能是未来职场中的一个重要点。

最后，职业路径规划。用户可能需要考虑是走技术专家路线还是管理路线，或者转型为AI产品经理。不同路径需要不同的技能组合，比如技术专家需要深入算法，而管理路线需要领导力和战略眼光。

总结一下，用户需要在业务理解、技术深度、软技能、持续学习、合规意识等方面全面提升，同时明确职业方向，才能在AI时代保持竞争力。

图 9-9

- 掌握因果推断、归因分析等深度分析方法，突破传统相关性分析局限。
- 构建"数据＋算法＋场景"三位一体的解决方案设计能力。

2．技术能力重构

- 掌握 AutoML 工具链（如 H20.ai、DataRobot）的深度应用。
- 精通提示词工程与大模型协作（如 ChatGPT 数据清洗、SQL 生成）。
- 学习 MLOps 全流程管理，理解模型部署监控的关键节点。

3．决策智能转型

- 建立实验文化（A/B 测试、准自然实验设计）。
- 掌握因果森林、DID（Difference-in-Differenccs，双重差分）等高级因果推断方法。
- 学习运筹优化技术，构建智能决策系统。

二、构建差异化能力组合

1．技术栈升级

- 掌握向量数据库（如 Pinecone）与 Embedding（嵌入）技术。
- 学习大语言模型应用开发框架（LangChain、LlamaIndex）。
- 理解 RAG 在数据分析中的应用。

2．业务创新维度

- 开发 AI Agent 辅助决策系统（自动报表生成、异常检测）。
- 构建智能化的指标管理系统（自动归因、根因分析）。

- 设计数据产品化方案（用户画像实时更新、预测性分析看板）。

3．软技能强化

- 提升"技术翻译"能力，建立业务与技术的高效沟通桥梁。
- 培养产品化思维，推动分析成果向商业价值的转化。
- 建立影响力工程，通过数据叙事驱动组织决策。

三、构建持续进化的学习体系

1．知识更新机制

- 每周跟踪 ArXiv 最新论文（重点关注 AI4Data 方向）。
- 参与 Kaggle 等平台的新型数据分析竞赛构建个人 AI 工作流（Notion AI 知识管理、Cursor 编程）。

2．实践场景开拓

- 在现有工作中引入 AI 增强分析（如 Tableau GPT）。
- 开发内部 AI 工具（自动化数据质检、智能 ETL）。
- 主导 AI 驱动的新业务实验（增长黑客 2.0）。

3．职业定位升级

- 向"决策科学家"转型，专注价值创造而非报表制作。
- 发展为"AI 战略顾问"，推动组织智能化转型。
- 打造个人技术品牌，输出"AI+ 数据分析"实践案例。

四、关键行动路线图

1．3 个月速赢

- 完成 Google 的生成式 AI 微证书。
- 实现日常工作 50% 的 AI 工具渗透率。
- 输出首个 AI 增强分析案例。

2．6 个月突破

- 构建企业级 RAG 应用原型。
- 主导完成智能归因分析项目。
- 建立跨部门 AI 协作工作流。

3．年度跨越

- 实现分析工作 80% 智能化。
- 培养 3 项核心 AI 竞争力（如因果推断、决策优化）。
- 完成从分析师到 AI 产品负责人的角色转变。

　　在这个算法重构商业逻辑的时代，数据分析师的价值锚点正在从"解释过去"转向"塑造未来"。保持对技术演进的敏锐度，深挖业务本质需求，培养人机协同的创新能力，将是构建职业护城河的关键。建议定期进行技能差距分析，建立动态的能力演进框架。